本书大型交互式、专业级、同步教学演示多媒体DVD说明

1.将光盘放入电脑的DVD光驱中，双击光驱盘符，双击Autorun.exe文件，即进入主播放界面。(注意：CD光驱或者家用DVD机不能播放此光盘)

主界面

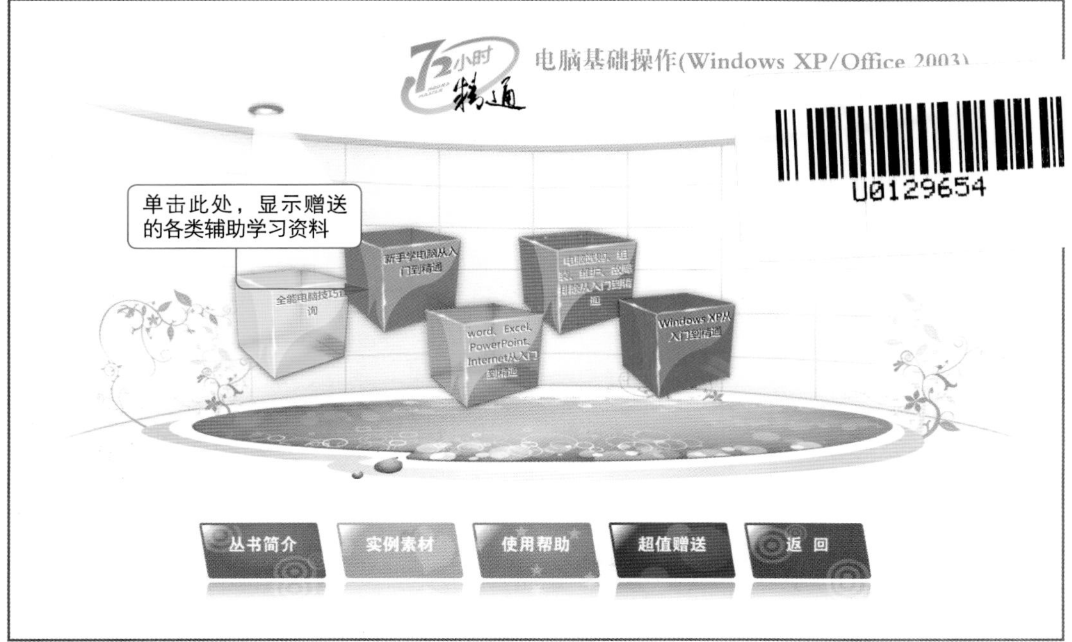

U0129654

辅助学习资料界面

多媒体光盘使用说明

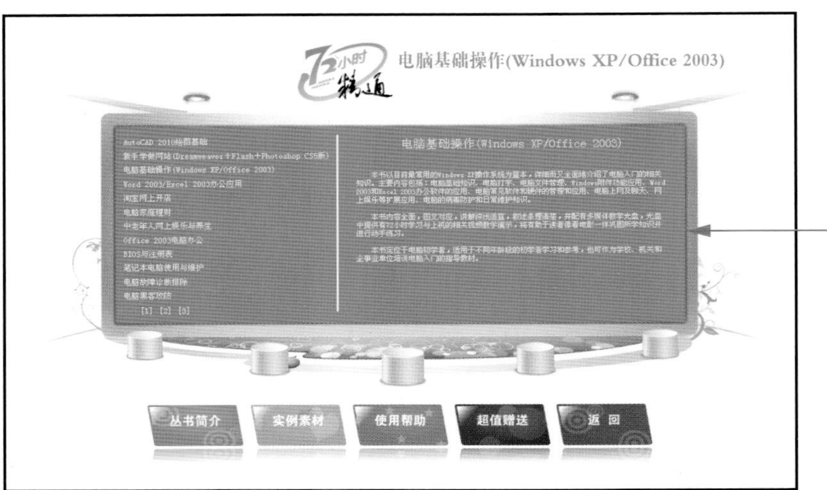

“丛书简介”显示了本丛书的各个品种的相关介绍，左侧是丛书每个种类的名称，共计28种，右侧则是对应的内容简介。

“使用帮助”是本多媒体光盘的帮助文档，详细介绍了光盘的内容和各个按钮的用途。

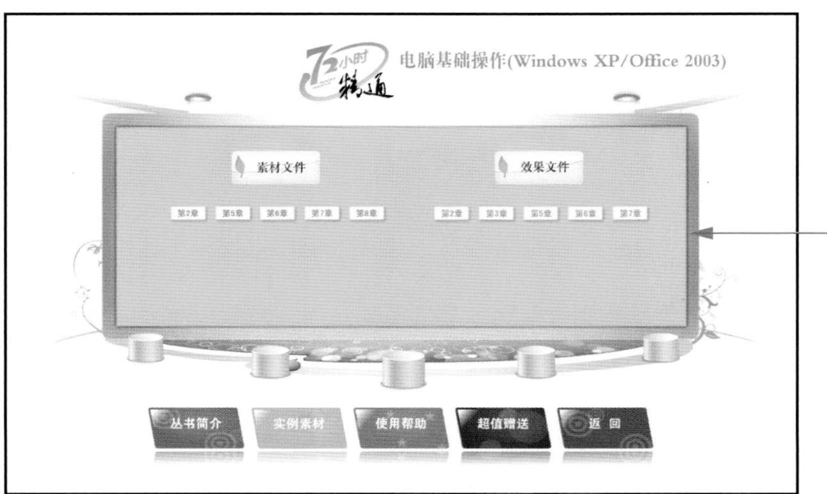

“实例素材”界面图中是各章节实例的素材、源文件或者效果图。读者在阅读过程中可按相应的操作打开，并根据书中的实例步骤进行操作。

2.单击“阅读互动电子书”按钮进入互动电子书界面。

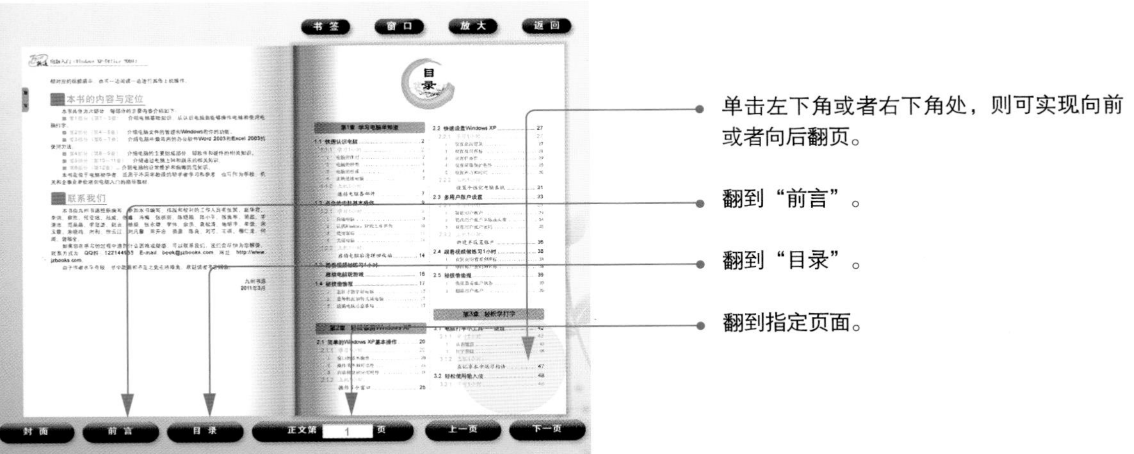

单击左下角或者右下角处，则可实现向前或者向后翻页。

翻到“前言”。

翻到“目录”。

翻到指定页面。

设置“书签”标记，以方便下次使用。

“窗口/全屏”按钮切换中，“窗口”状态方便读者在窗口看书，不掩盖其他窗口。

“放大”按钮则电子书放大，看起来更清晰。

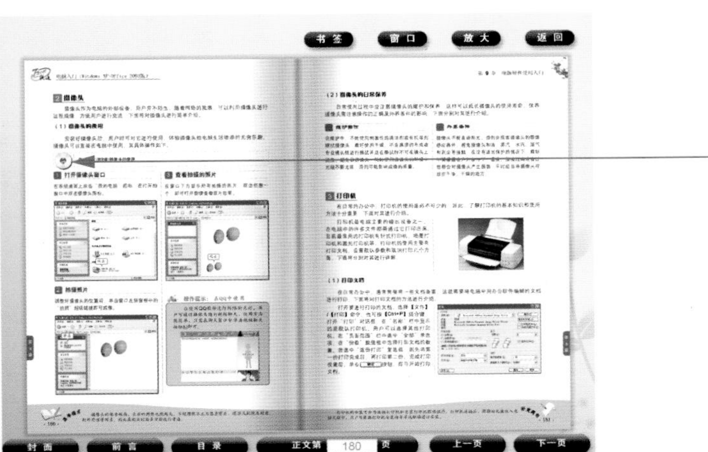

单击电子书上的“光盘”按钮，光盘将“转动”起来，并进入以下步骤的相关演示。

3.在主界面中，单击“多媒体教学演示”图标，可进入多媒体演示界面。

调节背景音乐音量大小。

调节解说音量大小。

单击视频演示并进入交互模式，可跟着视频进行练习。

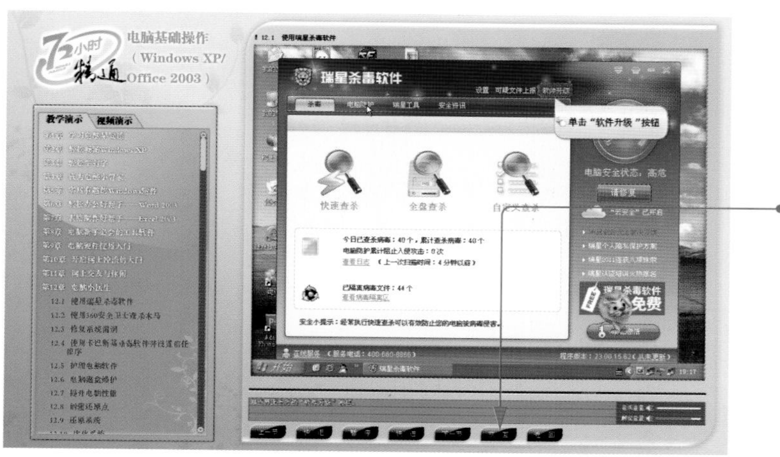

单击“交互“按钮后，进入模拟操作，读者须跟着光标指示操作，才能向下进行。

本书部分实例

安装程序

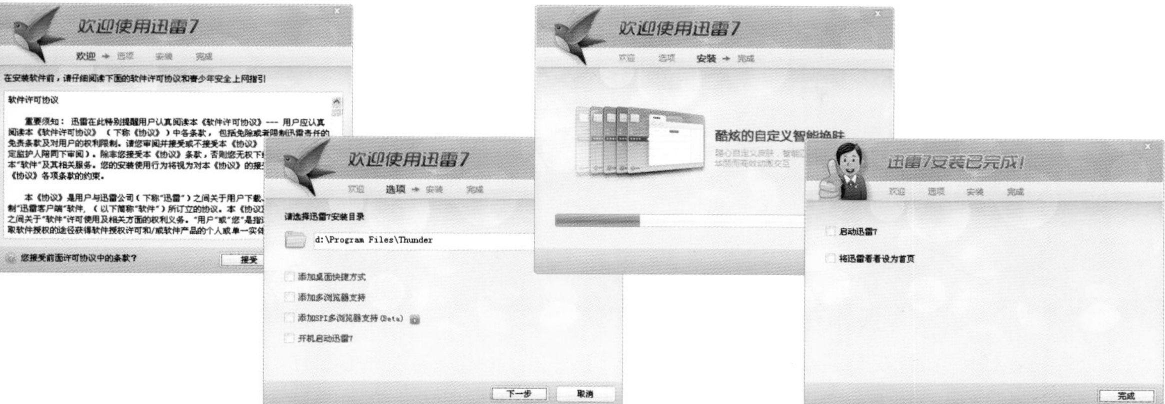

查杀病毒

查找文件

本书部分实例

创建用户

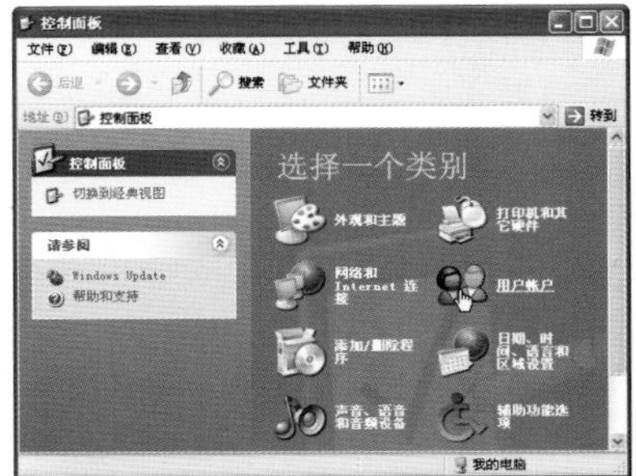

电脑的组成部分

CPU

机箱

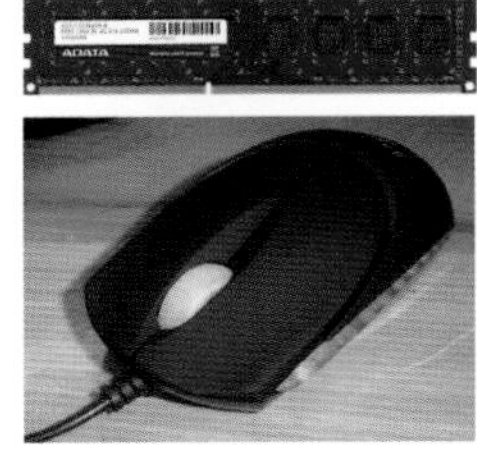

内存条、鼠标

显卡

显示器

音响

主板

绘制苹果

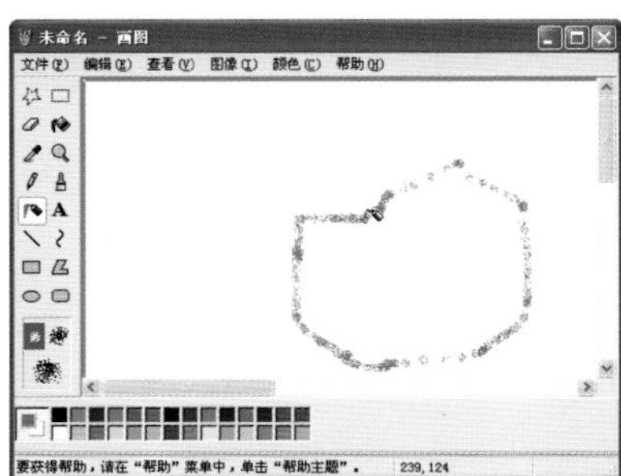

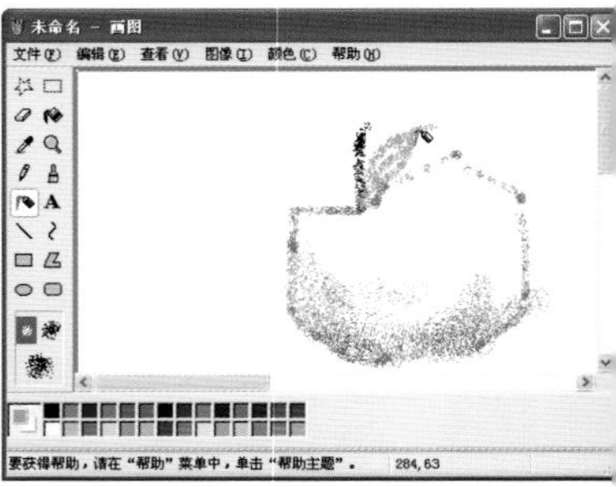

键盘及打字

CPU

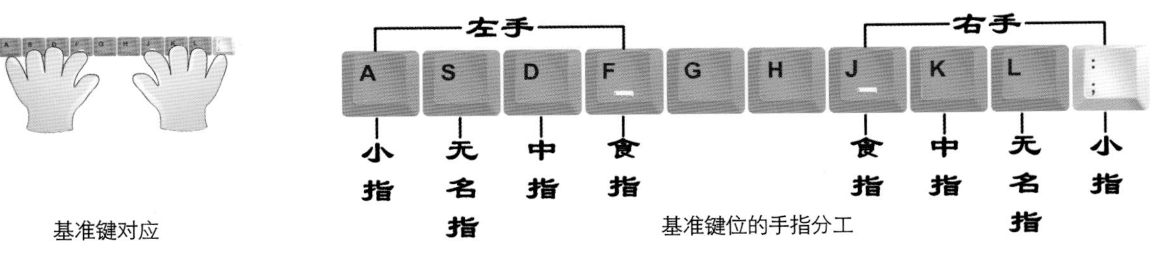

基准键对应

基准键位的手指分工

将程序加入杀毒软件信任区

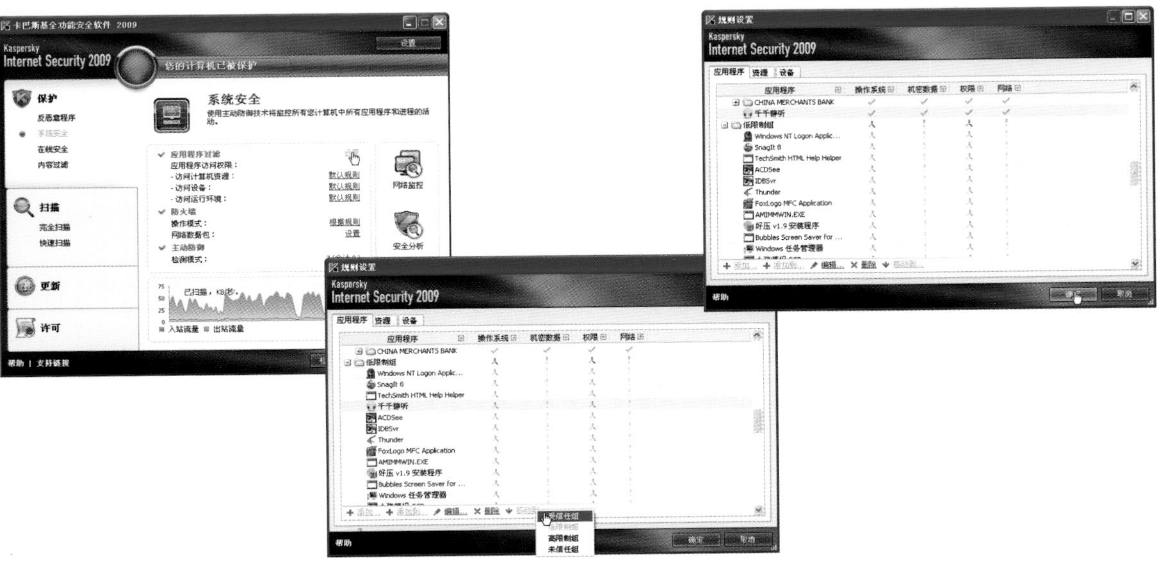

硬件与软件

Adobe Reader

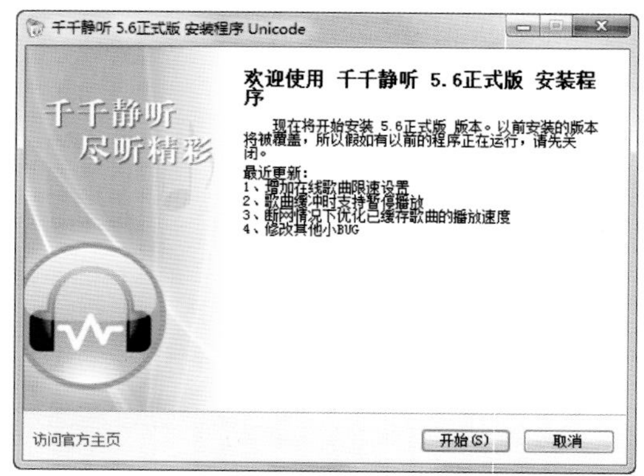

安装软件

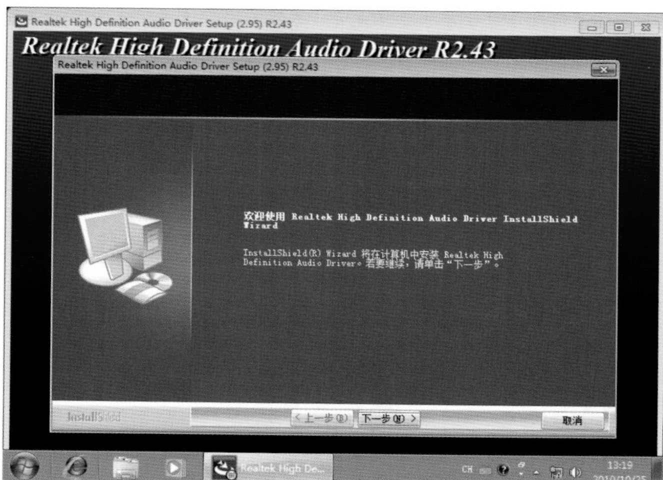

安装声卡驱动程序

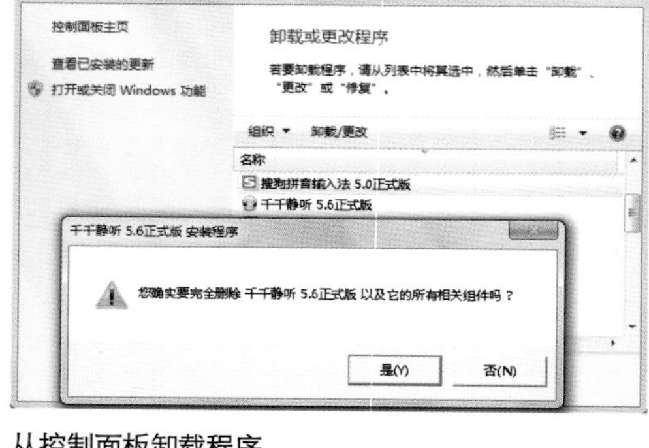

从控制面板卸载程序

看图软件

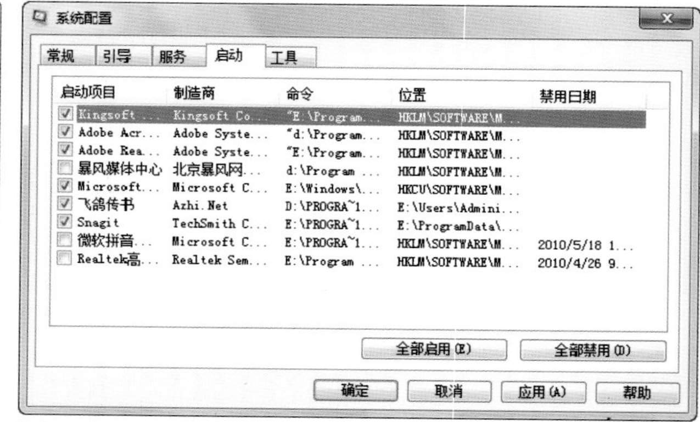

设置开机启动程序

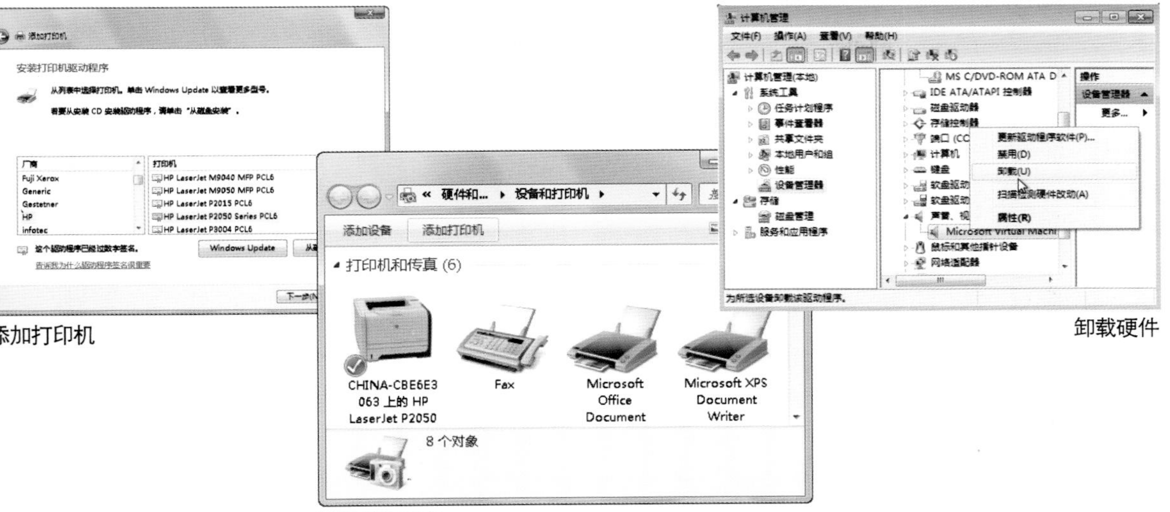

添加打印机

添加的打印机

卸载硬件

娱乐与附件

Win7游戏

Win7游戏1

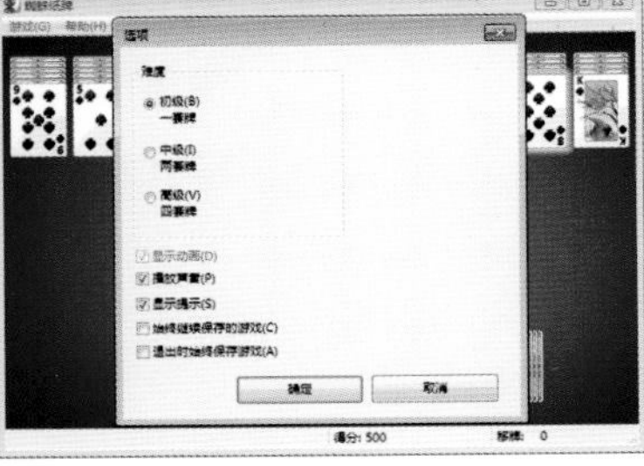

Win7游戏2

Win7游戏3

Win7游戏4

开心网玩种菜

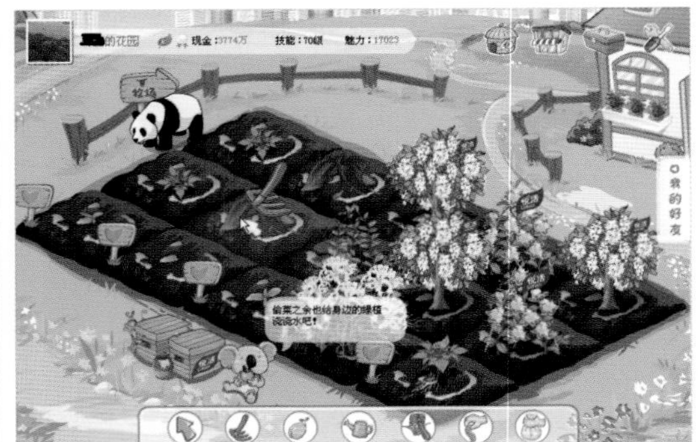

认识电脑

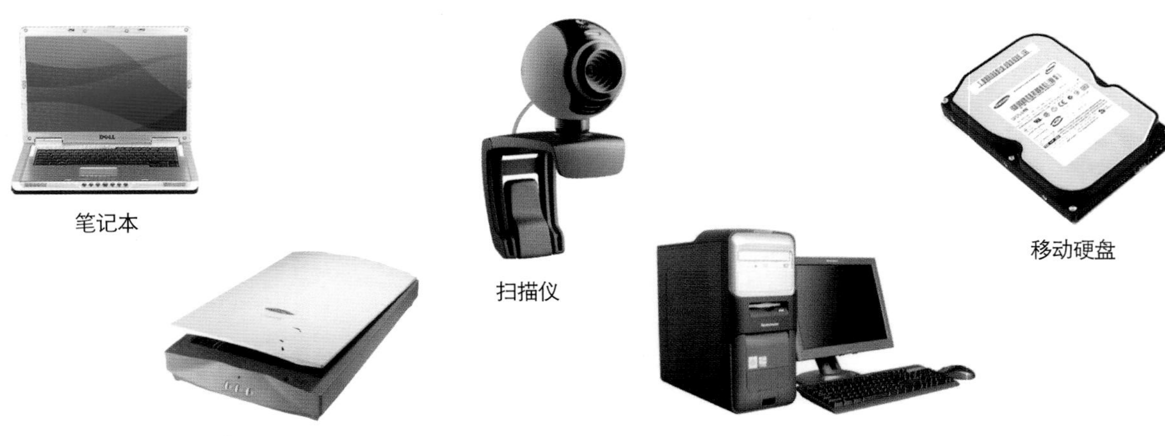

笔记本

扫描仪

移动硬盘

扫描仪

台式电脑

设置桌面

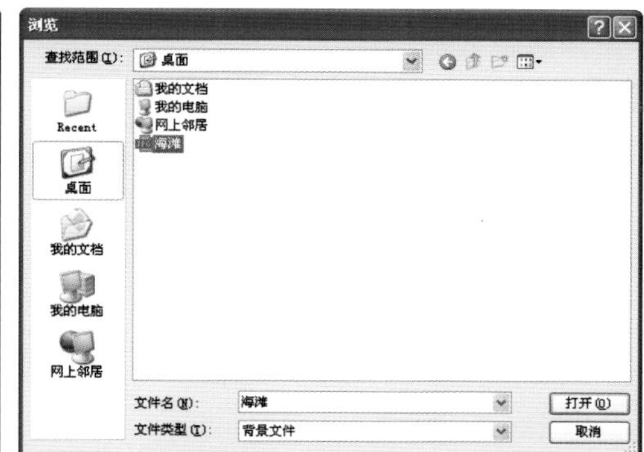

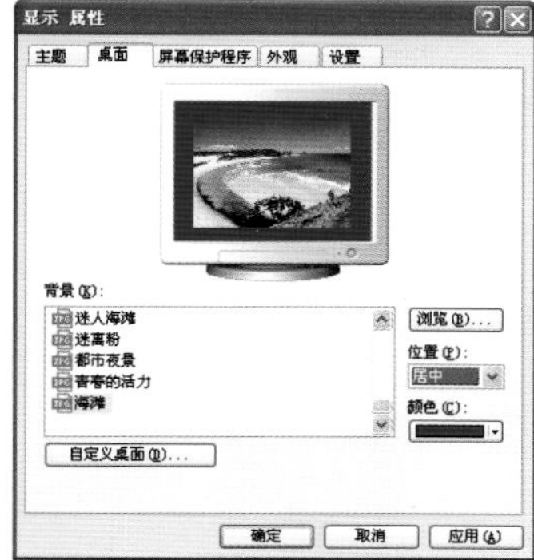

使用Excel编辑表格

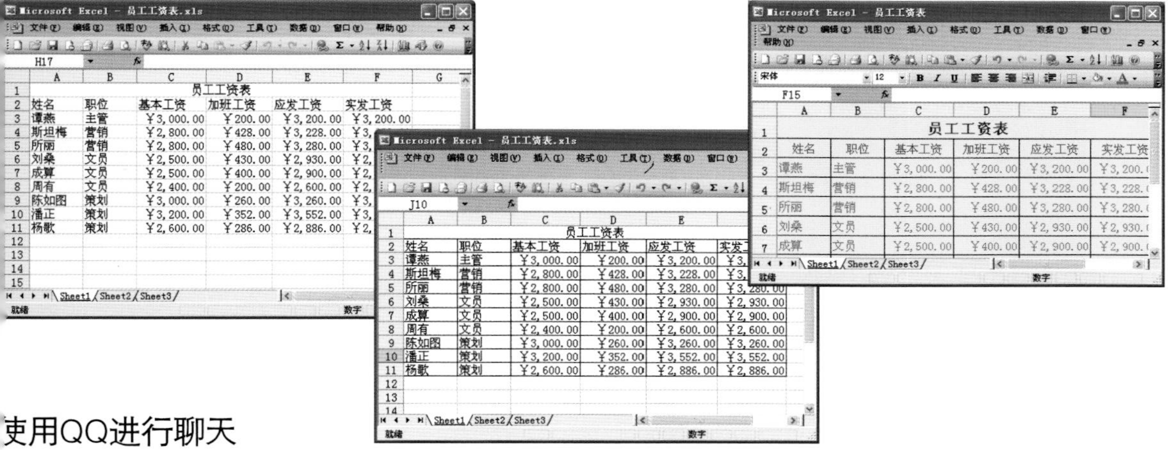

使用QQ进行聊天

使用QQ音乐

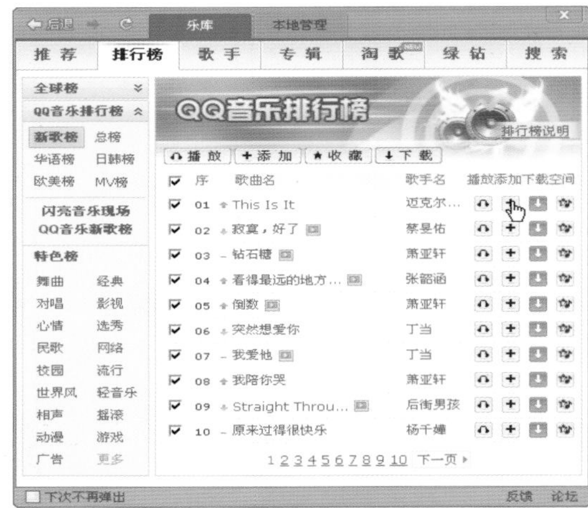

使用暴风影音打开视频

使用搜狐微博

使用迅雷看看在线观看电影

玩QQ游戏

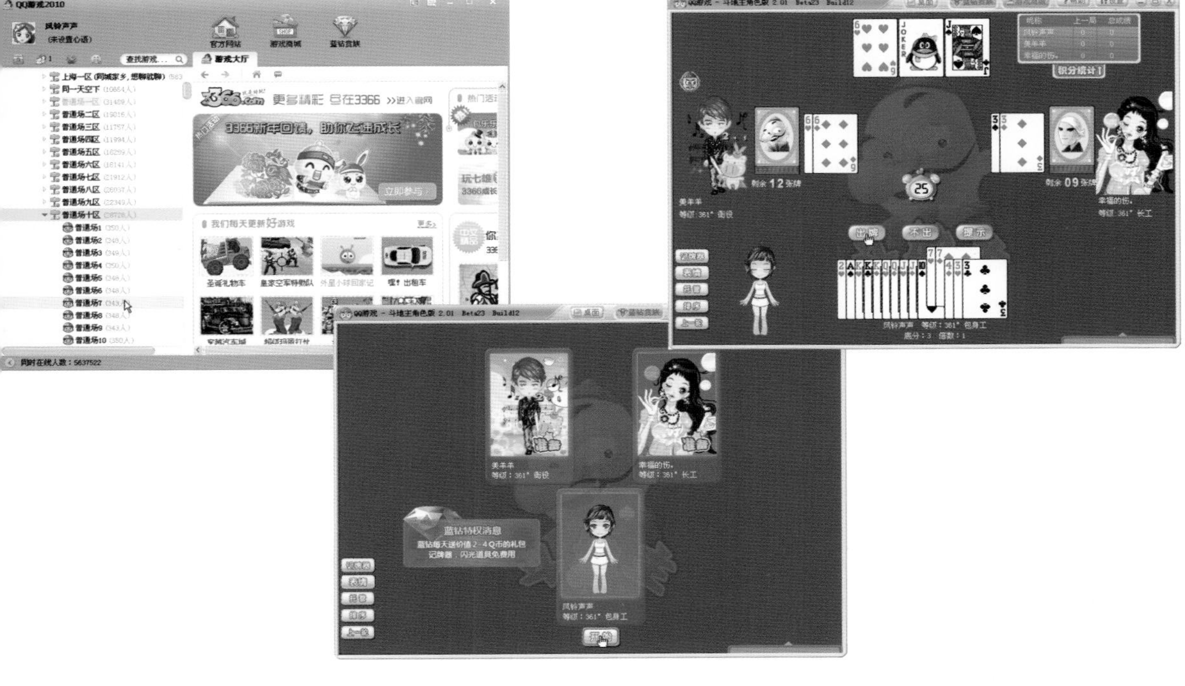

为磁盘整理碎片

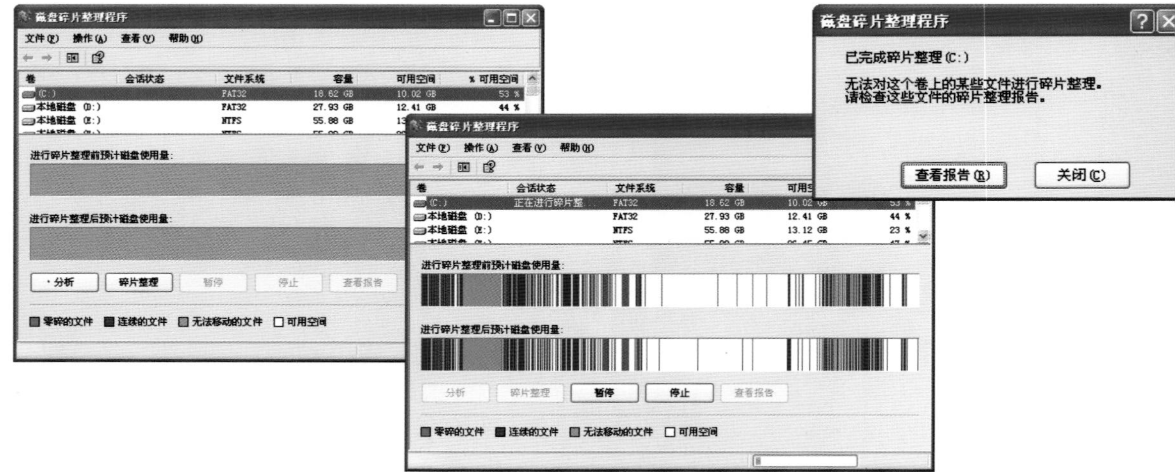

为文件加密

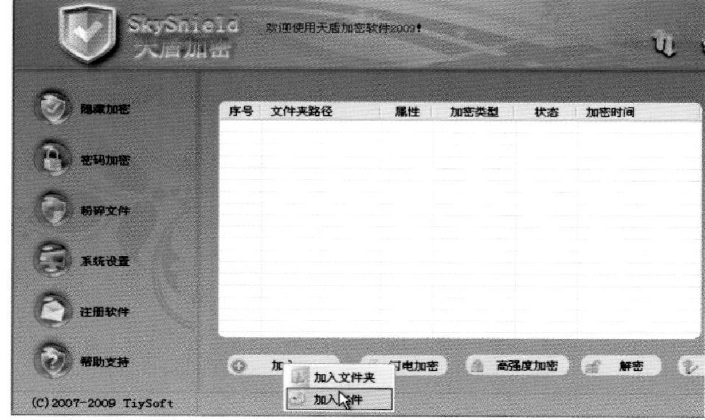

下载邮件附件

新建系统还原点

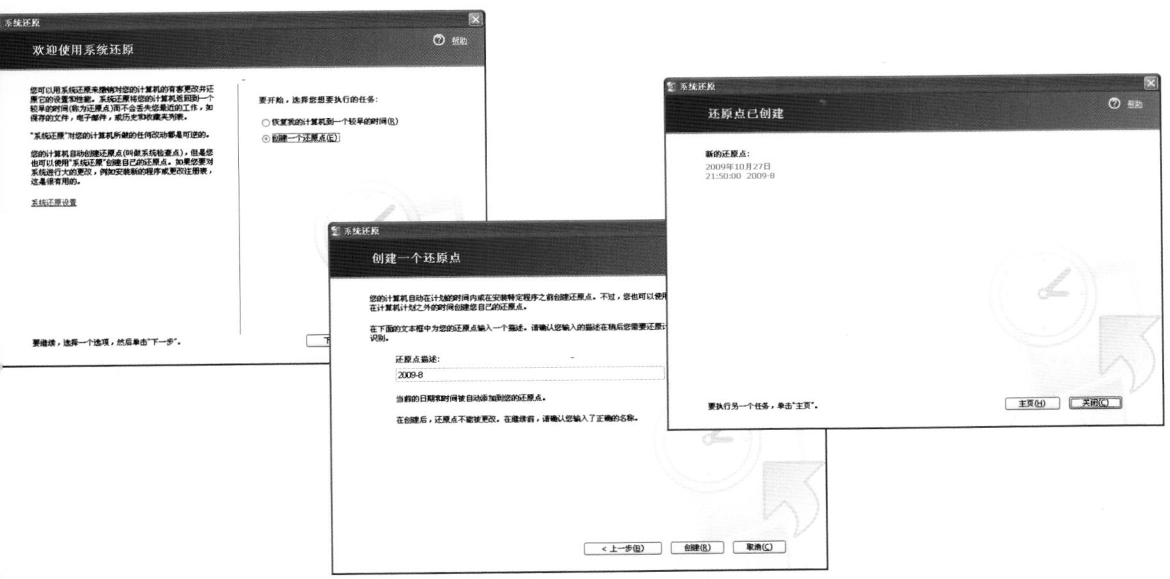

制作价格表步骤

注册QQ

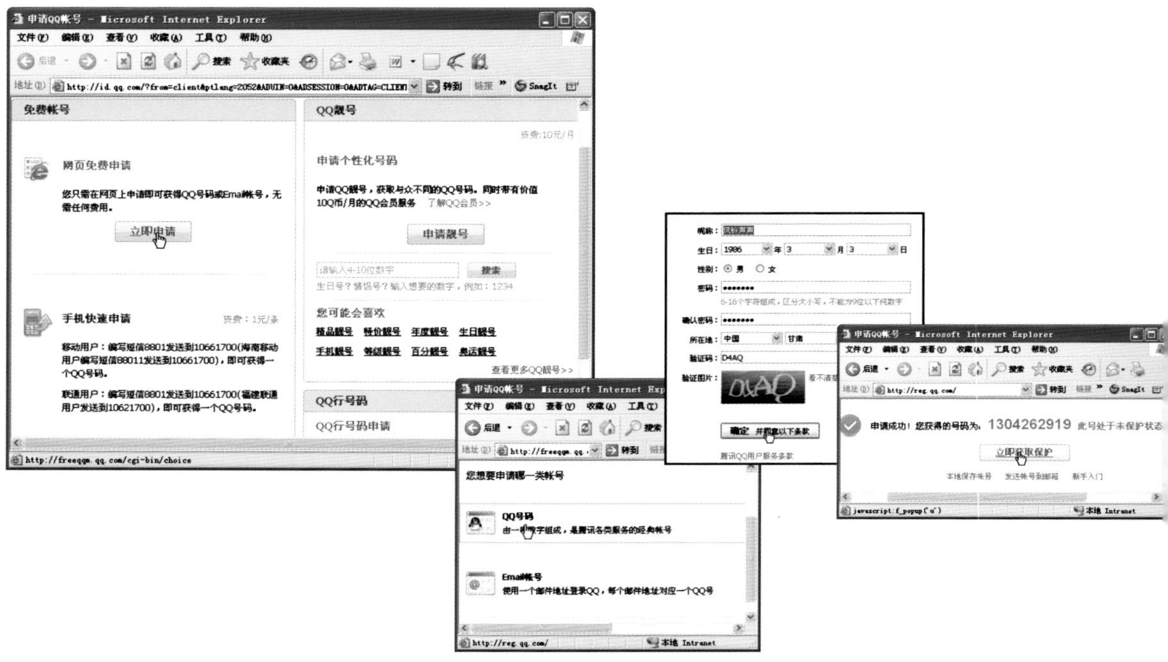

注册邮箱

电脑基础操作

（Windows XP+Office 2003）

48集（124节）大型交互式、专业级多媒体演示+260页交互式数字图书+全彩印刷

九州书源　编著

清华大学出版社

北　京

内容简介

本书以目前最常用的Windows XP操作系统为蓝本，全面地介绍了电脑入门的相关知识。主要内容包括电脑基础知识、电脑打字、电脑文件管理、Windows附件功能应用、Word 2003和Excel 2003办公软件的应用、电脑常见软件和硬件的管理和应用、电脑上网及聊天、网上娱乐等扩展应用、电脑的病毒防护和日常维护知识。

本书内容全面，图文对应，讲解深浅适宜，叙述条理清楚，并配有多媒体教学光盘。光盘中提供有72小时学习与上机的相关视频教学演示，使读者像看电影一样巩固所学知识并进行动手练习。

本书定位于电脑初学者，适用于不同年龄段的初学者学习和参考，也可作为学校、机关和企事业单位培训电脑入门的指导教材。

本书显著特点：

48集（总计124节）大型交互式、专业级、同步多媒体教学演示，还可跟着视频做练习。

260页交互式数字图书，数字阅读过程中，单击相关按钮，可观看相应操作的多媒体演示。

全彩印刷，像电视一样，摈弃“黑白”，进入“全彩”新时代。

多方位辅助学习资料，赠与本书相关的海量多媒体教学演示、各类素材、应用技巧等。

图书在版编目（CIP）数据

电脑基础操作（Windows XP+Office 2003）/九州书源编著. —北京：清华大学出版社，2011.8
（72小时精通：全彩版）

ISBN 978-7-302-25798-1

I. ①电… II. ①九… III. ①窗口软件，Windows XP ②办公自动化-应用软件，Office 2003
IV. ①TP3

中国版本图书馆CIP数据核字（2011）第113465号

责任编辑：赵洛育
版式设计：文森时代
责任校对：柴　燕
责任印制：杨　艳
出版发行：清华大学出版社　　**地　址**：北京清华大学学研大厦A座
http://www.tup.com.cn　　**邮　编**：100084
社 总 机：010-62770175　　**邮　购**：010-62786544
投稿与读者服务：010-62776969，c-service@tup.tsinghua.edu.cn
质 量 反 馈：010-62772015，zhiliang@tup.tsinghua.edu.cn
印 装 者：北京嘉实印刷有限公司
经　销：全国新华书店
开　本：185×260　**印　张**：16　**插　页**：8　**字　数**：370千字
（附交互式DVD光盘1张）
版　次：2011年8月第1版　**印　次**：2011年8月第1次印刷
印　数：1～6500
定　价：45.80元

产品编号：039120-01

本书写作背景

在信息迅速更新的今天，电脑充当着重要的角色，工作、学习、娱乐，处处都有电脑的身影，处处都离不开电脑。能够使用电脑已经不是一种专长，而是必备的技能，不管您做什么工作，都难免要和电脑打交道。针对很多不会电脑而又想学电脑的读者，我们编写了本书，以当前使用最为普遍的Windows XP操作系统为平台，由浅及深地讲解了电脑基础知识和相关应用，让初学者能在最短的时间内学会使用电脑进行各项基本的操作。

本书特点

本书具有以下一些写作特点。

■ 29小时学知识，43小时上机：本书以实用功能讲解为核心，每小节下面分为学习和上机两个部分。学习部分以操作为主，讲解每个知识点的操作和用法，操作步骤详细、目标明确；上机部分相当于一个学习任务或案例制作，同时在每章最后提供有视频上机任务，书中给出操作要求和关键步骤，具体操作过程放在光盘演示中。

■ 书与光盘演示相结合：本书的操作部分均在光盘中提供了视频演示，并在书中指出了相对应的路径和视频文件名称，可以打开视频文件对某一个知识点进行学习。

■ 简单、易学、易用：书中讲解由浅入深，操作步骤目标明确，并分小步讲解，与图中的操作图示相对应，并穿插了“教你一招”和“操作提示”等小栏目。

■ 轻松、愉快的学习环境：全书以人物小李的学习与工作过程为线索，采用情景方式叙述不断遇到的问题及怎样解决问题，将前后知识联系起来，一本书就是一个故事，使读者听故事的同时轻松学会使用和操作电脑。

■ 技巧总结与提高：每章最后一部分均安排了技巧总结与提高，这些技巧来源于编者多年的经验总结。同时本书有效地利用了页脚区域，扩大了读者的知识面。

■ 排版美观，全彩印刷：采用双栏图解排版，一步一图，图文对应，并在图中添加了操作提示标注，以便于读者快速学习。

■ 配超值多媒体教学光盘：本书配有一张多媒体教学光盘，提供书中操作所需素材、效果和视频演示文件，同时光盘中还赠送了大量相关的教学教程。

■ 赠电子版阅读图书：本书制作有实用、精美的电子版放置在光盘中，在光盘主界面中双击“电子书”按钮便可阅读电子图书。单击电子图书中的光盘图标，可以打开光盘中相对应的视频演示，也可一边阅读一边进行其他上机操作。

前言

本书内容与定位

本书共分为6部分，每部分的主要内容介绍如下。

■ 第1部分（第1～3章）：介绍电脑基础知识，从认识电脑到能够操作电脑和使用电脑打字。

■ 第2部分（第4～5章）：介绍电脑文件的管理和Windows附件的功能。

■ 第3部分（第6～7章）：介绍电脑中最常用的办公软件Word 2003和Excel 2003的使用方法。

■ 第4部分（第8～9章）：介绍电脑的主要组成部分，即软件和硬件的相关知识。

■ 第5部分（第10～11章）：介绍通过电脑上网和娱乐的相关知识。

■ 第6部分（第12章）：介绍电脑的日常维护和病毒防范知识。

本书定位于电脑初学者，适用于不同年龄段的初学者学习和参考，也可作为学校、机关和企事业单位培训电脑入门的指导教材。

联系我们

本书由九州书源组织编写，参加本书编写、排版和校对的工作人员有张笑、赵华君、李洪、薛凯、任亚炫、丛威、张鑫、冯梅、张丽丽、陈晓颖、陆小平、张良军、简超、羊清忠、范晶晶、李显进、赵云、杨颖、张永雄、李伟、余洪、袁松涛、杨明宇、牟俊、宋玉霞、宋晓均、向利、徐云江、刘凡馨、常开忠、骆源、陈良、刘可、王琪、穆仁龙、何周、曾福全。

如果您在学习的过程中遇到什么困难或疑惑，可以联系我们，我们会尽快为您解答，联系方式为QQ群：122144955，E-mail：book@jzbooks.com，网址：http://www.jzbooks.com。

由于作者水平有限，书中疏漏和不足之处在所难免，欢迎广大读者不吝赐教。

九州书源

目
录

第4章 成为电脑小管家

第5章 实用有趣的Windows附件

第6章 轻松办公好帮手——Word 2003

第7章 表格制作好帮手——Excel 2003

第8章 电脑新手必会的工具软件

第12章 电脑小医生

第1章

学习电脑早知道

老马看见小李在认真地写着什么，走近一看，原来是在做物品进出库台账，一边在纸上写着，一边用计算器计算。老马有些诧异地问：“小李，你怎么不用电脑，那边不是有一台电脑空着吗？”小李说：“电脑能帮我计算吗？能帮我写字吗？”老马说道：“你这点东西对它来说简直就是小菜一碟，你看你做的表像是正规的台账吗？”小李眼前一亮，“对呀，是不是可以做成像财务部的工资表一样啊？”老马说：“你完全可以做得比他们的更美观。”小李这下来劲儿了，非叫老马教他用电脑不可。

2小时学知识

- 快速认识电脑
- 必会的电脑基本操作

3小时上机练习

- 连接电脑各部件
- 启动电脑后清理回收站
- 启动电脑玩游戏

第1章

1.1 快速认识电脑

老马告诉小李，要学电脑其实并不难，但是要先了解一下电脑基础知识，才有助于进一步认识和使用电脑。小李说："对了，我正要向你请教呢，这电脑那么受人们的欢迎，它究竟有些什么用途呢？"老马说："问得好，这正是我要告诉你的。"

1.1.1 学习1小时

学习目标

- 了解电脑的主要作用和种类。
- 认识电脑的组成和各主要部件。
- 学会电脑的启动、关闭以及鼠标、键盘的基本操作。

1 电脑的作用

电脑也叫计算机，它改变了人们的工作、生活方式，随着社会的发展，电脑已经被广泛应用到人们工作、生活等各个领域，成为信息社会不可或缺的一部分。电脑的应用十分广泛，从大的方面说，它可以帮助管理者管理工厂的生产运作；帮助银行管理数以万计的往来账目；帮助科研机构进行精密的计算和测量……对于个人用户而言，可以用电脑来制作和编辑文档、管理数据、编辑图片、上网交流、查找资料以及进行娱乐和游戏活动等。下面介绍个人电脑的主要作用。

制作文档

电脑最初应用到办公领域并得到广泛的推广就是从制作文档开始的，通过文字处理程序或软件，如写字板、记事本和Word等，可以很方便地完成对文档的制作和编辑。相较于传统的手工书写，其快速、方便和美观的优点不言而喻。下图为Word 2003的工作界面。

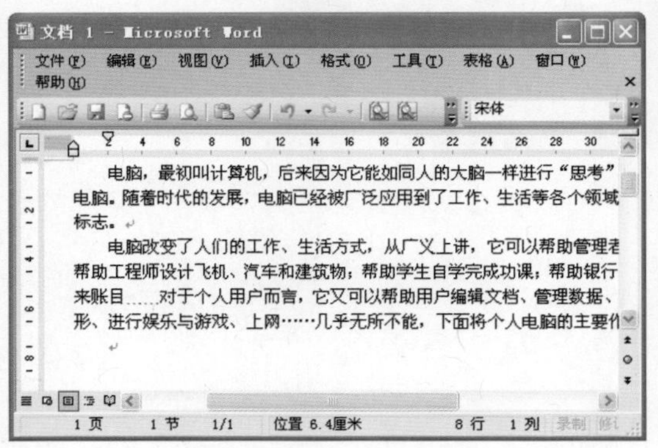

管理数据

电脑之所以又被称为计算机，正是因为它出色的计算功能。目前，基本上所有机构单位都使用电脑来处理财务数据，管理员工和客户资料等，使用电脑可以极大地提高工作效率。管理数据一般有专门的软件，而最简单、最常用的当属Office办公软件中的Excel了。下图为Excel 2003的工作界面。

Microsoft Excel - Book2

	A	B	C	D	E	F
2	产品	第一季度	第二季度	第三季度	第四季度	全年
3	长嘴猴	￥12,560	￥18,408	￥6,379	￥29,303	￥66,651
4	情侣猫	￥6,134	￥32,815	￥8,000	￥18,408	￥65,357
5	泰迪熊	￥7,629	￥7,693	￥25,439	￥32,815	￥73,576
6	机器猫	￥24,461	￥9,348	￥29,865	￥7,693	￥71,367
7	冰河树懒	￥28,717	￥4,208	￥18,762	￥9,348	￥61,034
8	流氓兔	￥18,040	￥16,664	￥33,445	￥4,208	￥72,356
9	维尼熊	￥32,158	￥7,501	￥7,841	￥16,664	￥64,164
10	史努比	￥7,539	￥15,918	￥9,527	￥7,501	￥40,486
11	海绵宝宝	￥9,161	￥40,343	￥4,289	￥15,918	￥69,711
12	绿毛鳄	￥4,124	￥18,938	￥16,984	￥40,343	￥80,388

高手指点 要使用电脑实现某些功能，需要在电脑上安装相应的软件才行，软件相当于一整套的方法和规则，通过这些规则，才能告诉电脑该怎样工作。

编辑图片

使用Windows XP自带的画图程序可以简单地绘制或编辑图片。如果电脑中安装了Photoshop、CorelDRAW等图形处理软件后，就可以方便地绘制图片和处理图像，如可以进行广告设计、影视制作以及个人照片处理等。

娱乐

忙碌的工作和学习之余，听听音乐、看看电影可以让身心放松。现在利用电脑也可以实现这些功能，只需一台电脑，就可以替代传统的影碟机、电视机、录音机等。

上网

现在上网已成为人们生活中的一件常事，用户只需将电脑与Internet相连即可上网。通过Internet，用户可在网上浏览信息、下载资料以及与五湖四海的朋友进行交流等。

游戏

电脑还有一个很吸引人的功能，那就是玩游戏，单机游戏、休闲游戏、大型网络游戏等都可以玩，用户可以坐在家里与全国各地的朋友畅游游戏天地。

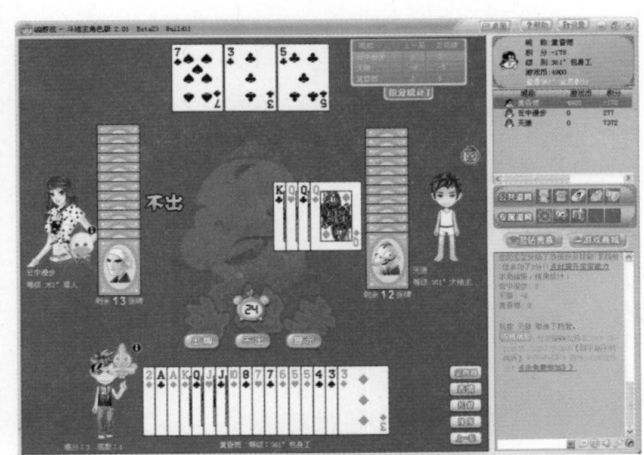

操作提示：电脑的其他功能

其实电脑的作用远不止这些，在各个领域都可以看见电脑的身影，如超市的收银系统、银行的柜台和ATM、专业设计人员使用的CAD辅助设计程序、教学人员利用PowerPoint制作的教学幻灯片等都与电脑密不可分。

世界上第一台电脑 ENIAC（中文名：埃尼阿克）于1946年2月15日在美国宣告诞生。

补充两句

第1章

2 电脑的种类

电脑按体积大小可以分为巨型机、大型机、中型机、小型机和微型计算机。我们常见的个人电脑就属于微型计算机。与其他的机型相比，个人电脑有着占地面积小、价格相对低、功能强大等优点。个人电脑又可以分为台式电脑和笔记本电脑两种，下面分别进行介绍。

台式电脑

台式电脑在生活中随处可见，从其外观上看，它主要由主机、显示器、键盘、鼠标和音箱等部分组成。

笔记本电脑

笔记本电脑是一种便携式电脑，它将机箱、显示器、键盘、鼠标等所有部件都融合在一起，因为其体积小，便于携带，因此也被称为手提电脑。目前笔记本电脑已经很普遍了，因为其便于携带的优势，很多商务人员都选择使用它。

3 电脑的组成

尽管每台电脑的外观和颜色不尽相同，但其基本的组成部件都一样，主要由硬件和软件两部分组成，硬件是电脑运行的载体，而软件则是电脑中的各种程序和信息，下面分别进行介绍。

（1）电脑的硬件

电脑硬件是指电脑中看得见、摸得着的一些硬件设备，如主机、显示器、键盘、鼠标等都是硬件设备。主机是电脑最重要的组成部分，我们所看见的主机只是一个矩形的机箱，而机箱内还包括主板、CPU、硬盘、内存以及各种板卡等。如右图所示为主机内的各种部件。

高手指点

现在市场比较普遍的机箱类型有AT、ATX、Micro ATX以及最新的BTX机箱，目前使用最广泛、最常见的是ATX机箱。

主板

主板是整个电脑的控制中心，通过主板上的CPU插座、内存插槽、显示插槽、总线扩展槽以及串行和并行端口等，可以将电脑的各组成部件连接起来，组成一个有机整体，它们可以分工合作来完成任务。

CPU

CPU即中央处理器，也是整个电脑的核心部件，负责整个电脑的运算和任务分析，主要由运算器和控制器两部分组成。CPU的性能在很大程度上决定了电脑的基本性能，不同的型号其性能也有不同程度的差别。

内存

内存又称内部存储器，是电脑的记忆中心，用来临时存放当前电脑运行所需要的程序和数据。通常内存越大，电脑的运行速度越快。

硬盘

硬盘是电脑的主要存储设备，用于存放电脑中暂时不要的数据和信息，电脑的系统文件和各种程序文件都存放在硬盘中，它还可以存储各种声音、视频和图片等内容。

教你一招：主要品牌

目前的CPU生产厂商主要有Intel和AMD两家，而两个厂家的CPU产品又分了不同的系列和档次，如Intel的有赛扬、奔腾和酷睿等系列，每个系列又有不同的产品。

补充两句

CPU是中央处理器（Central Processing Unit）的缩写，其体积只有火柴盒大小，却是一台电脑的运算核心和控制核心。

第1章

显卡

显卡用于处理电脑中的图像信息，并将处理结果通过显示器表现出来。一般主板上集成了显卡芯片，但是对图像输出品质有一定要求的用户则需要配置独立显卡。

显示器

显示器是电脑最重要的输出设备，电脑中的数据及处理结果等都通过显示器将各种信号转化为人们可以识别的图像以供用户查看。目前市场上常见的显示器有CRT（阴极射线管）显示器和LCD（液晶）显示器两种。

键盘和鼠标

键盘和鼠标是电脑的重要输入设备，主要用于将信息和数据转换成电脑可以识别的信息，通过接口电路将这些信息传送给电脑。

音箱

音箱是电脑的声音输出设备，电脑中的各种声音信号都可通过音箱传送并转化为人耳能够听到的声音信号。除了音箱，还有耳机、耳塞等声音输出设备，其工作原理都一样。

操作提示：其他外部设备

除了一些必备的电脑部件和设备，还有一些具有某种特殊功能的外部设备。通过这些外部设备与电脑的连接，可以实现特殊的功能，如打印机可以打印文件和图片等；扫描仪可以将照片、文件等输入到电脑中；摄像头可以拍照到电脑上等。如右图所示为扫描仪、摄像头。

高手指点 电脑的板卡还有网卡、声卡等，通常主板上有集成的芯片，不用另外配置，只有在有特殊需求时才购买独立板卡。

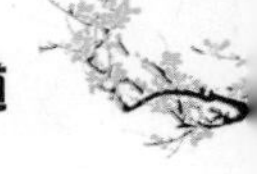

（2）电脑的软件

一台电脑即使有完备的硬件，没有软件也无法正常工作，只有通过软件，电脑才能实现编辑文稿、制作表格、播放影音文件等功能。可以说，软件就是电脑的灵魂。软件主要分为操作系统软件和应用软件两大类。只有通过操作系统，才能轻松控制和使用一台电脑，常见的操作系统有Windows系列、DOS、UNIX、Linux等，本书就是以Windows XP为例进行讲解的。应用软件的范围很宽，它是专门为实现某种功能而编写的一组程序，包括办公软件、图形图像设计软件、输入法软件、播放软件、杀毒软件、财务管理软件等。电脑要实现某项功能，只需安装相应的应用软件即可。

4 正确连接电脑

机箱内部的板卡和线缆一般在买电脑时已经安装和连接好，但是外部线缆和设备往往需要自己接上后通电才能使用。连接电脑的方法很简单，因为各设备的接头与主机箱上面的接口是一一对应的，插错了是插不进去的，鼠标和键盘的接口一样，但是鼠标和键盘的插头上面有不同的颜色，很容易分辨。如右图所示为连接好的主机箱背面。

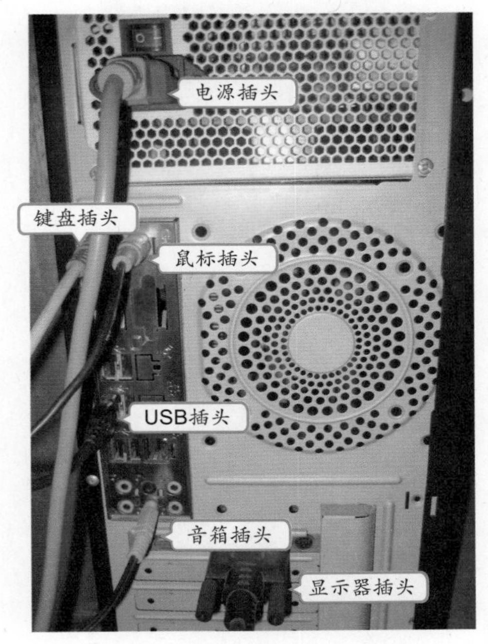

操作提示：不同接口的用途

在众多接口中，除了电源接口与机箱内的电源连接，其他各接口均是与主板或主板上的板卡连接的，其中USB接口能接的设备较多，只要是USB插头的都可以连接使用，如鼠标和键盘也有USB接口类型的。另外，还有网络接口、麦克风接口等，都是专用接口。

1.1.2 上机1小时：连接电脑各部件

本例将练习将电脑各外部组件连接到主机上，以认识和熟悉电脑各部件之间的联系和连接方式，其具体操作如下。

上机目标

- 熟悉电脑的连接方法，认识各部件的插头和电脑接口。
- 快速掌握简单的外部设备的拆装方法。

教学演示\第1章\连接电脑各部件

补充两句

USB是英文Universal Serial BUS（通用串行总线）的缩写，而其中文简称为“通串线”，是一个外部总线标准，用于规范电脑与外部设备的连接和通信。

1 拔掉外部连线

关闭电脑，将与电脑主机相连的所有连线拔掉，应先拔电源线。

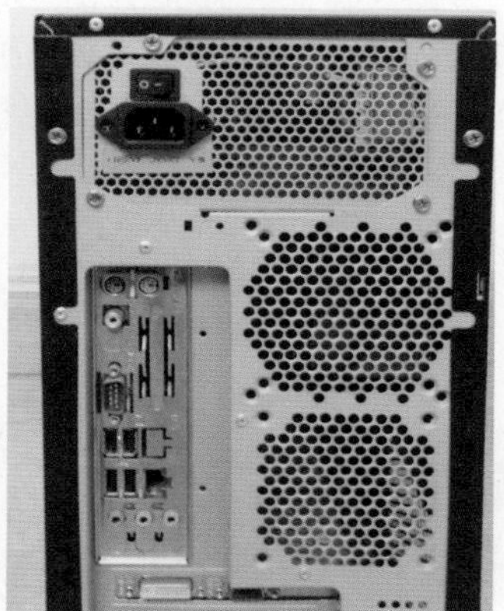

2 连接显示器

将显示器的数据线插入机箱相应的插口，并拧紧螺丝。

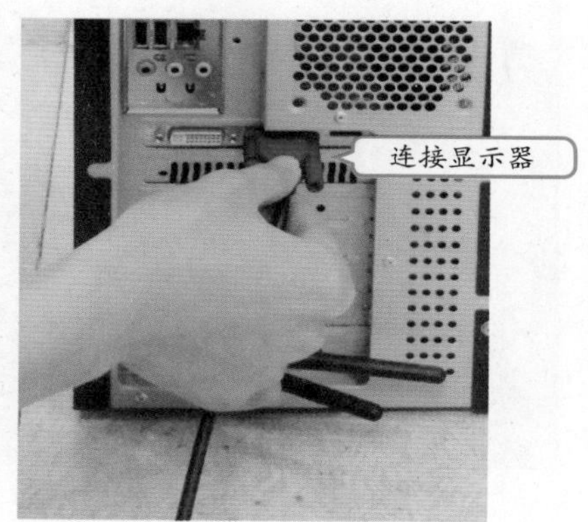

3 连接鼠标

将鼠标的数据线插入机箱相应的插口。

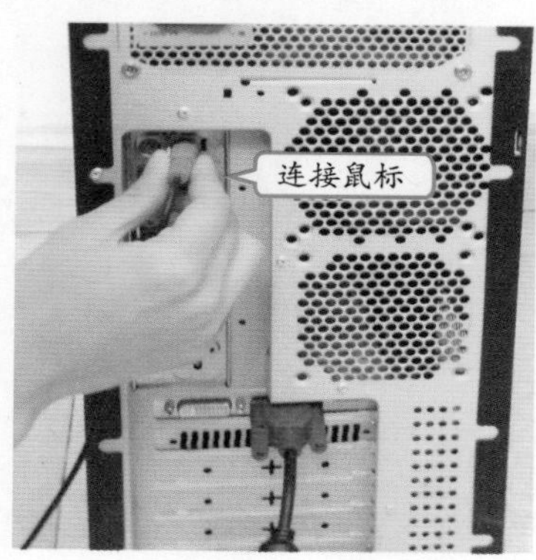

4 连接键盘

将键盘的数据线插入机箱相应的插口。

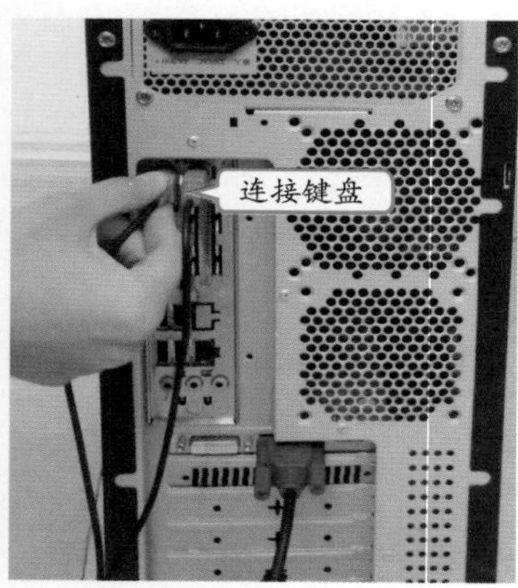

5 连接其他设备

将其他设备或线缆与主机连接，如USB设备、网线等。

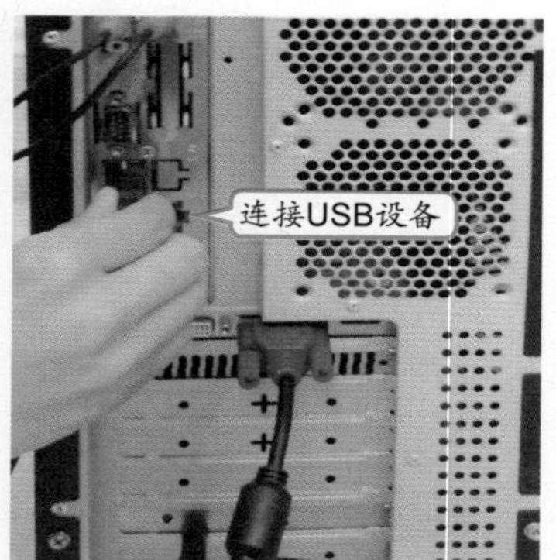

6 连接电源

最后将电源插头插入机箱上方的电源插孔内，通电后即可开机使用。

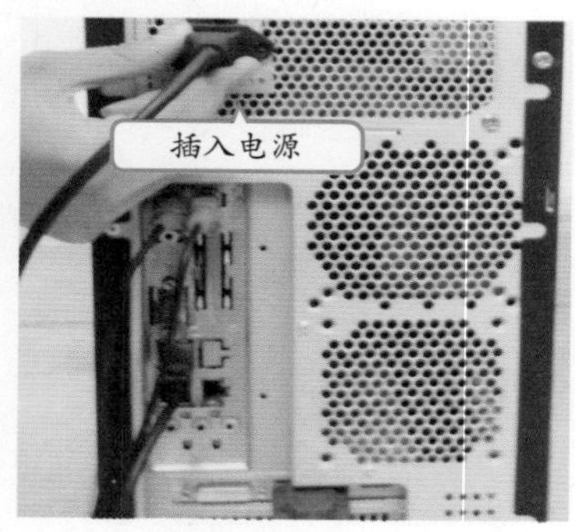

高手指点 在连接电脑的过程中，除了电源线需要最后接外，其他各设备的连接没有固定的先后顺序。

1.2　必会的电脑基本操作

老马看小李连接电脑的动作很麻利，拍拍他的肩膀说：“不错，很有潜力，想试一下电脑吗？”小李说：“当然啦，可我刚才分明按了一下开关按钮，怎么就没反应呢？是不是我给弄坏了？”老马问他按的哪里，小李指了指显示器的电源开关，老马微笑一下，说：“光按那里是没有用的，过来我教你。”

1.2.1 学习1小时

学习目标

- 学会启动和关闭电脑。
- 认识Windows XP 的工作界面。
- 学会使用鼠标操作电脑。

1 启动电脑

启动电脑需要在主机和显示器都接通电源的情况下，打开显示器电源开关并按下主机电源开关，电脑自检后会自动启动操作系统，其具体操作如下。

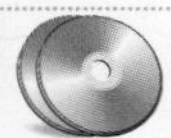

教学演示\第1章\启动电脑

1 打开显示器

接通电源后，按下显示器电源开关，打开显示器。

2 打开主机

按下主机箱前面的电源按钮打开主机。

教你一招：启动其他外设

如果电脑还配备了打印机、扫描仪等外设，在开启时，应先开启这些外设的电源，再打开主机的电源。

补充两句

显示器主要是将电脑中的信息以图文的方式输出给用户，所以即使显示器没开，只要主机开启了电脑即在运行，只是用户看不到，不能对其进行操作。

3 系统自检

主机“嘟”的一声后，显示器屏幕上将显示一些信息，表示系统开始自检。

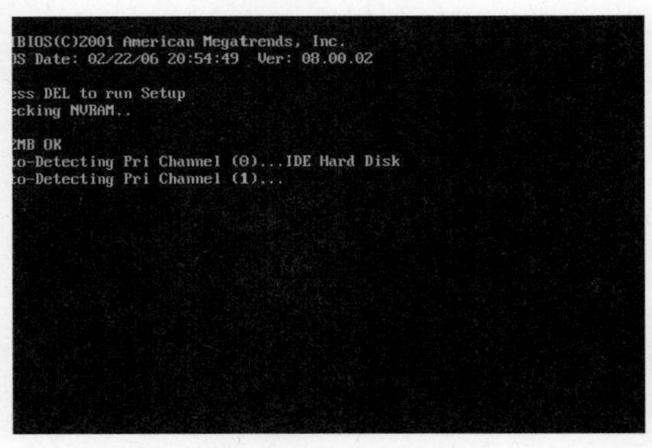

4 进入操作系统

自检完后将自动进入Windows XP的工作界面，完成电脑的启动。

2 认识Windows XP 的工作界面

启动电脑后，将进入Windows XP的工作界面，通过该界面，用户就可以操作电脑，向电脑发送命令以进行各种任务。通常Windows XP的工作界面包括桌面和任务栏，桌面由桌面图标和桌面背景组成，任务栏则包括“开始”按钮、快速启动区、任务显示区、语言栏和通知区域等，下面介绍其各自的作用。

桌面图标

桌面图标是各种程序、文件或文件夹放在桌面上的快捷方式，通过它可打开相应的程序、文件或文件夹。桌面图标包括系统图标和应用程序图标两类，如“我的电脑”、“网上邻居”和“回收站”等属于系统图标，而其他应用程序的快捷图标是用户自己添加的。

高手指点　如果电脑中有多个用户账户或设置了登录密码，登录系统时将停留在登录界面，待用户选择用户或输入正确密码后才能进入Windows工作界面。

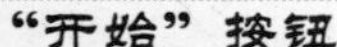

“开始”按钮

“开始”按钮是进行电脑操作的大门，单击它可弹出“开始”菜单，很多程序或命令从桌面上不一定能执行，但是都能从“开始”菜单找到并执行。

快速启动栏

用于放置应用程序的快捷图标，用户单击该栏中的图标便可快速启动相应的程序。有的程序安装后会自动在该栏中添加快捷图标，用户也可以自行对其中的图标进行添加或删除操作。当添加了多个快捷图标后，单击快速启动栏右侧的»按钮可查看未显示的图标。

任务显示区

任务显示区是任务栏的主要部分，用于显示正在执行的任务，通过此区可以在不同的任务之间进行切换。

通知区域

该区域主要用于显示后台运行的程序的图标以及当前的时间，当出现‹按钮时说明有隐藏的图标，单击它即可展开查看。

语言栏

用于切换输入法，单击图标即可弹出电脑中已经安装并添加的输入法列表，在其中选择相应的选项即可切换到该输入法。

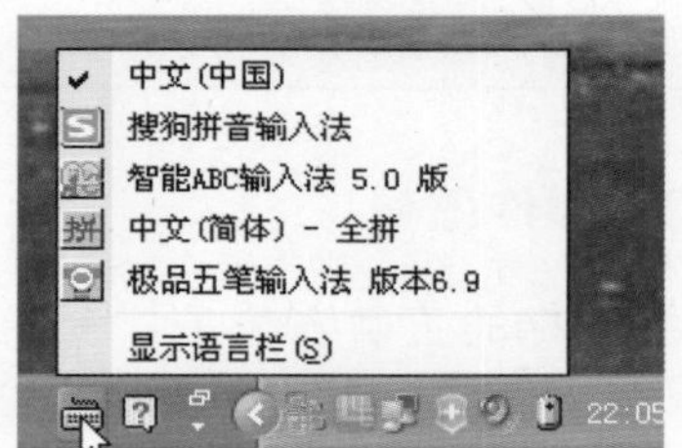

3 使用鼠标

启动电脑后，便可以对其进行操作了。操作电脑时，需要使用电脑的主要输入设备——键盘和鼠标，只有对键盘和鼠标进行熟练操作，才能更好地利用电脑进行各种操作。上面介绍的对桌面图标和任务栏对象的操作就是通过操作鼠标来完成的，下面讲解鼠标的更多作用。

（1）认识鼠标

鼠标是电脑中的重要输入设备之一，用户可通过移动鼠标快速定位鼠标光标，并通过其左、右两个键和滚轮向电脑发送各种命令。

补充两句

鼠标的类型按工作原理的不同可分为机械鼠标、光电鼠标和无线鼠标3种，但机械鼠标已经基本被淘汰。

鼠标的外形有点像老鼠，主要控制元件有左键、右键和中间的滚轮，通过操作这3个元件即可对电脑发送基本的指令。鼠标在电脑中的表现为鼠标指针，在不同的时候其形状也有所不同，常见的鼠标指针形状及其含义如下表所示。

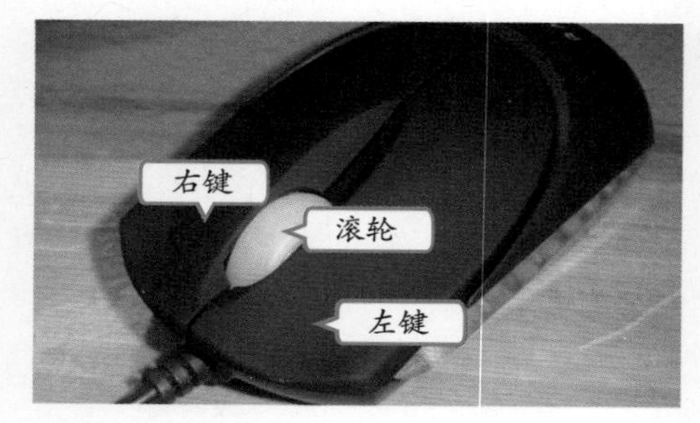

鼠标指针形状及其含义

指针形状	表示的含义
↖	鼠标光标的基本形状
↖⌛	系统正在执行某项操作，要求用户等待
+	精确定位鼠标位置
⌛	系统正处于“忙碌”状态，此时不能执行其他操作
👆	超链接选择，此时单击鼠标，将打开链接目标
↖?	选择帮助，此时单击某个对象可以得到与之相关的帮助信息
↕ ↔ ⤡ ⤢	一般出现在窗口或选中对象的边框上，此时拖动鼠标可改变窗口或选中对象的大小
✥	鼠标变为该形状时，可用鼠标对窗口或选中的对象进行移动操作

（2）操作鼠标

手握鼠标的正确姿势是：食指和中指自然放在鼠标的左键和右键上，拇指横向放在鼠标左侧，无名指和小指自然放在鼠标右侧，拇指与无名指及小指轻轻握住鼠标；手掌心轻轻贴住鼠标后部，手腕垂放在桌面上，操作时带动鼠标做平面运动。使用鼠标主要是对左键、右键及滚轮进行相应操作，通常可以对鼠标进行移动、单击、双击、右击和滚动等操作。

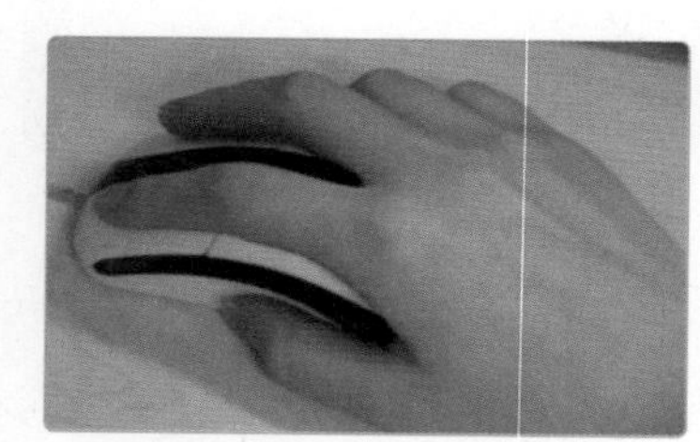

移动

移动鼠标的方法是握住鼠标，在桌面或鼠标垫上随意移动，鼠标光标会随之在屏幕上同步移动。将鼠标光标指向屏幕上的某一对象，称为定位操作，定位后一般会出现该对象相应的提示信息。

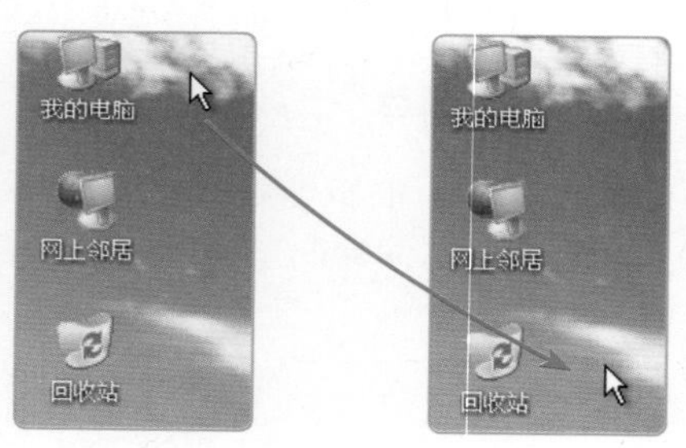

高手指点　以上是系统默认的指针形状及其含义，用户还可以自己设置不同形状代表的含义。

单击

单击是先移动鼠标，让鼠标光标指向某个对象，然后用食指按下鼠标左键后快速松开。单击操作常用于选择对象，也可用于执行某个命令，如单击开始按钮后可弹出“开始”菜单。

右击

右击是指用中指按一下鼠标右键，一般会弹出一个快捷菜单，供用户选择可进行的操作相应的命令，如右击“我的电脑”图标后弹出的快捷菜单如下。

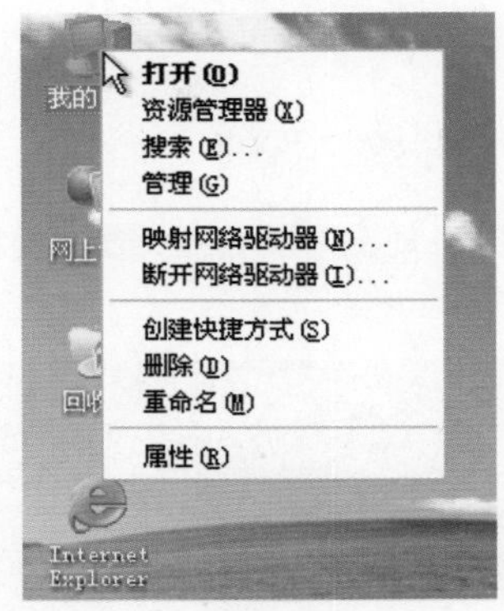

双击

双击是快速、连续地按两次鼠标左键，通常用于启动或打开某个窗口、程序或文件等。如双击“我的电脑”图标，即可打开“我的电脑”窗口。

滚动

滚动滚轮是使用食指或中指滚动中间的滚轮，用于显示窗口中其他未显示完全的部分。如在“我的电脑”窗口中滚动后可显示未显示完的对象。

教你一招：拖动鼠标

通过按住鼠标左键不放并拖动鼠标，可以实现移动对象和选择多个对象，在多个对象的空白处拖动鼠标可选择鼠标经过的所有对象，选择一个或多个对象后拖动对象到相应的位置释放鼠标，可将选择的对象移动到该位置。

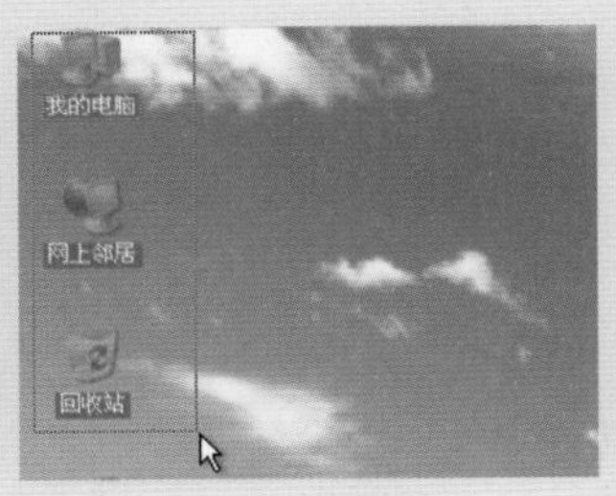

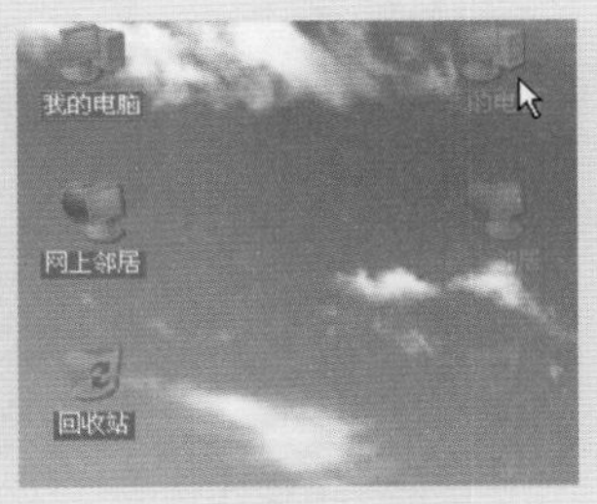

按【Shift】键或【Ctrl】键配合单击鼠标操作，可以实现选择连续或不连续的多个对象。

补充两句

第1章

4 关闭电脑

用完电脑后需要将其关闭，关闭电脑的方法不同于打开电脑，正确的关闭电脑的方法不是直接关闭电源，而是通过鼠标进行操作的，其具体操作如下。

教学演示\第1章\关闭电脑

1 单击“开始”按钮

将鼠标指针移动到任务栏的开始按钮上并单击。

2 单击“关闭”按钮

在弹出的“开始”菜单中，将鼠标移动到“关闭计算机”按钮上并单击。

3 执行关闭操作

在打开的“关闭计算机”对话框中单击中间的按钮执行关闭操作。

4 完成关闭操作

电脑将在注销后自动完成关闭操作，待完全关闭后即可断开电源。

1.2.2 上机1小时：启动电脑后清理回收站

本例将练习电脑的开机、关机以及鼠标的使用，通过开机后将回收站里的文件进行恢复和清空操作，达到练习的目的。

高手指点　在“关闭计算机”对话框中，单击按钮可将电脑转入待机节能状态，当需要时再快速恢复开机状态；单击按钮则可直接重新启动电脑。

上机目标

- 熟悉电脑的开机、关机操作。
- 巩固鼠标的基本操作。

1 开启电脑

接通电源后按下显示器和主机的电源按钮，电脑将自动启动并进入Windows XP操作系统。

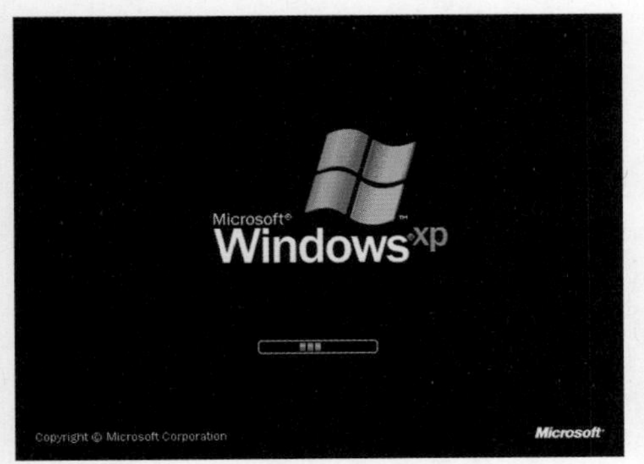

2 打开回收站

登录电脑后，双击桌面上的“回收站”图标。

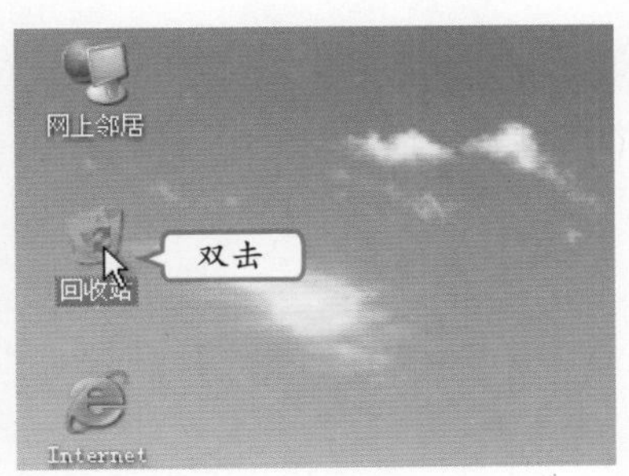

3 还原文件

在打开的“回收站”窗口中，将鼠标移动到需要恢复的文件图标上，单击鼠标右键，在弹出的快捷菜单中选择“还原”命令。

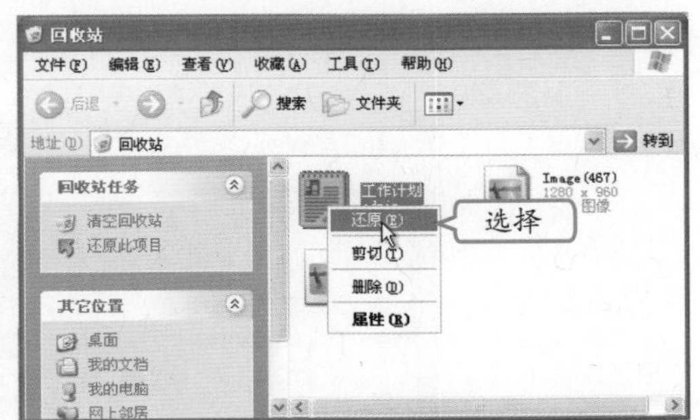

4 清空回收站

1. 单击“清空回收站”超链接。
2. 在打开的对话框中单击 是(Y) 按钮。

补充两句

在回收站中可以先选择需要删除的对象，然后单击鼠标右键，在弹出的快捷菜单中选择“删除”命令，在弹出的对话框中单击 是(Y) 按钮即可彻底删除文件。

第1章

5 关闭“回收站”窗口

完成回收站清理后，单击窗口右上角的“关闭”按钮☒关闭窗口。

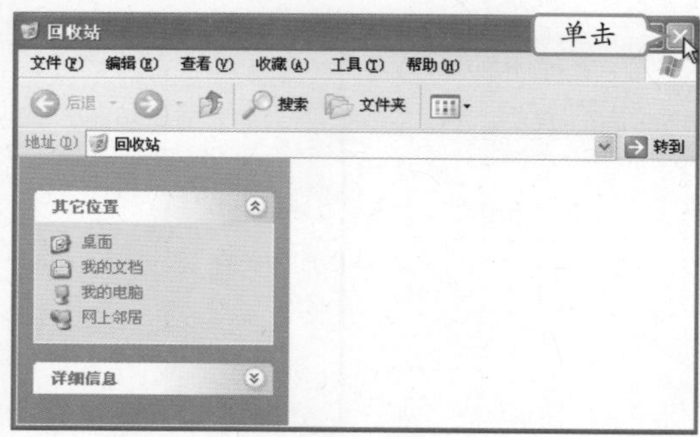

6 关闭电脑

1. 单击任务栏中的开始按钮。
2. 在弹出的“开始”菜单中单击“关闭计算机”按钮，在打开的“关闭计算机”对话框中，直接单击中间的按钮完成操作。

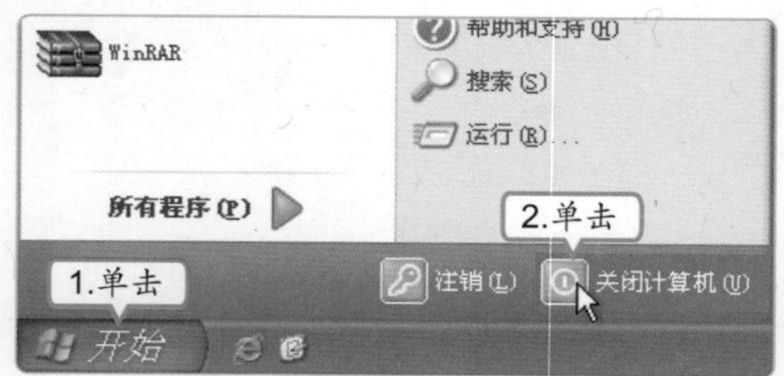

1.3 跟着视频做练习1小时：启动电脑玩游戏

小李对老马说：“原来操作电脑这么简单，鼠标的作用还真不小。”老马说：“那是当然，使用鼠标还可以玩游戏呢。”小李有些好奇，问：“游戏不是都用游戏手柄什么的吗？鼠标也可以吗？”老马说：“当然可以，要不你先玩一下简单的扑克游戏吧，顺便练练鼠标的使用。”

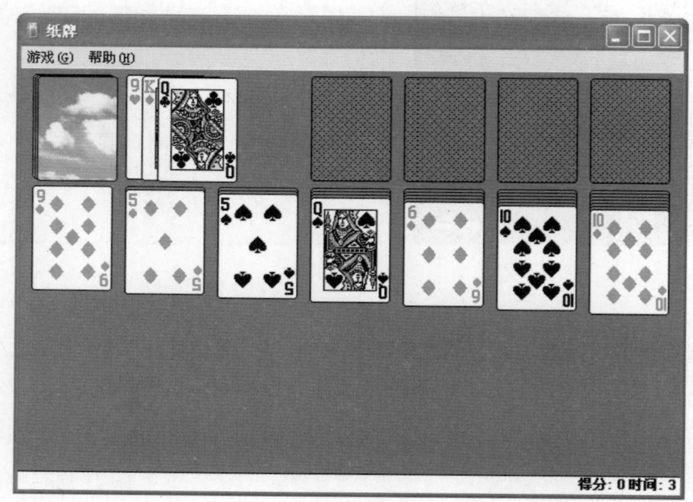

操作提示：

1. 打开电脑电源，启动电脑。
2. 单击开始按钮。
3. 在弹出的“开始”菜单中，选择【所有程序】/【游戏】/【纸牌】命令。
4. 在打开的“纸牌”游戏窗口中，通过鼠标的单击、拖动等操作进行纸牌游戏。

视频演示\第1章\启动电脑玩游戏

高手指点 除了纸牌外，还可以选择空当接龙、扫雷和红心大战等其他游戏，其中前面有Internet标识的需要联网后才能玩。

1.4　秘技偷偷报

这几小时的学习下来，小李对电脑产生了很大的兴趣，他觉得自己应该买一台电脑，于是问老马："我想买台电脑，你帮我建议一下该买什么样的配置？"老马说："那得看你用来做什么了。"小李问："电脑也分用途吗？"老马说："那当然了，干脆我给你透露点选电脑的技巧吧，顺便告诉你一些学习电脑的技巧。"

1 怎样才能学好电脑

初学者不应把电脑看得过于神秘，许多人认为电脑深奥难懂，其实电脑"深奥难懂"只是指其制造工艺复杂、工作原理深奥，但这与使用者无关，我们不必去了解它复杂的内部结构和工作原理也能熟练地掌握电脑。

注重实践

"实践出真知"，勤于动手是学习电脑最重要的方法，只有不断地实践，才能快速提高操作电脑的水平。

善用帮助信息

电脑并非一个"死物"，它也懂得与用户交流，如内存不足、操作错误，它都会告诉用户应该怎么做。因此不要只顾着操作电脑，而不管电脑的反应，首先应看看电脑提示些什么，再按提示操作。另外，对于初学者来说，电脑帮助系统也是一位好老师，遇到不懂的地方，只要按【F1】键，就会获得相关的帮助信息。

拓宽知识面

经常阅读电脑报刊、杂志，是拓宽知识面的有力武器。长期的积累会让你受益匪浅，而且让你时刻了解电脑技术的前沿信息。

胆大心细

初次使用电脑，许多人总担心一不小心就把电脑弄坏了，其实这种担心是不必要的，因为电脑具有提示功能，当用户进行了错误的操作时，它会用声音或文字来提示，这时根据电脑提示进行操作即可。因此，你可以放心地进行各种操作，而不必担心电脑被损坏。

2 意外情况如何关闭电脑

遇到意外情况时，不要手忙脚乱，应根据具体情况予以应对。如使用电脑过程中突然鼠标不能动了，且不能进行任何操作，这就是所谓的"死机"；还有电压不稳定导致电脑不断自动重启，这时要关闭电脑就不能通过"开始"菜单来实现了。此时可以先按主机电源片刻，待机箱指示灯熄灭后再关闭显示器的电源，若有打印机或其他外部设备，则先关闭打印机或其他外部设备的电源，再关闭显示器的电源。

3 选购电脑注意事项

选购电脑时，不应一味追求高配置或低价格，应该根据实际情况，从各方面考虑权衡，主要可参考以下几点。

补充两句

目前世界上两个最大的CPU芯片生产厂商是Intel（英特尔）公司和AMD（超微）公司。

第1章

按照需要选购电脑

如果需要进行多媒体图像和视频处理，需要选购一台显示性能较高、运行速度较快的电脑；如果只进行打字、上网和文字处理等简单的操作，那么一台低端配置的电脑就可以满足需要了。

最高的性价比考虑

选购电脑时，不能一味追求低价格或者高性能，因为电脑是由很多零部件组成的，其中一个部件工作不稳定，那么整台电脑就会受到影响，而太高性能对于很多人来说也是浪费，不能充分发挥其特性。因此在选购时最好能选购知名厂商的品牌部件，当然，价格也会适当地贵一些。所以我们需要在高性能的品牌部件和较低的价格之间找到一个平衡点，这就是“性价比”。

注重质保和售后服务

电脑的售后服务相当重要，在选购电脑的零部件时，要注意销售商提供的售后服务是否周到。在价格和性能差不多的情况下，应选购质保期较长的产品。

不购买假货和水货

假货和水货部件都有一个共同点，就是价格比市面上的同类产品便宜。不过千万不能贪图便宜而购买这类产品，因为这类产品没有任何的售后服务，产品的质量得不到保证。

读书笔记

高手指点　水货指在某国家或地区没有经过原生产厂家所指定的销售代理而进行销售的产品，水货并不是假货，但其没有质保。现在手机等电子产品的水货尤为泛滥。

第2章

轻松畅游Windows XP

老马看着小李对电脑有了一定的了解，又对电脑的开、关机等基础操作熟练之后，对小李说："我来教你一些电脑的基本操作和设置用户账户的方法吧，这些也是学习电脑时一定要掌握的操作。"小李不好意思地挠挠头："老马真是麻烦你了，我会认真学习的。"老马轻松地笑着说："没事，我会讲详细些，让你能更快、更好地掌握和使用Windows XP。下面我们就开始学习Windows XP的基本操作吧！"

3小时学知识

- 简单的Windows XP基本操作
- 快速设置Windows XP
- 多用户账户设置

4小时上机练习

- 操作多个窗口
- 设置个性化电脑系统
- 新建并设置账户
- 设置桌面背景和图标
- 修改账户密码和名称

2.1 简单的Windows XP基本操作

小李听到老马说要教自己Windows XP的基本操作很好奇，于是就问老马Windows XP的基本操作有哪些。老马知道了小李的疑问后说："Windows XP的基本操作主要是对窗口、对话框和菜单以及启动和关闭应用程序的操作，知道这些操作就能玩转Windows XP了。"小李兴奋地说："那老马你快教教我啊。"

2.1.1 学习1小时

学习目标

- 熟练掌握窗口的基本操作方法。
- 掌握菜单和对话框的操作方法。
- 学会启动和关闭应用程序的方法。

1 窗口的基本操作

Windows XP是一款视窗操作系统，最能体现其特点的即是Windows XP中的窗口概念。Windows XP中的很多操作都需要在窗口中完成，下面将详细讲解窗口的相关操作。

（1）认识窗口

不同的窗口中包括的内容不同，但它们大体上都是由标题栏、菜单栏、工具栏、地址栏、窗口工作区、状态栏和任务窗格等部分组成，如下图所示为"控制面板"窗口。

标题栏

位于窗口的最上方，其左侧可显示当前窗口的名字，右侧的▭、▭和☒按钮可完成窗口的最小化、最大化和关闭操作。

菜单栏

位于标题栏下方，它由多个菜单项组成，单击菜单项，在其下方将弹出相应的菜单，在菜单中选择相应的命令可对窗口中的对象执行指定命令。

高手指点　除了系统自带的一些窗口外，还有软件窗口，即启动软件时打开的窗口，每个软件窗口的组成可能有所差异，但主要结构也与系统自带的窗口类似。

工具栏

工具栏位于菜单栏下方，主要列出常用命令的按钮。使用时只需单击工具栏中的按钮即可快速应用相应的命令，以提高工作效率。

地址栏

地址栏位于工具栏下方，用于显示当前窗口的路径，单击其右侧的▾按钮，可在弹出的下拉列表中选择需打开的窗口。

任务窗格

位于窗口工作区的左侧，其中包括系统任务、其他位置和详细信息，单击窗格中的超链接，即可执行相应的命令。

工作区

窗口工作区位于工具栏下方，同时它也是窗口中最大的区域，主要用于显示操作对象及操作结果。窗口中的内容会因为窗口类型的不同而变化。

状态栏

状态栏位于窗口的最下方，在其中将以文字的形式显示当前的相关操作。

教你一招：显示状态栏

如果打开的窗口中没有显示状态栏，可选择【查看】/【状态栏】命令将其显示出来。

（2）操作窗口

对窗口的基本操作是一定要掌握的，窗口的实际相关操作主要包括移动窗口、改变窗口大小、切换窗口和关闭窗口等，下面将对这些操作进行讲解。

移动窗口

在实际操作电脑时，经常会同时打开多个窗口。这时很可能出现其中一个窗口遮盖住其他窗口内容的情况，处理这种情况的方法很简单，只需移动窗口即可。移动窗口的方法是：将鼠标光标移动到该窗口的标题栏上后，按住鼠标左键不放拖动窗口，到适当位置后释放鼠标。

改变窗口大小

当窗口充满这个屏幕后，为了操作方便，用户可以根据需要调整窗口大小。改变窗口大小的方法是：将鼠标光标移至窗口的四边，当鼠标光标变为↕或↔形状时，按下鼠标左键不放进行拖动可改变窗口的宽度或高度；将鼠标光标移至窗口的四角，当鼠标光标变为↘或↙形状时，按住鼠标左键不放进行拖动即可同时改变窗口的高度和宽度。

在滑块和滚动条之间的灰色区域单击，滑块将按所选择的方向移动一页。

补充两句

切换窗口

不管用户打开了多少窗口，当前活动窗口都只有一个，用户的所有操作都只能针对当前窗口进行。切换当前窗口可按【Alt+Tab】键，弹出任务切换栏，按住【Alt】键不放的同时，每按一下【Tab】键即可切换至下一个窗口图标，当切换到需要的窗口时释放按键即可。

关闭窗口

对于无须进行操作的窗口可以将其关闭，方法有3种：单击窗口标题栏右侧的☒按钮；在窗口中选择【文件】/【关闭】命令；或是在状态栏任务按钮区相应的窗口按钮上单击鼠标右键，在弹出的快捷菜单中选择“关闭”命令。

2 操作菜单和对话框

Windows XP中很多操作都是通过菜单命令和对话框设置完成的，下面将简单地对菜单和对话框的操作方法进行讲解。

（1）操作菜单

Windows XP的操作有很多，它们都是被集成在一个个菜单中的，不同的菜单，其下的操作命令都不相同。使用菜单的方法是在窗口中选择菜单栏中的菜单命令。部分菜单命令后方显示有快捷键，使用这些快捷键的效果和选择菜单命令的效果相同。

此外，还有一种较特殊的菜单——快捷菜单。它的作用是集合了最常用的命令，方便用户进行操作。右图为使用鼠标右键单击桌面空白处出现的快捷菜单。

操作提示：菜单的相关操作

在一些菜单后有▸标记，选择该命令后将弹出子菜单，在弹出的子菜单中可对所选命令进行更细致的操作。

高手指点

切换窗口还可以通过在任务栏中直接单击需要切换到的窗口图标按钮或单击要切换到的窗口的可见部分两种方法实现。

（2）操作对话框

在选择某些命令后，系统将打开一个与窗口外形相似的对话框，在其中进行不同的设置可对操作结果进行控制，也就是说通过对话框，用户可以告诉系统该如何完成操作。根据执行命令的不同，弹出的对话框中的内容也各不相同，下面将对对话框中常用的选项进行讲解。

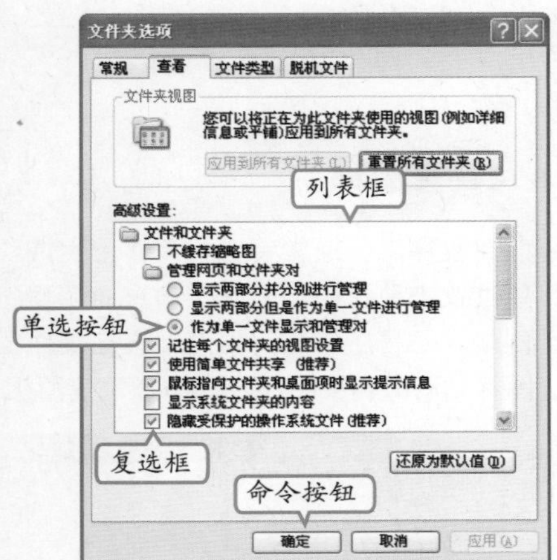

选项卡

当对话框中的设置内容较多时，为操作方便将按类别将内容分布在几个选项卡中，选择对应的选项卡即可对该选项卡中包含的内容进行设置。

列表框

列表框主要用于方便用户选择某个或多个选项。当列表框中的内容过多时，可以拖动其右侧的滚动条，来查看看未显示出来的内容。

下拉列表框

单击下拉列表框右侧的▾按钮，可在弹出的下拉列表中选择所需的选项。

单选按钮

单选按钮具有排他性，也就是说在同一选项中只允许选中一个单选按钮。当选中单选按钮时，在单选按钮前的小原点为◉状；当没有选中单选按钮时，小圆点则为○状。

命令按钮

命令按钮也就是按钮，按钮的外观都为一个矩形块，单击相应的命令按钮即可执行相应的操作。如单击 确定 按钮将执行设置的操作。

复选框

复选框主要用于同时选中多个选项，一般用于较精细的并列选择。

数值框

主要用于输入具体数值，单击其右侧⬍按钮的向上或向下的箭头，可通过固定步长来调整数值大小。

操作提示：命令按钮的相关操作

部分命令按钮上按钮名称后方有省略号，这表示单击该按钮后将打开对应对话框。

补充两句

单击 应用(A) 按钮，可在不关闭对话框的情况下运行设置，单击该按钮可方便对对话框的设置内容进行修改。

第2章

3 启动和退出应用程序

使用电脑就需要使用到应用程序，应用程序是带特殊功能的程序的总称，它们能完成几乎所有的事，如游戏、画画等。想要使用应用程序就必须先学会启动和退出应用程序的方法。尽管应用程序的作用和界面有所不同，但它们的操作方法基本相同，下面将详细进行讲解。

（1）启动应用程序

应用程序主要是通过开始菜单和使用快捷方法打开，下面将分别对其进行讲解。

通过“开始”菜单

单击开始按钮，在“开始”菜单中选择“所有程序”命令，在其中选择引用程序即可打开相应的应用程序。如这里选择“附件”命令并选择“记事本”命令，即可打开“记事本”程序。

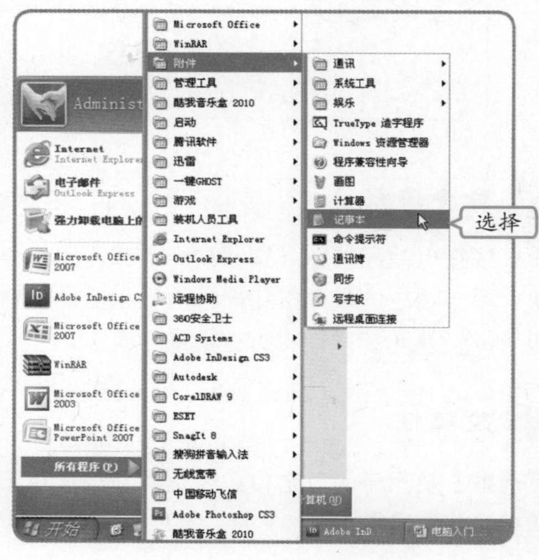

通过快捷图标

在安装应用程序时，通常都会在桌面上生成快捷图标，通过双击快捷图标即可启动该应用程序。需注意的是，不是所有应用程序都会在桌面上生成快捷图标，此时需要用户自动添加快捷图标。

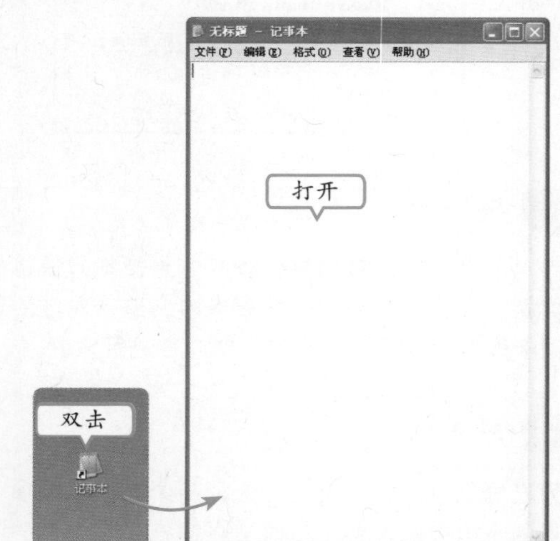

（2）关闭应用程序

使用完应用程序，就可以将其关闭。关闭应用程序的方法有多种，下面介绍常用的几种。

通过标题栏按钮

单击标题栏右边的☒按钮，即可关闭应用程序。

高手指点 快捷方式的图标与普通图标有所不同，其左下方有↗标志，而普通图标没有。

使用退出命令

在应用程序窗口中选择【文件】/【退出】或【文件】/【关闭】命令。

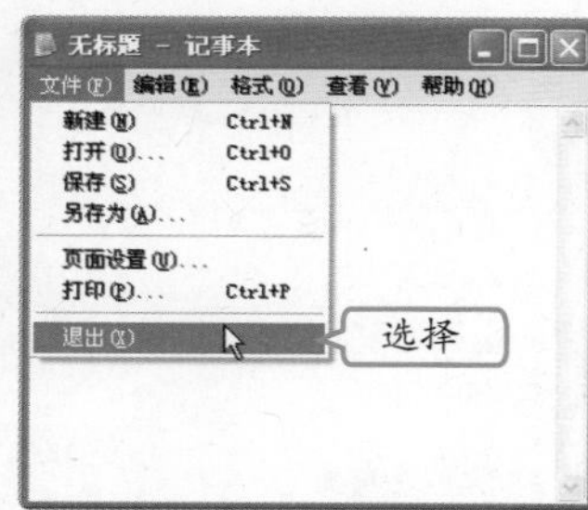

使用快捷菜单

在应用程序标题栏上单击鼠标右键，在弹出的快捷菜单中选择“关闭”命令。

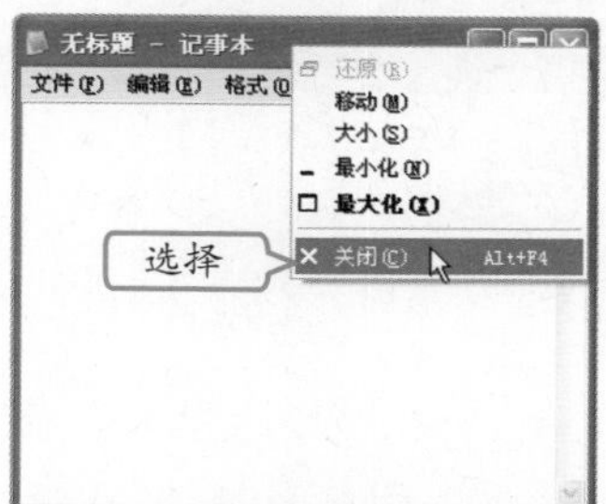

2.1.2 上机1小时：操作多个窗口

本例将打开两个文档并进行对比浏览，通过练习将会更加熟悉切换窗口的操作以及启动和关闭程序的方法。

上机目标

- 熟练使用菜单的方法。
- 掌握启动应用程序和对比浏览的方法和作用。

实例素材\第2章\美文CN、美文EN
最终效果\第2章\美文CN.txt
教学演示\第2章\操作多个窗口

1 启动“记事本”程序

单击“开始”按钮，在“开始”菜单中选择【所有程序】/【附件】/【记事本】命令。

2 选择“打开”命令

在打开的“无标题 - 记事本”窗口中的菜单栏中选择【文件】/【打开】命令。

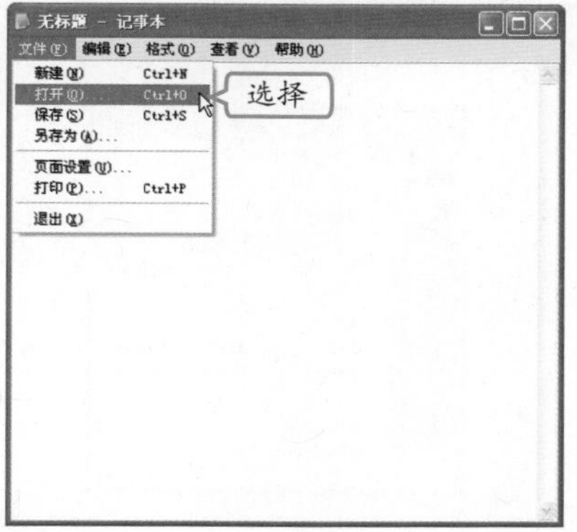

在使用一般操作时，按【Ctrl+O】键也可以打开“打开”对话框。

补充两句

3 打开文档

1. 在打开的“打开”对话框中选择“美文CN”文件。
2. 单击打开(O)按钮。

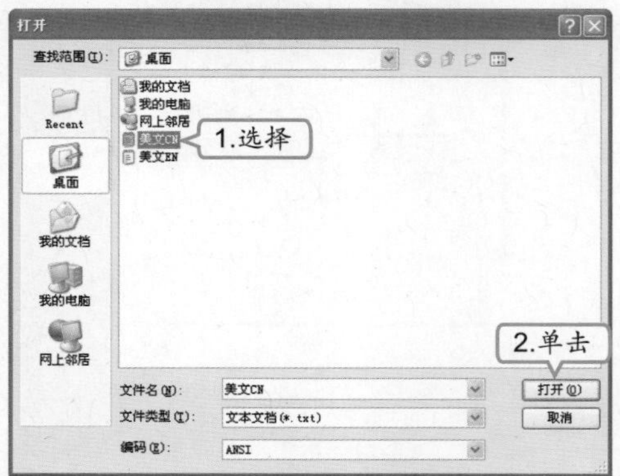

4 继续打开文档

使用相同的方法打开“美文EN”文件，使两个文档都显示在桌面。

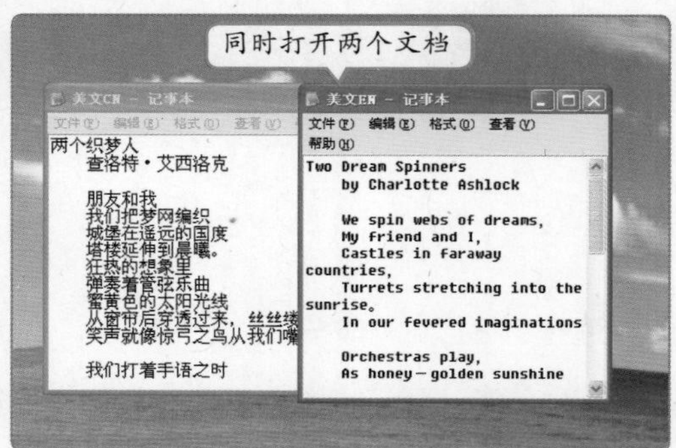

5 复制文字

按【Ctrl+A】键，选择全文。再选择【编辑】/【复制】命令。

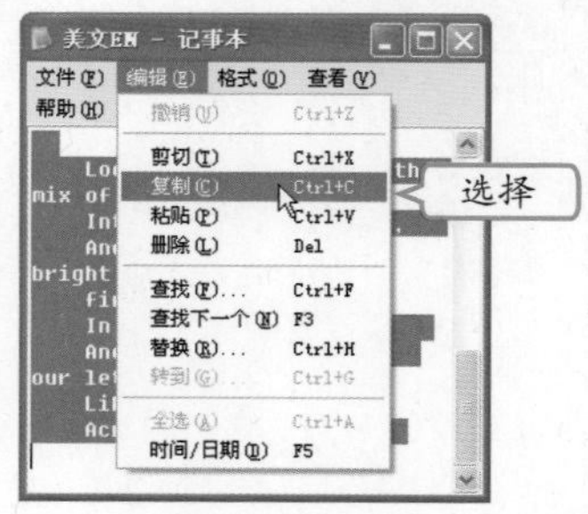

6 切换窗口

单击“美文CN - 记事本”窗口标题栏，将其设为当前窗口。

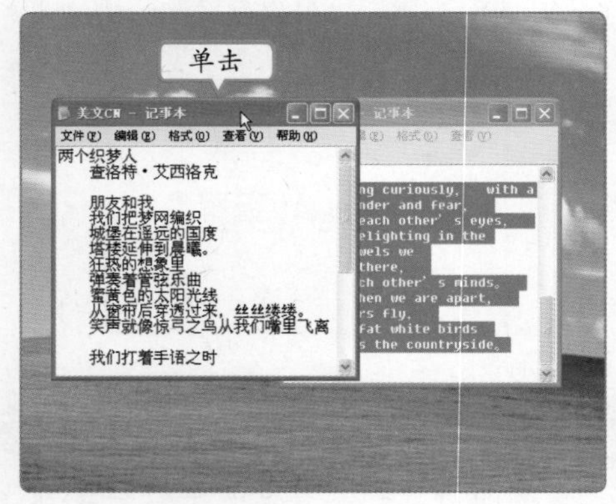

7 粘贴文字

按【Ctrl+End】键，再选择【编辑】/【粘贴】命令，粘贴复制的文字。

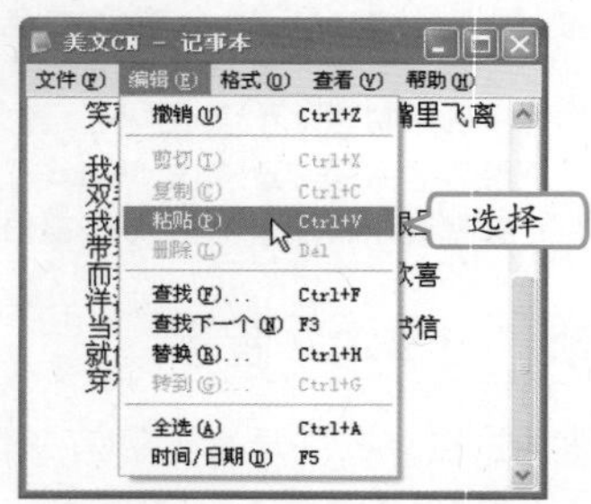

8 保存文档

选择【文件】/【保存】命令，保存文档，最后单击窗口右上角的☒按钮。

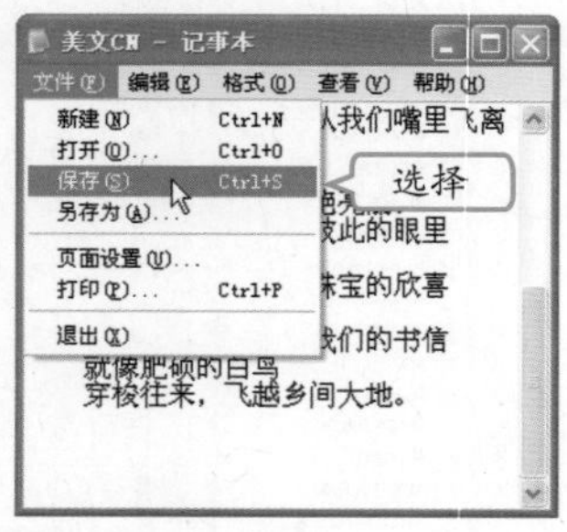

高手指点 本例中讲解的复制、粘贴操作将在后面的章节中进行详细的讲解。

2.2　快速设置Windows XP

看着小李Windows XP的基本操作都熟练后，老马又对小李说："小李，想不想使自己的电脑看起来更漂亮啊？"小李一听来了精神："好啊，我听说电脑城有卖美化电脑的贴纸，我们去买些回来吧！"老马拍着小李的肩膀说："我说的是美化Windows XP的界面，不是电脑外观。"小李不好意思的说："呵呵，我什么都不懂，你可得多教教我。"

2.2.1 学习1小时

学习目标

- 掌握设置桌面、图标的方法。
- 掌握设置任务栏、屏幕保护程序的方法。
- 学会设置声音和时间的方法。

1 设置桌面背景

桌面背景是屏幕上最大的区域，将其设置为自己喜欢的背景图案，能够使操作电脑时有愉快的心情。下面就将讲解设置桌面背景的方法，其具体操作如下。

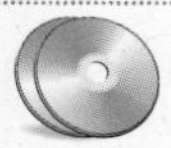

教学演示\第2章\设置桌面背景

1 选择"属性"命令

在桌面空白处单击鼠标右键，在弹出的快捷菜单中选择"属性"命令，打开"显示 属性"对话框。

操作提示：设置其他桌面

除了系统预设的图片外，还可以单击浏览(B)...按钮，在打开的"浏览"对话框中选择需设置的图片。

2 设置桌面背景

1. 在打开的"显示 属性"对话框中选择"桌面"选项卡。
2. 在"背景"列表框中选择喜欢的图片，这里选择Bliss选项。
3. 单击确定按钮。

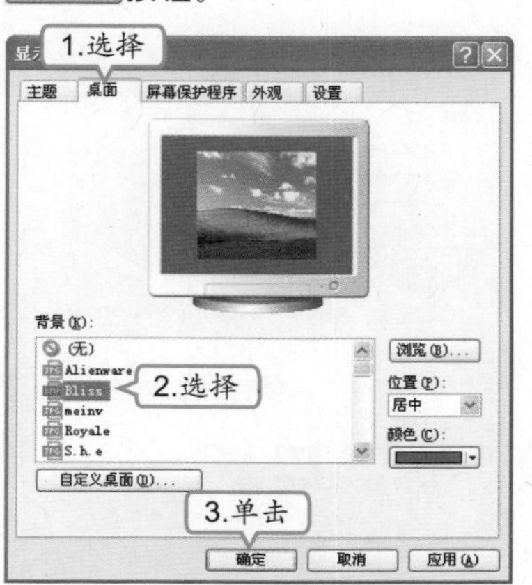

补充两句：对电脑操作界面的外观设计基本都是在"显示 属性"对话框中进行的。

2 设置桌面图标

Windows XP默认的桌面图标样式比较单一，为了增加电脑界面的美观程度，用户可自定义设置桌面图标。下面以设置“我的电脑”图标为例进行讲解，其具体操作如下。

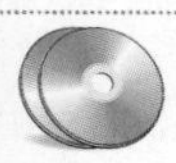

教学演示\第2章\设置桌面图标

1 打开“桌面”选项卡

1. 在桌面空白处单击鼠标右键，在弹出的快捷菜单中选择“属性”命令，打开“显示 属性”对话框，选择“桌面”选项卡。
2. 单击 自定义桌面(D)... 按钮。

2 选择需设置的图标

1. 打开“桌面项目”对话框，在中间的列表框中选择“我的电脑”选项。
2. 单击 更改图标(H)... 按钮。

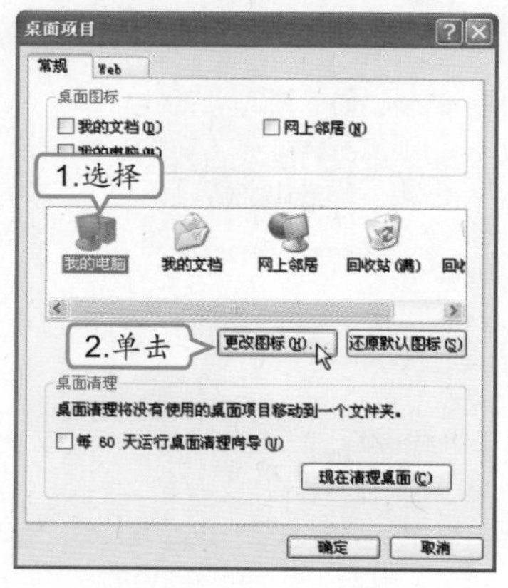

3 选择需设置图标

1. 在打开的“更改图标”对话框的列表框中选择需要的图标，这里单击●图标。
2. 单击 确定 按钮。

4 查看效果

依次在返回的对话框中单击 确定 按钮，返回桌面即可查看设置后的效果。

高手指点 现在很多网站都会提供漂亮的主题包，方便用户快速地设置桌面。

3 设置任务栏

设置美观的图标，桌面会消耗过多的电脑资源，有时为了加快电脑的运行速度可对任务栏进行设置。下面将讲解设置任务栏的方法，其具体操作如下。

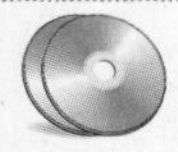

教学演示\第2章\设置任务栏

1 选择“属性”命令

在任务栏空白处单击鼠标右键，在弹出的快捷菜单中选择“属性”命令，打开“任务栏和[开始]菜单属性”对话框。

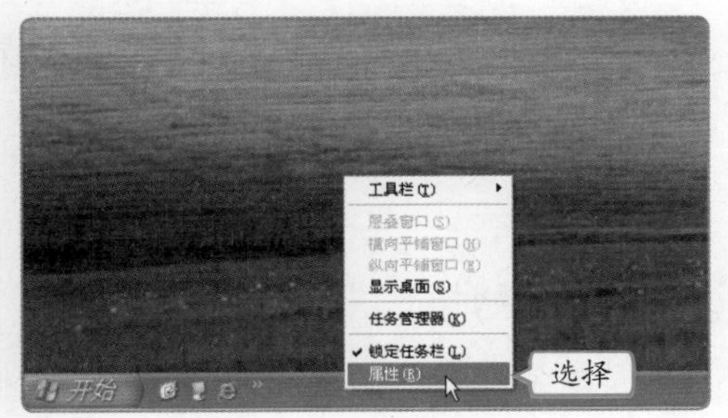

2 以经典菜单样式显示

1. 选择“[开始]菜单”选项卡。
2. 选中“经典[开始]菜单”单选按钮。

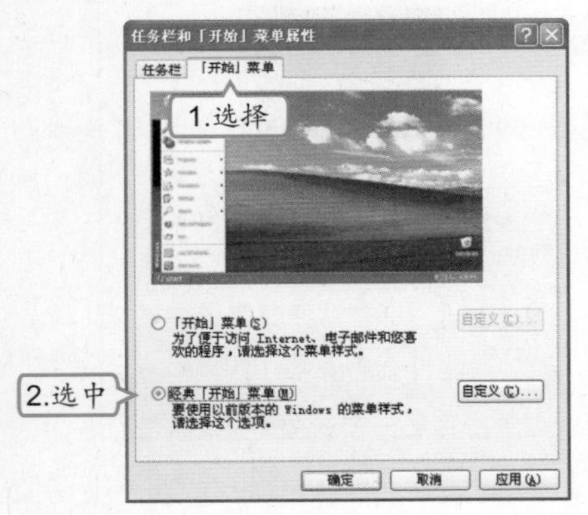

3 设置任务栏样式

选择“任务栏”选项卡，在其中选中“分组相似任务栏按钮”复选框，单击 确定 按钮。

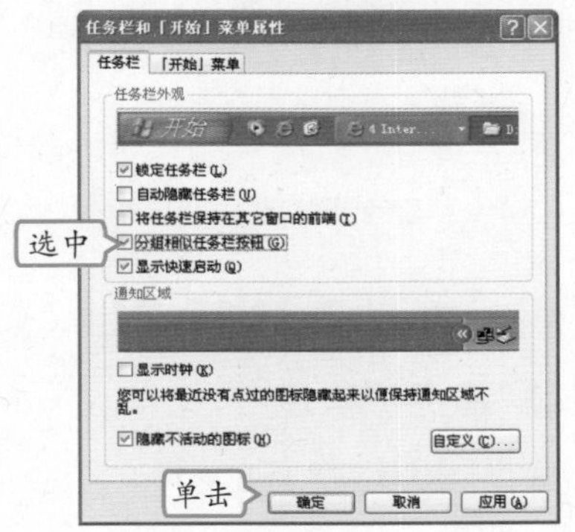

4 查看设置效果

单击 开始 按钮，即可查看已设置的任务栏。

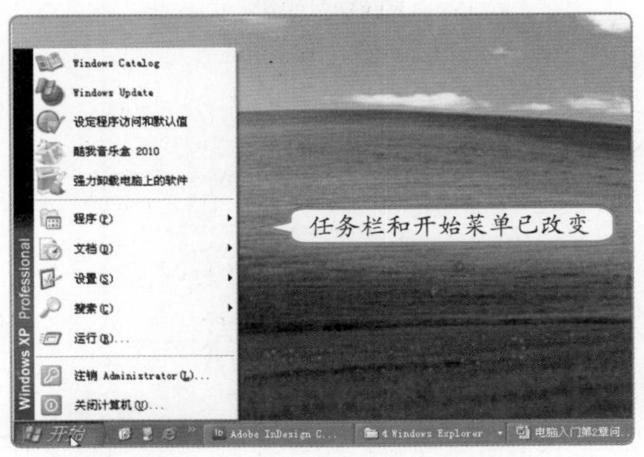

4 设置屏幕保护程序

屏幕保护程序是为了保护电脑屏幕而设计的程序，设置屏幕保护程序后，当电脑一段时间没有进行任何操作时，电脑将自动运行屏幕保护程序。下面讲解设置屏幕保护程序的方法，其具体操作如下。

补充两句：单击“[开始]菜单”和“经典[开始]菜单”单选按钮后的 自定义(C)... 按钮会弹出不同的对话框。

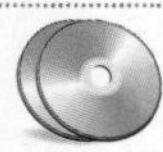

教学演示\第2章\设置屏幕保护程序

第2章

1 打开“屏幕保护程序”选项卡

在桌面空白处单击鼠标右键，在弹出的快捷菜单中选择“属性”命令，打开“显示 属性”对话框，选择“屏幕保护程序”选项卡。

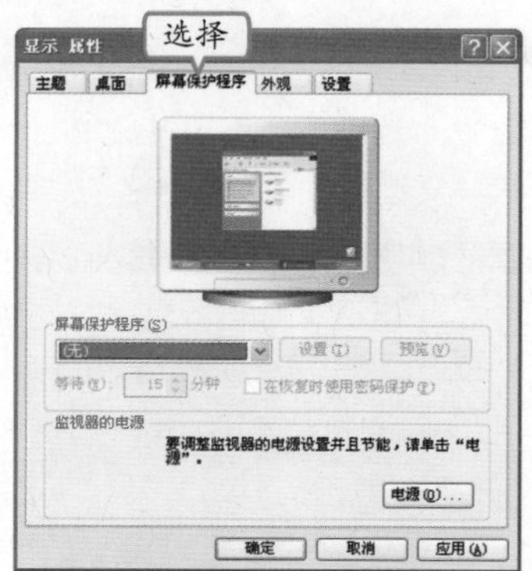

2 选择屏幕保护程序

1. 在“屏幕保护程序”下拉列表框中选择“三维飞行物”选项。
2. 单击 设置(T) 按钮。

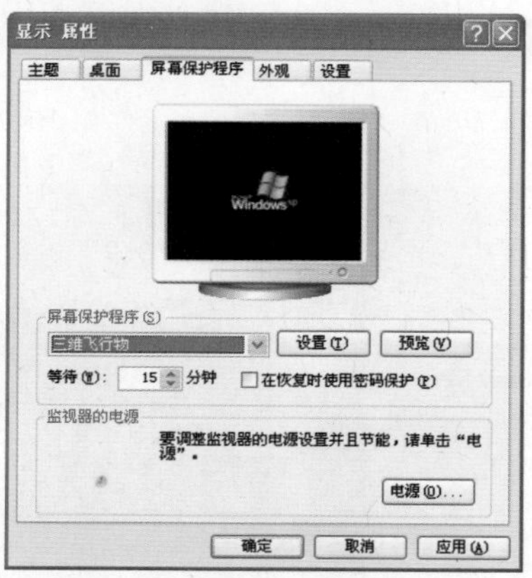

3 设置三维字体

1. 打开“三维飞行物设置”对话框，在“样式”下拉列表框中选择“两条彩带”选项。
2. 单击 确定 按钮。

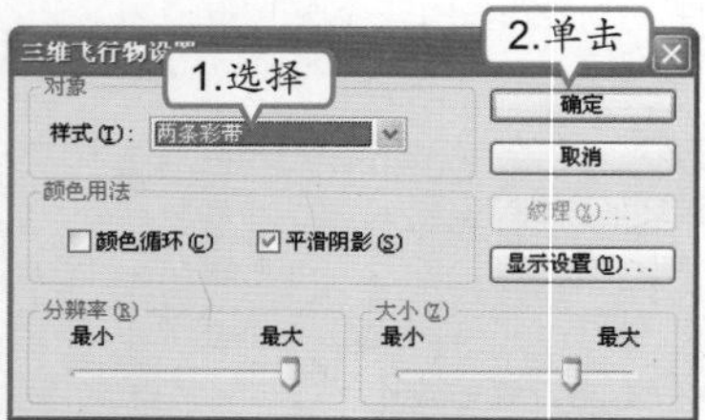

4 设置屏保时间

1. 在“屏幕保护程序”选项卡的“等待”数值框中设置屏幕保护等待时间，这里输入“30”。
2. 单击 确定 按钮。

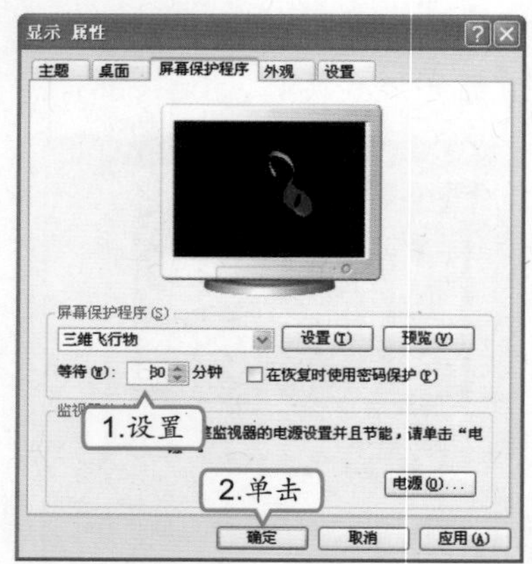

操作提示：浏览屏幕保护程序

在“屏幕保护程序”选项卡中单击 预览(V) 按钮即可预览设置好的屏幕保护程序。

5 设置声音和时间

在操作电脑时，经常会遇到需要设置声音和修改时间的情况，这是电脑操作中必须掌握的操作之一，下面将详细进行讲解。

高手指点

在本例设置后，若是30分钟后没对电脑进行任何操作将自动运行屏幕保护程序。

（1）设置声音

为了避免打搅他人，有时需要调整电脑的声音。

可以通过对音箱、耳机的音量进行调节，还可以通过电脑进行设置。设置声音的方法非常简单，只需单击任务栏提示区中的按钮，在展开的提示区中双击图标，在打开的“音量控制”对话框中使用鼠标拖动相应选项中的滑块即可。

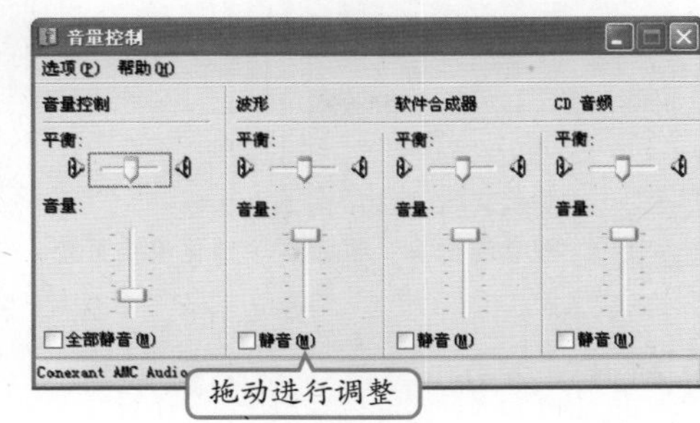

（2）设置时间

有时会因为一些人为原因需要修改电脑的时间，使其与生活中的日期和时间保持一致。下面设置电脑时间为2011年3月10日，其具体操作如下。

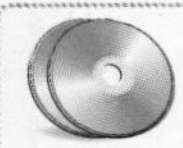

教学演示\第2章\设置时间

1 打开“日期和时间 属性”对话框

双击任务栏提示区中显示的时间，即可打开“日期和时间 属性”对话框。

2 设置时间

1. 在“日期”栏中的第1个下拉列表框中选择“三月”选项，在其下方的列表框中选择10选项。
2. 单击 确定 按钮即完成操作。

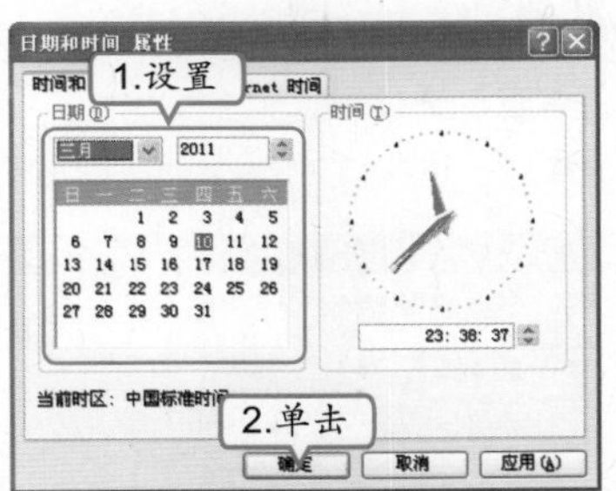

2.2.2 上机1小时：设置个性化电脑系统

本例将对电脑系统进行设置，主要包括对时间、桌面和图标的设置，其具体操作如下。

在“日期和时间 属性”对话框的“时间”栏的数值框中输入数值即可设置电脑的时间。

补充两句

上机目标

- 巩固设置桌面、图标的方法。
- 熟练设置时间的方法。

实例素材\第2章\海滩.jpg
教学演示\第2章\设置个性化电脑系统

1 打开“显示 属性”对话框

在桌面空白处单击鼠标右键，在弹出的快捷菜单中选择“属性”命令，打开“显示 属性”对话框。

2 设置桌面

1. 选择“桌面”选项卡。
2. 单击 浏览(B)... 按钮。

3 选择图像

1. 打开“浏览”对话框，在列表框中选择“海滩.jpg”文件。
2. 单击 打开(O) 按钮。

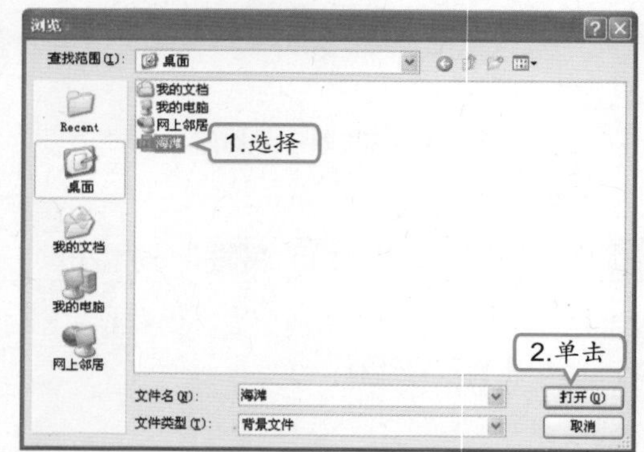

4 设置桌面位置

1. 在“位置”下拉列表框中选择“居中”选项。
2. 单击 自定义桌面(D)... 按钮。

高手指点 用来作为背景的图像应该选择大而清晰的图片，可以选择一些绿色植物的图像作为桌面背景。

5 更改图标

1. 在打开的“桌面项目”对话框中选择列表框中的“我的文档”选项。
2. 单击[更改图标(H)...]按钮。

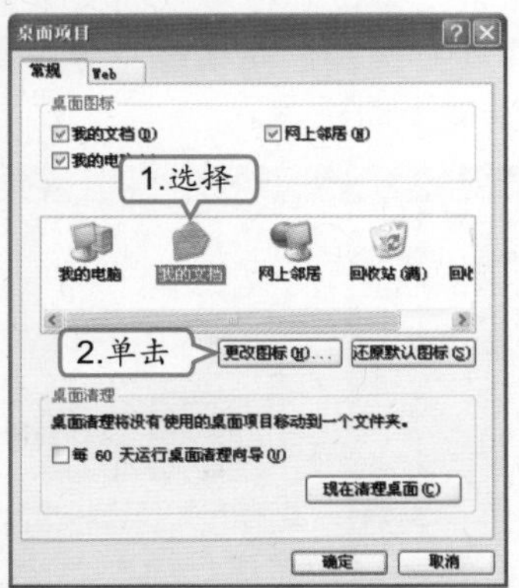

6 选择图标样式

1. 打开“更改图标”对话框，在中间的列表框中选择第2个图标。
2. 单击[确定]按钮，在返回的对话框中依次单击[确定]按钮。

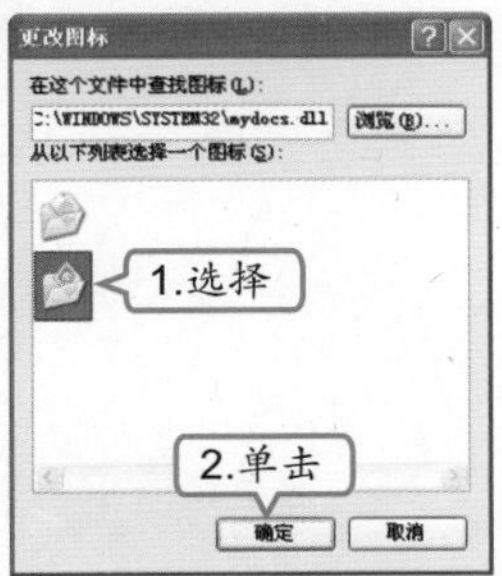

7 设置时间

1. 双击任务栏提示区中显示的时间，打开“日期和时间 属性”对话框，在“日期”栏的第1个下拉列表框中选择“九月”选项。
2. 在“时间”栏的数值框中输入“12:40:24”。
3. 单击[确定]按钮。

操作提示：图标的操作技巧

在“更改图标”对话框中单击[浏览(B)...]按钮，可在打开的对话框中选择Windows XP自带的图标以外的图标。

此外，单击[应用(A)]按钮，可在不关闭对话框的情况下使电脑执行当前设置。

2.3 多用户账户设置

这天老马看着小李苦着一张脸就问：“小李，干嘛一张苦瓜脸啊！”小李一看是老马来了就说：“唉，小侄子到我家玩，把我的电脑弄得乱七八糟的，我都不知道怎么办。”老马笑着说：“你在电脑上再创建一个用户就好了啊！先别吃惊，现在教你怎么设置。”

2.3.1 学习1小时

学习目标

- **掌握创建设置用户账户的方法。**
- **掌握删除用户和切换用户的方法。**

若是需要调整时区，可在“日期和时间 属性”对话框的“时区”选项卡中进行设置。

补充两句

1 新建用户账户

在一台电脑中进行多用户操作，首先应新建用户账户，方法为：选择【开始/【控制面板】命令，在打开的“控制面板”窗口中单击“用户账户”超链接，打开“用户账户”窗口，单击“创建一个新户”超链接，打开“为新账户起名”窗口，在中间的文本框中输入新账户的名称，单击 下一步(N) > 按钮。在打开的“挑选一个账户类型”对话框中选中“计算机管理员”或“受限”单选按钮，单击 创建帐户(C) 按钮即可，如下图所示。

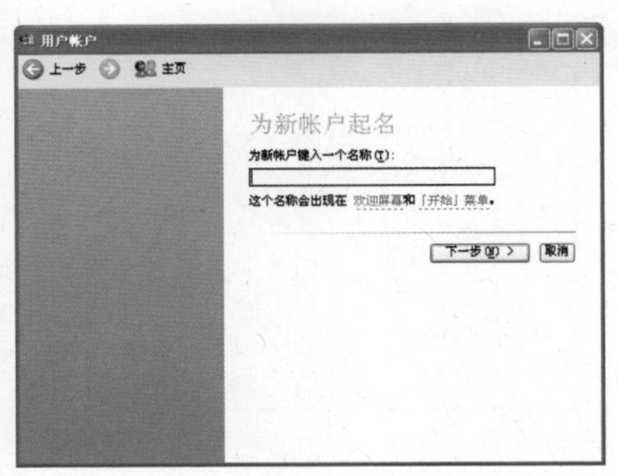

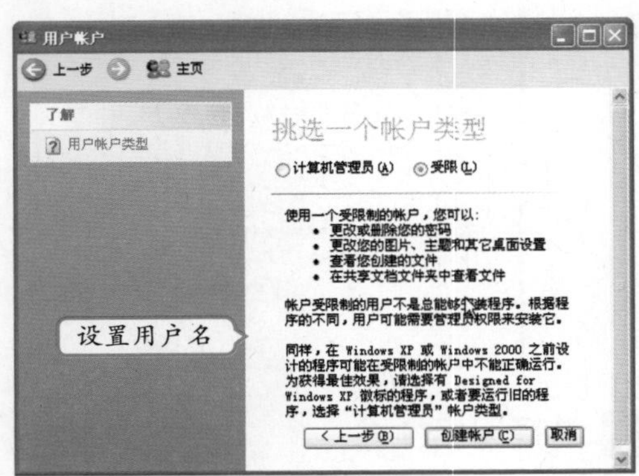

2 更改用户账户名称或头像

创建用户账户后若是对账户的名称和头像不满意可随时进行更换。改变用户头像和用户账户名称的方法基本相同，下面以改变用户账户头像为例进行讲解，其具体操作如下。

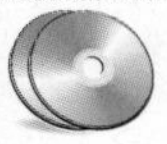

教学演示\第2章\更改用户账户名称或头像

1 单击“用户账户”超链接

选择【开始】/【控制面板】命令，在打开的“控制面板”窗口中单击“用户账户”超链接。

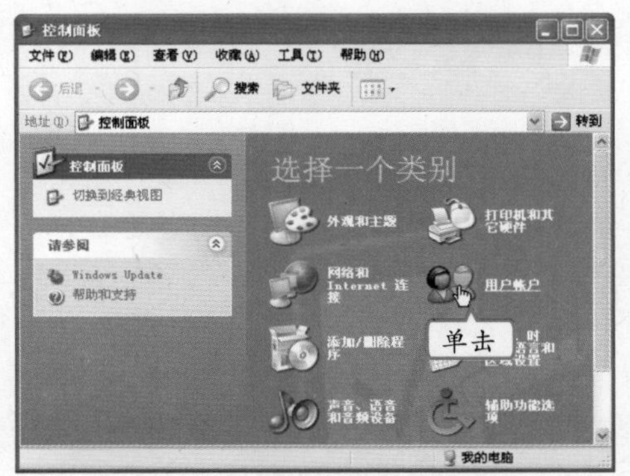

2 选择账户

在“用户账户”窗口中单击要设置的账户，这里单击AA账户。

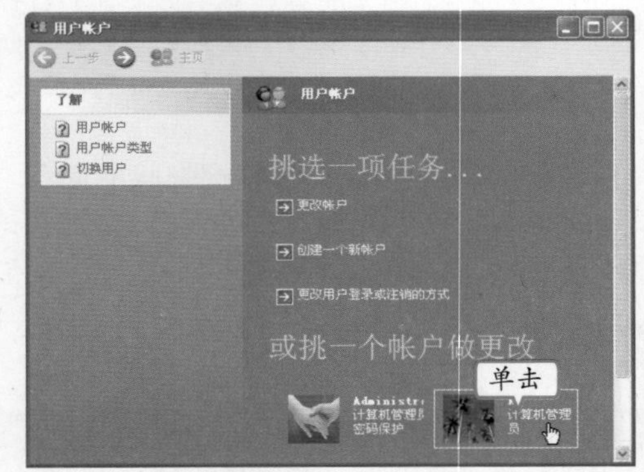

高手指点 设置用户账户的账户名时，可以使用英文字母、数字、汉字和下划线等，但不能使用非法字符，如“/”、“*”、“？”等。

3 选择修改类型

在“您想更改 AA的账户的什么？”窗口中单击“更改图片”超链接。

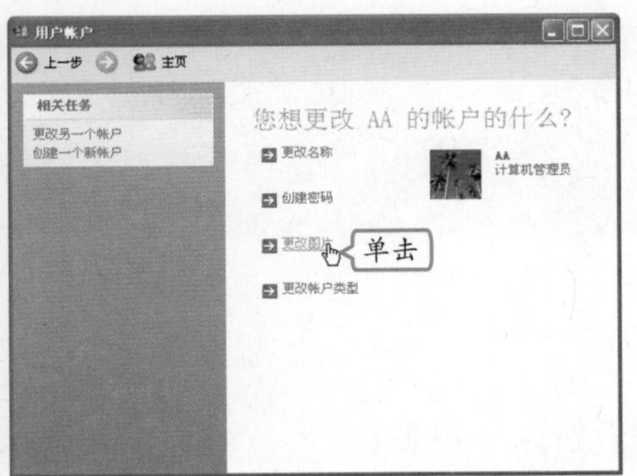

4 选择图像

1. 在“为AA的账户挑选一个新图像”窗口中的列表框中选择第3个选项。
2. 单击 更改图片(C) 按钮。

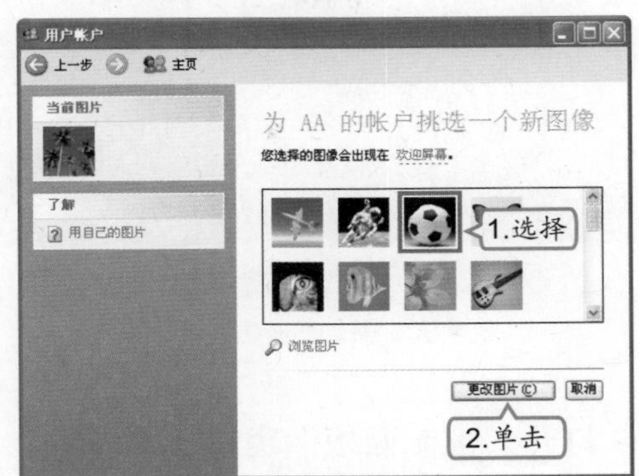

操作提示：更改用户账户名称

在“您想修改AA的账户的什么？”窗口中单击“更改名称”超链接，打开“为AA的账户提供一个新名称”窗口，通过其中的“为AA键入一个新名称”文本框即可设置账户的名称。

3 设置用户账户密码

用户可以对自己或他人的用户账户设置保护密码，若不输入正确的密码便无法登录进行操作，其具体操作如下。

教学演示\第2章\设置用户账户密码

1 打开设置密码的窗口

在“用户账户”窗口中单击要设置的账户，在打开的窗口中单击“创建密码”超链接。

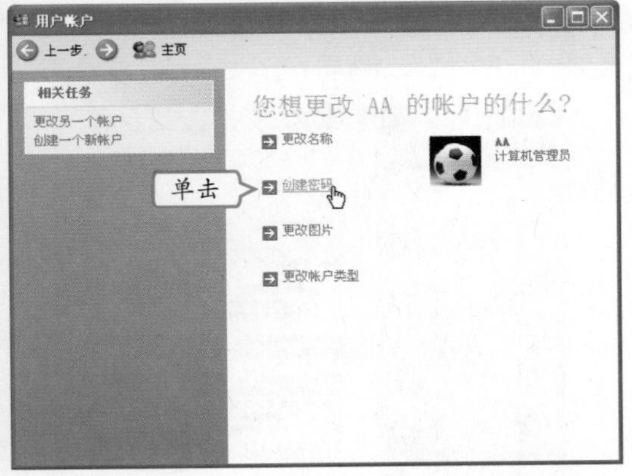

2 设置密码

在打开窗口的文本框中输入需设置的密码，然后单击 创建密码(C) 按钮即可完成设置。

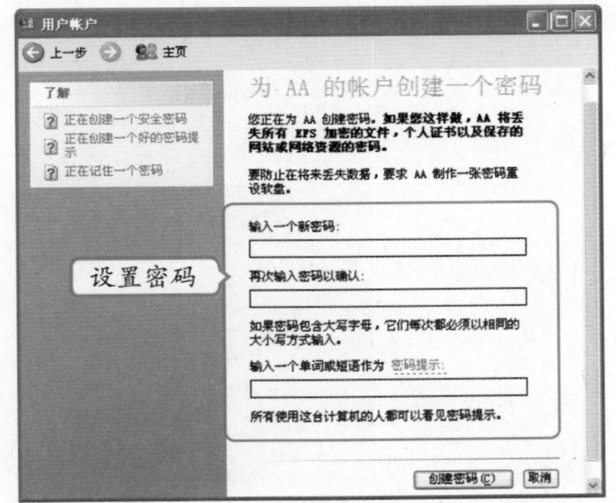

补充两句

若想增强安全系数，在“创建一个密码”对话框的“输入一个单词或短句作为密码提示”文本框中输入提示问题即可。

第2章

2.3.2 上机1小时：新建并设置账户

本例将通过在Windows XP中新建一个名为ZB的用户账户，然后设置密码和头像，练习设置用户账户的一般方法，其具体操作如下。

上机目标

- 巩固新建用户账户的方法。
- 熟练设置账户密码和头像。

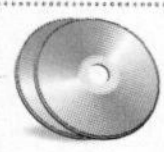

教学演示\第2章\新建并设置账户

1 打开“控制面板”窗口

选择【开始】/【控制面板】命令，在打开的“控制面板”窗口中单击“用户账户”超链接。

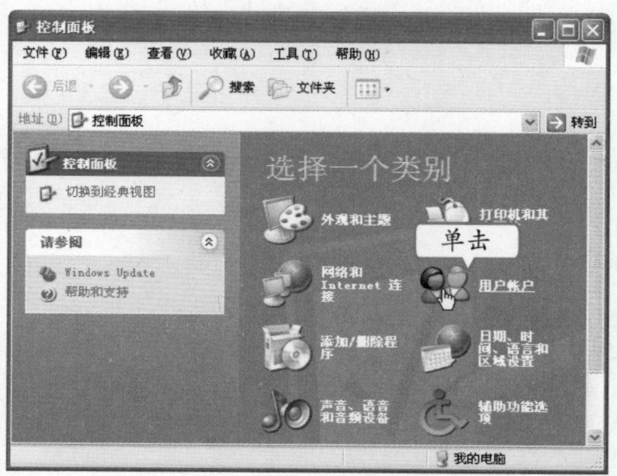

2 选择创建账户

在“用户账户”窗口中单击“创建一个新账户”超链接。

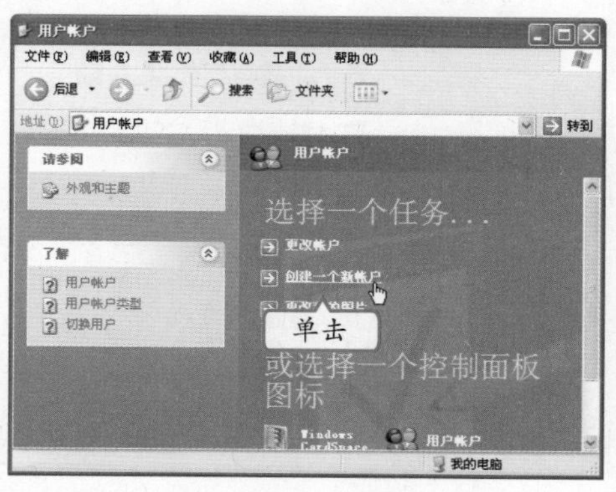

3 输入账户名称

1. 在“为新账户起名”窗口的“为新账户键入一个名称”文本框中输入“ZB”。
2. 单击下一步(N) >按钮。

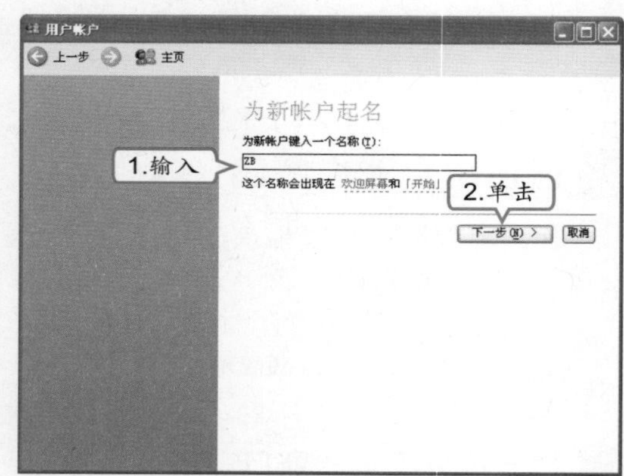

4 设置账户类型

1. 在打开的“挑选一个账户类型”对话框中选中“受限”单选按钮。
2. 单击创建帐户(C)按钮。

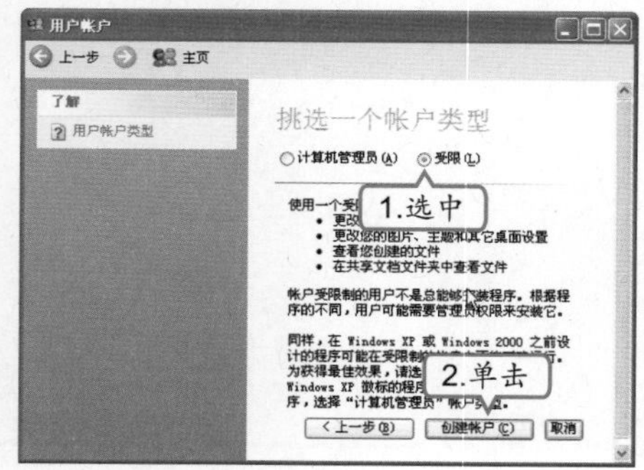

高手指点 对用户账户进行修改的操作和创建账户的操作基本相同，在“用户账户”窗口中单击“更改账户”超链接即可进行修改。

5 选择账户

在返回的“用户账户”对话框中单击ZB账户。

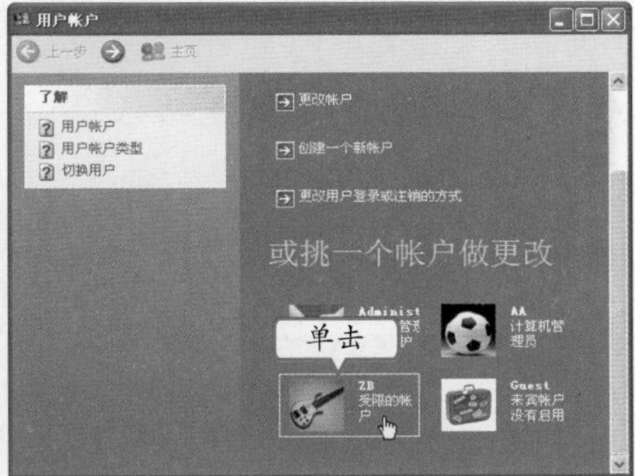

6 单击“创建密码”超链接

在“您想更改ZB的账户的什么？”窗口中单击“创建密码”超链接。

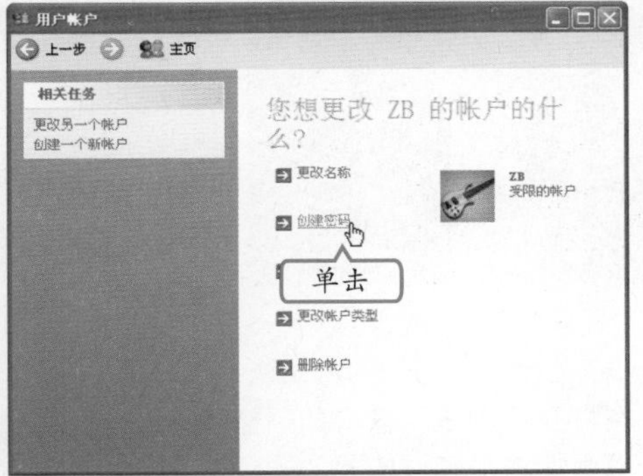

7 输入密码

1. 在打开对话框的“输入一个新密码”和“再次输入密码以确认”文本框中输入密码。
2. 单击 创建密码(C) 按钮。

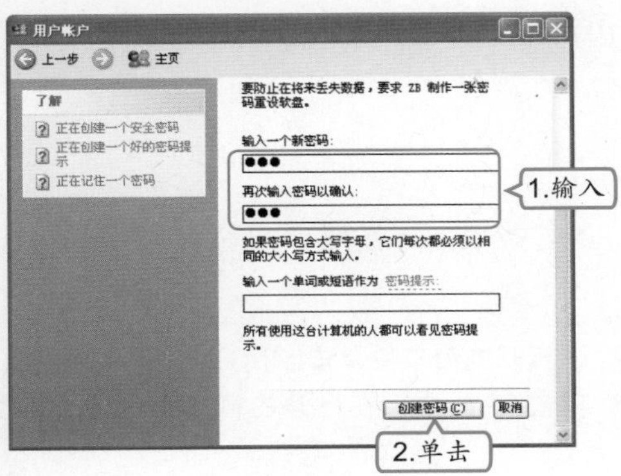

8 单击“更改图片”超链接

在返回的“用户账户”窗口中单击“更改图片”超链接。

9 设置图片

1. 在打开窗口的列表框中选择第4个选项。
2. 单击 更改图片(C) 按钮。

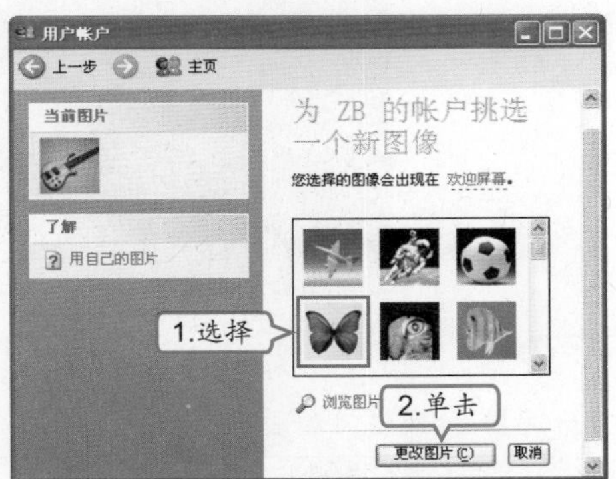

10 查看效果

执行完以上操作后，返回“用户账户”对话框即可查看已创建的账户。

补充两句

操作完本例后，ZB账户旁显示“受限的账户”表示该账户不是管理员账户，在进行如删除其他账户操作时会受到限制。

2.4 跟着视频做练习1小时

小李通过练习已经学到了不少关于Windows XP的基本操作方法，但是老马告诉小李："你学的是最基础的入门，所以先要把基础练好，下面做两个练习吧！"

1 设置桌面背景和图标

本例对桌面上的"我的电脑"和"网上邻居"系统图标重新进行设置，再将桌面背景换为"示范图片"文件夹中的Winter图像，最终效果如下图所示。

操作提示：

1. 打开"显示 属性"对话框，选择"桌面"选项卡，单击[自定义桌面(D)...]按钮。
2. 在打开的"桌面项目"对话框中选择"我的电脑"图标，单击[更改图标(H)...]按钮。
3. 在打开的"选择图标"对话框中选择最后一个选项，使用相同的方法为"网上邻居"设置图标，依次单击[确定]按钮。
4. 返回"显示 属性"对话框，在"桌面"选项卡中单击[浏览(B)...]按钮。
5. 在打开"浏览"窗口的"查找范围"下拉列表框中选择"示范图片"选项，在下方的列表框中选择Winter图像，然后单击[打开(O)]按钮。
6. 在返回的"显示 属性"对话框的"位置"下拉列表框中选择"拉伸"选项。

视频演示\第2章\设置桌面背景和图标

2 修改账户密码和名称

本例将为已创建的AA账户修改密码和名称，最终效果如下图所示。

操作提示：

1. 打开"控制面板"窗口，在其中单击"用户账户"超链接。
2. 在打开的窗口中单击"用户账户"超链接。
3. 单击AA账户，在打开的窗口中单击"修改我

高手指点　在"浏览"窗口中选择某张图片后，在预览框中将显示选择图片的预览图。

的密码”超链接。

4. 在打开的窗口中单击 更改密码(C) 按钮更改密码。
5. 在返回的“用户账户”窗口中单击“更改我的图片”超链接。
6. 在打开对话框的列表框中选择第2个选项，单击 更改图片(C) 按钮。

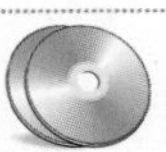

视频演示\第2章\修改账户密码和名称

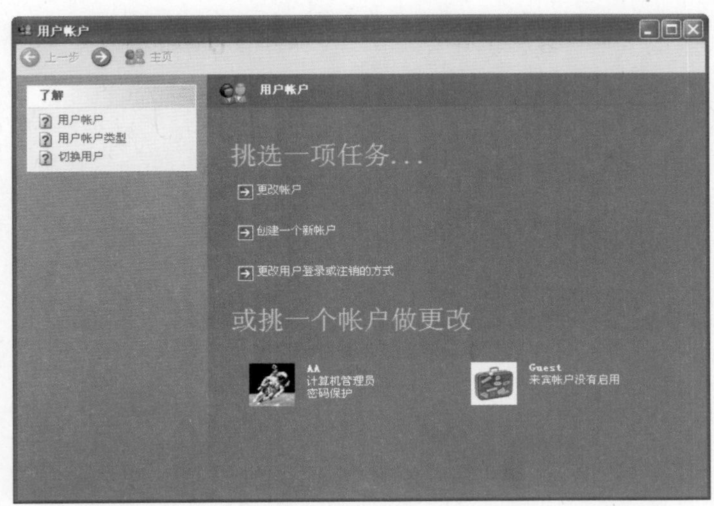

2.5　秘技偷偷报

老马看着小李学习得不错，能够做到举一反三，就对小李说：“小李，看你掌握的不错，我就教你一些小技巧，让你使用电脑时操作更快。”小李一听老马还要给自己开“小灶”，很激动地说：“老马，你尽管讲吧，我一定洗耳恭听。”

1 快速查看账户状态

在“用户账户”窗口中若是有的用户账户下显示“密码保护”，则证明该账户已被设置了密码。若在用户账户下显示“计算机管理员”，则表示该账户为拥有管理员权限的账户，在使用该账户登录时，可对其他账户进行删除、修改等操作。

2 删除用户账户

当用户账户过多或不需要时，可将其删除，方法是：在“用户账户”窗口中选择需要删除的账户，在打开的窗口中单击“删除用户”超链接。

补充两句

在为账户设置密码时最好设置一个便于用户个人记忆的密码，以免造成不必要的麻烦。

读书笔记

高手指点　在“显示 属性”对话框的“屏幕保护程序”选项卡中选中“在恢复时使用密码”复选框，在启动屏幕保护程序后再次返回桌面将会被要求输入账户密码。

第3章

轻松学打字

老马今天一到办公室就有同事对他说："老马，刚刚小李来找过你，我看他匆匆忙忙的，估计是找你有急事，你快去找找他吧。"老马刚找到小李，就看到小李唉声叹气的样子。看到老马，小李急切地说："我快被这份演讲稿弄疯了，整整4页！要重新录入，下午就要交给我们部门经理。"老马看到小李一脸沮丧的样子说："别怕，有我。你录入速度慢是因为你对键盘和输入法都不熟。我来教教你正确的指法和使用输入法的方法吧！学习之后你肯定能准时把演讲稿交给你们经理。"

2小时学知识

- 电脑打字小工具——键盘
- 轻松使用输入法

3小时上机练习

- 在记事本中练习指法
- 在记事本中输入文本
- 编辑"格言"文本

3.1 电脑打字小工具——键盘

老马把小李带到电脑前问："小李，你对键盘认识多少？"小李自信地说："不就是一些字母和数字放在一起方便操作么？"老马摇摇头说："哎，看来我还是先给你说说键盘的分区和各区的功能吧！弄明白了键盘分区和作用能让你更快速地输入文字。"

3.1.1 学习1小时

学习目标

- 认识键位分区区域。
- 了解各按键作用和基准键的概念。
- 掌握打字指法和击键方法。

1 认识键盘

键盘是最主要的输入工具之一，可以说没有键盘，电脑上的很多操作都不能进行。尽管目前市面上的键盘外形各异，但它们的键位和按键作用都基本相同。大多数用户使用的键盘多为107键，主要由功能区、状态指示灯区、打字键区、编辑控制键区和小键盘区组成。下面就以107键的键盘为例讲解键盘的分区以及各按键的作用。

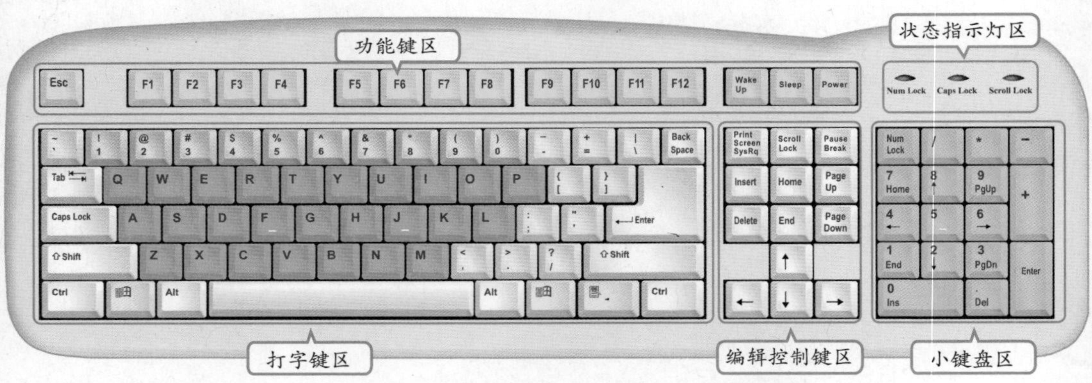

（1）打字键区

打字键区是键盘上最重要的一个区域，也是进行文字输入时必不可少的键区，其中包括字母键、数字键、符号键、控制键和Windows功能键等，各按钮的作用分别如下。

高手指点 有些键盘为了使用方便会将键盘外形改变，如专用的游戏键盘等。

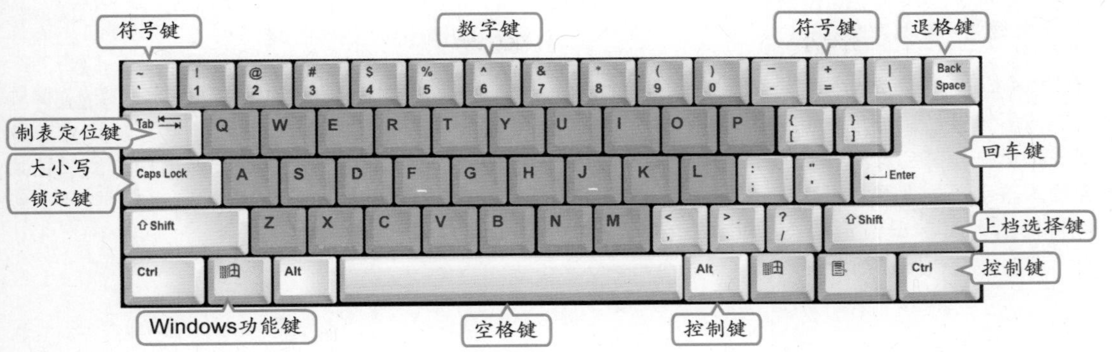

字母键

字母键主要用于输入26个英文字母或组合输入拼音。按下某个字母键，与之对应的字母即会被输入。

数字键

数字键主要用于输入数字，因为它的每个键位都由上、下两种字符组成，所以又称为双字符键。单独按一下某个键时，将输入按键下方的数字；若是在按住【Shift】键的同时再按一下数字键，将输入按键上方的特殊符号。

符号键

在打字键区中有11个符号键，它们和数字键相同，每个键位都是由上、下两种不同的符号组成，它们的操作方法也与数字键相同。想输入按键下方的按钮只需直接按对应的按键；若要输入按键上方的字符，则需按【Shift】键的同时再按该键。

制表定位键

【Tab】键又叫制表定位键。在进行文字编辑时每按一次【Tab】键，插入光标都会向右移动8个字符。

上档选择键

【Shift】键即上档选择键，位于在主键盘区左右。一般不会单独使用，其中与主键盘区的双字符键配合使用，可输入按键上方的字符。和【Ctrl】键等一起搭配使用可控制文字的输入。

控制键

键盘上的控制键有两个，分别为【Ctrl】键和【Alt】键。其中【Ctrl】键在主键盘区左、右下角，【Alt】键在主键盘区左右，它们常与其他键组合使用。

空格键

空格键位于主键盘区的最下方，按键上无标记符号，同时它也是键盘中最长的键。在进行文字输入时每按一次空格键，将在光标当前位置产生一个空字符，同时光标向右移动一个字符位置。

回车键

【Enter】键即回车键，它是进行键盘操作时使用频率最高的键，主要在输入命令后按一下该键将使电脑执行该命令，或是在输入文字时，按一下该键执行换行操作，换行后光标移至下一行行首。

退格键

【Back Space】键即退格键。在进行文字输入时按一次该键，光标会向左移动一个字符位置。若光标位置前有字符，则会删除光标前的字符。

教你一招：快速退出程序

退出程序除了可单击窗口右上角的“关闭”按钮以及选择【文件】/【退出】命令外，还可以按控制键组成的快捷键快速退出，退出程序的快捷键是【Alt+F4】键。

补充两句

上档选择键也可临时切换英文字母的大小写，如要在小写字母状态下输入大写字母A，可以按【Shift】键的同时，按字母键【A】输入。

大写字母锁定键

【Caps Lock】键即大写字母锁定键，它的作用是在按下该键后，键盘右上角的大写指示灯（中间的指示灯）将会发光，此时不管按任何字母都会输入该字母的大写。再次按下【Caps Lock】键将取消大写字母锁定状态，此时指示灯将熄灭，不管按任何字母都会输入该字母的小写。

Windows功能键

键和键都是Windows功能键。按键后将弹出“开始”菜单，因此键又被称为“开始菜单”键；而按键后会弹出相应的快捷菜单，因此键又称“快捷菜单”键，它的功能与单击鼠标右键相同。

第3章

（2）功能键区

功能键区位于键盘的最上方，一共有16个键，一般用于完成特殊的操作，在不同的程序中，功能键作用都有所不同，下面将讲解它们的作用。

【Esc】键

【Esc】键即退出键，主要用于取消已执行的命令或取消输入的字符，此外在一些软件中按【Esc】键可以执行退出操作。

【F1】~【F12】键

在不同的程序软件中，【F1】~【F12】各个键的功能有所不同。在部分软件中，用户可以自定义设置这些键的功能。

【Wake Up】键

按【Wake Up】键后电脑将从休眠状态恢复到正常状态。

【Sleep】键

按【Sleep】键将使电脑进入休眠状态，进入休眠状态后电脑将更加节约电能。

【Power】键

按【Power】键后，系统将自动关闭电脑电源。

操作提示：【F1】键的作用

在一般情况下，按【F1】键都可以打开正在运行程序的帮助程序。

（3）编辑控制键区

编辑控制键区位于主键盘区和小键盘区之间，一共有13个键，主要用于执行一些特殊操作，它与功能键区按键最大的区别是：编辑控制键区按键的作用都是固定的。下面将分别讲解它们的作用。

高手指点

在桌面按【Alt+F4】键，可快速关闭窗口或退出程序。

【Print Screen SysRq】键

若想将当前整个屏幕图像复制到剪贴板，可按【Print Screen SysRq】键后，在其他程序中按【Ctrl+V】键将图像粘贴到文件中。

【Scroll Lock】键

【Scroll Lock】键即屏幕锁定键。有时为操作方便需使屏幕停止滚动，这时可按【Scroll Lock】键，取消锁定只需再次按下此键。

【Pause Break】键

【Pause Break】键用于将屏幕滚动显示暂停，按【Enter】键后屏幕继续滚动显示。

【Insert】键

【Insert】键即插入键，按下该键可完成插入与改写状态之间的转换。

【Home】键

编辑文字时，按【Home】键，光标移至当前行的行首；按【Ctrl+Home】键，可在文字位置不变的情况下将光标移至首行行首。

【End】键

编辑文字时，按【End】键可使光标移至当前行的行尾；按【Ctrl+End】键，可在不带动文字的情况下将光标移至最后一行行尾。

【Page Up】键

【Page Up】键即向前翻页键。在浏览文字时，按【Page Up】键可以翻到上一页。

【Page Down】键

【Page Down】键即向后翻页键。在浏览文字时，按【Page Down】键可以翻到下一页。

【Delete】键

【Delete】键即删除键。编辑文字时按【Delete】键可删除光标位置后的一个字符。

方向键

【↑】、【←】、【→】和【↓】键用于分别将光标往4个不同的方向移动，每按一次将移动一个字符的位置。

（4）小键盘区

为了实现快速输入数字而设计了小键盘区，它位于键盘的右侧，又叫数字键区。在该区中包括【Num Lock】键、数字键、【Enter】键和符号键。在小键盘区也有部分是双字符键，上档键为数字，下档键则有编辑和光标控制功能，上下档的切换都由【Num Lock】键来控制。此外，当【Num Lock】键为工作状态时，状态指示灯区的第1个指示灯显亮，此时将输入数字。再按一次【Num Lock】键，指示灯熄灭，则此时为光标控制状态。

（5）状态指示灯区

状态指示灯区位于小键盘区上方，用来提示小键盘工作状态、大小写状态以及滚屏锁定键的状态，包括Num Lock、Caps Lock和Scroll Lock几个提示灯。

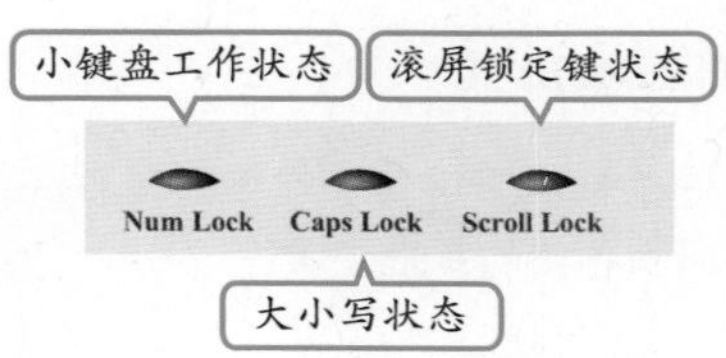

小键盘区的【Enter】键和打字键区的【Enter】键作用完全相同。

补充两句

2 打字指法

打字时候的指法直接影响打字的速度，同时使用正确的指法和正确的击键姿势会在打字过程中缓解疲劳。熟悉打字时各个手指的分工是很重要的，下面将由浅入深地讲解基准键位、打字分区以及击键技巧等。

（1）基准键位

【A】、【S】、【D】、【F】、【J】、【K】、【L】、【;】8个键是键盘上的基准键位。在键盘上，【F】和【J】键称为定位键，键上有一小横杠，用户可以通过这一特点在打字时快速找到这两个键，在打字时应将左右食指分别放在【F】和【J】键上，其余3指依次放下就能找准基准键位，左右手的两个大拇指则应轻放在空格键上，如右图所示。

（2）指法分区

指法分区将键盘上的键位合理地分配给10个手指，根据手指的灵活程度和各键的分布，指法分区如下图所示。除标注的8个手指外，拇指应垂放在空格键上。

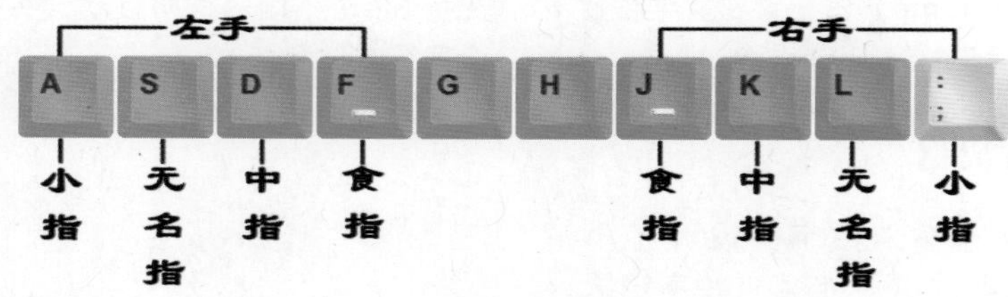

（3）击键要点

掌握击键要点能在一定程度上提高打字的速度，击键要点有以下几点。

击键迅速

击键要迅速，时间不宜过长，否则可能出现重复输入的情况。

击键时的发力点

击键时应该使用指关节发力而不是手腕。

回到基准位置

在时间允许的情况下，每一次击键动作完成后，手指都要回到各自的基准位置。

多练习无名指和小指

由于初学打字的用户，无名指和小指击键不十分灵活，所以应该加强练习。

注意指法

养成良好的打字习惯，遵守指法分工的规定。

使用盲打

学会不看键盘，凭手指触觉击键，这样打字速度会有惊人的提升。

高手指点　刚开始打字时，眼睛可以看着键盘上的键位，记住键位等后可以练习盲打。

教你一招：正确的击键姿势

打字姿势不正确，会影响文字的输入速度，还会在长时间工作后产生疲劳感，导致视力下降等。正确的击键姿势需注意以下几点。

■ 全身放松，身体坐正，双手自然放在键盘上，腰部挺直，身体与键盘的距离大约为20cm。

■ 眼睛距显示器的距离为30~40cm，且显示器的中心应与水平视线保持15°~20°的夹角，另外还需注意不要长时间盯着屏幕。

■ 双脚的脚尖和脚跟自然地放在地面上，无悬空，大腿自然平直，小腿与大腿之间的角度为直角。

■ 坐椅的高度应与电脑键盘的高度适宜，双手自然放在键盘上时肘关节略高于手腕为宜。

3.1.2 上机1小时：在记事本中练习指法

本例将先打开“记事本”程序，然后在记事本中练习指法，通过本练习可加强对键位以及指法的熟悉程度，以便用户能更快地掌握打字的方法。

上机目标

- 熟悉键盘的键位。
- 进一步掌握指法和击键技巧。

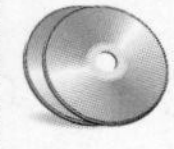

教学演示\第3章\在记事本中练习指法

1 启动“记事本”程序

单击开始按钮，在“开始”菜单中选择【所有程序】/【附件】/【记事本】命令。

2 练习基准键位

在打开的“无标题 - 记事本”窗口中，将左手的食指放在【F】键上，右手的食指放在【J】键上，其余手指分别放在相应的基准键位上，输入基准键位上的字母。

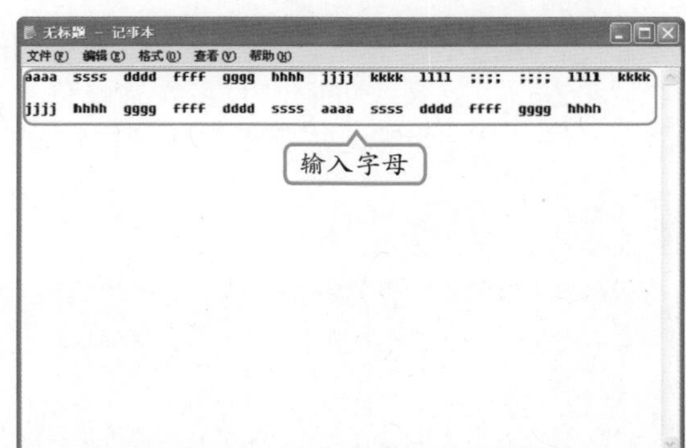

由于本例在执行时没有按【Caps Lock】键，所以在“无标题-记事本”窗口中显示的是小写的字母a。

补充两句

3 练习输入不相邻的基准键

手指在不相邻的基准键位上练习，输入以下字母，进一步加深键位印象。

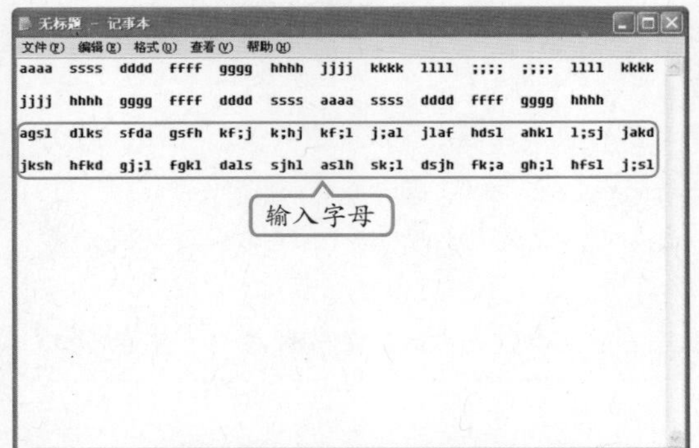

4 练习上下排键位

将手指在不相邻的上下排键位上练习，输入以下字母，加深键位印象。

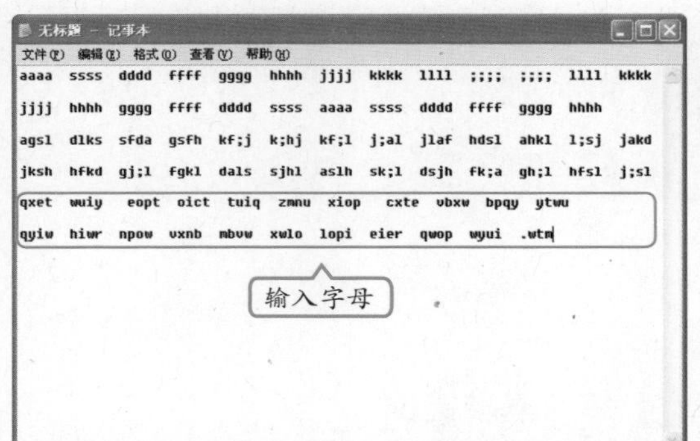

5 输入大小写

输入以下字母，在输入过程中遇到大写字母时，按住【Shift】键不放再击键则输入大写字母，然后松开【Shift】键，再击键输入小写字母。

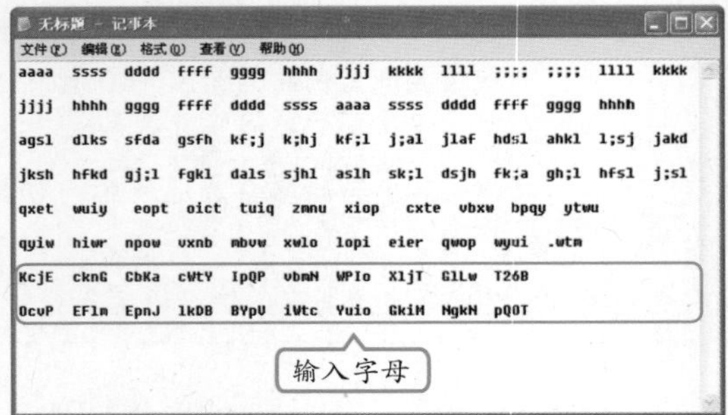

6 输入数字

确认键盘右上方的Num Lock指示灯亮，若Num Lock灯没有亮，需按一下【Num Lock】键。

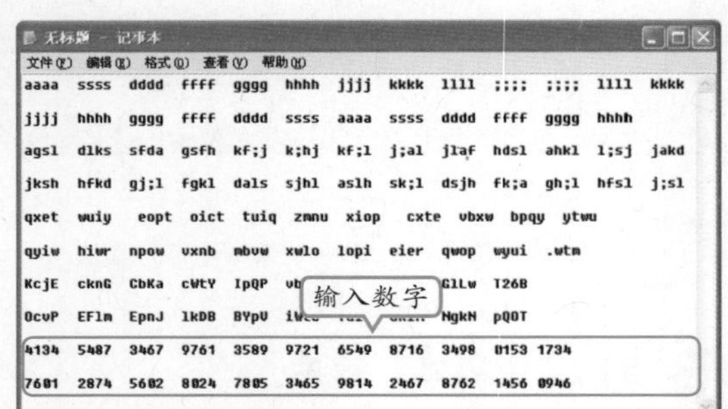

3.2 轻松使用输入法

老马看着小李练习键位已经比较熟练了，就说：“小李，先练习到这里吧！但是你对键位好像还不是很熟悉，还需要继续练习。接下来我就教你输入法的使用吧！”小李连忙附和道：“好啊、好啊。我每次选择输入法都要折腾很久，相当浪费时间。”老马笑着说：“你以为使用输入法仅仅记住键位和选择输入法就能提高速度吗？”

3.2.1 学习1小时

学习目标

- **掌握选择输入法，快速切换中、英文输入法以及全角、半角的方法。**
- **掌握输入特殊字符的方法。**

高手指点 目前市面上的输入法很多，如智能ABC拼音输入法、搜狗拼音输入法和QQ拼音输入法等，但很多输入法都不是Windows XP自带的，而需用户自行安装。

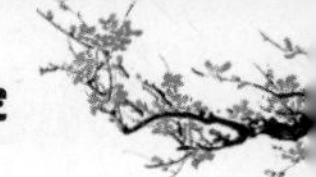

1 添加输入法

输入法是进行文字输入的必备软件，Windows XP中提供了多种汉字输入法，包括微软拼音、全拼、智能ABC等输入法。但若是觉得这些输入法用起来很麻烦，可安装其他输入法。下面就以添加“全拼输入法”为例讲解添加输入法的方法，其具体操作如下。

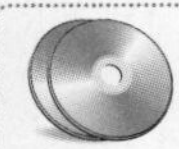

教学演示\第3章\添加输入法

1 选择添加命令

1. 在桌面下方的语言栏中单击鼠标右键，在弹出的快捷菜单中选择“设置”命令。
2. 在打开的“文字服务和输入语言”对话框中单击 添加(D)... 按钮。

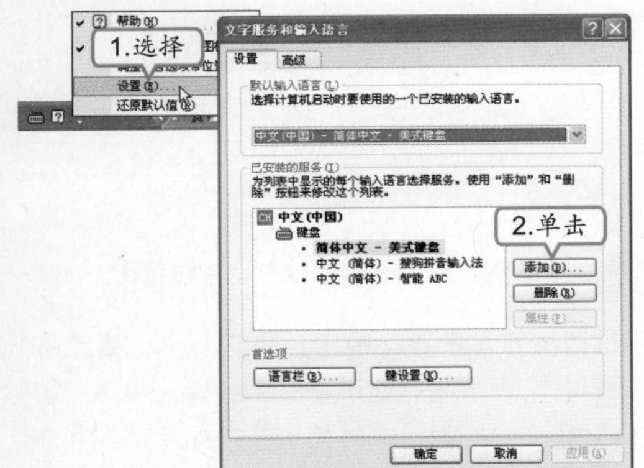

2 选择添加的输入法

在打开的“添加输入语言”对话框的“键盘布局/输入法”列表框中选择“中文（简体）- 全拼”选项，依次单击 确定 按钮，完成安装。

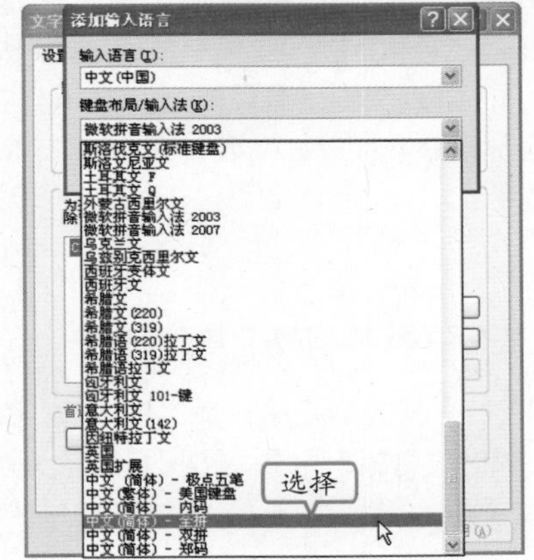

2 选择输入法

由于Windows XP自带了多个输入法，所以在使用之前需选择输入法。此外，由于个人习惯的问题经常需要对输入法进行切换。下面就以选择“微软拼音输入法2003”为例讲解选择输入法的方法，其具体操作如下。

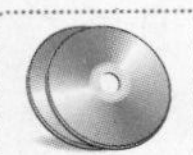

教学演示\第3章\选择输入法

1 打开输入法列表

1. 在桌面下方单击语言栏中的输入法选择图标 。
2. 在弹出的输入法列表中选择“微软拼音输入法2003“选项。

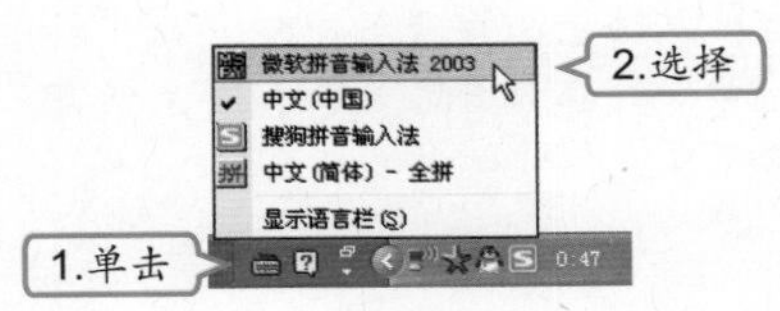

补充两句

在“文字服务和输入语言”对话框中，先选择需删除的输入法，再单击 删除(R) 按钮，可删除输入法。

2 显示输入法状态条

此时，桌面右下角将立即显示“微软拼音输入法2003”输入法的状态条。

教你一招：快速选择输入法

除在输入法列表中选择输入法外，还可以通过快捷键快速选择输入法。如按【Shift+Ctrl】键可在各种输入法之间进行切换；按【Ctrl+空格】键则可以在中英文输入法之间进行切换。

第3章

3 认识汉字输入法的状态条

在选择中文输入法后，桌面上将出现相应的汉字输入法状态条。虽然不同的输入法的状态条不相同，但其中的基本操作基本相同。下面以智能ABC输入法为例进行介绍，选择智能ABC输入法后将打开右图所示的状态条。下面将讲解输入法状态条的组成部分。

全角/半角切换　软键盘开/关切换　标准　中/英文标点切换　中文/英文切换

“中文/英文切换”按钮

单击该按钮可快速切换中、英文输入法。当图标显示为时，将输入中文；当图标显示为时，则可输入英文。

“全角/半角切换”按钮

单击该按钮可快速切换全、半角输入法状态。当该图标显示为时，表示当前处于半角状态，此时输入的字符占半个汉字的位置；当该图标显示为时，表示当前处于全角状态，此时输入的字符占一个汉字的位置。

“中/英文标点切换”按钮

单击该按钮可快速切换中、英文标点。当该按钮为时，表示此时处于中文标点输入状态。当该按钮为时，表示此时处于英文标点输入状态。

“软键盘开/关切换”按钮

单击该按钮将打开软键盘，使用软键盘可快速输入一些特殊符号，如“◆”、“◎”等。若想关闭软键盘只需再次单击按钮即可。

教你一招：如何输入特殊字符

在智能ABC输入法状态条中，右击按钮，在弹出的快捷菜单中选择“特殊符号”命令，在打开的软键盘中单击相应的按钮即可输入对应的特殊字符。

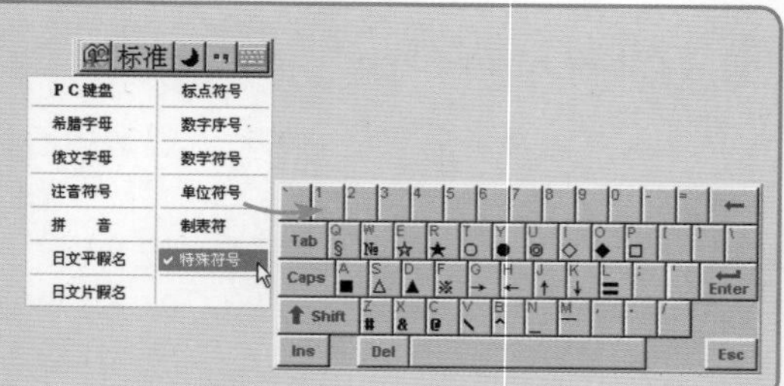

高手指点　在使用搜狗拼音输入法时，按【Shift】键也可进行中、英文的切换。

4 使用智能ABC拼音输入法

汉字输入法主要分为音码、形码和音形混合码3种，而作为初学者最常使用的是音码，也就是拼音输入法。拼音输入法是直接利用汉字的拼音字母作为汉字编码，所以没有编码规则，用户只需掌握拼音即可打字。下面以Winodws XP自带的智能ABC拼音输入法打字为例讲解使用拼音输入法的方法，其具体操作如下。

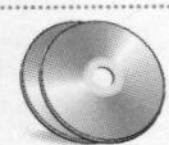

教学演示\第3章\使用智能ABC拼音输入法

1 选择输入法

1. 选择【开始】/【所有程序】/【附件】/【记事本】命令，打开“无标题-记事本”窗口。
2. 多次按【Shift+Ctrl】键，切换输入法直到当前输入法为智能ABC输入法。

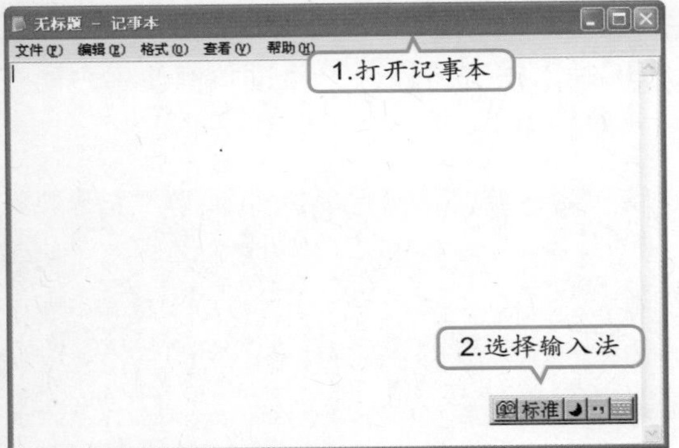

2 输入字母

在键盘上按【X】、【U】、【E】键，此时，将出现矩形框，在矩形框中将出现输入的字母。

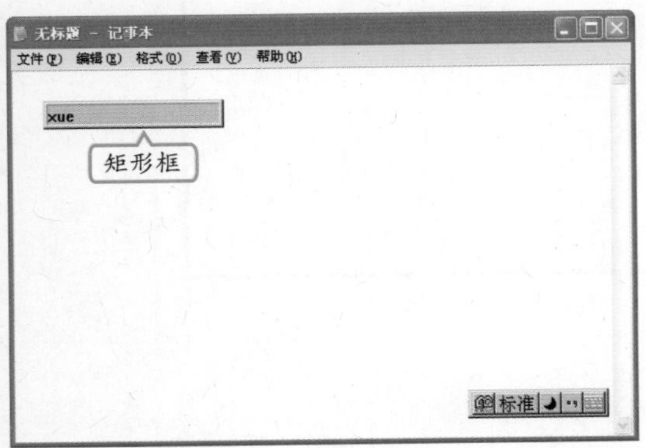

3 选择文字

按空格键，打开文字候选列表框，按数字【1】键，选择“学”字。此时，“学”子将被输入到“无标题-记事本”窗口中。

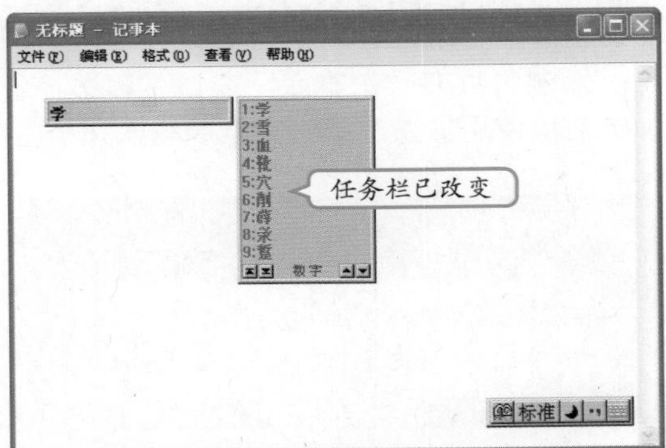

4 使用全拼输入词组

使用相同的方法在记事本中输入“习”字。在键盘上按【D】、【A】、【Z】、【I】键，按空格键，矩形框中将出现“打字”词组，再次按空格键，“打字”将被输入到“无标题-记事本”窗口中。

补充两句

在使用智能ABC拼音输入法时，按【Shift+空格】键，可快速切换全、半角状态。

5 使用简拼输入

在按键上按【F】、【C】键，再按两次空格键，输入“非常”文本。使用相同的方法输入“简单”文本。

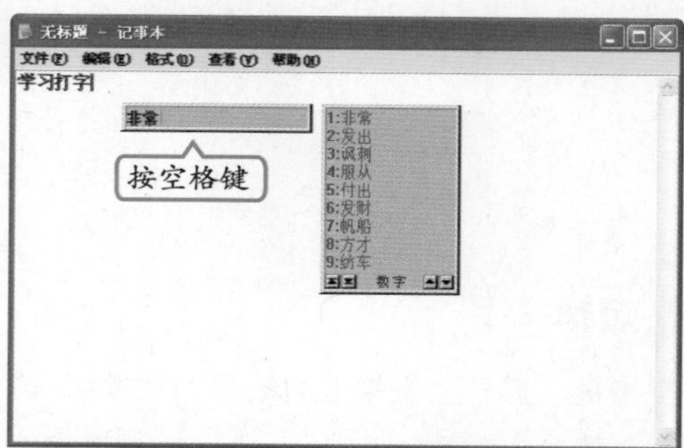

6 使用混拼输入

在键盘上按“人人会”的拼音编码“rrhui”，按空格键，按数字【3】键，再按空格键，输入“人人会”文本。

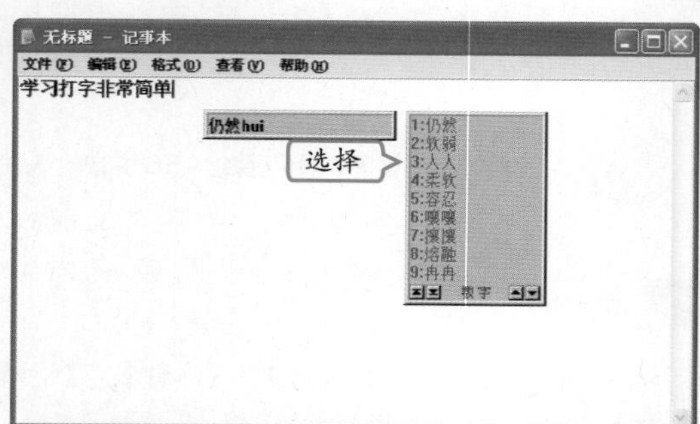

3.2.2 上机1小时：在记事本中输入文本

本例将打开“记事本”窗口，再选择智能ABC输入法进行输入。通过本例使用户能更加灵活地使用输入法编辑文档或输入文档，其具体操作如下。

上机目标

- 进一步掌握输入单词和词组的方法。
- 熟悉输入法的切换方法。
- 掌握智能ABC输入法的全拼、简拼、混拼输入方法。

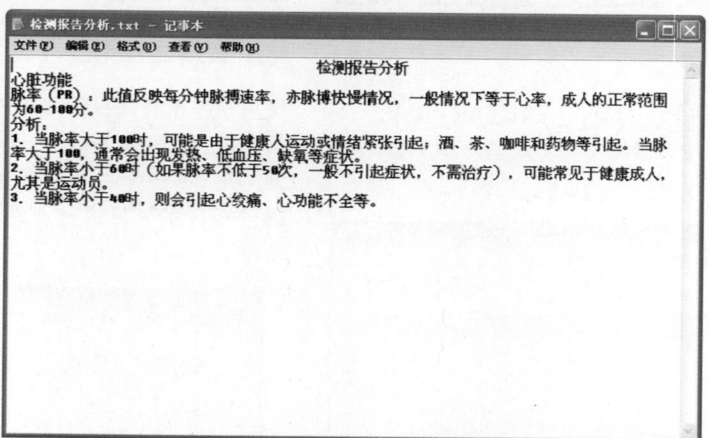

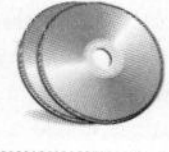

最终效果\第3章\检测报告分析.txt
教学演示\第3章\在记事本中输入文本

高手指点 按【Ctrl+空格】键，可在英文输入法和拼音输入法之间快速切换。

1 输入标题

打开“记事本”程序，按空格键将鼠标光标移动到文档中间。按【Crtl+Shift】键，将输入法切换为智能ABC拼音输入法。在键盘上按“检查”的拼音编码“jiancha”，按空格键输入。

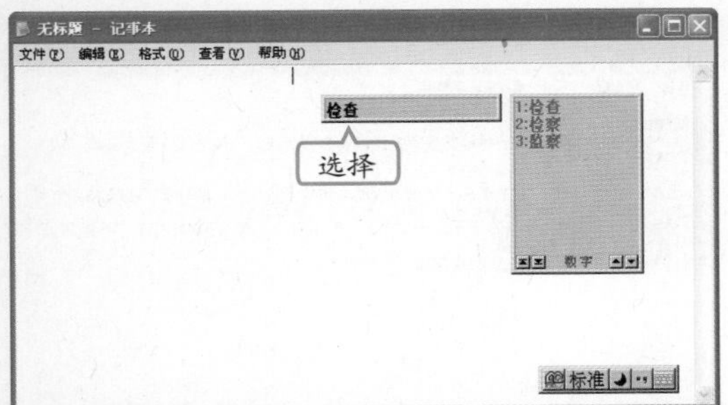

2 使用混拼输入词组

1. 使用相同的方法，输入“报告分析”文本。
2. 按【Enter】键换行输入，在键盘上使用混拼输入“心脏功能”的拼音编码“xinzanggn”，按两次空格键输入。

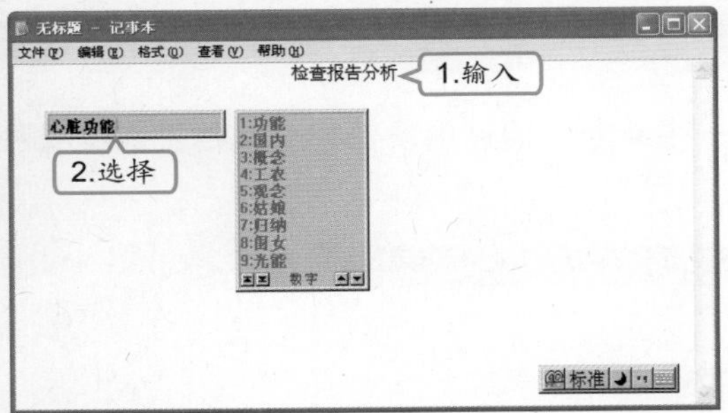

3 使用全拼输入单字

在键盘上按【M】、【A】、【I】键，按空格键，在出现文字候选框后按数字【6】键，输入“脉”字。使用相同的方法输入“率”字。

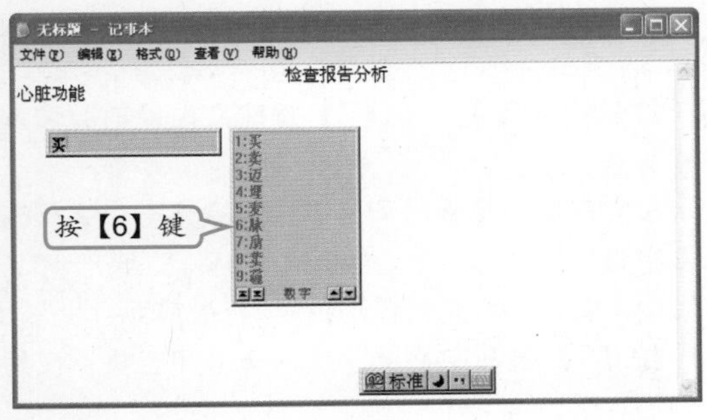

4 输入符号和英文

1. 按【Shift】键的同时，在打字键区按数字【9】键，释放【Shift】键。
2. 按【Caps Lock】键后，按【P】、【R】键，输入大写字母。

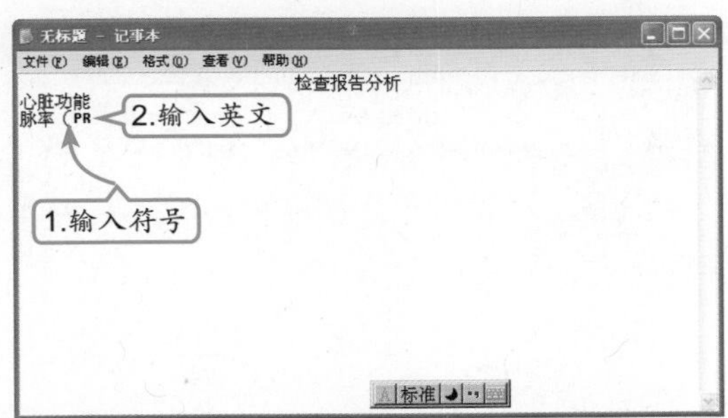

5 输入符号

1. 按【Caps Lock】键解除大写锁定状态，按【Shift】键的同时，按数字【0】键。
2. 再按【;】键，输入“：”，最后释放【Shift】键。

6 输入数字

1. 使用混拼、全拼、简拼的方法输入“此值反映每分钟脉搏速率，亦脉博快慢情况，一般情况下等于心率，成人的正常范围为”文本。
2. 在键盘数字键区按数字【6】、【0】键，输入数字。

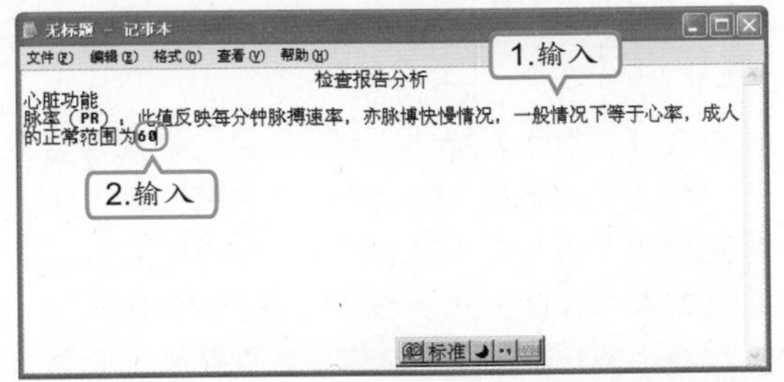

除了通过数字键选择输入的文字外，还可在文字候选框中单击所需文字，也可输入该文字。 补充两句

7 切换输入法

1. 按【Ctrl+空格】键，切换到英文输入法，在键盘上按【-】键，输入“-”符号。
2. 再按【Ctrl+空格】键，切换回智能ABC输入法。

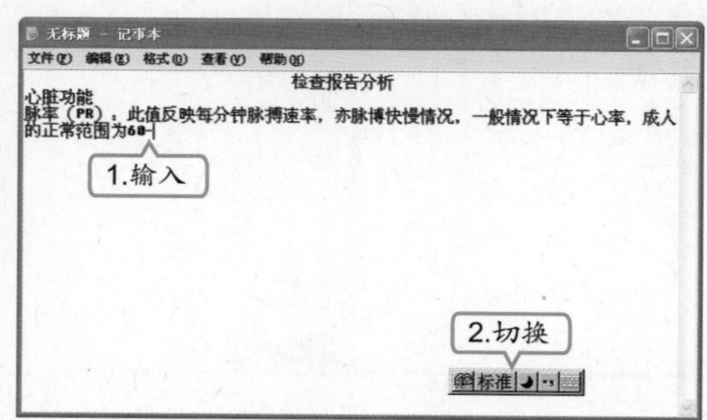

8 输入完成

使用混拼、全拼、简拼、输入数字和切换输入法的方法，将文档输入完毕。

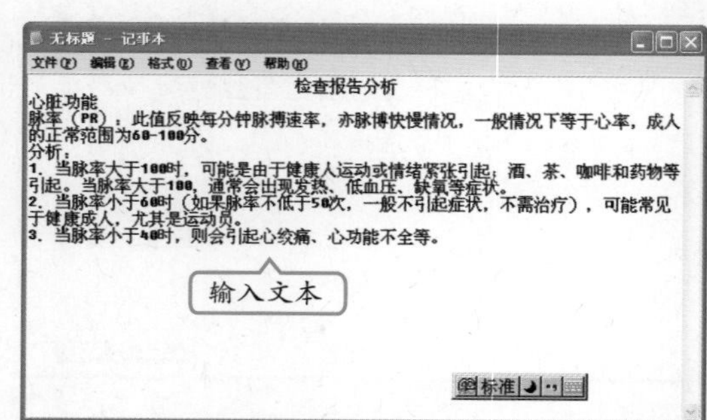

3.3 跟着视频做练习1小时：编辑“格言”文本

老马看到小李迅速地完成了打字练习后，高兴地说到：“小李，你真聪明，但是我还再准备为难你一下。之前我不是说可以用智能ABC输入特殊符号吗，下面你先输入文本然后在文档中练习插入特殊符号的方法吧！”小李高兴地点着头说：“呵呵，老马，放心好了，我马上就把这个练习做给你看。”

本例先输入文本，再在每句格言前，加入一个★号，通过编辑使整个文档更加美观且便于阅读，完成后的最终效果如下图所示。

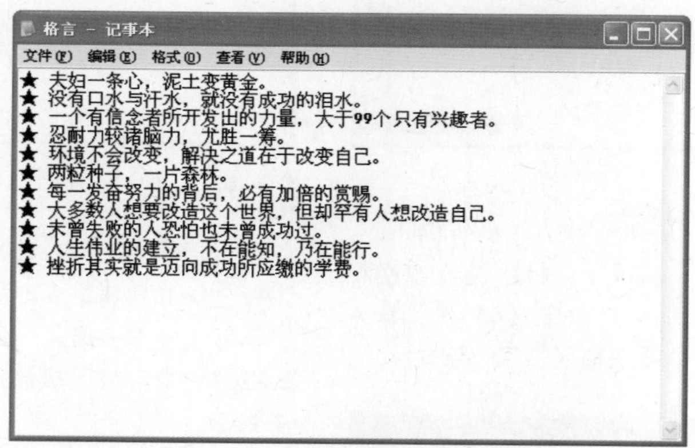

操作提示：

1. 打开“记事本”程序，将新建的记事本命名为“格言”，将输入法切换为智能ABC输入法。
2. 使用输入法，在“记事本”程序中输入文本。
3. 在智能ABC输入法状态条上右击▦按钮。
4. 在弹出的快捷菜单中选择“特殊符号”命令。
5. 打开软键盘后，按【R】键在文档最前面输入★号。
6. 按空格键，使★号和文字中间空出一个字符的空格。
7. 按方向键，将光标移动到第2行最前面。
8. 按【R】键和空格键，输入★号和空格。使用

高手指点　在进行输入前一定要确定输入点的位置，以免出现输入位置错乱的情况。

相同的方法为文档中的其他行统一添加相同的格式。

最终效果\第3章\格言.txt
视频演示\第3章\编辑"格言"文本

3.4 秘技偷偷报

老马看着小李的表现，满意地笑了笑说："小李可别高兴得太早，你现在虽然打字速度比以前快多了，但还是和真正的打字能人差得很远。打字是一门熟能生巧的技术，只有多练习才能提高打字的速度。"小李心急地问："老马，你知道我最近工作量有点大，有没有什么快速提高打字速度的方法啊！"老马神秘地对小李说："当然有了，有些专门的打字练习软件可以加快打字的速度，我现在就给你说说吧！"

1 使用金山打字通

金山打字通是金山公司为打字初学者设计的一款打字练习软件，它可以进行英文打字、中文打字以及五笔打字等多种打字练习。除此之外，为了增强软件的趣味性，金山公司还设计了不少打字游戏，让用户在娱乐的同时，加快打字的速度。

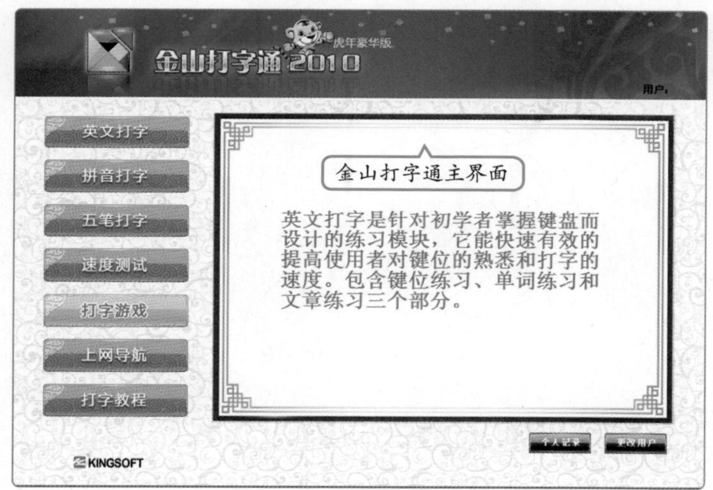

2 查找生僻字读音

在阅读一些文章时，偶尔会出现生僻字，若是用户电脑上安装了搜狗拼音输入法，可使用其自带的"手写输入"功能获取生僻字读音。使用"手写输入"的方法是：在搜狗输入法状态条中单击按钮，在弹出的快捷菜单中选择【扩展功能】/【手写输入】命令，再在打开的"手写输入"对话框中拖动鼠标写出需查找的生僻词，在对话框的候选字列表中将显示与写入文字字形类似的文字。需要注意的是，手写板需用户自主选择安装，因此第一次手写输入时需进行安装才可使用。

金山打字通是一款免费使用的软件，用户在网上直接下载即可安装使用。

补充两句

3 使用五笔输入法的好处

使用拼音输入法的用户都知道拼音输入法规则简单，但最大的问题是重码、同音字太多，所以在进行文字输入时，经常需要使用数字键进行选择，非常耗费时间。若是需要快速录入文字，可选择使用重码很少的五笔输入法。五笔输入法并不难学，只需记熟字根和拆字原则即可，使用五笔输入法打字的速度通常比使用拼音输入法打字的速度快0.5倍。有特殊需要的用户，不妨尝试使用五笔输入法打字。

读书笔记

高手指点　按【Caps Lock】键后，用户不管使用任何输入法都将输入英文大写字母。

第4章

成为电脑小管家

一天老马在小李的电脑上找工作资料，忙活了大半天仍然没找到需要的资料，这可把老马急出了一身汗。正好这时候小李来了，老马像找到了救命的稻草，急匆匆地问小李：“小李，上次我叫你录入的文件在哪？”小李在电脑中将文件找了出来，老马看到了文件心里的大石才落了下来。然后说：“小李啊！你的电脑是我看过的最混乱的电脑，分类太凌乱了，这样很不方便管理。”老马的话触动了小李，他高兴地说：“我之前就想问你，在电脑里怎么才能快速找到需要的文件。”老马看着小李一脸认真的表情，便没有犹豫，接着便说：“想要快速地在电脑中找到需要的文件，其方法很简单，最重要的是养成良好的习惯。下面我就教你一些管理电脑的方法吧！”

3 小时学知识

- 管理电脑入门
- 学会操作文件和文件夹
- 轻松管理电脑软件

4 小时上机练习

- 查看文件夹中的文件属性
- 显示隐藏文件夹并搜索文件
- 安装暴风影音
- 管理磁盘

4.1 管理电脑入门

小李问老马要怎样才能将电脑管理好，老马笑着说：“你首先要理解一些电脑概念和知识，才能更好地管理电脑。”小李坐在一旁说：“老马你就开始吧，学会之后我就不用每次找文件都那么劳师动众了！”

4.1.1 学习1小时

学习目标

- 认识文件、文件夹和磁盘。
- 学会使用“我的电脑”、“资源管理器”管理电脑的方法。
- 掌握改变文件和文件夹视图方式的方法。

1 认识文件

文件即电脑中的各种图片、声音、应用程序、文档和表格等数据信息。所有的文件都是由文件图标、文件名和扩展名组成的，且文件名和扩展名之间用一个圆点分开，有分割的作用，没有其他实际作用。文件名主要用于标示文件的名字，根据需要设置文件名以方便管理、区分电脑资源；扩展名则是电脑根据产生该文件的应用程序自动建立的，常见的扩展名有exe、bmp、txt等。

右图为常用的文件图标和扩展名，以方便用户更好地认识文件。

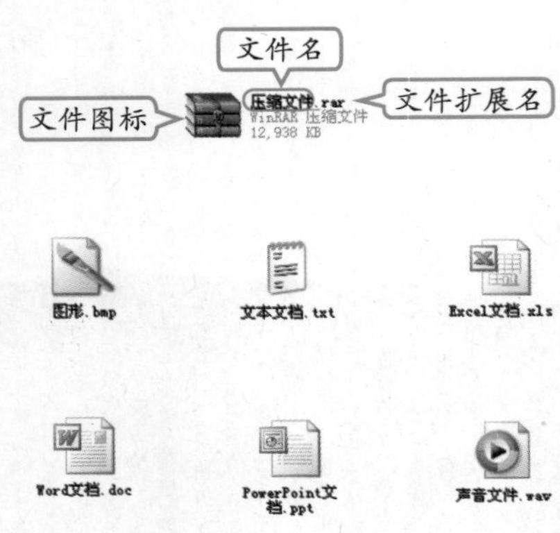

2 认识文件夹

文件夹主要用于存放文件或下一级子文件夹，它的图标一般为📂。使用文件夹可以便于保存和管理文件，文件夹主要由文件夹图标和名称两部分组成。双击某个文件夹，在打开的文件夹窗口中即可查看其中的所有文件及子文件夹。

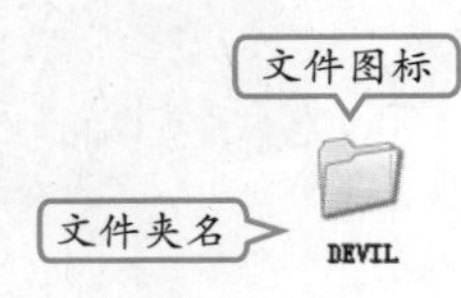

在Windows中，所有文件夹是以树形结构体现的，它就像树木一样，一个文件夹下可以存在一个或者多个子文件夹，子文件夹下还可以有二级子文件夹，因此管理电脑就是管理文件夹。在管理文件夹时，最好将一类文件放置在一个文件夹中，再在文件夹中建立子文件夹，以便细分文件，达到快速查找文件的目的。

高手指点　有些文件夹图标会有所不同，如“我的电脑”的My Music和My Pictures文件夹等。

3 认识磁盘

磁盘可以当作是存放文件夹的大文件夹，它与普通文件夹最大的区别就是磁盘是将一个大的硬盘分为几个区域使用。这样做的好处在于，当一个区域出现问题时，不会影响到其他区域。磁盘位于所有文件夹树形结构的顶端，主要由磁盘图标和磁盘名组成。

教你一招：管理磁盘注意事项

在实际操作中，人们习惯将本地磁盘（C）叫做C盘。一般情况下，操作系统都安装在C盘中，因此在对C盘进行处理时需谨慎，若不是特殊情况，不要随意移动删除C盘中的文件或文件夹，以免造成操作系统无法正常使用或崩溃。

操作提示：什么是文件路径

在管理文件时，可通过窗口地址栏查看当前文件的所在位置，也就是文件路径。在表达时通常用斜杠“\”分隔磁盘和文件夹，以方便区分。如文件路径为“D:\音乐\中文”则表示当前文件的文件路径为D盘“音乐”文件夹下的“中文”子文件夹。

4 使用“我的电脑”管理电脑

在所有管理电脑的方法中，最简单也是最常用的是使用“我的电脑”进行管理。下面以打开E盘，查看E盘中的文件和文件夹为例，讲解使用“我的电脑”管理电脑的方法，其具体操作如下。

教学演示\第4章\使用“我的电脑”管理电脑

1 打开“我的电脑”窗口

1. 双击桌面上“我的电脑”图标，打开“我的电脑”窗口。
2. 在打开的“我的电脑”窗口中双击“本地磁盘（E:）”磁盘。

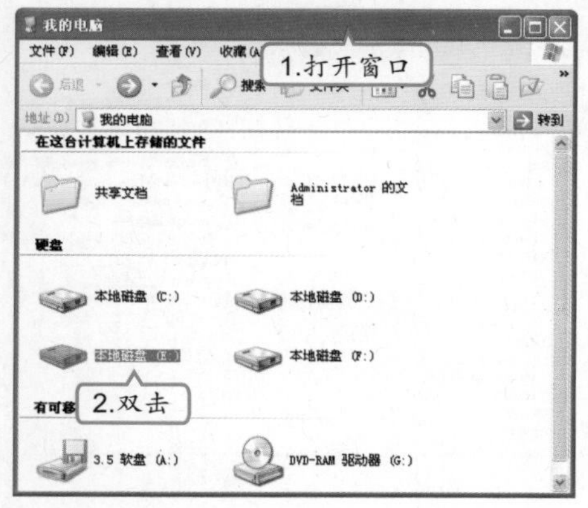

2 查看E盘文件和文件夹

在打开的“本地磁盘（E:）”窗口中即可查看E盘中的所有文件和文件夹。

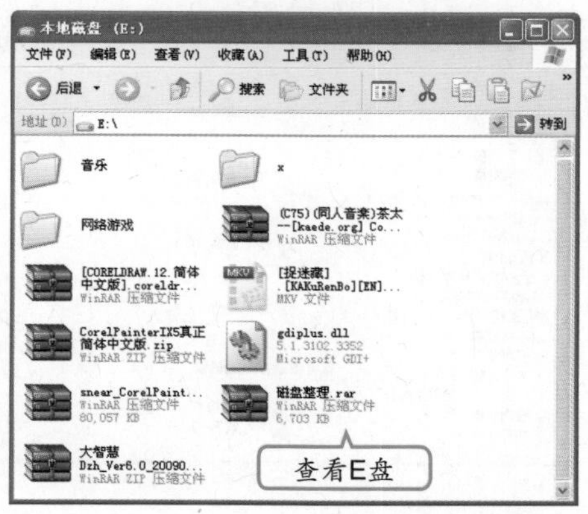

在“我的电脑”窗口中双击某个文件夹或文件可打开该文件夹或该文件。

补充两句

5 使用“资源管理器”管理电脑

除“我的电脑”外还可以使用“资源管理器”管理电脑，使用它能更快地在电脑各磁盘和文件夹之间切换。下面就以在C盘Downloads文件夹中新建一个文本文档为例，讲解使用“资源管理器”管理电脑的方法，其具体操作如下。

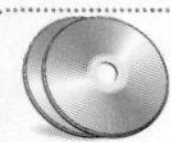

教学演示\第4章\使用“资源管理器”管理电脑

1 打开资源管理器

1. 双击桌面上“我的电脑”图标，打开“我的电脑”窗口，在该窗口中单击 文件夹 按钮。
2. Windows XP将打开资源管理器。

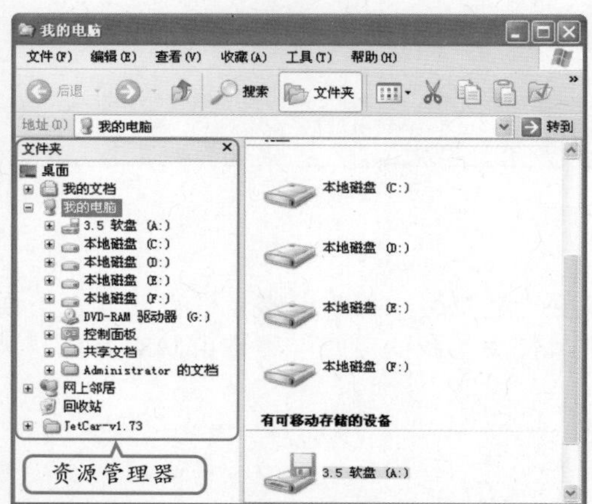

2 打开本地磁盘C

在资源管理器中单击“本地磁盘（C:）”磁盘前的⊞按钮，展开“本地磁盘（C:）”根目录。

3 打开Downloads文件夹

1. 单击Dowsloads文件夹前的⊞按钮，展开Dowsloads根目录。
2. 在打开的Dowsloads窗口双击mp3文件夹图标。

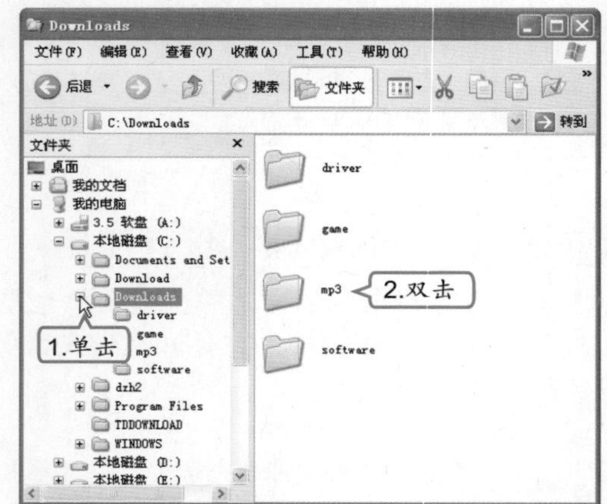

4 新建文本文件

在打开的mp3窗口中右击，在弹出的快捷菜单中选择【新建】/【文本文档】命令，在mp3文件夹中新建一个文本文档。

高手指点

若再次单击工具栏中的 文件夹 按钮，可关闭资源管理器。

6 改变文件和文件夹的视图方式

有时，为了方便地查看文件，需改变文件和文件夹的视图方式。改变视图方式的方法很简单：在“我的电脑”窗口中单击窗口工具栏中的▦·按钮，再在弹出的下拉列表中选择需要的视图样式即可。各视图方式的排列方法和特点介绍如下。

缩略图

使用该视图方式，将显示文件的图标及文件名。在查看照片或图像时使用缩略图视图方式将直接显示图片缩略图，所以查看照片或图像时经常会使用到该视图方式。

图标

使用该视图方式，Windows XP将以大图标的方式根据窗口大小显示文件。

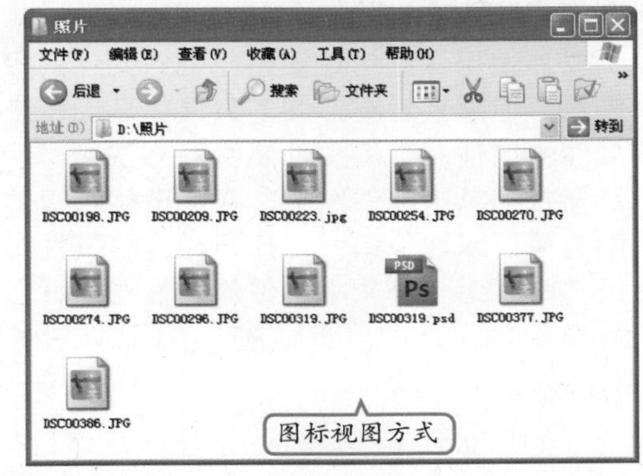

平铺

使用该视图方式，将根据窗口大小将文件以大图标列表的方式平均分布显示在窗口中。

列表

使用该视图方式，Windows XP将以小图标的列表方式显示文件。在文件夹中的文件很多时，使用该视图方式会更加容易找到需要的文件。

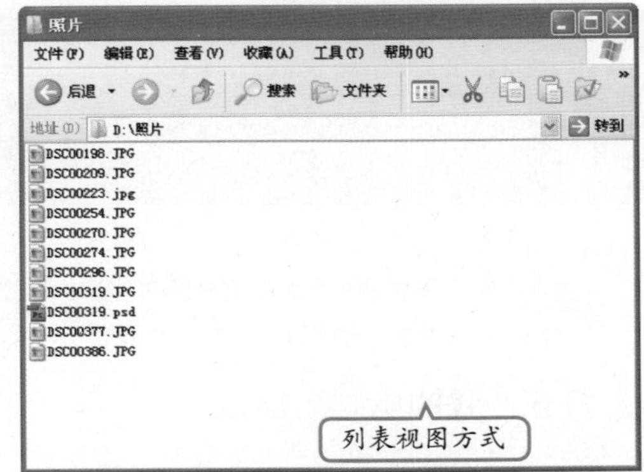

教你一招：排列图标

不管使用什么视图方式，文件夹都会被排在文件前。此外，用户还可以设置文件的排列方式，其方法为：在窗口中使用鼠标右键单击空白处，在弹出的快捷菜单中选择“排列图标”命令，再在弹出的子菜单中选择相应的排列方法。

并不是所有的图像文件在使用缩略图视图方式时都会显示缩略图。

补充两句

详细信息

使用该视图方式，将显示文件的详细信息，如文件名、文件大小、类型、创建时间和修改时间等。该视图方式是能最清楚显示文件信息的方式。

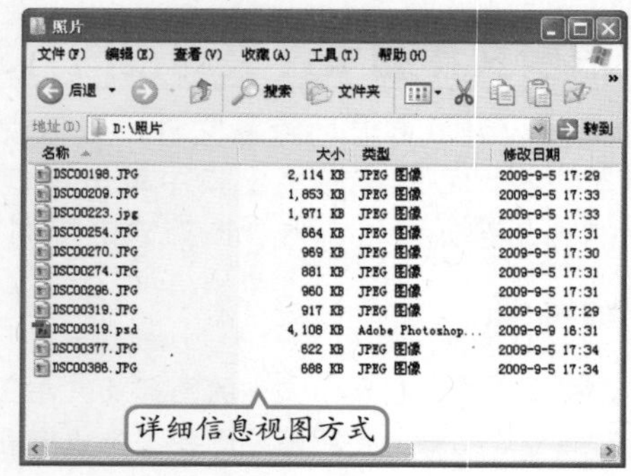

7 查看文件属性

虽然使用详细信息视图能看到文件的相关信息，但想查看更详细的文件信息则需查看文件的属性。查看文件属性的方法是：使用鼠标右键单击文件图标，在弹出的快捷菜单中选择“属性”命令，打开相应的属性对话框，右图为一个文本文件的属性对话框，查看完毕后，只需单击 确定 按钮即可关闭对话框。

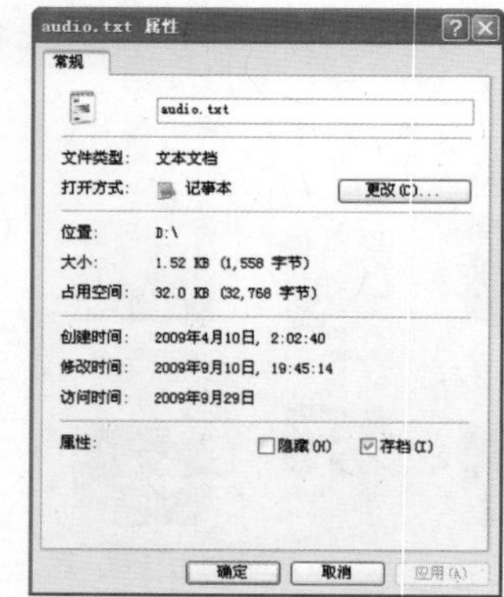

4.1.2 上机1小时：查看文件夹中的文件属性

本例将使用资源管理器打开D盘中的“电影”文件夹，并查看“天堂电影院”文件夹的属性。通过本例熟悉使用资源管理器切换文件夹和查看文件属性的方法。

上机目标

- 巩固使用资源管理器的方法。
- 进一步掌握查看文件属性的方法。

教学演示\第4章\查看文件夹中的文件属性

1 打开“我的电脑”窗口

在桌面上双击“我的电脑”图标，打开“我的电脑”窗口。

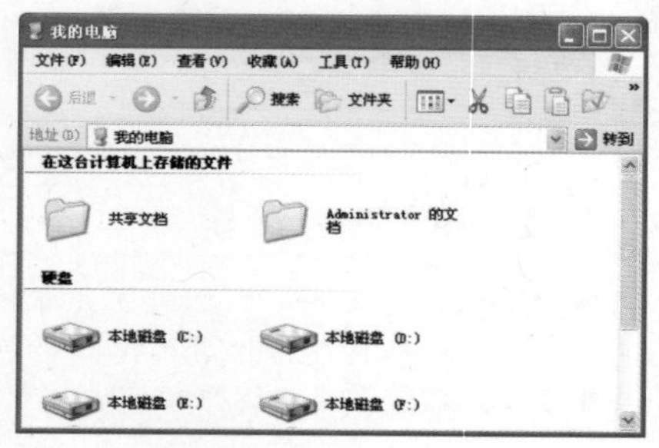

高手指点 使用详细信息视图排列文件时，显示的信息项会因为文件格式的不同而不同。

2 打开资源管理器

在打开的“我的电脑”窗口中，单击工具栏上的文件夹按钮，打开资源管理器。

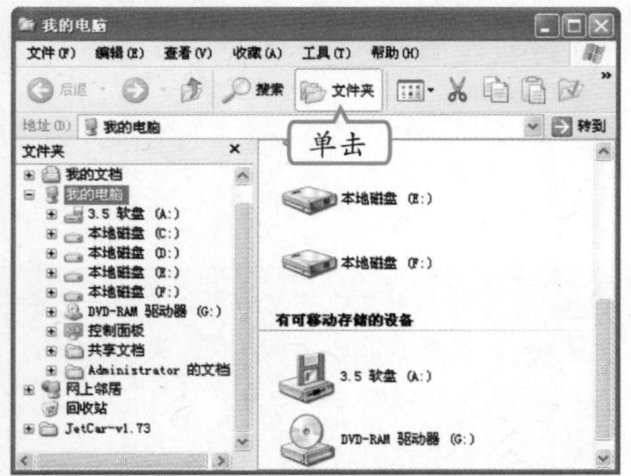

3 打开本地磁盘D

单击“本地磁盘（D:）”文件夹前的⊞按钮，展开“本地磁盘（D:）”根目录。

4 打开“电影”文件夹

在“本地磁盘（D:）”根目录下，选择“电影”文件夹选项，打开“电影”文件夹。

5 选择属性命令

在打开的“电影”文件夹中，右击“天堂电影院”文件夹，在打开的快捷菜单中选择“属性”命令。

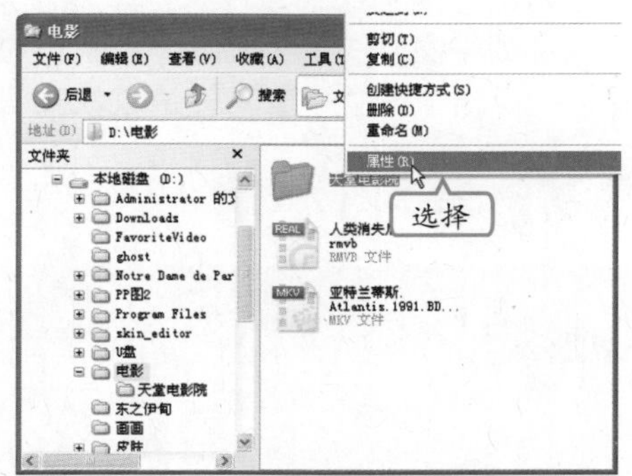

6 查看文件夹属性

在打开的“天堂电影院 属性”对话框中查看文件大小，然后单击确定按钮。

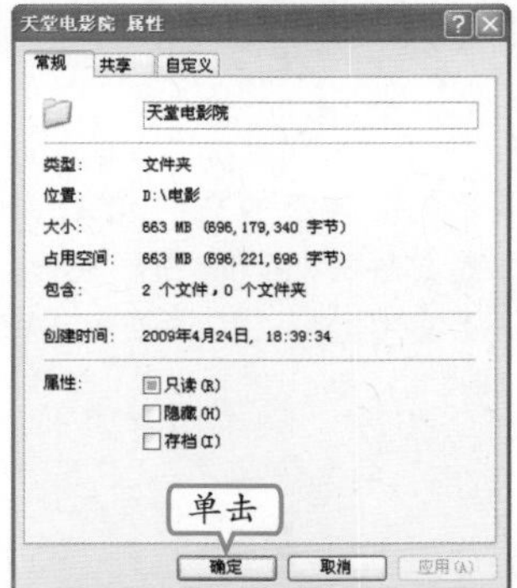

操作提示：改变文档隐藏属性

若是想将文件改为隐藏属性，只需在属性对话框的“属性”栏中选中“隐藏”复选框，再单击确定按钮。若隐藏的对象是文件夹则将打开提示对话框，在提示框中选中相应单选按钮后，单击确定按钮即可完成设置。

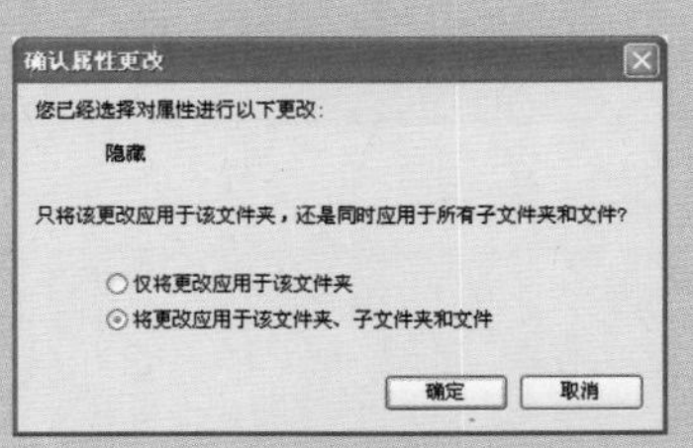

第4章

补充两句：单击⊞按钮后，该按钮将变为⊟形状，再次单击则会恢复为⊞形状。

4.2 学会操作文件和文件夹

看完老马的演示后，小李说：“老马，管理电脑还是很简单的啊！”老马呵呵地笑着说：“如果真的那么简单，你的电脑还会那么乱么？刚刚给你说的是最基础的概念，现在给你说说关于文件夹的基础操作，学习完之后你就能将电脑管理得像模像样了。”小李迫不及待地说：“好啊！老马你快教教我吧！”

4.2.1 学习1小时

学习目标

- 学会文件和文件夹的选择、新建、复制、移动、重命名和删除的方法。
- 掌握隐藏、显示文件和文件夹的方法。
- 进一步掌握搜索文件和文件夹的方法。

1 选择文件与文件夹

要对文件和文件夹进行操作，首先要学会选择文件、文件夹的方法，主要有以下几种。

选择单个文件/文件夹

用鼠标直接单击要选定的文件或文件夹即可，被选定的文件或文件夹将以反白形式显示。若需要取消选择只需使用鼠标在空白处单击即可。

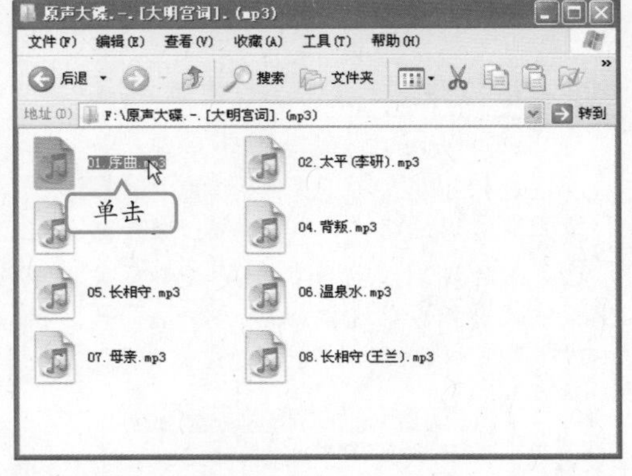

选择相邻文件/文件夹

在要选定的第1个文件或文件夹附近空白处按住鼠标左键不放，拖动到需要选定的最后一个文件或文件夹位置，在拖动过程中将出现一个蓝色的矩形框，此时成反白显示的文件和文件夹都为被选中的文件或文件夹，选中后释放鼠标左键完成选定操作。

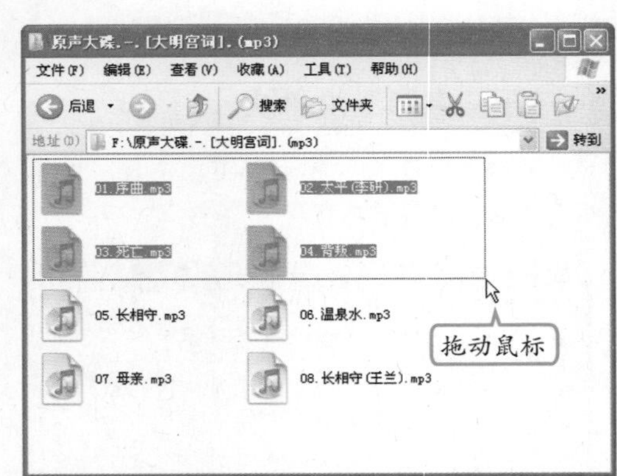

操作提示：其他选择相邻文件/文件夹的方法

单击一个文件/文件夹后，按【Shift】键的同时，单击另一个文件/文件夹，则可选定两个文件/文件夹之间所有连续的文件/文件夹。

高手指点　在桌面上也可使用鼠标拖动出矩形框，选择多个相邻文件和文件夹。

选择不相邻文件/文件夹

在实际操作时，有时需选择一些不相邻的文件或文件夹。此时只需按住【Ctrl】键的同时，依次单击需选定的文件或文件夹。若需取消已选择的文件或文件夹，只需按【Ctrl】键单击已选定的文件或文件夹即可。

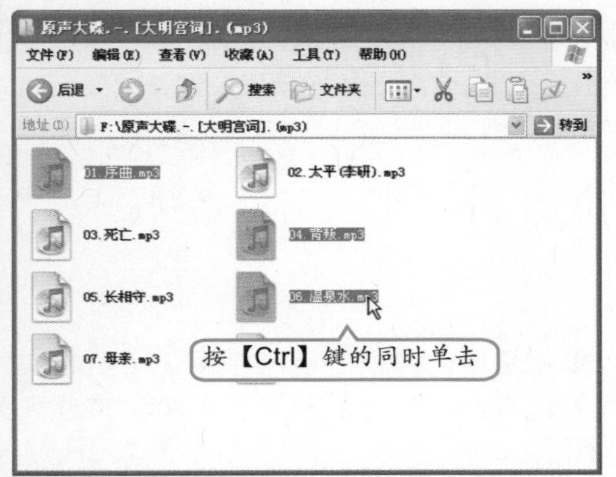

选择全部文件/文件夹

在需要对整个文件夹中的文件或文件夹进行编辑操作时，可在打开的窗口中选择【编辑】/【全部选定】命令或按【Ctrl+A】键，选择当前窗口中的所有文件及文件夹。

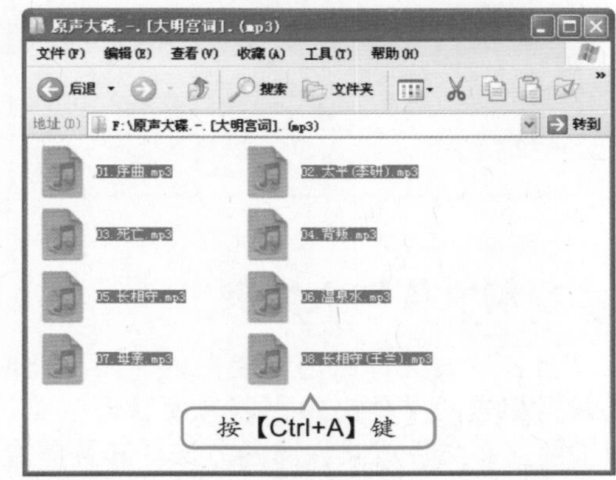

2 新建文件与文件夹

要操作文件和文件夹，除了要学会选择文件或文件夹外，还需学会新建文件和文件夹。新建文件的方法与新建文件夹的方法基本相同，下面讲解新建文件夹的方法，其具体操作如下。

教学演示\第4章\新建文件与文件夹

1 选择“新建”命令

在需要创建文件夹的文件夹窗口空白处单击鼠标右键，在弹出的快捷菜单中选择【新建】/【文件夹】命令。

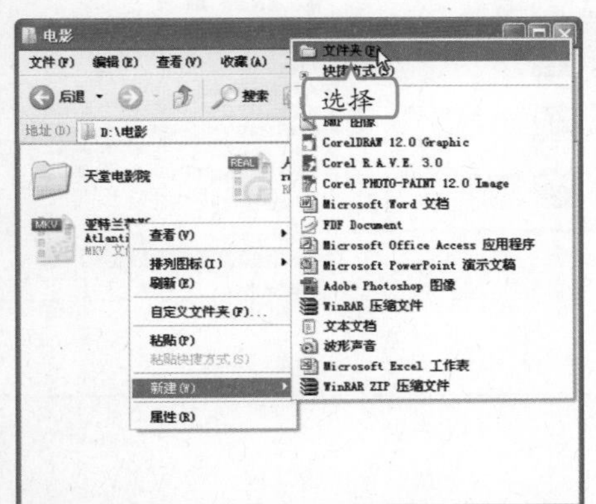

2 新建文件夹

新建的文件夹名称文本框将呈反白显示。

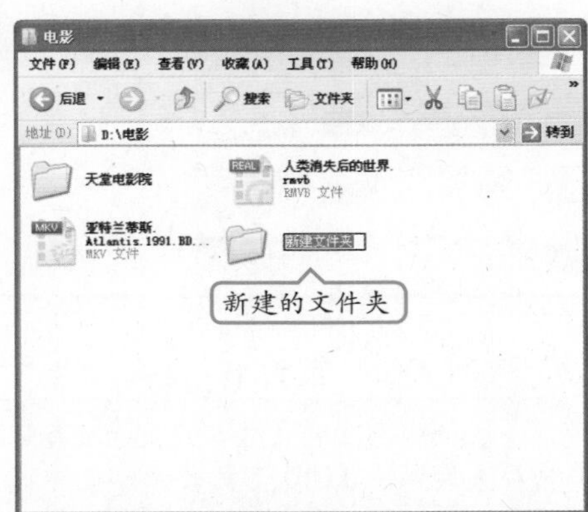

补充两句

若不想为新建的文件夹命名，可直接按【Enter】键确定。

3 为文件夹命名

在该文本框中输入新的文件夹名称“我的私房电影”，按【Enter】键确定输入。

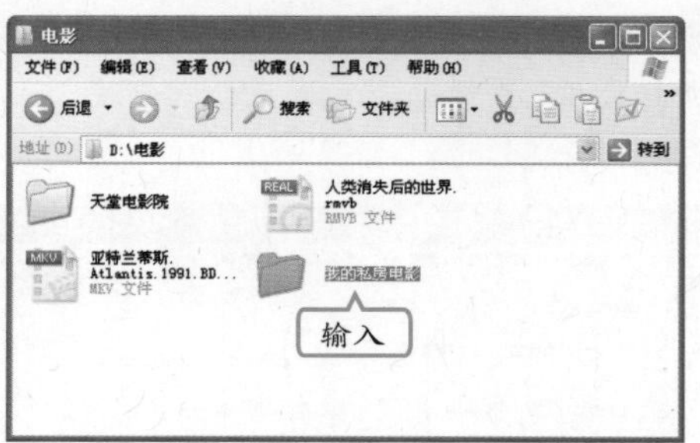

操作提示：新建文件的方法

新建文件常用的方法是：在窗口空白处单击鼠标右键，在弹出的快捷菜单中选择“新建”命令，再在弹出的子菜单中选择一种文件类型，如选择“文本文件”命令后，Windows XP将为用户新建一个文本文件。

新建文件后，双击新建的文件则会启动相应的程序将其打开。

3 复制文件与文件夹

新创建的文件夹内是空白的，用户此时可以使用复制的方法将电脑中同一类型的文件放置到相应的文件夹中，以方便管理电脑。下面就以将一部电影复制到“电影”文件夹为例讲解复制文件或文件夹的方法，其具体操作如下。

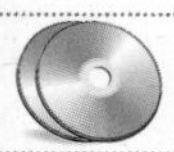

教学演示\第4章\复制文件与文件夹

1 选择文件

打开“本地磁盘 （F:）” 窗口，在其中使用鼠标单击需要复制的文件，这里选择“08春世界奇妙物语”。

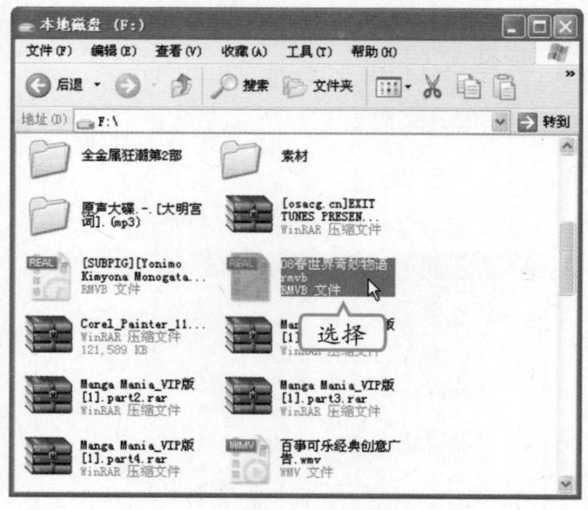

2 复制文件

选择文件后，单击鼠标右键，在弹出的快捷菜单中选择“复制”命令。

教你一招：复制文件/文件夹的其他方法

复制文件或文件夹除了通过在快捷菜单中选择“复制”命令的方法外，还可以在选择文件或文件夹后，按【Ctrl+C】键进行复制。

高手指点 在为新建文件夹命名时，要命名为便于用户管理的名称，注意不要创建太多的文件夹。

3 使用资源管理器

1. 在“本地磁盘（F:）”窗口工具栏中单击 文件夹 按钮。
2. 在打开的资源管理器中单击“本地磁盘（D:）”前的⊞按钮，在展开的D盘根目录下选择“电影”文件夹。

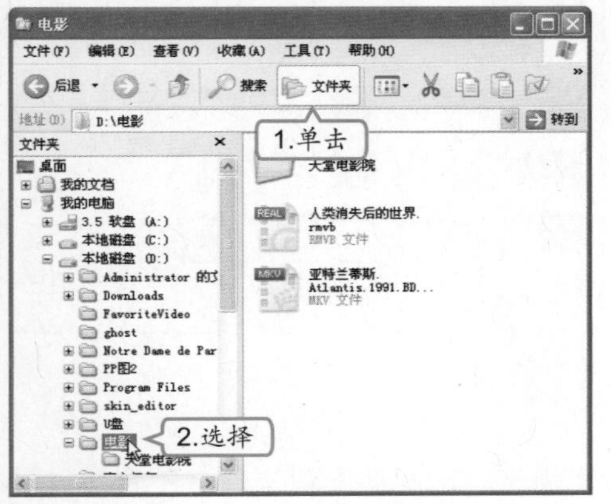

4 粘贴文件

在打开的“电影”文件夹空白处单击鼠标右键，在弹出的快捷菜单中选择“粘贴”命令，将复制的电影粘贴到“电影”文件夹中。

4 移动文件与文件夹

移动文件或文件夹是指将文件或文件夹从一个位置移动到另一个位置，它与复制操作的最大区别是执行复制操作后，在电脑中会出现两个相同的文件而移动操作则不会。下面将讲解移动文件或文件夹的方法，其具体操作如下。

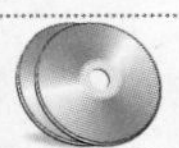

教学演示\第4章\移动文件与文件夹

1 剪切文件

打开“本地磁盘（F:）”窗口，用鼠标右键单击需移动的文件。这里选择“包装设计1”文件，在弹出的快捷菜单中选择“剪切”命令。

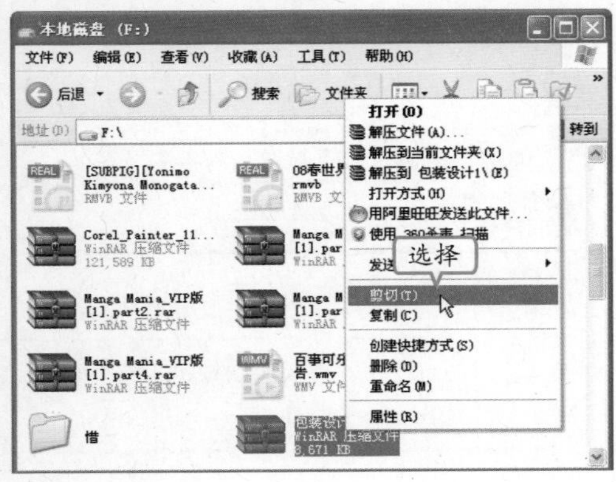

2 使用资源管理器

1. 在“本地磁盘（F:）”窗口工具栏中单击 文件夹 按钮。
2. 在资源管理器中，打开需移动到的目标文件夹，这里打开“素材”文件夹。

补充两句：在“电影”窗口中按【Ctrl+V】键也可以执行粘贴操作。

3 粘贴文件

在打开的“素材”窗口的空白处单击鼠标右键，在弹出的快捷菜单中选择“粘贴”命令。

4 查看原文件

返回“本地磁盘（F:）”窗口，可看到原来的“包装设计1”文件已不见了。

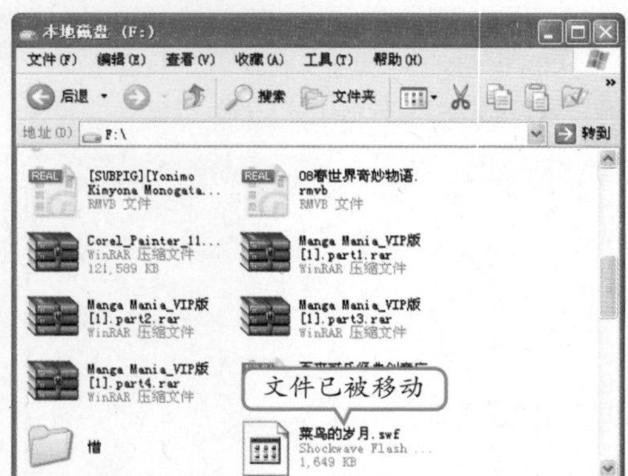

5 重命名文件与文件夹

新建文件时可以为文件和文件夹重命名，但使用一段时间后发现文件名不合适，需要修改，则可对文件或文件夹执行重命名操作，重命名的方法很简单，但都需要先选择文件或文件夹，下面将详细讲解重命名文件或文件夹的方法。

使用快捷菜单重命名

使用鼠标右键单击需重命名的文件或文件夹，在弹出的快捷菜单中选择“重命名”命令后，文件名框将呈蓝色显示，此时只需在文件名框中输入新文件名，再按【Enter】键即可完成重命名。

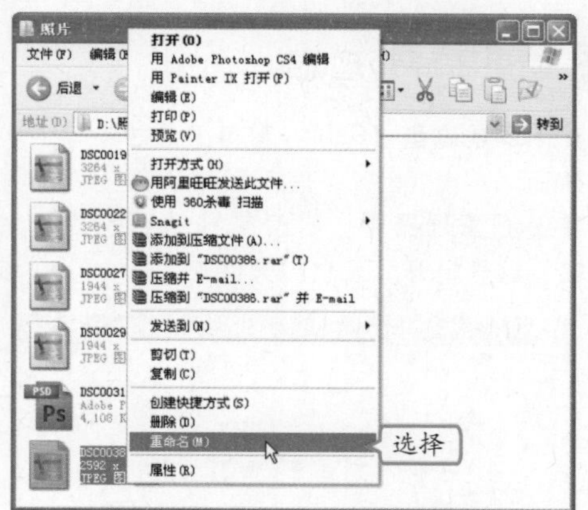

使用快捷键重命名

选择文件或文件夹后，按【F2】键，在文件名框变成蓝色时输入新文件名后，按【Enter】键确定输入。

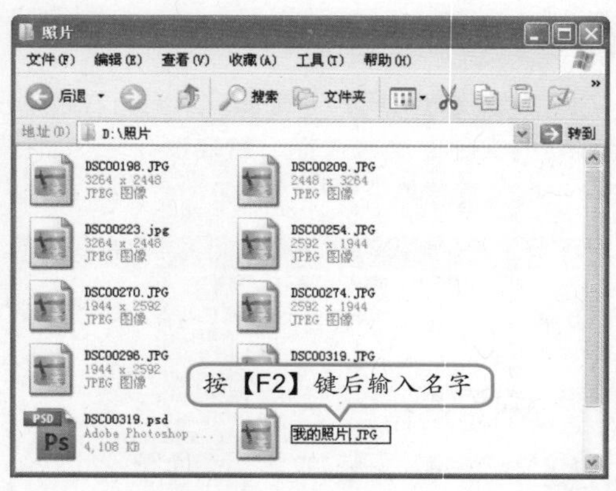

教你一招：重命名的其他方法

分两次单击需重命名的文件或文件夹也可执行重命名操作。此外，重命名时切记不要修改文件的扩展名，否则会出现错误或对文件造成损坏。

高手指点 若想移动文件或文件夹，可按【Ctrl+X】键执行剪切操作。

6 删除文件与文件夹

在管理电脑时，时常需清理一些文件或文件夹，以免电脑中文件混乱，不易管理且占用硬盘空间。删除文件一般分为将文件放入回收站和永久删除文件两种，下面将详细讲解它们的操作方法。

（1）删除文件到“回收站”

所谓“回收站”就是像垃圾桶一样的存放空间，它是硬盘上的一个区域，用于存放不使用的文件或文件夹。执行删除操作后文件和文件夹被临时存放在“回收站”中。双击桌面上的“回收站”图标，即可看到已经被删除的文件或文件夹。将文件删除到“回收站”有两种方法，下面分别进行讲解。

使用快捷菜单删除

使用鼠标右键单击需删除的文件或文件夹，在弹出的快捷菜单中选择“删除”命令，再在打开的提示对话框中单击 是(Y) 按钮。

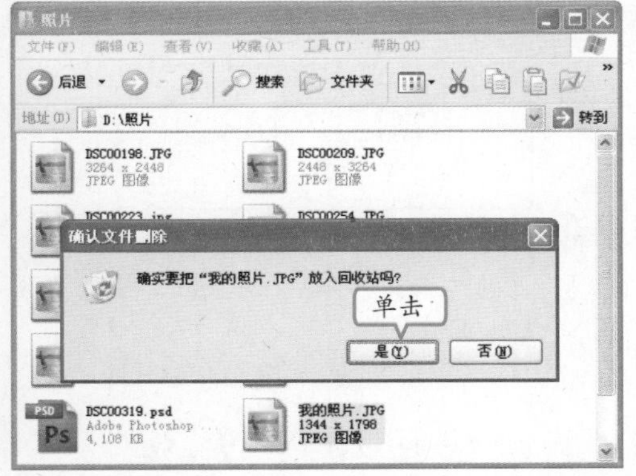

使用快捷键删除

选择文件或文件夹后，按【Delete】键，再在打开的提示对话框中单击 是(Y) 按钮。

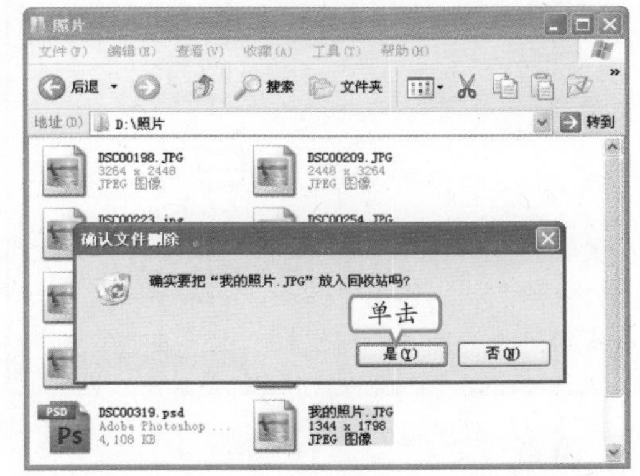

教你一招：恢复被删除文件

若用户发现删除的某些文件或文件夹还需使用时，可从“回收站”中将其还原。恢复被删除的文件或文件夹的方法是：双击桌面上的“回收站”图标，在打开的“回收站”窗口中，右击需恢复的文件或文件夹，在弹出的快捷菜单中选择“还原”命令，即可将其还原到被删除前的位置。

（2）永久删除文件

若用户有完全不需要使用的废弃文件或文件夹，可清空“回收站”，清空后“回收站”中的文件或文件夹将从电脑中永久删除，方法为：使用鼠标右键单击桌面上的“回收站”图标，在弹出的快捷菜单中选择“清空回收站”命令。若只需删除其中的部分文件或文件夹，则可双击桌面上的“回收站”图标，打开“回收站”窗口，选择要删除的文件或文件夹，再单击“回收站”窗口工具栏中的✕按钮进行删除。需注意的是，在“回收

补充两句：将需删除的文件或文件夹拖动到桌面的“回收站”图标上释放鼠标，也可执行删除操作。

站”窗口中被删除的文件或被清空将不能恢复到原位置。

7 显示/隐藏文件与文件夹

为了保护电脑中个人隐私和重要文件的安全，Windows XP提供了隐藏文件和文件夹的功能。要隐藏文件或文件夹首先需将文件或文件夹的属性设置为“隐藏”，再通过“文件夹选项”对话框进行设置，设置后的文件或文件夹将被隐藏起来。下面就以隐藏“工作”文件夹为例讲解隐藏文件夹或文件的方法，其具体操作如下。

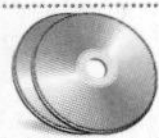

教学演示\第4章\显示/隐藏文件与文件夹

1 选择“属性”命令

右击“工作”文件夹，在弹出的快捷菜单中选择“属性”命令。

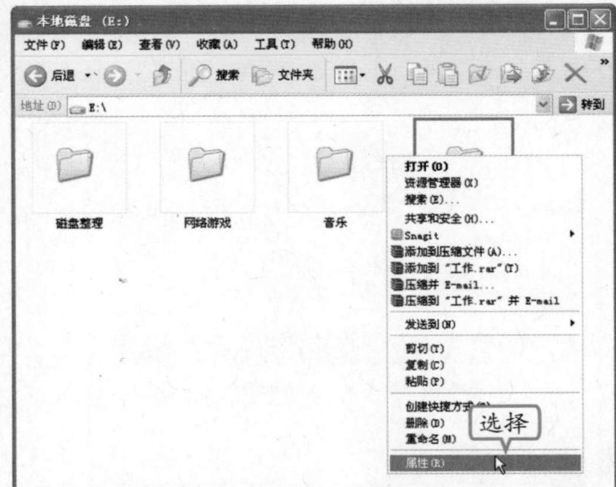

2 设置“隐藏”属性

在打开的“工作 属性”对话框中选中“隐藏”复选框，单击 确定 按钮。

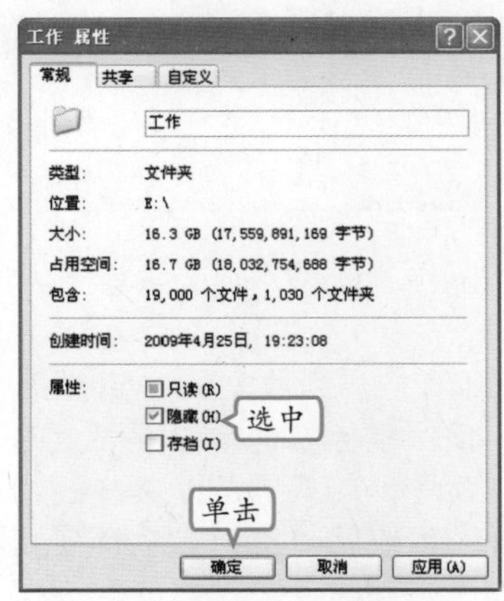

3 选择隐藏范围

1. 在打开的“确认属性更改”对话框中选中“仅将更改应用于该文件夹”单选按钮。
2. 依次单击 确定 按钮，完成设置。

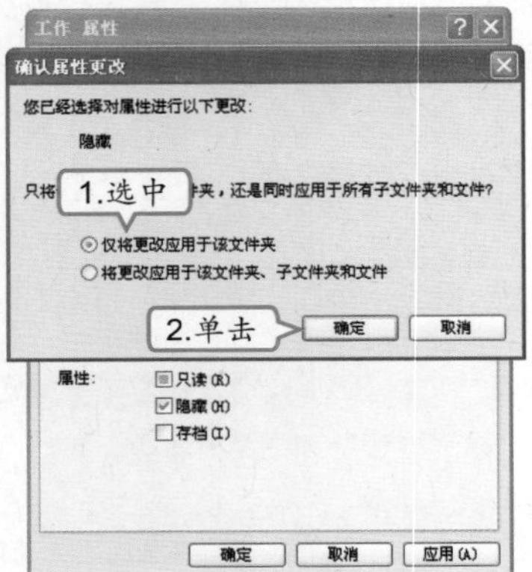

4 打开“文件夹选项”对话框

在“本地磁盘 (E:)”窗口工具栏中单击 按钮，打开“文件夹选项”对话框。

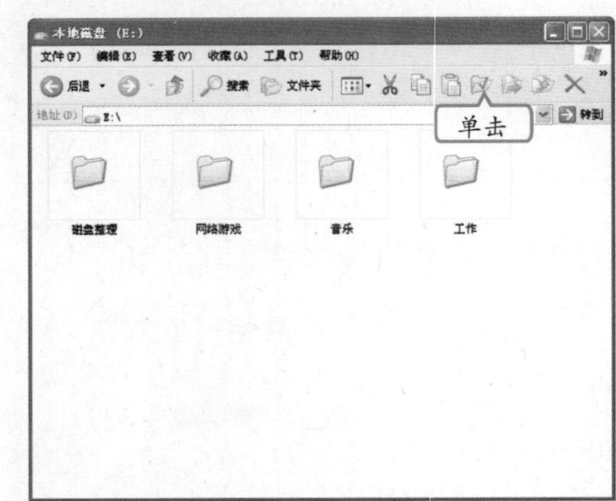

高手指点 选择文件或文件夹后，按【Shift+Delete】键，文件将不经过回收站而被直接删除，故用户在使用该方法删除文件或文件夹时需谨慎。

5 设置隐藏文件和文件夹

1. 选择“查看”选项卡。
2. 向下拖动“高级设置”下拉列表框左边的滑动块，在“隐藏文件和文件夹”选项下选中“不显示隐藏的文件和文件夹”单选按钮。
3. 单击 确定 按钮确定设置。

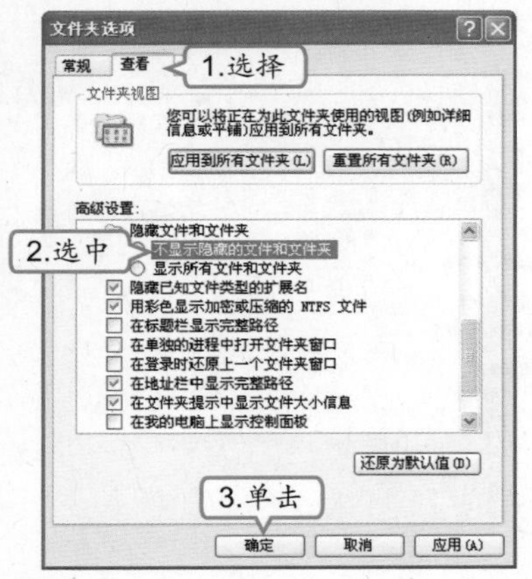

6 查看文件

返回“本地磁盘（E:）”窗口，按【F5】键刷新窗口，发现文件夹已被隐藏。

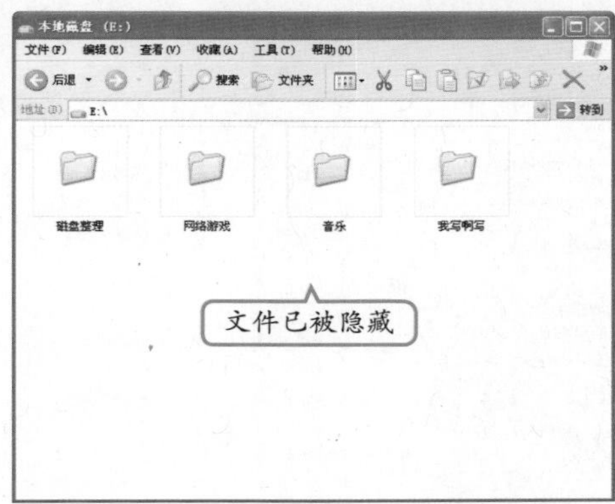

操作提示：显示文件或文件夹的方法

显示文件或文件夹的方法很简单，只需在“文件夹选项”对话框中选择“查看”选项卡，再在该选项卡中的“高级设置”列表框的“隐藏文件和文件夹”选项下选中“显示所有文件和文件夹”单选按钮，最后单击 确定 按钮即可。

8 搜索文件与文件夹

电脑使用一段时间后，用户会生成大量的文件或文件夹，可能会忘记某个文件或文件夹的具体存放位置，此时可以使用Windows XP的搜索功能来搜索所需的文件或文件夹。下面以搜索“电话本”文档为例讲解搜索文件或文件夹的方法，其具体操作如下。

教学演示\第4章\搜索文件与文件夹

1 设置搜索类型

1. 单击“我的电脑”窗口工具栏中的“搜索”按钮 搜索。
2. 在窗口左侧“你要查找什么”栏中单击“所有文件和文件夹”超链接。

教你一招：选择搜索对象

在“你要查找什么”栏中单击“文档（文字处理、电子数据表等）”超链接，缩小搜索类型和范围，可提高搜索速度。

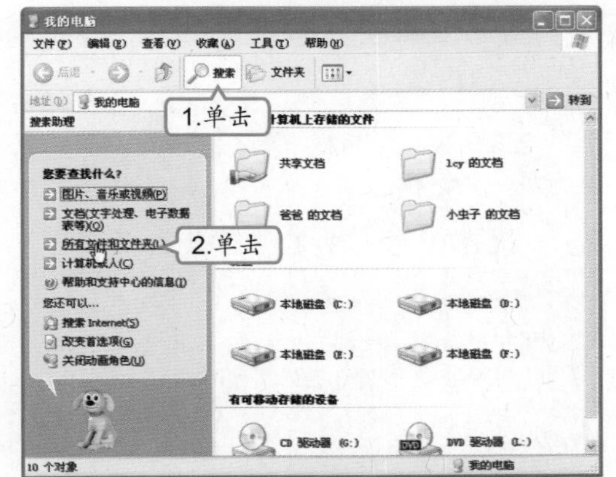
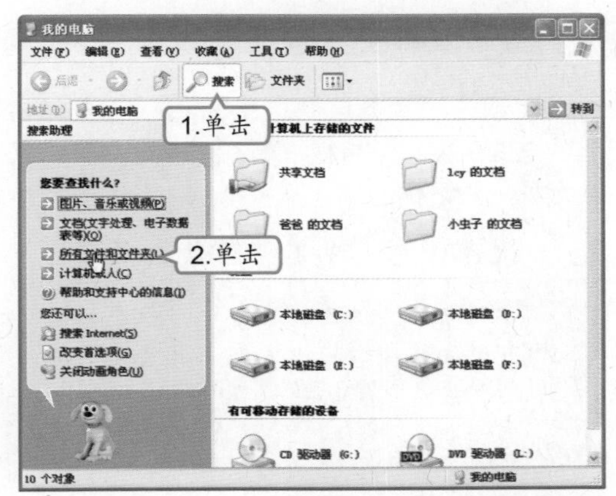

补充两句

若文件或文件夹属性为“隐藏”，则文件或文件夹的图标为半透明状态。

2 设置搜索范围

1. 在“全部或部分文件名”文本框中输入文件的名称“电话本”。
2. 在“在这里寻找”下拉列表框中选择“本地磁盘（F:）”选项。
3. 单击 搜索(R) 按钮。

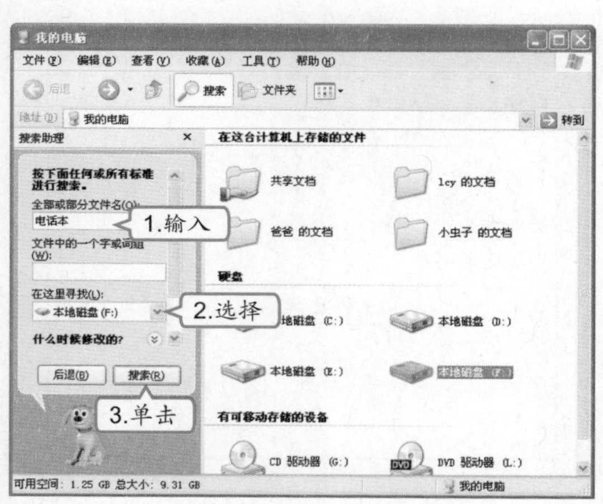

3 搜索文件

系统开始查找，并在右侧的窗口中显示出查找到的文件或文件夹所在位置。

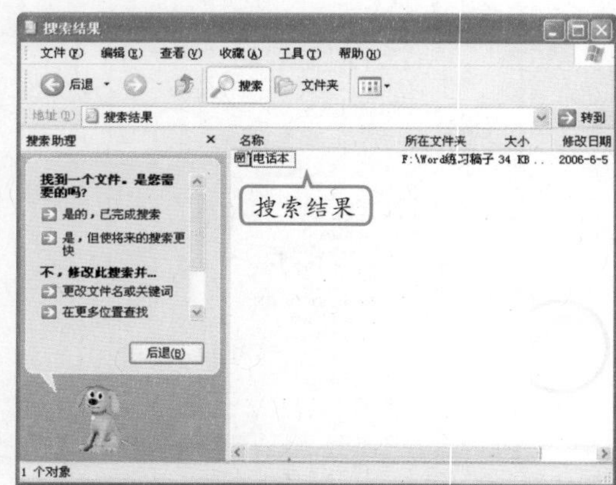

4.2.2 上机1小时：显示隐藏文件夹并搜索文件

本例先将隐藏的文件夹显示出来，再搜索F盘工作表中的文档。通过本例的练习更好地掌握显示文件或文件夹以及搜索文件的方法。

上机目标

- **熟悉显示文件或文件夹的方法。**
- **进一步掌握搜索文件的方法。**

教学演示\第4章\显示隐藏文件夹并搜索文件

1 打开“文件夹”选项

在桌面上双击“我的电脑”图标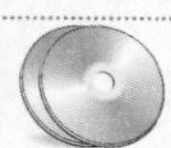，在打开的“我的电脑”窗口工具栏中单击 按钮打开“文件夹选项”对话框。

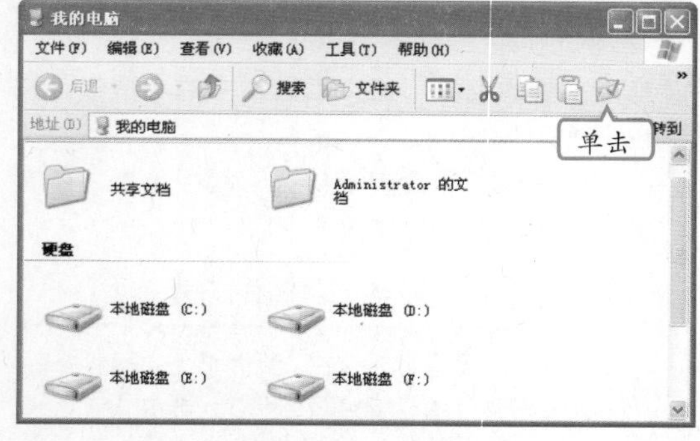

操作提示：设置“隐藏”属性

单开某个文件夹，在窗口空白处单击鼠标右键，在弹出的快捷菜单中选择“自定义文件夹”命令，在打开的对话框中选择“常规”选项卡，在其中也可设置文件的“隐藏”属性。

高手指点 由于隐藏的文件或文件夹在搜索时不在搜索的范围内，因此本例先将隐藏的文件显示出来再进行搜索。

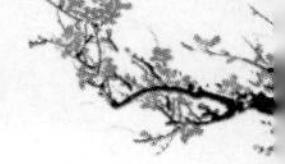

2 设置显示文件和文件夹

1. 在打开的“文件夹选项”对话框中选择“查看”选项卡。
2. 向下拖动“高级设置”下拉列表框左边的滑动块，在“隐藏文件和文件夹”选项下选中“显示所有文件和文件夹”单选按钮。
3. 单击[确定]按钮，确定设置。

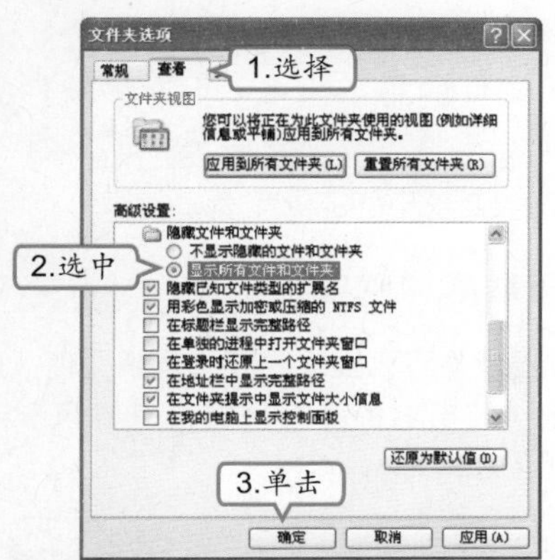

3 设置搜索类型

1. 返回“我的电脑”窗口，在工具栏中单击“搜索”按钮[搜索]。
2. 在窗口左侧的“你要查找什么”栏中单击“所有文件和文件夹”超链接。

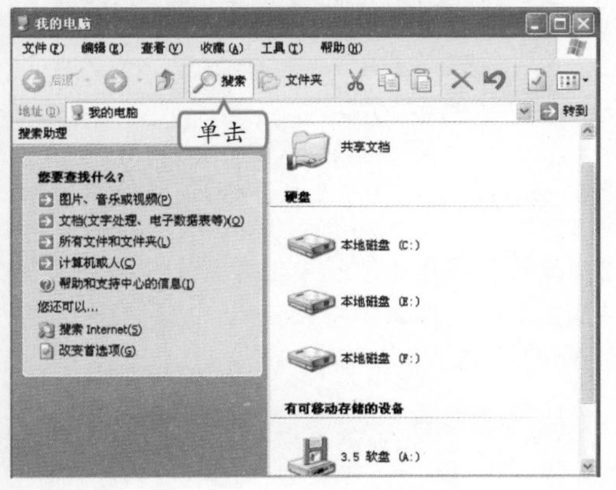

4 设置搜索范围

1. 在“包含文字”文本框中输入文件的名称“工作表”。
2. 在“搜索范围”下拉列表框中选择“本地磁盘（F:）”选项。
3. 单击[立即搜索(S)]按钮。

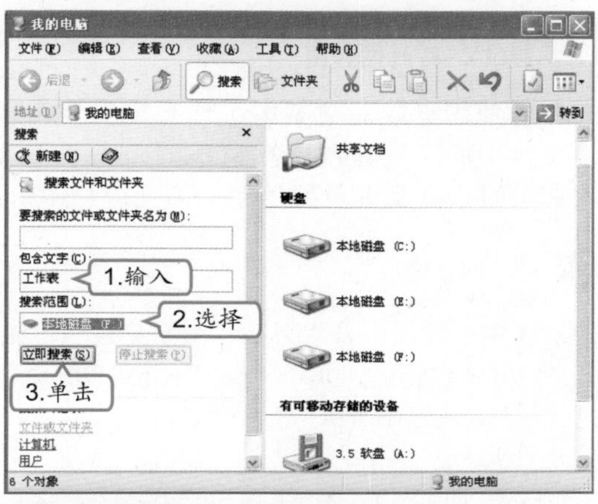

5 显示搜索结果

系统开始进行搜索查找，并在右侧的窗口中显示出查找到的文件或文件夹所在位置，双击文件图标即可打开文件。

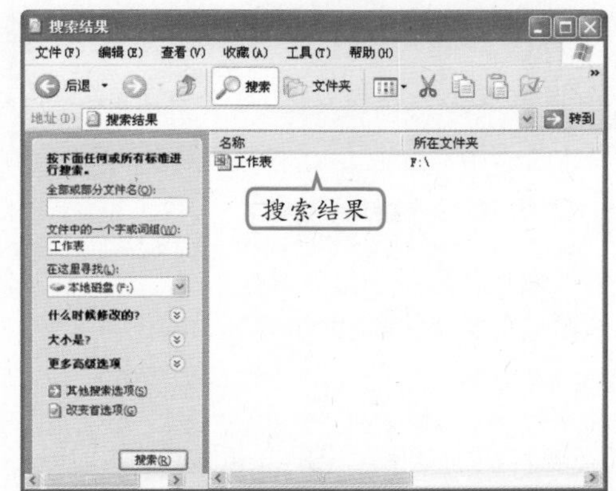

4.3 轻松管理电脑软件

经过一段时间的学习，小李感慨道：“Windows XP真的很人性化！”老马高兴地说：“那是，小李，我发现你电脑中有很多无用的程序，其实你可以把它们卸载掉，这样能释放更多的硬盘空间，以加快电脑的运行速度，下面我就来教你一些软件的基础知识吧！”

补充两句

若是还需再次搜索文件，可在完成搜索后，在左侧窗口中单击[后退(B)]按钮，重新设置搜索条件。

4.3.1 学习1小时

学习目标

- 了解一些常用软件。
- 掌握安装和删除软件的方法。

1 认识常用软件

要使用电脑完成某些工作都需要使用相应的软件，软件的种类很多，而有些软件的功能大致相同，只是制作厂家不同。为了不浪费过多的硬盘资源，避免安装多余的软件，认识常用的软件是很重要的事，下面就列举出了一些常用的工具软件以作参考。

办公软件

办公软件主要用于日常办公、文字处理等。最出名的办公软件是Microsoft公司推出的Office系列，它们能满足一般用户办公需求。

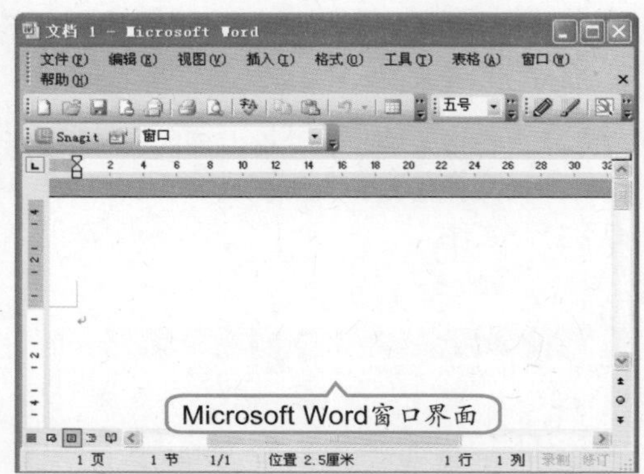
Microsoft Word窗口界面

图形图像软件

图形图像软件是用于处理照片、图形的软件，常用的图形图像软件有Photoshop、美图秀秀等。

Photoshop窗口界面

视频播放器软件

使用播放器软件可以播放视频、音频文件，如电影、音乐。较出名的视频播放器有暴风影音、KMplayer、RealPlayer等。

暴风影音窗口界面

压缩软件

这类软件主要用于解压或压缩文件，使用压缩软件压缩后的文件体积将会变小。常用的压缩软件有WinRAR和WinZip等。

WinRAR窗口界面

高手指点 虽然视频播放器也能播放音乐，但一般都习惯用千千静听、酷狗音乐盒等专用音频播放器播放音乐。

下载软件

下载软件主要用于加速下载网络上的各种资源。常用的下载软件有迅雷、网际快车等。

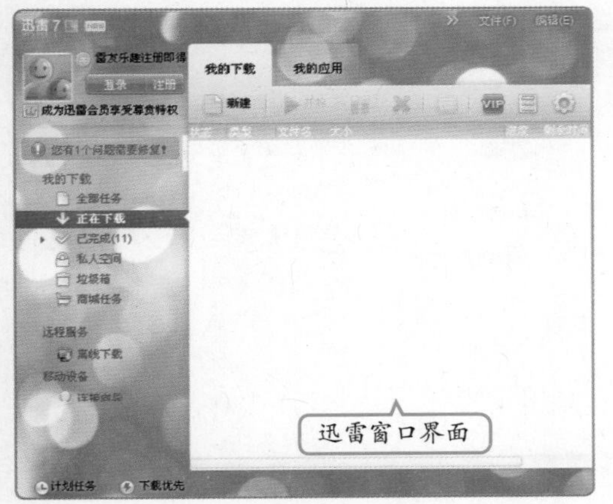

聊天软件

该类软件用于网络即时通信，常用的软件有QQ、MSN等。

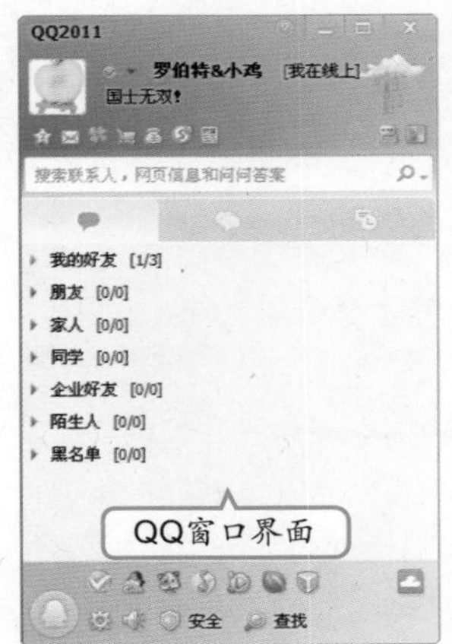

2 安装软件

由于大多数应用程序都不是系统自带的，因此在使用前都必须对其进行安装。虽然软件的功能、名字有所不同，但它们的安装方法基本相同。下面就以安装“迅雷7”为例讲解安装软件的方法，其具体操作如下。

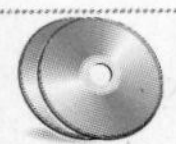

教学演示\第4章\安装软件

1 同意许可协议

在存放安装程序的文件夹中双击“迅雷7”安装程序图标，在打开的“欢迎”对话框中单击 接受 按钮。

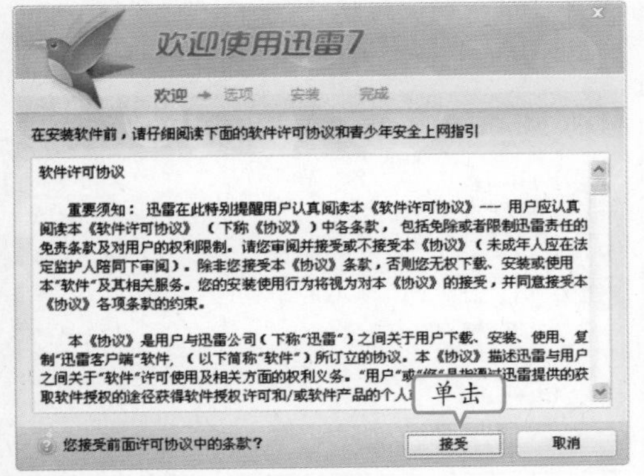

2 设置安装位置

1. 在打开的“选项”对话框中单击 浏览... 按钮，在打开的“浏览文件夹”对话框中设置软件的安装位置。
2. 取消选中所有的复选框，再单击 下一步 按钮。

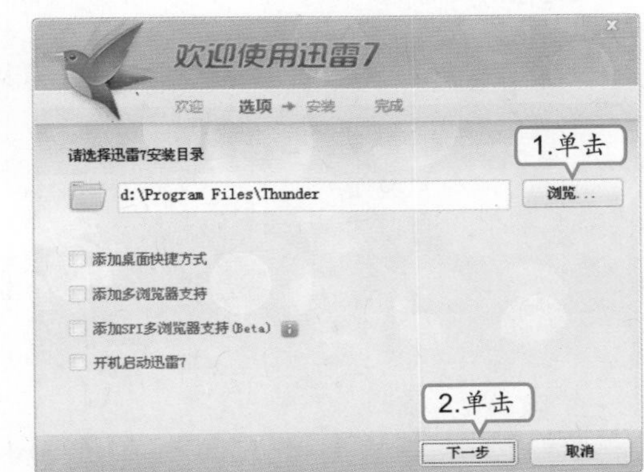

补充两句

除以上常用软件外还有其他的一些常用软件，如查杀病毒和木马的杀毒软件、收看网络电视的网络电视软件等。

3 进行安装

在打开的“安装”对话框中，系统将自动安装“迅雷7”到电脑中。

4 完成安装

1. 在打开的“完成”对话框中，取消选中所有复选框。
2. 单击 完成 按钮，完成安装。

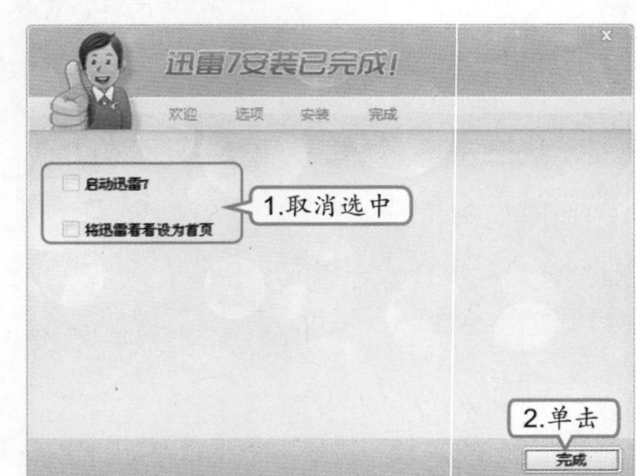

3 删除软件

为了电脑的正常运行，最好将不使用的软件从电脑中删除，删除软件的方法很简单，下面就以在“控制面板”中删除PPTV为例讲解删除软件的方法，其具体操作如下。

教学演示\第4章\删除软件

1 打开“添加或删除程序”对话框

单击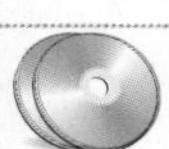按钮，在弹出的“开始”菜单中选择“控制面板”命令，打开“控制面板”窗口，单击“添加/删除程序”超链接。

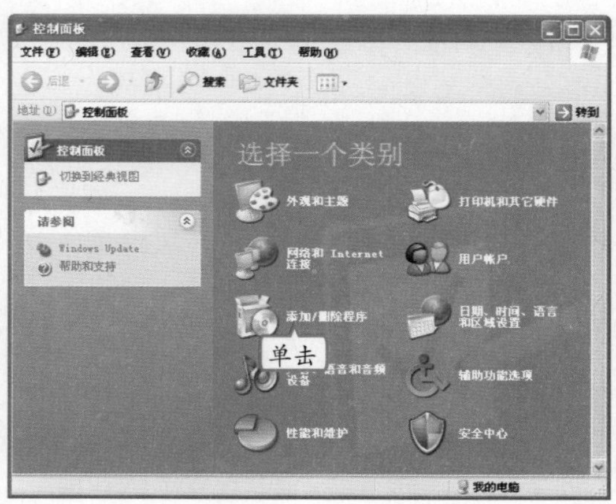

2 选择要删除的程序

1. 在打开的“添加或删除程序”对话框的列表框中选择“PPTV网络电视”选项。
2. 在展开的“PPTV网络电视”选项右下方单击 更改/删除 按钮。

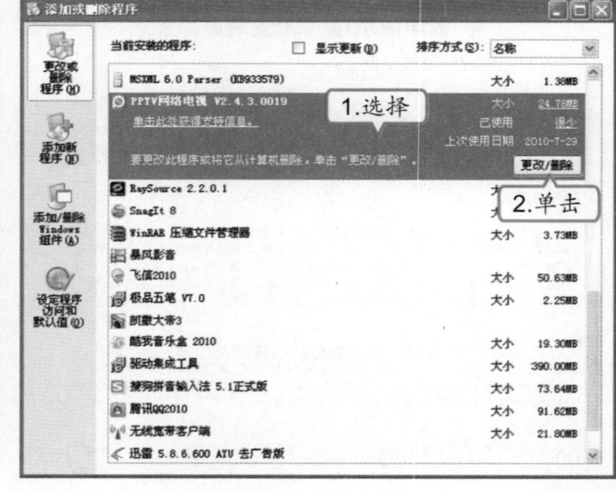

高手指点　程序安装完成后，即可在“开始”菜单中找到相应的软件名称，单击需启动的软件名称即可启动相应的软件。

3 确定删除

在打开的"PPTV网络电视 卸载"提示对话框中单击[是(Y)]按钮。

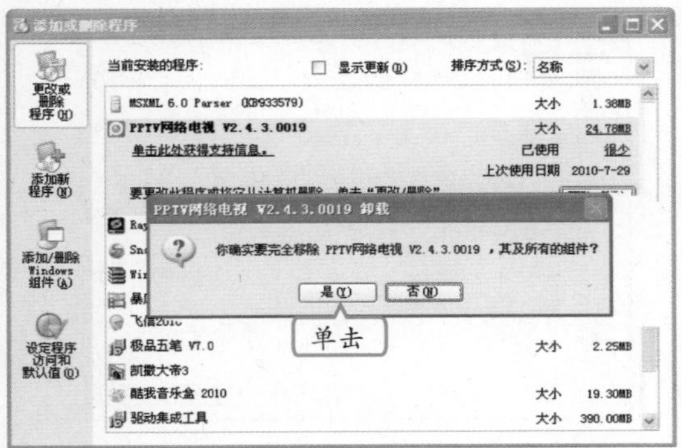

4 确认删除

程序将被自动删除，删除完成后在打开卸载成功的提示框对话框中，单击[确定]按钮。

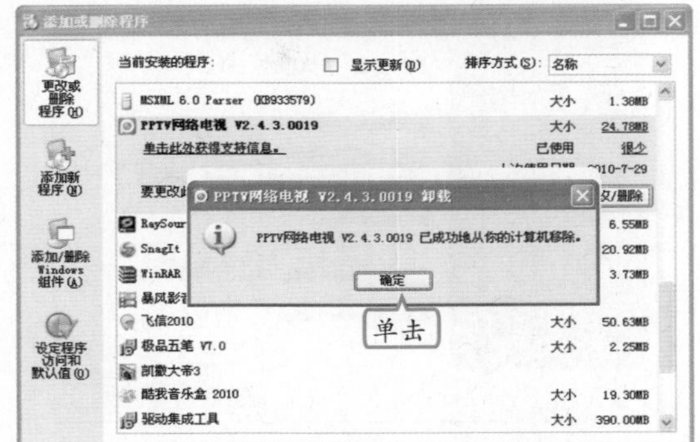

操作提示：其他删除程序的方法

删除程序又称卸载程序。卸载程序除了使用"控制面板"外，还可以直接在"开始"菜单中找到相应的卸载命令，执行该卸载命令后即可删除软件。一般软件的卸载命令都位于启动软件命令的下方。

4.3.2 上机1小时：安装暴风影音

本例将安装暴风影音程序，通过本例的学习可更加熟练地安装程序，在安装时可以创建文件夹，以便更方便地管理电脑。

上机目标

- 进一步掌握安装程序的方法。
- 掌握在安装程序时新建文件夹的方法。

教学演示\第4章\安装暴风影音

1 双击安装程序

在电脑中找到存放安装程序的文件夹，并双击暴风影音安装程序的图标。

操作提示：选择命令安装程序

在安装程序图标上单击鼠标右键，在弹出的快捷菜单中选择"打开"命令，也可开始执行安装程序的操作。

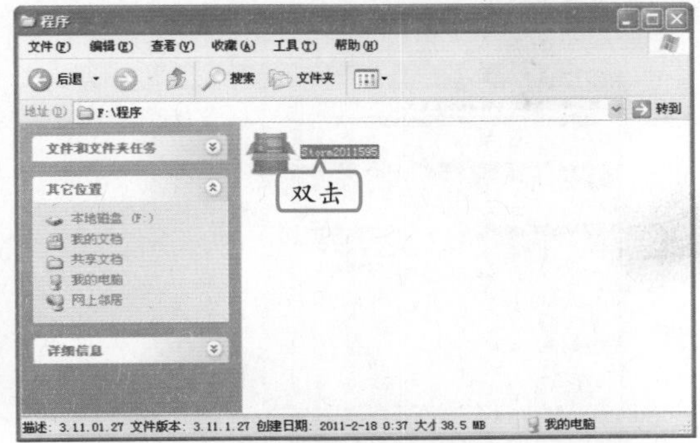

补充两句

卸载软件的速度取决于电脑运行的速度以及程序文件的大小。

2 打开安装向导

在打开的"欢迎安装 暴风影音 2011"对话框中单击下一步(N) >按钮。

3 同意协议

在打开的"许可证协议"对话框中单击我接受(I)按钮。

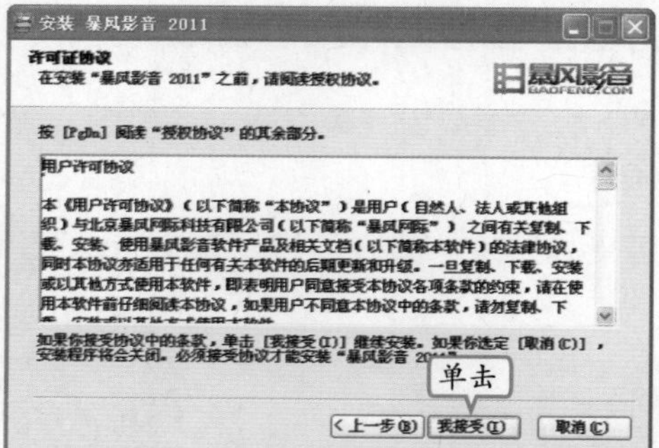

4 选择安装组件

在打开的"选择组件和需要创建的快捷方式"对话框中单击下一步(N) >按钮。

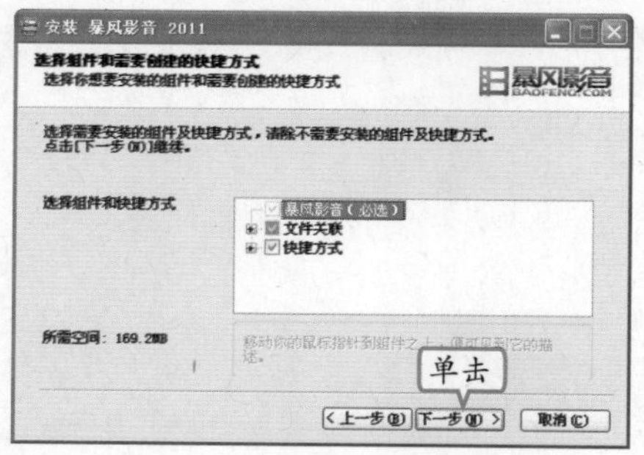

5 选择安装位置

在打开的"选择安装位置"对话框中单击浏览(B)...按钮。

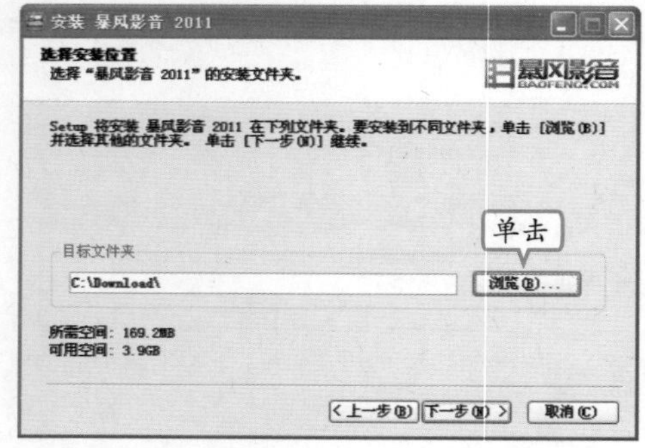

6 新建文件夹

1. 在打开"浏览文件夹"对话框的列表框中选择D盘根目录下的Downloads文件夹。
2. 单击新建文件夹(M)按钮，新建文件夹后，为文件夹取名为"迅雷"，单击确定按钮。

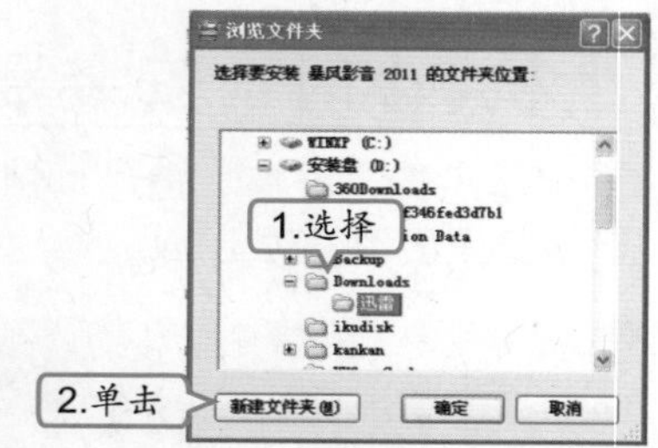

7 安装程序

在返回的"选择安装位置"对话框中单击下一步(N) >按钮，再在打开的"免费的百度工具栏"对话框中取消选中"安装百度工具栏"复选框，然后单击安装(I)按钮。

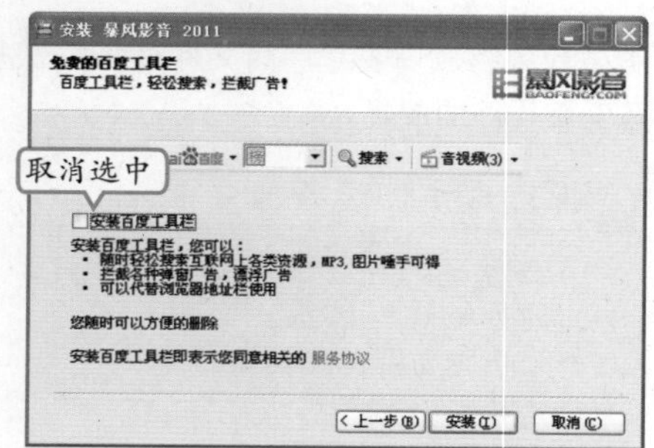

高手指点 所有软件在进行安装时都会打开"许可证协议"窗口，只有在接受协议后用户才能运行安装程序。

8 取消安装推荐软件

1. 系统将自动安装程序，安装完成后将打开“暴风影音推荐软件”对话框，在其中取消选中所有复选框。
2. 单击下一步(N) >按钮。

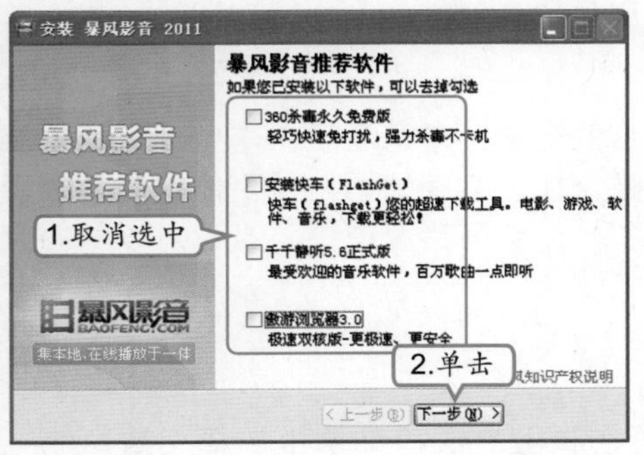

9 安装完成

1. 在打开的对话框中取消选中“运行　暴风影音2011”复选框。
2. 单击完成按钮，完成安装。

4.4　跟着视频做练习1小时：管理磁盘

小李对老马说：“一下子学这么多，虽然觉得很简单，但还是有点儿头晕了，我得静下心来理理头绪。”老马说：“那是，得给你加深一下印象才行，这里有一张光盘，跟着光盘做一下练习效果会更好，拿去练练吧。”小李高兴极了，说：“老马不愧是老马，想得这么周到，我这就巩固巩固。”

本例将管理“本地磁盘（E:）”，在操作时将运用复制文件、粘贴文件、新建文件夹以及重命名等方法。通过本例练习如何更好地管理、整理个人电脑。完成后的文件夹树形结构如下图所示。

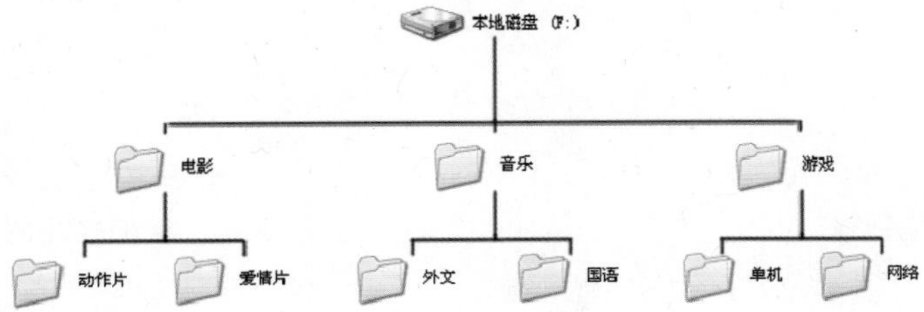

操作提示：

1. 在桌面上双击“我的电脑”图标，打开“我的电脑”窗口。
2. 在“我的电脑”窗口中双击“本地磁盘（E:）”图标。
3. 在打开的“本地磁盘（E:）”窗口空白处单击鼠标右键，在弹出的快捷菜单中选择【新建】/【文件夹】命令，在新建文件夹的文件名框中输入“电影”文本。
4. 使用相同的方法新建“音乐”和“游戏”文件夹。
5. 双击“电影”文件夹，在其中创建“动作片”和“爱情片”子文件夹。
6. 分别双击“音乐”和“游戏”文件夹，在“音乐”文件夹中新建“外文”和“国语”子文件夹。在“游戏”文件夹中新建“单机”和“网

补充两句

在安装软件时，软件推荐的一些其他软件最好不进行安装，以免安装到不需要的软件，占用更多的磁盘空间。

络”子文件夹。

7. 进入其他磁盘或文件夹选择并剪切和电影有关的文件，再进入E盘“电影”文件夹，根据电影类型打开相应的文件夹，进行粘贴。
8. 使用相同的方法，将电脑中和音乐、游戏有关的内容粘贴到相应文件夹中。

视频演示\第4章\管理磁盘

4.5 秘技偷偷报

通过几个小时的学习小李终于掌握了管理电脑的方法，老马看了小李整理后的电脑很满意，便对小李说：“嗯，你整理得不错，若为磁盘加上名字的话，就更能直观地表现电脑的情况。”小李吃惊地说：“啊！磁盘也能命名？”老马笑着说：“当然可以，并且方法很简单。下面再教你一些小技巧吧！”

1 为磁盘命名

若需对磁盘命名只需右击需命名的磁盘，再在弹出的快捷菜单中选择“重命令”命令，然后在磁盘名称框中输入磁盘的名字，按【Enter】键即可。

2 搜索文件技巧

在搜索文件时，若忘记具体文件名，可使用通配符代替文件部分的文字或字母。常用的通配符有星号（*）和问号（？）两个。其中，“*”代表一个或多个字符，“？”只能代表一个字符。如*.*表示搜索所有文件夹和文件。

读书笔记

高手指点

在安装文件的过程中，新建一个文件夹可以更加方便地管理电脑。

第5章

实用有趣的Windows附件

天吃午饭时，小李看到了老马便走过去和他一起吃饭。老马随口问了一句：“现在用Windows XP还习惯么？”小李点点头说：“基本操作已经掌握得差不多了，就是觉得Windows XP有些地方不太方便，比方我想简单给人物画个示意图都不行。”老马听完后哈哈大笑：“怎么你觉得Windows XP不能画图？”小李相当认真地说：“是啊，只能浏览照片。上次有人叫我帮忙画示意图我还是自己先在纸上画出来，再叫人帮忙把示意图拍成照片才过关的。”老马笑着说：“看来你不知道Windows XP附件的功能，Windows XP附件可以完成很多的事，像输入文字、听音乐、玩游戏、画图都是小儿科。”小李马上拉着老马的手说：“老马快教我吧！”

3小时学知识

- 文字编辑小助手——写字板
- 绘图小助手——画图
- 娱乐小助手

4小时上机练习

- 打开食谱文档并对其进行编辑
- 使用“画图”程序绘制区域示意图
- 玩“红心大战”游戏
- 新建播放列表

5.1 文字编辑小助手——写字板

刚吃完饭，小李就迫不及待地拉着老马到了办公室，老马打开电脑便对小李说：“附件位于‘开始’菜单中，其中包含了Windows XP自带的各种休闲功能以及辅助软件，你之前用来练习打字的记事本也在附件中。”小李恍然大悟：“你没说我还真没注意到。”老马微笑着说：“那我就先介绍与记事本比较相似的写字板知识吧。”

5.1.1 学习1小时

学习目标

- 认识“写字板”。
- 学会打开、关闭“写字板”的方法。
- 进一步掌握新建、保存、输入和编辑“写字板”的方法。

1 认识“写字板”

“写字板”程序是Windows自带的文字编辑和排版工具，在“写字板”中可以完成新建文档、编辑文档等操作。启动“写字板”的方法是：选择【开始】/【所有程序】/【附件】/【写字板】命令。在启动“写字板”后，可看到其操作界面，主要包括标题栏、菜单栏、工具栏、标尺、文本编辑区和状态栏6个部分，其窗口结构与一般的窗口基本相似。

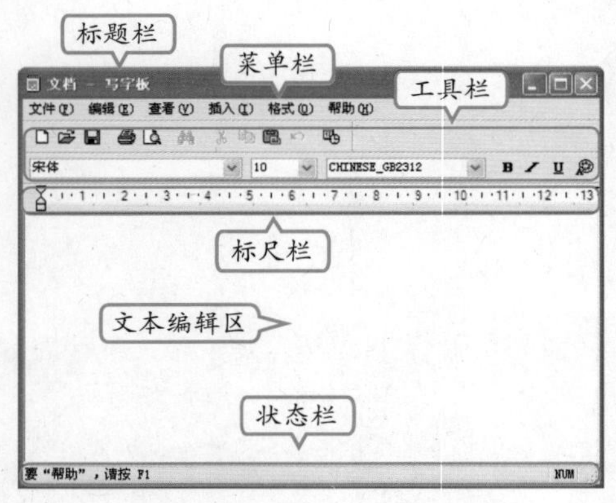

“写字板”用于文本编辑的主要部分是工具栏和文本编辑区，其作用分别如下。

工具栏

工具栏由常用工具栏和格式工具栏两部分组成，常用工具栏中主要放置新建、保存、复制等常用功能按钮，而格式工具栏中则主要放置了文本编辑时常用的字体样式及段落对齐等功能按钮。

文本编辑区

文本编辑区位于标尺下方，在该区域中有一个闪烁的竖线，即为文本插入点，通过它可定位输入和编辑文本的位置。

2 打开文档

若是以前使用“写字板”编辑了文档，而需要再对文档进行编辑时，可使用“打开”命令打开以前的文档。打开写字板文档的方法和用其他程序打开文件的方法相同。下面以使用“写字板”打开“会议安排”文档为例，讲解打开文档的方法，其具体操作如下。

高手指点　标尺用于显示文本的宽度，其默认单位是厘米，用户也可自行设置。

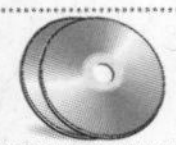

教学演示\第5章\打开文档

1 打开“写字板”程序

选择【开始】/【所有程序】/【附件】/【写字板】命令，打开“写字板”窗口，在窗口中选择【文件】/【打开】命令。

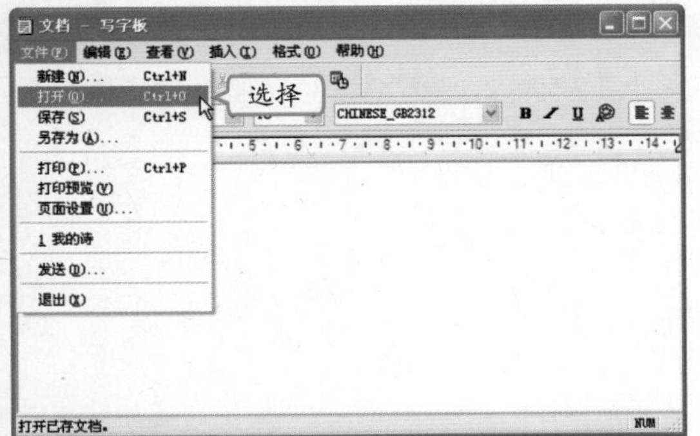

2 选择打开文件

1. 在打开的“打开”对话框中选择所需文件。
2. 单击 打开(O) 按钮。

3 查看打开文件

返回“写字板”窗口，将看到打开的文件。

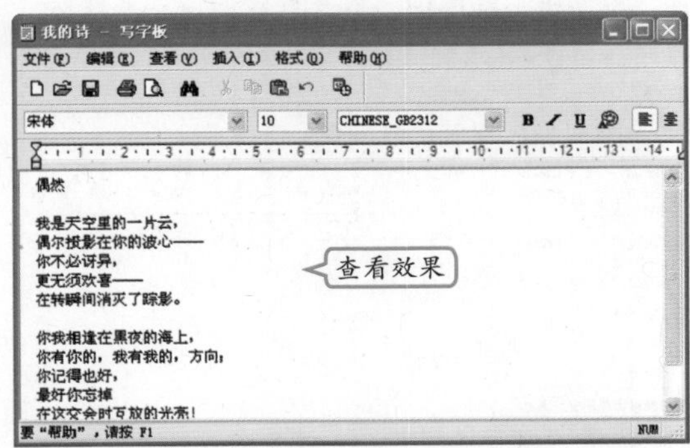

操作提示：写字板文件的扩展名

写字板文件的扩展名为.rtf，使用写字板可以直接打开该类型的文件。但扩展名为.rtf的文件都会使用Word默认打开。如本例直接双击“我的诗”文件图标，将打开Microsoft Word窗口。

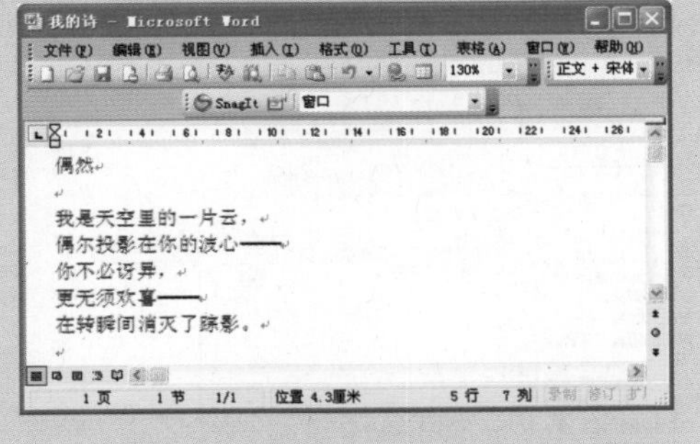

3 新建与保存文档

新建文档和保存文档都是使用写字板最基本的操作，这些操作都是用户准备进行或已进行了某些操作后才能使用到的。下面将详细讲解新建与保存文档的操作方法。

（1）新建文档

通常启动软件后，程序会自动创建一个新的文档，但当一个文档无法满足实际要求时，用户可自行创建新的文档。下面以在“我的诗”文档中新建文档为例讲解新建文档的

补充两句：几乎所有软件打开文件的操作方法都相同，只是某些软件在选择需打开的文件后，还会打开一些提示对话框。

方法，其具体操作如下。

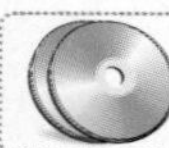

教学演示\第5章\新建文档

1 选择“新建”命令

在“写字板”程序中，打开“我的诗”文件后，选择【文件】/【新建】命令。

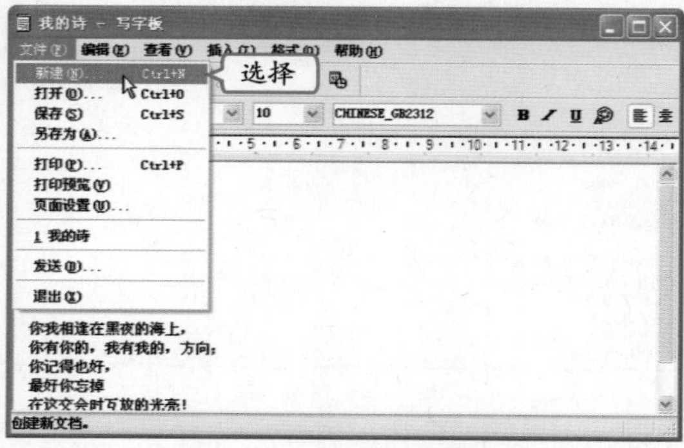

2 选择新建类型

1. 在打开的“新建”对话框的列表框中选择“文本文档”选项。
2. 单击 确定 按钮。

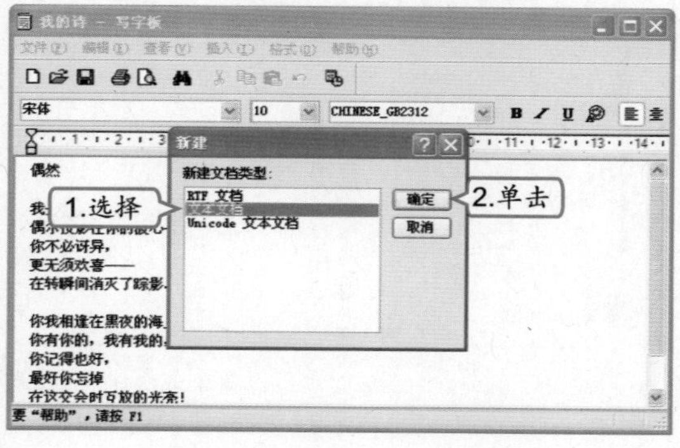

3 查看新建文件

返回“写字板”窗口，将查看到新建的文件。

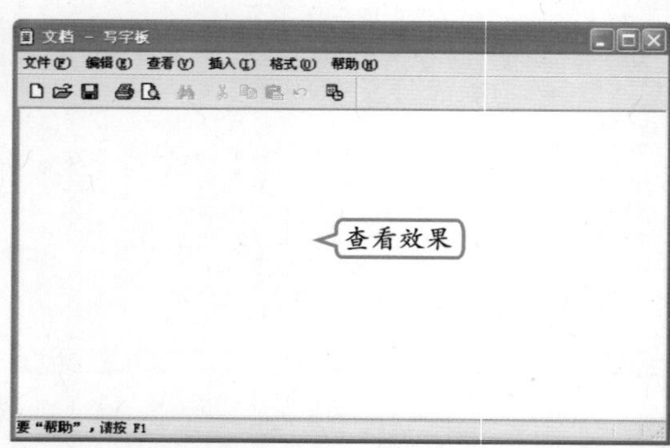

操作提示：新建类型

“新建”对话框的列表框中的3个选项的含义如下。

■ RIF文档：选择该选项后，程序将创建一个“写字板”文档。

■ 文本文档：选择该选项后，程序将创建一个“记事本”文档。

■ Unicode文本文档：选择该选项后，程序将创建一个带Unicode格式的“记事本”文档。

（2）保存文档

在软件中进行了相应的操作后，通常需要执行保存操作，以便下次对文件进行编辑。下面介绍保存“写字板”文档的方法，其具体操作如下。

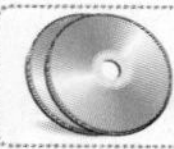

教学演示\第5章\保存文档

高手指点 执行保存命令后，写字板标题栏的名字将变为新保存文件的文件名。

1 选择“保存”命令

在“写字板”程序中，编辑输入完文本后选择【文件】/【保存】命令。

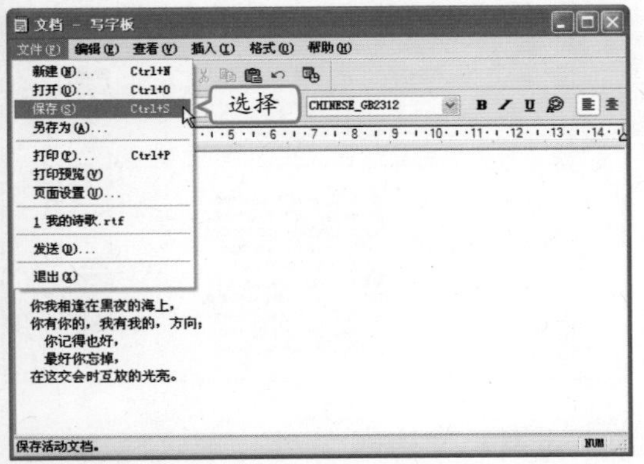

2 设置保存位置

1. 在打开的“保存为”对话框的“保存在”下拉列表框中选择保存位置。
2. 在“文件名”下拉列表框中输入“偶然”，单击保存按钮。

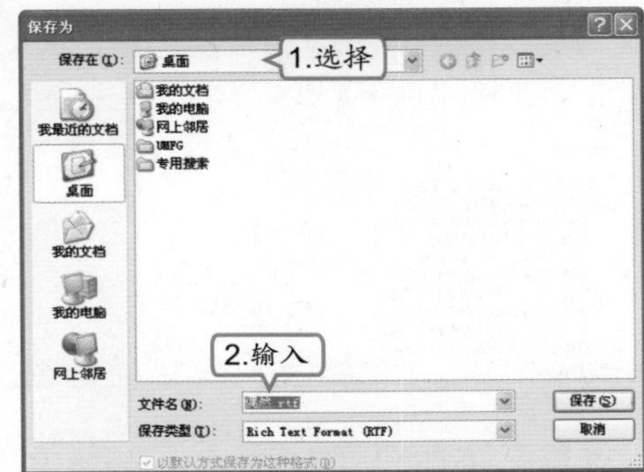

操作提示：保存和另存为的区别

在执行保存操作时，用户除选择【文件】/【保存】命令外，还可选择【文件】/【另存为】命令，在执行这两个命令后，都将执行保存命令。只是选择“另存为”命令后，每次都会打开“保存为”对话框；而选择“保存”命令后，只有在第一次保存时才会打开“保存为”对话框。

4 编辑文档

写字板和记事本都是文档编辑软件，在写字板中输入文字的方法与在记事本中输入文字完全相同，都是定位鼠标光标后，在定位处即可输入文字。写字板相比记事本，其功能更强大，可对文字进行编辑和美化。下面以在“写字板”中编辑“当你老了”文档，并在其中进行美化为例，讲解编辑文档的方法，其具体操作如下。

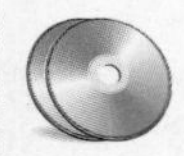

实例素材\第5章\当你老了.txt
最终效果\第5章\当你老了.rtf
教学演示\第5章\编辑文档

1 复制文本

双击“当你老了”文本文档图标，打开“当你老了”文档，按【Ctrl+A】键选中所有文本，再按【Ctrl+C】键，复制选中的文本。

操作提示：通过鼠标选择文本

也可将鼠标光标定位到文本首行，然后按住鼠标左键向下拖动选择所有文本。

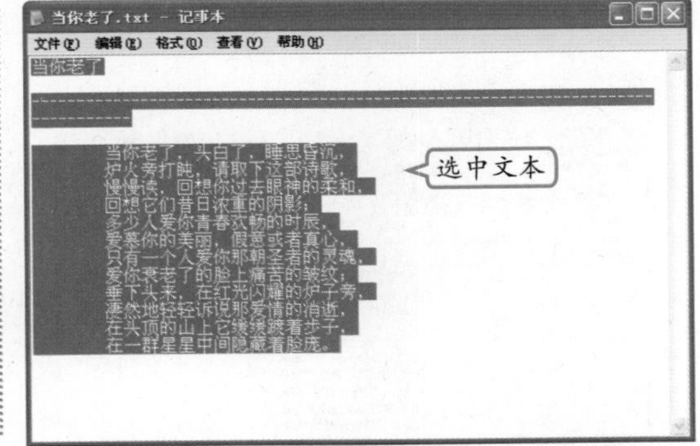

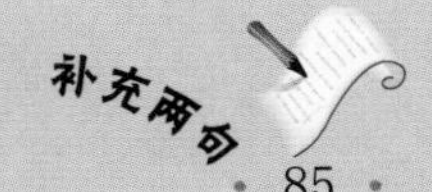

在“保存为”对话框中的“文件类型”下拉列表框中可选择文件的保存类型。

2 粘贴文本

选择【开始】/【所有程序】/【附件】/【写字板】命令，打开“写字板”对话框，按【Ctrl+V】键粘贴文本。

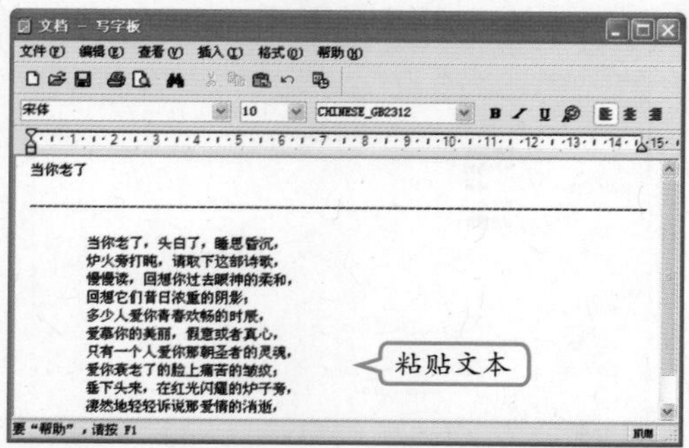

3 设置文本居中

1. 按【Ctrl+A】键，选中所有文本。
2. 在工具栏中单击▤按钮将选中文本居中对齐。

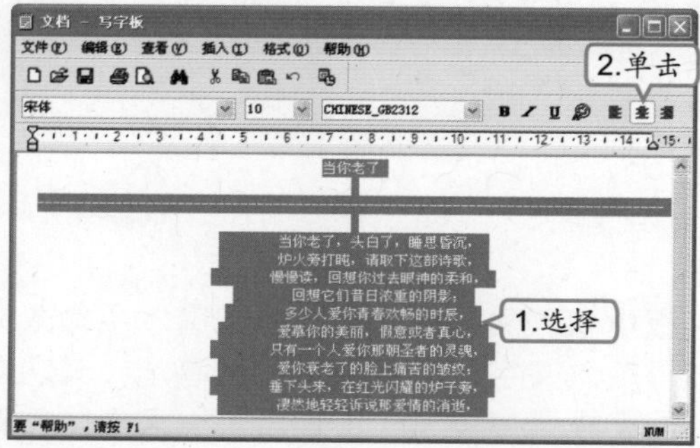

4 设置标题字体、字号

1. 按住鼠标并进行拖动，选中“当你老了”文本后，释放鼠标。
2. 在工具栏的“字体”下拉列表框中选择“方正舒体”选项，在“字体”下拉列表框中选择24选项。

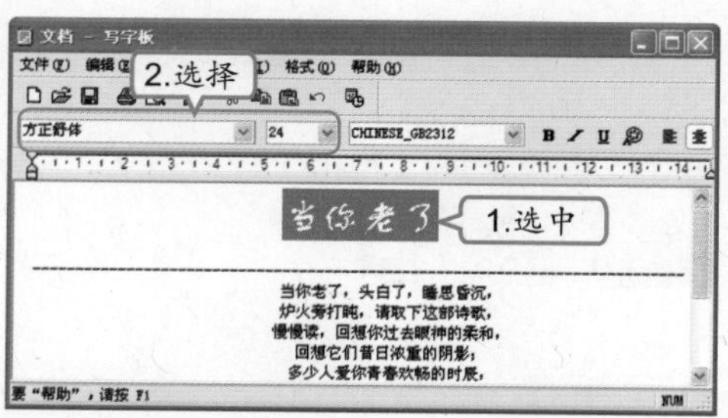

5 设置文本颜色

在工具栏中单击🎨按钮，在弹出的下拉列表中选择“深红色”选项。

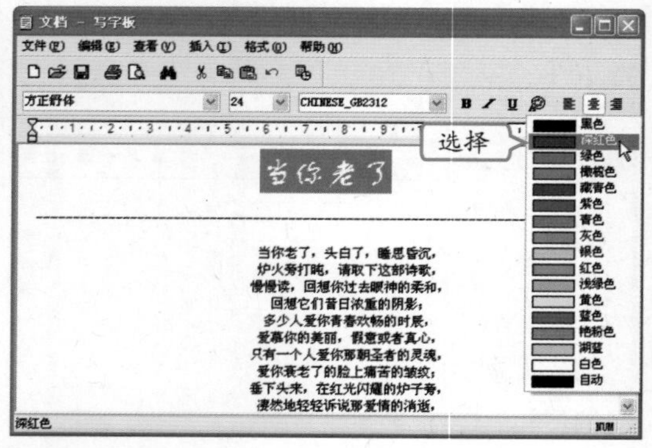

6 设置正文内容

1. 按住鼠标并进行拖动，选中正文内容后，释放鼠标。
2. 在工具栏中单击**B**和*I*按钮。

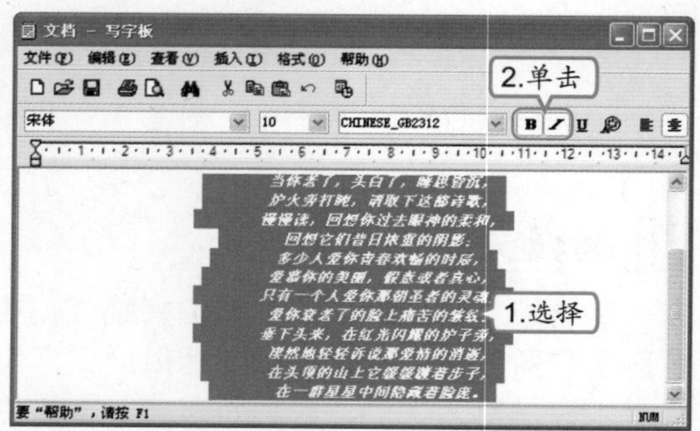

7 插入空行

将鼠标光标移动到分割线后，单击鼠标将光标定位在分割线后，再按【Enter】键，进行换行操作，在分割线和正文之间空一行。

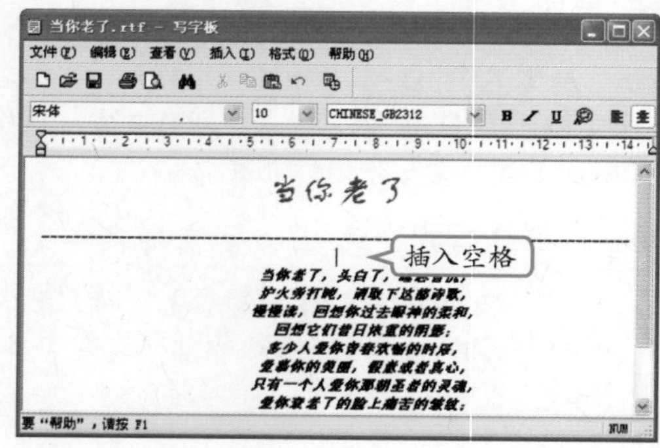

第5章

高手指点 在写字板中的工具栏中单击📋按钮，也可完成粘贴操作。

8 保存文件

1. 选择【文件】/【保存】命令，在打开的“保存为”对话框的“保存在”下拉列表框中选择“桌面”选项。
2. 在“文件名”下拉列表框中输入“当你老了”，单击保存(S)按钮。

教你一招：“写字板”的其他操作

使用“写字板”除了能完成基本的排版外，还能进行一些其他操作，如插入项目符号和时间、设置文本段落样式等。用户若需在某段文本前插入项目符号，只需将光标定位在该段文字前，选择【格式】/【插入项目符号】命令即可。

若需插入日期和时间，则需将光标定位在需插入的位置，选择【插入】/【日期和时间】命令，在打开的“日期和时间”对话框的列表框中选择需插入的日期和时间样式选项，再单击确定按钮即可。

而若需设置文本的段落格式，则需选中某段文本，再选择【格式】/【段落】命令，在打开的“段落”对话框中进行设置即可。

5 关闭文档

关闭写字板的方法与关闭窗口的方法基本相似，用户只需使用鼠标单击窗口右上角的☒按钮，即可完成关闭操作。

但需注意的是，在执行关闭操作前需确定是否已将编辑后的文档保存，若没保存将打开提示对话框，询问是否将改动保存到文档，单击是(Y)按钮即可。

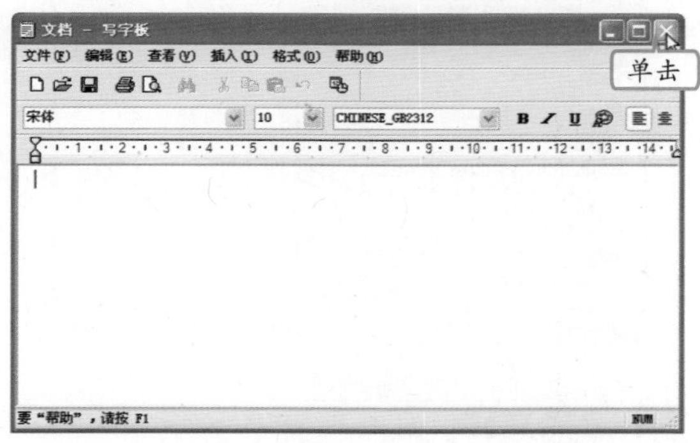

5.1.2 上机1小时：打开食谱文档并对其进行编辑

本例将打开“鱼香茄子”文本并对段落、字体、字号、颜色和项目符号等参数进行设置，设置后更加便于阅读。通过本次练习进一步掌握操作“写字板”的方法。完成后的效果如下图所示。

上机目标

- 熟悉设置字体、字号、颜色的方法。
- 掌握插入项目符号的方法。
- 进一步掌握段落样式的设置方法。

在“写字板”中选择【编辑】/【替换】命令，可在打开的“替换”对话框中，对文本中的文字进行替换修改。补充两句

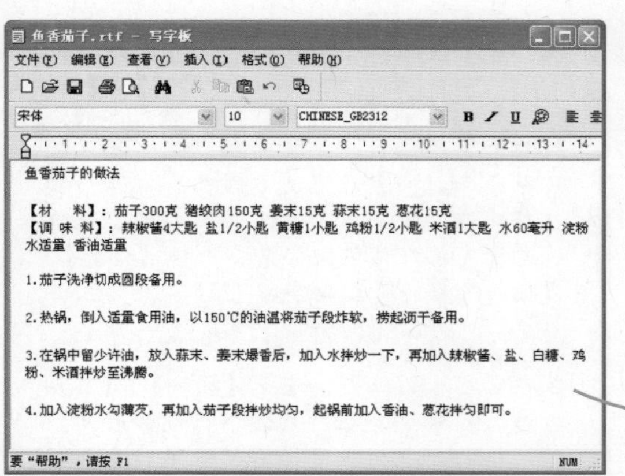

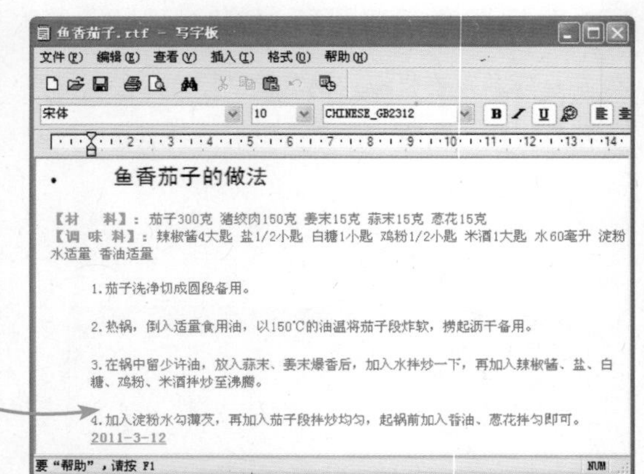

实例素材\第5章\鱼香茄子.rtf
最终效果\第5章\鱼香茄子.rtf
教学演示\第5章\打开食谱文档并对其进行编辑

1 打开“打开”对话框

打开“写字板”程序，选择【文件】/【打开】命令。

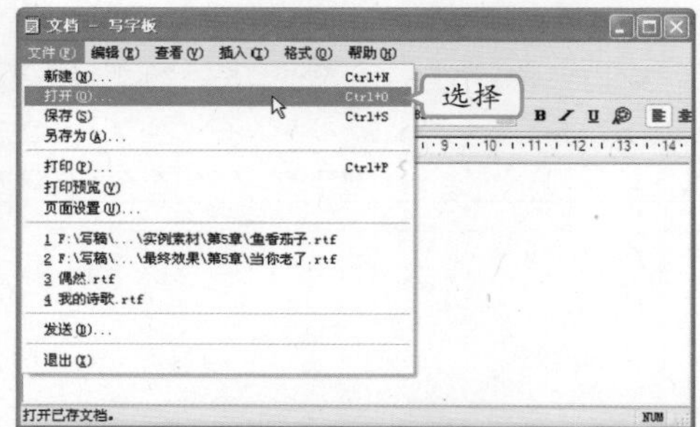

2 选择文件

1. 在打开的“打开”对话框中选择“鱼香茄子”文本。
2. 单击 打开(O) 按钮。

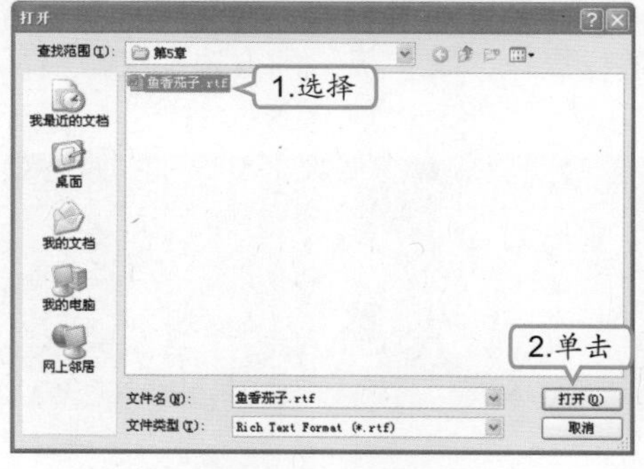

3 修改文字

使用鼠标光标选中第3排文本中的“黄”字，切换输入法，输入“白”字。

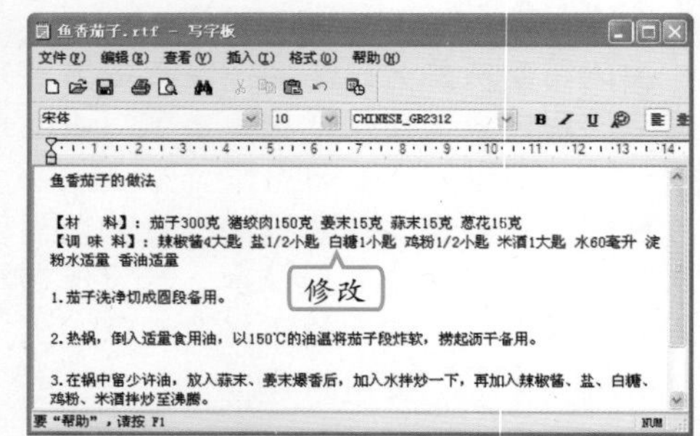

4 设置标题

1. 使用鼠标光标选择标题文本。
2. 在工具栏中将“字体、字号”分别设置为“黑体、16”。

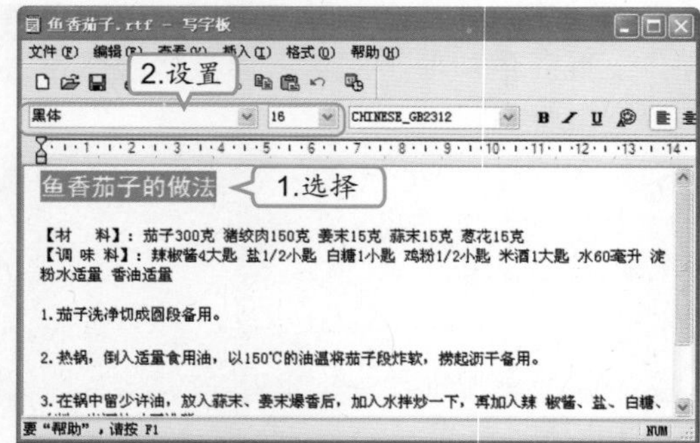

在“写字板”中的工具栏中单击✂按钮也可完成剪切操作。

5 为标题添加段落符号样式

1. 在标题前单击鼠标，将定位鼠标光标。
2. 选择【格式】/【项目符号样式】命令。

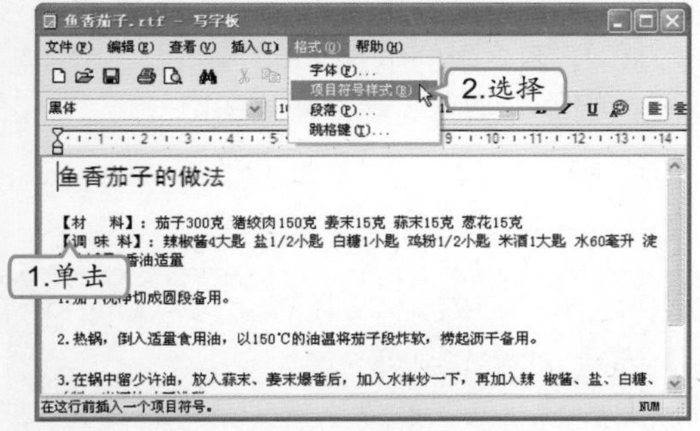

6 设置正文颜色

1. 使用鼠标光标选择所有正文文本。
2. 在工具栏中单击按钮，在弹出的下拉列表中选择“蓝色”选项。

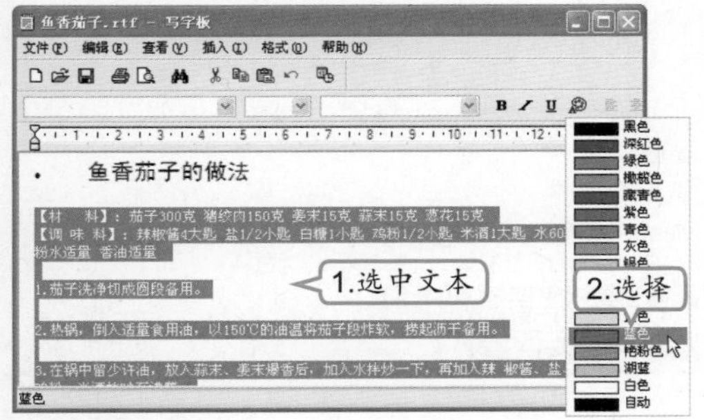

7 设置加粗和颜色

1. 使用鼠标光标选择“【材　料】:”文本，在工具栏中单击B按钮。
2. 再单击按钮，在弹出的下拉列表中选择“红色”选项。选中“【调味料】:”文本，使用相同的方法进行设置。

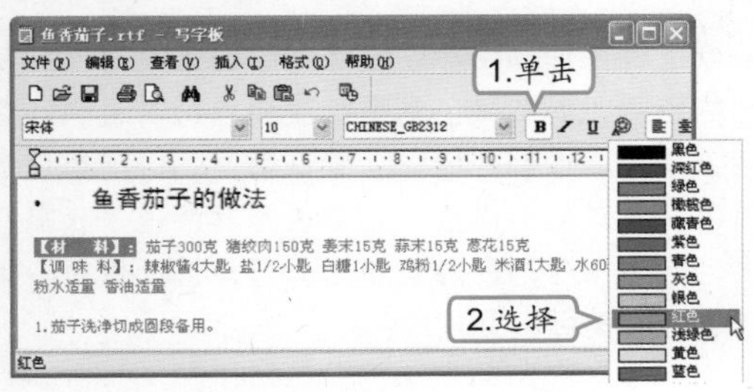

8 设置段落格式

使用鼠标选择步骤文本，选择【段落】/【格式】命令，在打开的“段落”对话框的“左”文本框中输入“1 cm”，单击确定按钮。

9 插入时间

按【End】键，将鼠标光标移动到文本末尾，选择【插入】/【日期和时间】命令，在打开的“日期和时间”对话框的列表框中选择“2011-3-7”选项，单击确定按钮。

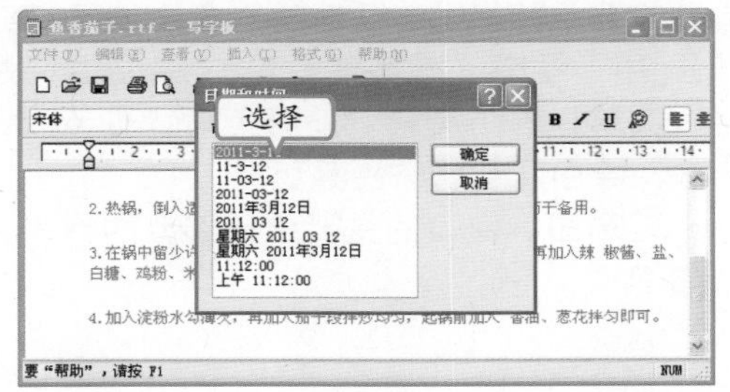

10 设置时间样式

1. 选择插入的时间文本内容，在工具栏中单击B和U按钮。
2. 在工具栏中单击按钮，在弹出的下拉列表中选择“红色”选项。

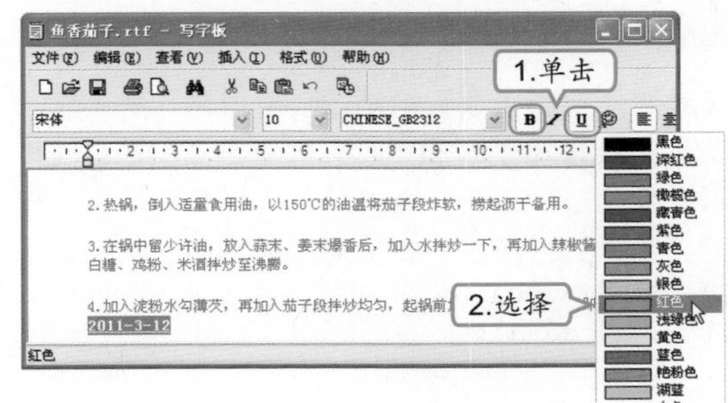

执行第10步后，需选择【文件】/【另存为】命令，将编辑后的文档进行保存。

补充两句

5.2 绘图小助手——画图

刚刚说完写字板的使用，老马准备离开。小李像突然想到什么似的突然抓住老马的手说："呵呵，老马，你可说了还要教我用画图的软件呢！"老马一拍脑门说："你看我这记性。我先看看你电脑上装了些什么画图软件。"老马看了下小李的电脑，想了会说："你电脑里没有另外安装绘图软件，我就先教你用Windows自带的'画图'软件来绘图吧。"

5.2.1 学习1小时

学习目标

- 认识"画图"程序。
- 学会编辑、绘制图形的方法。

1 认识"画图"程序

在日常使用电脑时经常会使用电脑绘制图形图像或形状。绘制图形的软件很多，若无特殊需要，一般使用Windows XP自带的"画图"程序即可。选择【开始】/【所有程序】/【附件】/【画图】命令即可打开"画图"程序。"画图"窗口主要由标题栏、菜单栏、工具箱、前景色与背景色、调色板、绘图区和状态栏等组成。

"画图"窗口的主要组成部分的作用介绍如下。

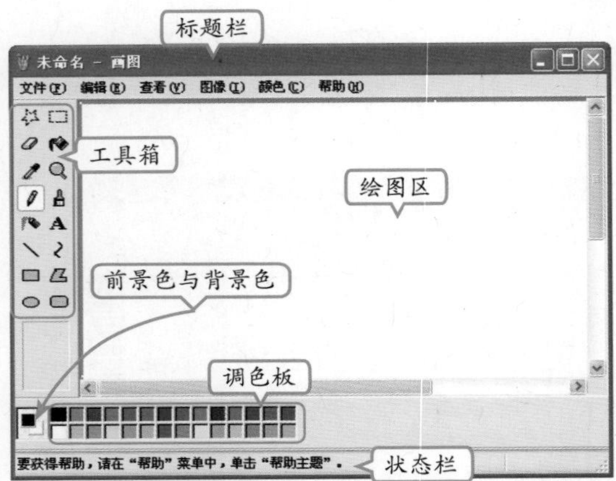

第5章

绘图区

绘图区为画图软件操作界面中最大的区域，同时也是用户绘制和编辑图片的场所，主要用于显示图像。

工具箱

工具箱主要用于放置绘制图形时所需的各种常用工具，共有16个，使用时只需单击其中的按钮即可选择相应的工具。在选择某些工具后，其下部的工具样式选择区中将出现多种当前工具的其他样式供用户选择。

调色板

调色板列举出了用户在绘图时经常使用到的颜色。若有特殊需要也可双击任意一个色彩方框，在弹出的"编辑颜色"对话框中单击 规定自定义颜色(D) >> 按钮，设置更多需要的色彩。

前景色与背景色

前景色是指使用鼠标左键操作绘图工具时所绘制出的色彩，而背景色则是指使用鼠标右键操作绘图工具时所绘制的色彩。默认情况下，前景色为黑色，背景色为白色。若需设置其颜色，只需在调色板中相应的色彩上单击即可设置前景色，单击鼠标右键可设置背景色。

高手指点　状态栏用于显示当前"画图"程序的一些状态，如坐标位置、工具作用等。

2 设置画布大小

打开“画图”程序时，画布大小是固定的。为了使绘制出的图像效果更佳，可设置画布的大小，其方法很简单，下面以将画布大小设置为1200×800像素为例讲解设置画布大小的方法，其具体操作如下。

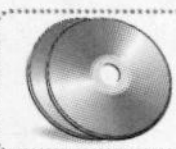

教学演示\第5章\设置画布大小

1 选择“属性”命令

选择【开始】/【所有程序】/【附件】/【画图】命令，打开“画图”窗口，选择【图像】/【属性】命令。

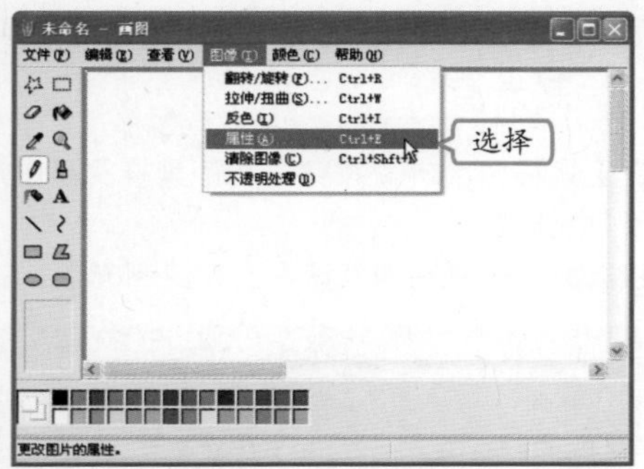

2 设置画布大小

1. 在打开的“属性”对话框中，设置“宽度、高度”分别为1200、800。
2. 单击 确定 按钮，完成设置。

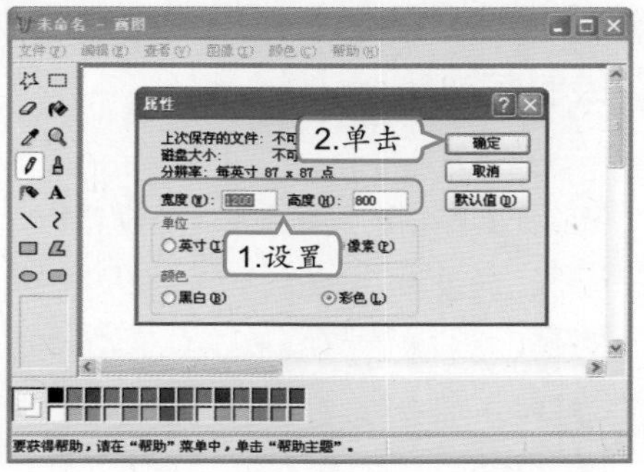

3 绘制图形

使用“画图”软件绘制图像的方法很简单，只需先选择图像的颜色，在选择工具后，拖动鼠标绘制图形即可。下面将讲解使用各工具绘制图形的特点以及方法。

(1) 使用铅笔和刷子工具

铅笔和刷子工具的使用方法基本相同，都是先选择颜色后，将鼠标拖动到画布中，按住鼠标进行拖动绘制。下面以使用铅笔和刷子工具绘制一个气球为例，讲解绘制图形的方法，其具体操作如下。

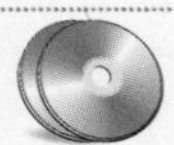

最终效果\第5章\气球.bmp
教学演示\第5章\使用铅笔和刷子工具

1 选择刷子工具

1. 打开“画图”窗口，在工具箱中单击 按钮。
2. 使用鼠标单击调色板中的红色色块。

操作提示：显示工具箱

如果打开“画图”窗口，没有显示工具箱，可选择【查看】/【工具箱】命令将其显示出来。

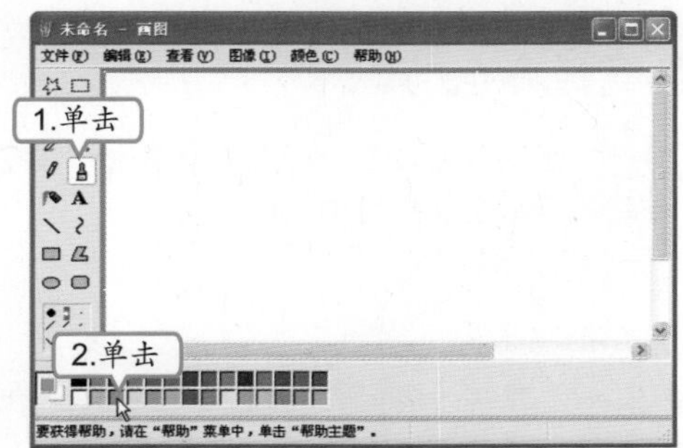

补充两句

在“属性”对话框中，若是选中“黑白”单选按钮，将只能在画布中绘制黑、白、灰3色的图像。

2 绘制球体

将鼠标光标移动到画布中，按住鼠标拖动绘制一个椭圆，释放鼠标。

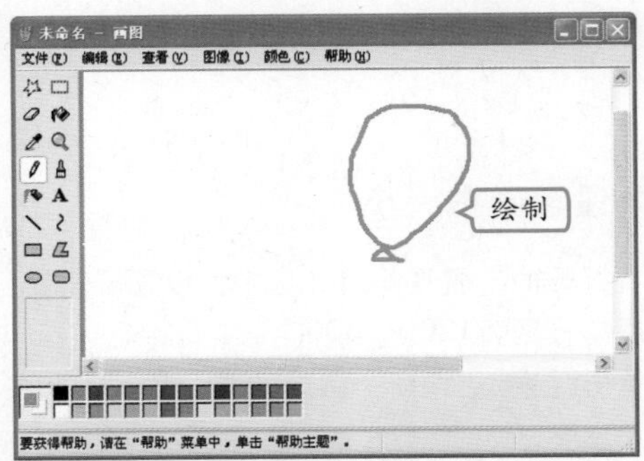

3 绘制气球绳

1. 在工具箱中单击[图标]按钮。
2. 将鼠标光标移动到气球底部，拖动鼠标，绘制气球绳。

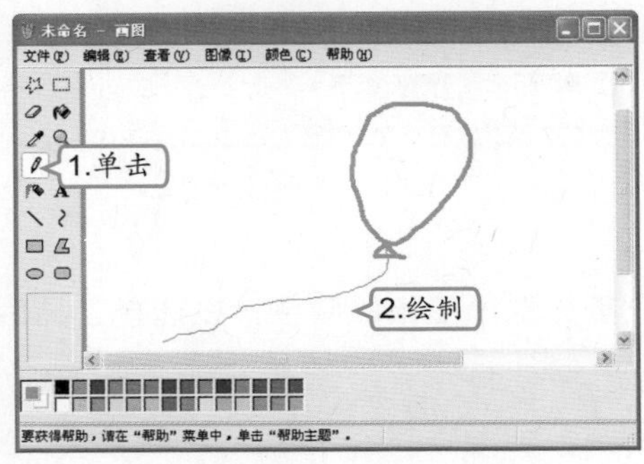

4 填充颜色

1. 在工具箱中单击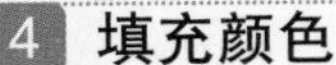按钮。
2. 移动鼠标到气球球体中间，单击3次鼠标，直到气球中心被完全填充为止。

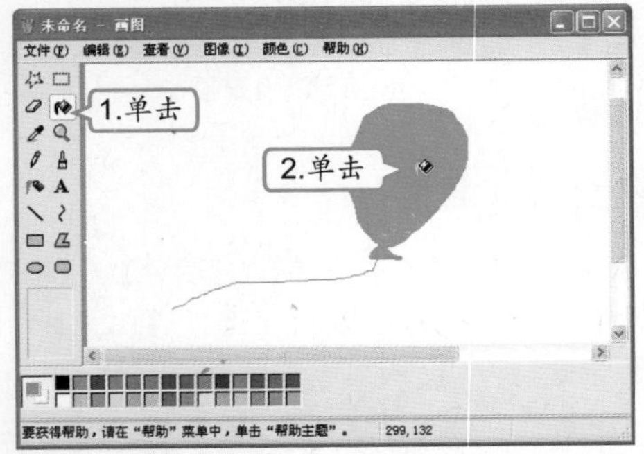

5 绘制光点

1. 在工具箱中单击[图标]按钮，在工具样式栏中选择第1个样式。
2. 将鼠标光标移动到气球右上角绘制光点。

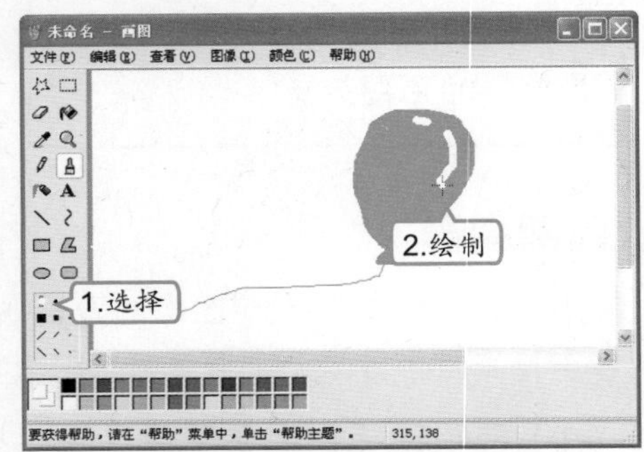

（2）使用喷枪和文字工具

喷枪的使用方法和铅笔工具相似，只是喷枪工具在某个地点停留的时间越长颜色痕迹越明显。下面将使用喷枪和文字工具绘制一个苹果，其具体操作如下。

最终效果\第5章\苹果.bmp
教学演示\第5章\使用喷枪和文字工具

1 选择喷枪工具

1. 打开“画图”窗口，在工具箱中单击[图标]按钮。
2. 使用鼠标单击调色板中的红色色块。

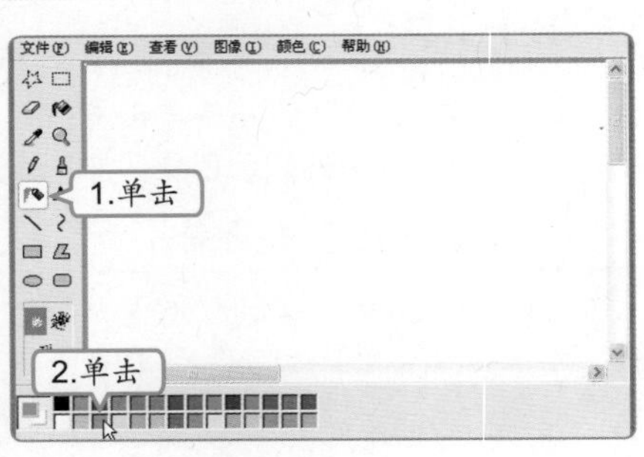

高手指点 使用填充工具填充图形颜色前，需确定图像是否是闭合图形，若不是闭合图形，颜色将被填充到整个画布中。

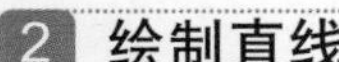

2 绘制直线

将鼠标光标移动到画布中，按住鼠标左键拖动绘制一条段直线，释放鼠标。

3 绘制苹果主体

使用相同的方法绘制几条段直线，形成苹果的主体。

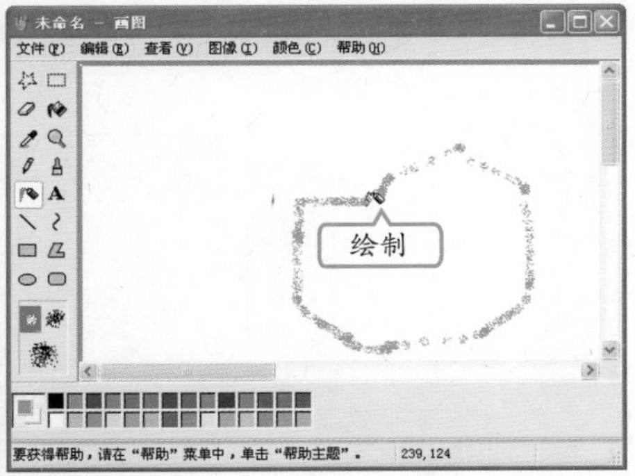

4 绘制苹果阴影

1. 在喷枪工具的工具样式栏中选择第3个样式。
2. 将鼠标光标移动到苹果左下角，绘制阴影。

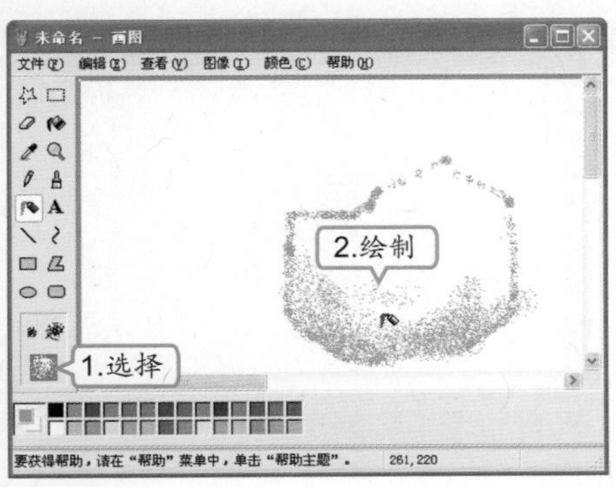

5 绘制苹果柄

1. 在颜色调色板中单击黑色色块，在喷枪画笔样式栏中选择第1个选项。
2. 将鼠标拖动到苹果上方，拖动鼠标绘制苹果柄。

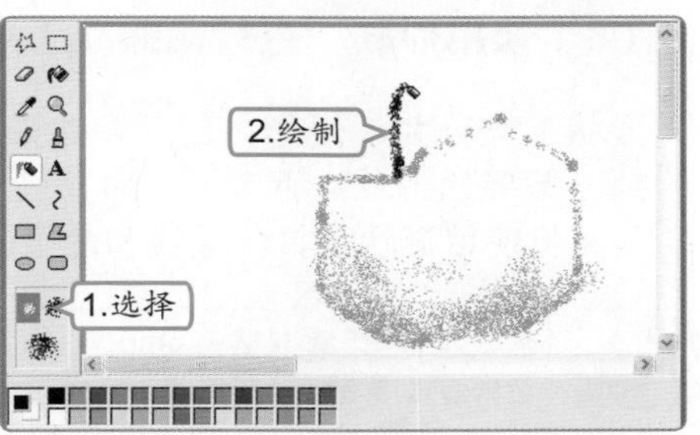

6 绘制果叶

1. 在调色板中单击绿色色块。
2. 将鼠标光标移动到苹果右上方，拖动鼠标绘制3条直线，制作果叶。

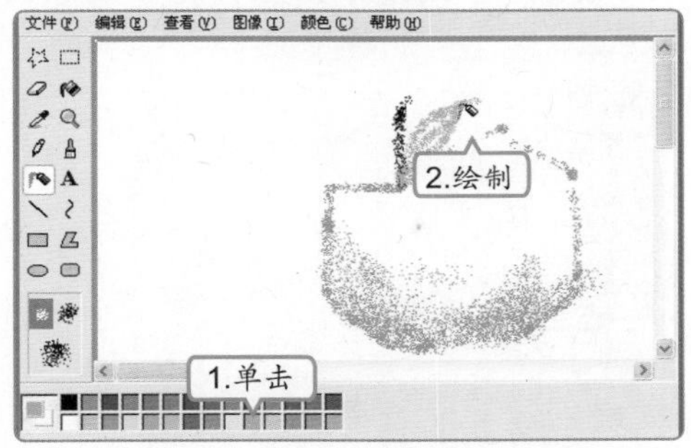

7 输入文字

1. 在工具箱中单击A按钮。
2. 使用鼠标光标在图像左上角单击，在出现的文本框中输入“苹果”。

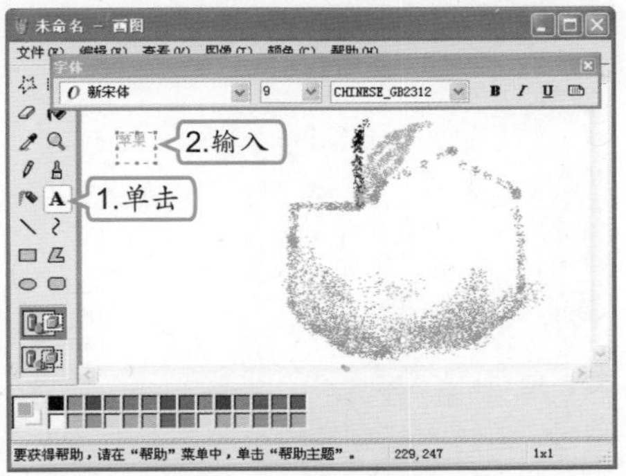

补充两句

选择橡皮/彩色橡皮擦工具，按住鼠标进行拖动可擦除绘制的图形。

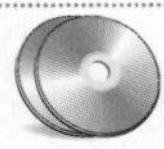

教你一招：设置文字

默认情况下，选择文字工具，单击画布后，在出现文本框的同时将出现“文字”工具栏，在该“文字”工具栏中可设置字体、字号、字体样式等。若不需设置可单击工具栏右边的☒按钮关闭“文字”工具栏。若要重新显示“文字”工具栏可选择【查看】/【文字工具栏】命令。

（3）使用形状、直线和曲线工具

形状工具分为“矩形”、“多边形”、“椭圆”、“圆角矩形”等，使用它们能快速地绘制出需要的形状。而直线、曲线工具则可根据用户的需要绘制出直线或任意幅度的曲线。下面将使用形状工具、直线和曲线工具绘制一个机器人，其具体操作如下。

最终效果\第5章\机器人.bmp
教学演示\第5章\使用形状、直线和曲线工具

1 设置颜色

1. 在工具箱中单击▭按钮，在其工具样式列表框中选择第2个样式。
2. 使用鼠标左键单击黑色色块，使用鼠标右键单击灰色色块，设置前景色为黑色、背景色为灰色。

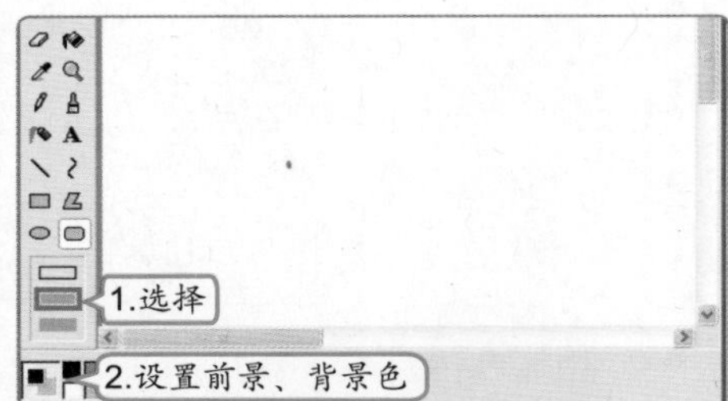

2 绘制机器人的头部

将鼠标光标移动到图像中，按住鼠标光标拖动绘制一个圆角矩形，释放鼠标。

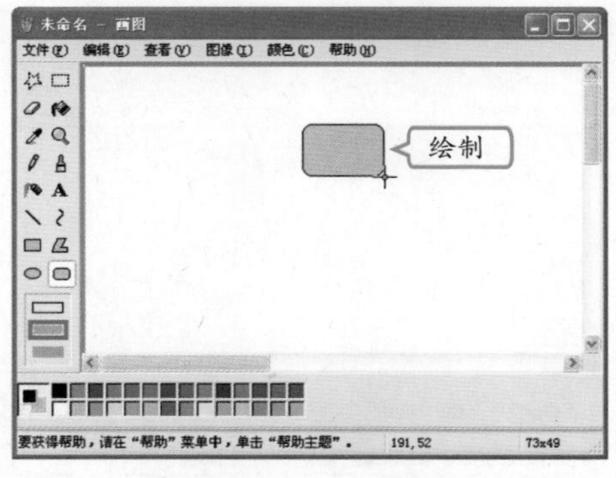

3 设置椭圆工具

1. 使用相同的方法绘制机器人的身体，在工具箱中单击⬭按钮，在其工具样式栏中选择第1个样式。
2. 在调色板中单击白色色板，将前景色设置为白色。

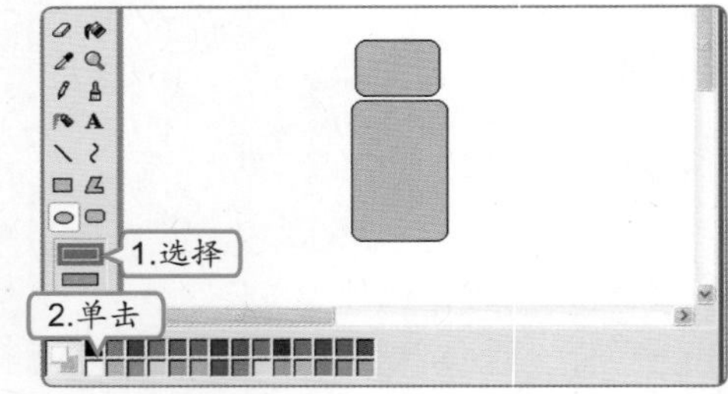

4 绘制眼睛

将鼠标光标移动机器人头部，使用和矩形工具相同的方法绘制机器人的眼睛。

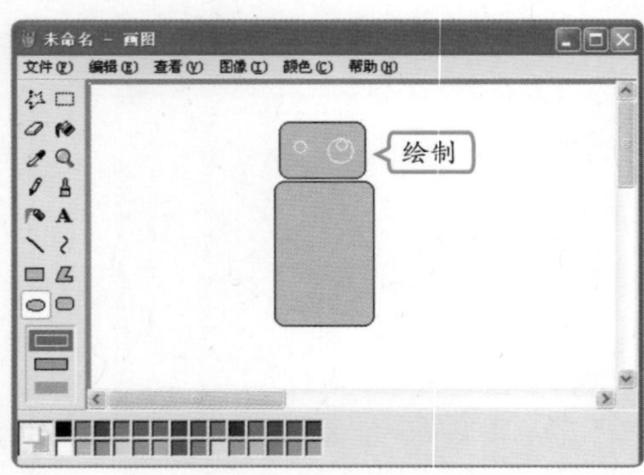

高手指点 若是绘制出错，除了使用橡皮/颜色橡皮擦工具对图像进行擦除外，还可按【Ctrl+Z】键撤销之前的操作，但需注意的是按【Ctrl+Z】键只能撤销3步操作。

5 设置多边形工具

1. 在工具箱中单击按钮，在其工具样式栏中选择第2个样式。
2. 在调色板中使用鼠标左键单击黑色色块，将鼠标移动到机器人底部，单击并拖动鼠标绘制短直线，绘制完成后释放鼠标。

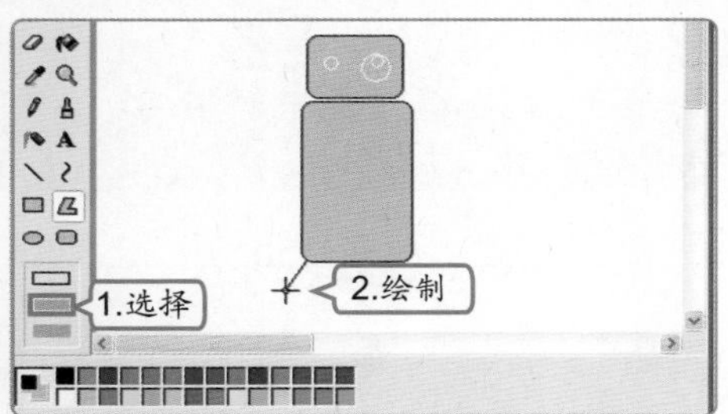

6 绘制机器人的脚

使用相同的方法，拖动鼠标绘制一个梯形。

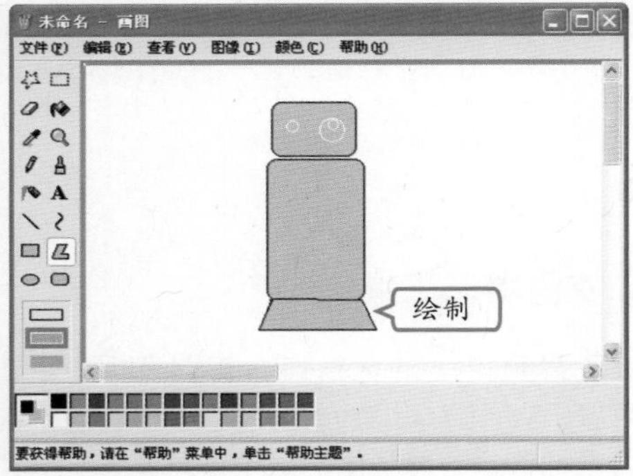

7 使用曲线工具

1. 在工具箱中单击按钮，在其工具样式栏中选择第2个样式。
2. 将鼠标移动到机器人左边，按住鼠标拖动绘制一条直线。

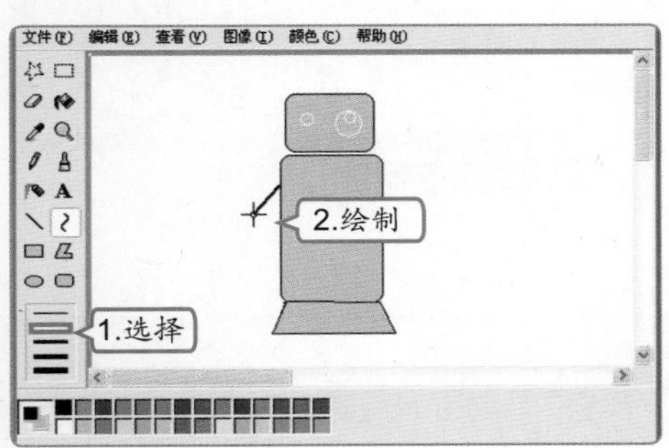

8 绘制曲线

将鼠标移动到刚绘制的直线上，按住鼠标，将鼠标向上移动，使直线弯曲。使用相同的方法绘制机器人的另一只手。

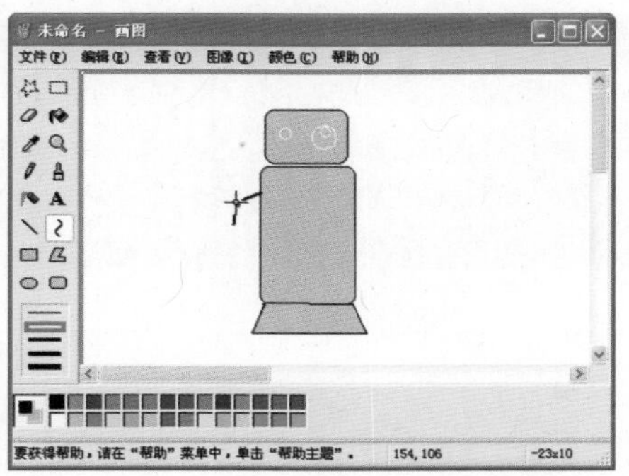

9 绘制直线

1. 在工具栏中单击按钮，在其工具样式栏中选择第1个样式。
2. 将鼠标移动到机器人胸口处按住鼠标拖动，绘制直线，再释放鼠标。

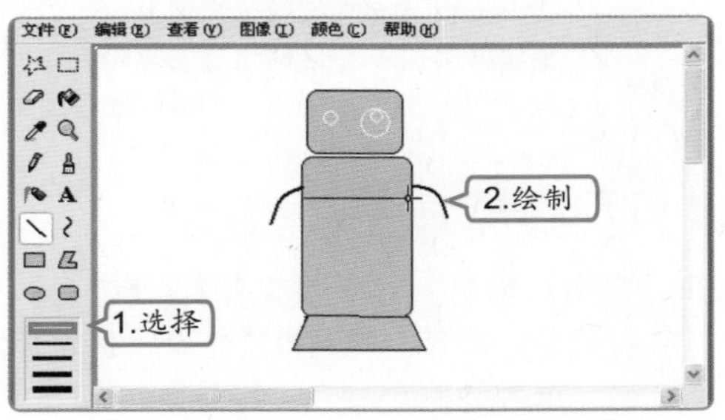

教你一招：绘制形状的技巧

在绘制直线时，若按住【Shift】键，可以绘制出水平直线、垂直直线、倾斜45°的斜线。在绘制矩形和椭圆时，按住【Shift】键，将绘制出正方形和正圆形。

操作提示：取消撤销操作

若误按了【Ctrl+Z】键，可选择【编辑】/【重复】命令，或按【Ctrl+Y】键，取消撤销操作。

补充两句

矩形工具和圆角矩形工具的使用方法相同，这里就不在赘述。

5.2.2 上机1小时：使用“画图”程序绘制区域示意图

本例将打开“区域示意图”并使用形状、直线、曲线、填充、文字和喷枪等工具对图像进行编辑调整，使图像内容清晰明了，完成后的效果如下图所示。

上机目标

- 熟悉设置颜色、前景色、背景色的方法。
- 进一步熟练形状、直线、曲线、填充、文字和喷枪工具的使用方法。
- 进一步掌握文字的设置方法。

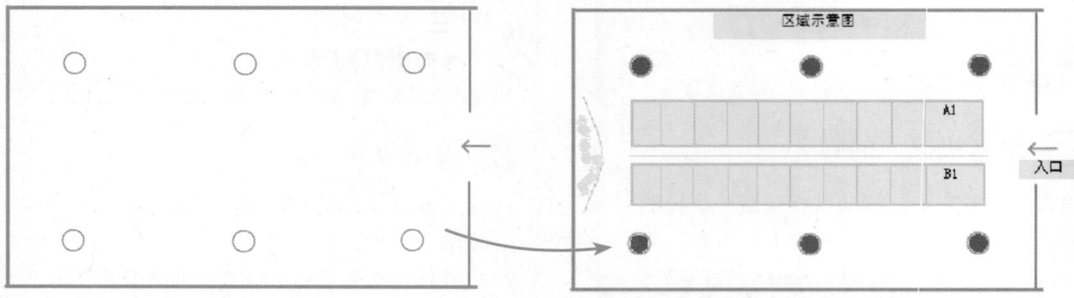

实例素材\第5章\区域示意图.bmp
最终效果\第5章\区域示意图.bmp
教学演示\第5章\使用“画图”程序绘制区域示意图

1 打开文件

打开“画图”窗口，选择【文件】/【打开】命令，在打开的“打开”对话框中选择“区域示意图”图像，单击打开(O)按钮，打开文件。

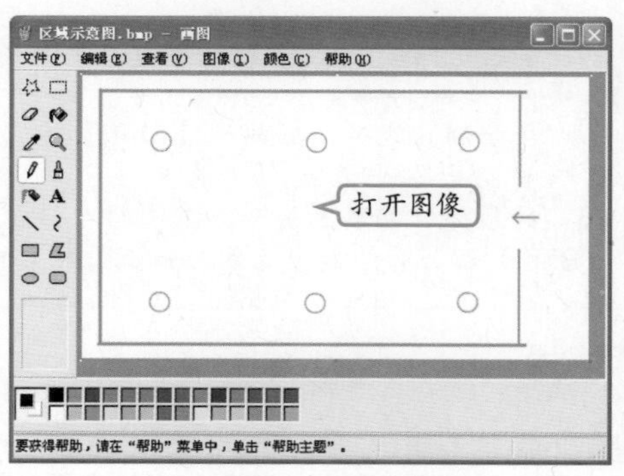

2 使用填充工具

1. 在工具箱中单击按钮，在调色板中单击■色块。
2. 将鼠标移动到图像的圆形中进行单击，为图像中的圆形填充颜色。

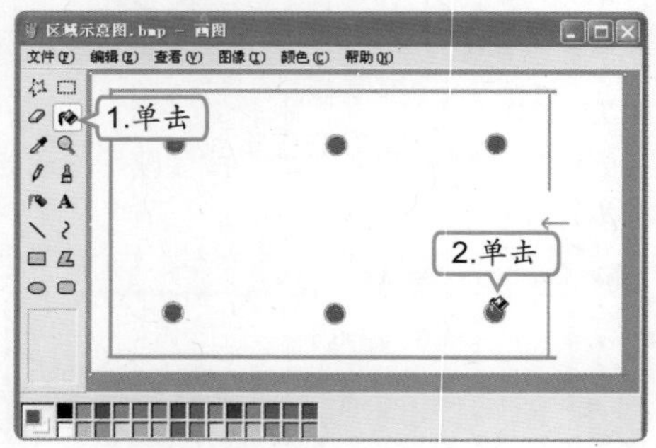

操作提示：前景色、背景色的设置

由于Windows XP不会自动保存前景色、背景色设置，所以关闭“画图”程序后再启动时，前景色、背景色为默认的黑色和白色。

高手指点 若是觉得图像太小，可在工具箱中单击按钮，在其工具样式栏中选择放大倍数，再放大图像。

3 绘制直线

1. 在工具箱中单击＼按钮，在调色板中单击■色块。
2. 将鼠标光标移动到图像中间，按【Shift】键的同时拖动鼠标绘制直线。

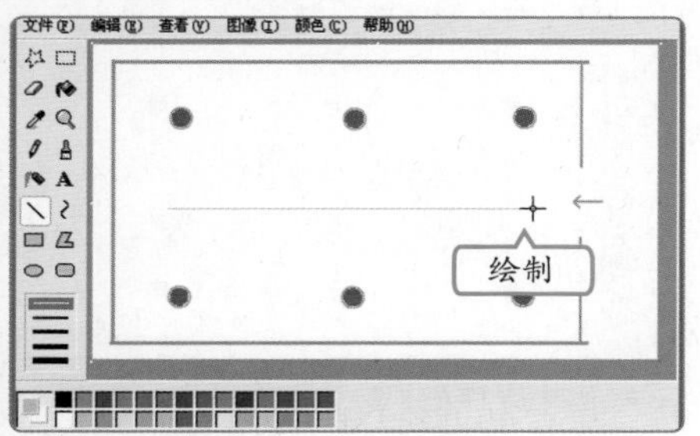

4 设置前景色和背景色

1. 在直线工具的工具样式栏中选择第2个样式。
2. 在调色板中用鼠标右键单击□色块。

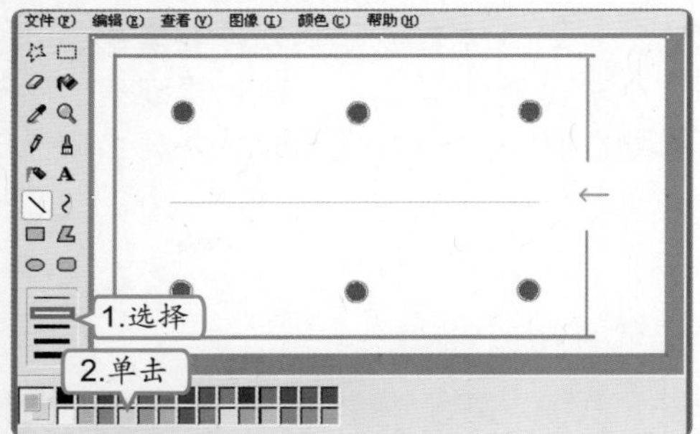

5 绘制矩形

1. 在工具箱中单击□按钮，在其工具样式栏中选择第2个样式。
2. 将鼠标光标移动到图像中，拖动鼠标左键绘制矩形。使用相同的方法在直线上绘制一个相同的矩形。

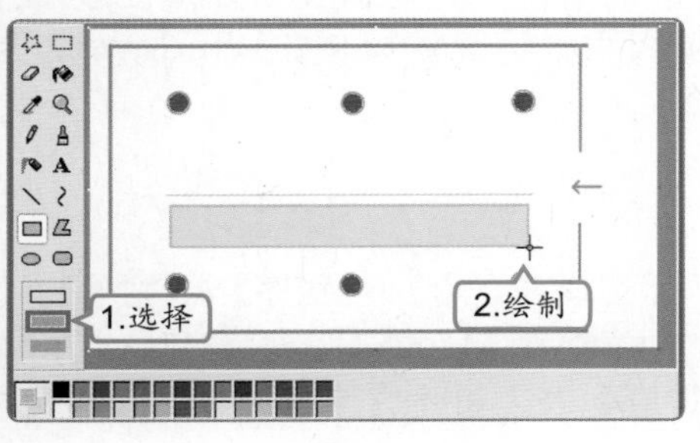

6 绘制直线

1. 在工具箱中单击＼按钮，在其工具样式栏中选择第1个样式。
2. 按【Shift】键，使用鼠标拖动在黄色矩形中绘制直线。

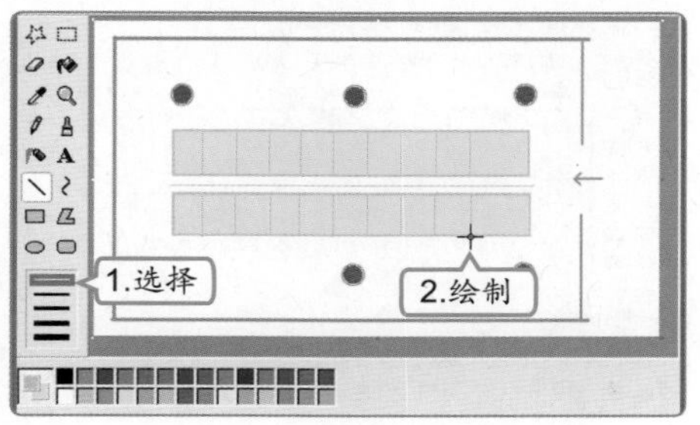

7 绘制曲线

1. 在工具箱中单击⌇按钮。
2. 使用鼠标在图像左边绘制一条曲线。

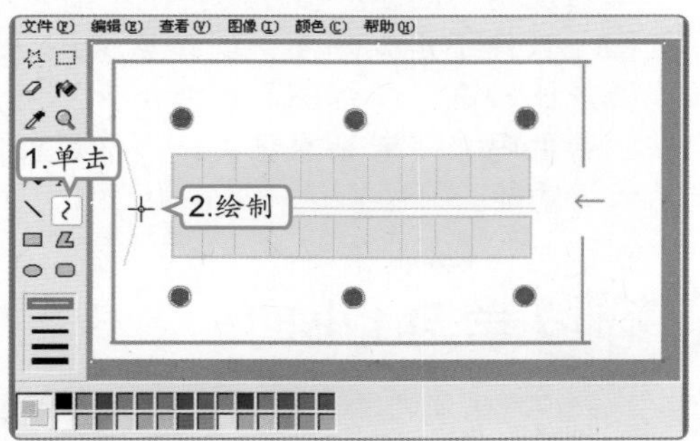

8 使用喷枪工具

1. 在工具箱中单击喷枪按钮，在调色板中单击□色块。
2. 将鼠标光标移动到绘制的曲线左边进行涂抹。

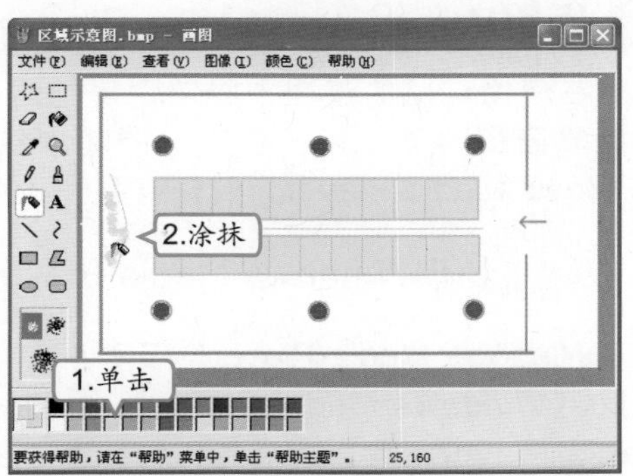

第5章

补充两句　若在绘画后对所绘画的图像不满意，可选择【图像】/【删除图像】命令，删除所有的图像。

9 输入文字

1. 在工具箱中单击A按钮，在调色板中单击■色块。
2. 使用鼠标在图像右上方的第1个黄色矩形中拖动绘制出矩形框，并输入“A1”文本。

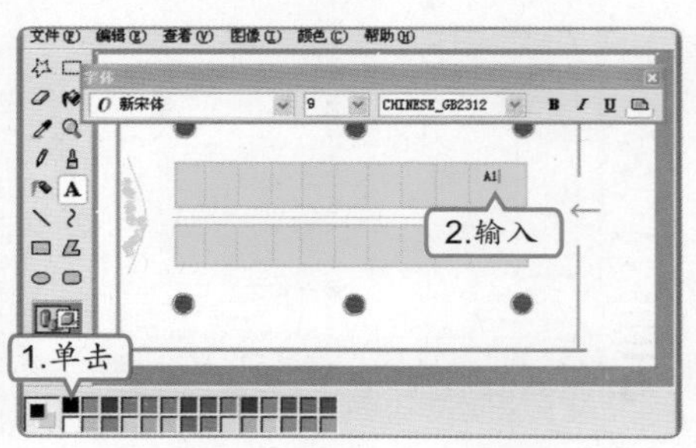

10 继续输入文字

使用相同的方法在“文字”工具栏中设置不同的字体，并输入文本。

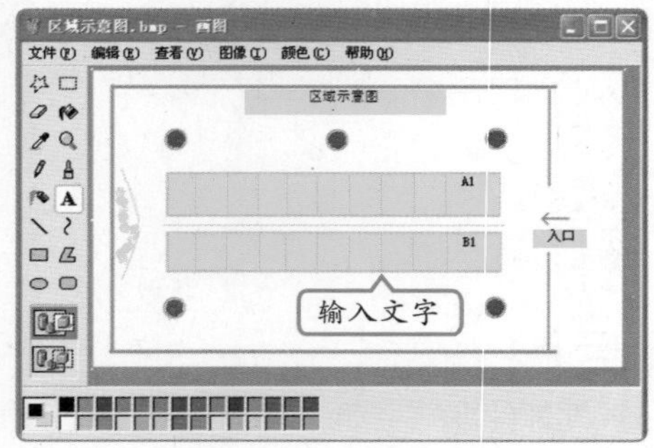

5.3 娱乐小助手

学会使用“画图”程序后，小李高兴地对老马说：“以前听人说，Windows XP自带的‘画图’软件不是太好用，现在感觉还是很好用的。”老马笑着说：“软件要看怎么用，如果要求比较高，‘画图’程序当然不够用了。”小李接着问老马：“附件里还有什么适合我的软件吗？”老马想想说：“你是说休闲娱乐吧？Windows自带的软件还有听音乐、玩游戏等功能。”

5.3.1 学习1小时

学习目标

- **学会使用**Windows Media Player。
- **认识**Windows XP**自带的小游戏。**
- **学会使用看图程序。**

1 使用Windows Media Player

在使用电脑的过程中经常会遇到需要播放音乐的情况，这时需使用媒体播放器。目前播放器的种类很多，但它们的基本使用方法都相同。下面就以使用Windows自带的Windows Media Player为例介绍播放器的使用方法。

（1）认识Windows Media Player

Windows Media Player位于附件中，使用时只需选择【开始】/【程序】/【附件】/【娱乐】/【Windows Media Player】命令，即可打开Windows Media Player窗口。Windows Media Player主要由功能任务栏、视频显示区、播放列表区和播放控制栏等部分组成，下面分别进行介绍。

高手指点 *在播放列表区中，正在播放的文件名以黑底绿字显示，用户可方便地看到。*

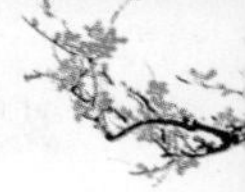

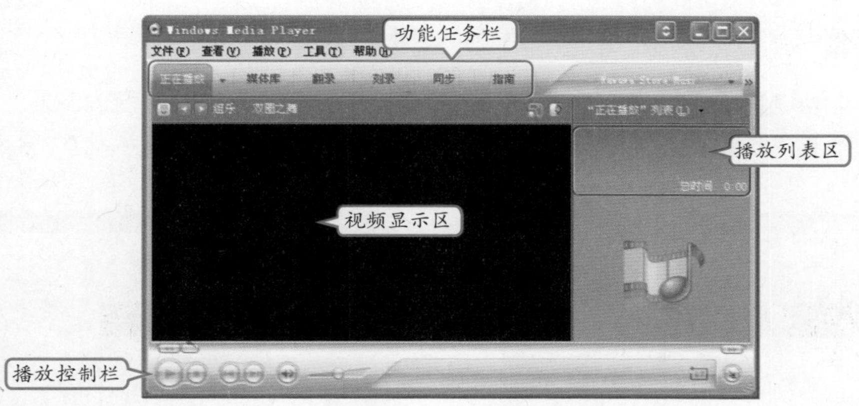

功能任务栏

功能任务栏提供了Windows Media Player的所有功能，单击相应的按钮，然后在弹出的下拉菜单中选择相应的命令即可执行完成操作。

视频显示区

视频显示区是Windows Media Player窗口中最大的区域，主要用于显示当前播放的视频画面及音乐文件的可视化效果。

播放列表区

在播放列表区中显示了添加到Windows Media Player的多媒体文件，在列表区双击某多媒体文件名，可播放该文件。

播放控制栏

播放控制栏主要用于控制文件的播放进度和调节音量等，其中包括“播放”按钮、“停止”按钮、“上一个”按钮、“下一个”按钮、“静音”按钮以及音量滑块等。

（2）播放音乐文件

使用Windows Media Player播放音乐的方法，与其他播放器播放音乐的方法基本相同。下面在Windows Media Player中打开音乐文件并播放音乐，其具体操作如下。

教学演示\第5章\播放音乐文件

1 选择打开命令

选择【开始】/【所有程序】/【附件】/【娱乐】/【Windows Media Player】命令，在打开的窗口中选择【文件】/【打开】命令。

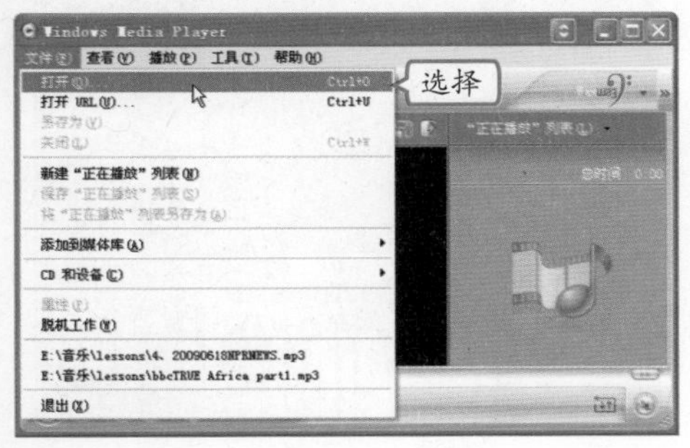

2 选择打开文件

在打开的“打开”对话框中，按【Ctrl】键的同时单击需打开的文件名，然后单击打开(O)按钮。

只有在播放列表中存在两首或两首以上的歌曲时，才能使用“上一个”按钮或“下一个”按钮。

补充两句

3 调整音量

在返回的Windows Media Player窗口下方，按住鼠标，拖动音量滑块向右移动，将音量调整到最大。

4 切换音乐

在Windows Media Player窗口下方，单击⏭按钮，停止当前播放的音乐切换到下一首音乐。

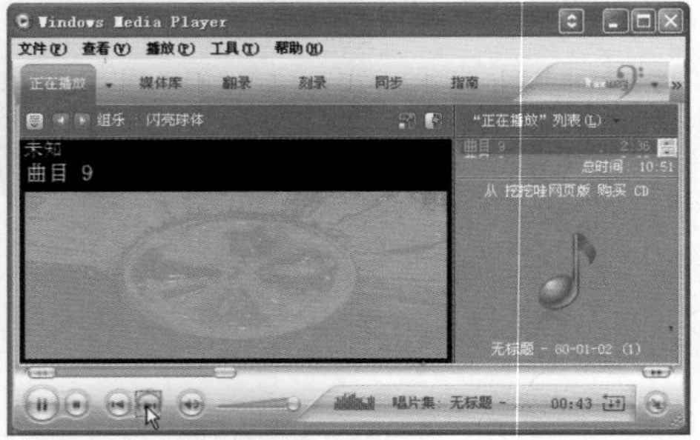

操作提示：新建播放列表

为了方便欣赏音乐，用户还可以新建播放列表，将喜欢的音乐放入播放列表，并对播放列表命名、排序等。其操作方法为：单击在播放列表区上方的"正在播放"列表(L)按钮，在弹出的菜单中选择"使用播放列表编辑器编辑"命令，再在打开的对话框中选择需加入播放列表的音乐。

2 玩Windows XP自带的游戏

在紧张的工作之余，不免需要放松心情。现在市面上的游戏很多，而Windows XP也自带了不少的游戏，它们的玩法都相对简单且易于操作，只需选择【开始】/【所有程序】/【游戏】命令，再在打开的子菜单中选择相应的游戏启动即可。下面将讲解Windows XP自带的几个游戏的特点和操作。

"扫雷"游戏

"扫雷"游戏是一个很有挑战性的小游戏，其游戏目标是在规定时间内找到并标记雷区中所有的地雷，但不能踩到地雷。若玩家踩到地雷，地雷爆炸的同时游戏也就结束了。在进行游戏时，只需单击游戏操作区的方块即可，若是怀疑某方块下有地雷，需单击鼠标右键，此时方格将以🚩标示。

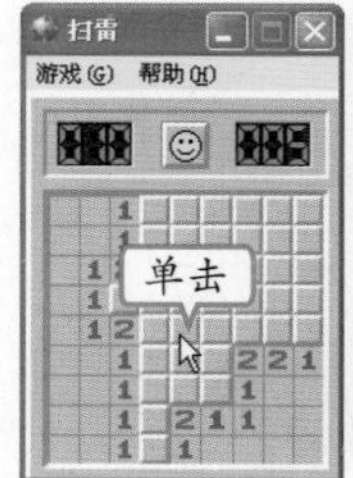

"红心大战"游戏

"红心大战"属于棋牌类游戏，其游戏规则类似于扑克牌中的"拱猪"，即每一局结束后，得分最少的为赢家，得分最高的则为输家。游戏时使用鼠标单击扑克牌，即可出牌。

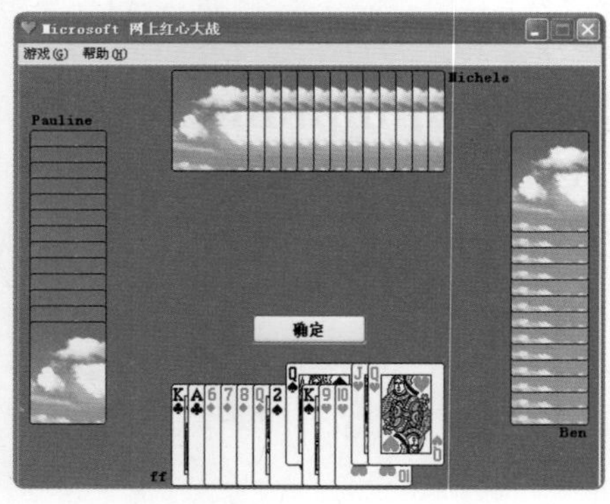

高手指点

如果不再需要播放某个文件时，则需在播放列表中选择该文件，单击鼠标右键，在弹出的快捷菜单中选择"从播放列表中删除"命令。

5.3.2 上机1小时：玩“红心大战”游戏

本例将进行“红心大战”游戏，通过本例熟悉“红心大战”游戏，并掌握系统自带游戏的一般方法。

上机目标

- 熟悉游戏的操作方法。
- 进一步掌握游戏的技巧。

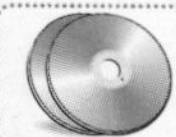

教学演示\第5章\玩“红心大战”游戏

1 输入名字

选择【开始】/【所有程序】/【游戏】/【红心大战】命令，启动“红心大战”游戏。在提示对话框的“尊姓大名”文本框中输入玩家姓名，如“CC”，单击 确定 按钮。

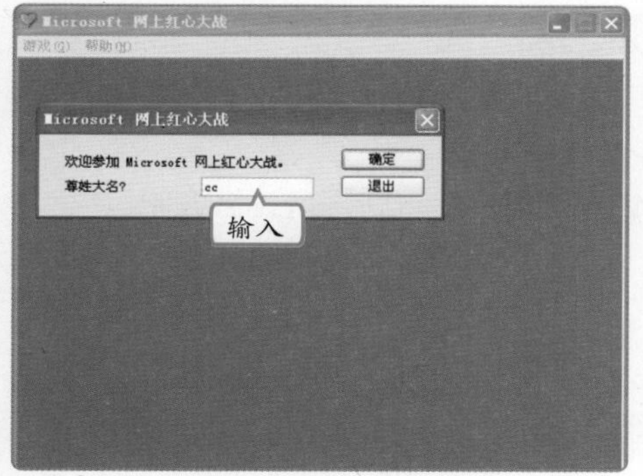

2 换牌

1. 系统将自动发牌，根据游戏规则需要选择3张纸牌与其他玩家互换，依次单击交换的纸牌。
2. 单击 向左传 按钮。

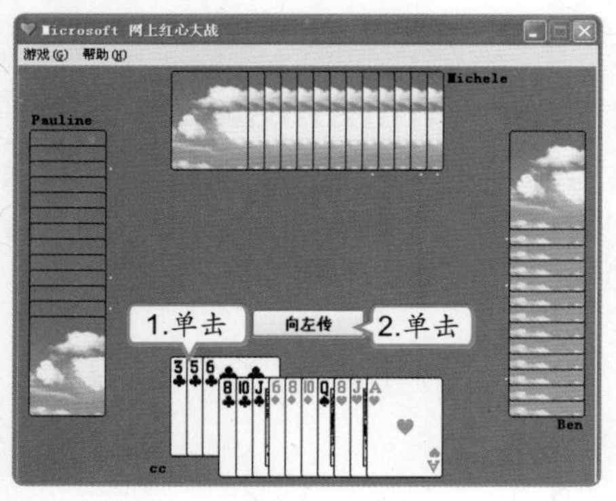

3 出牌

得到其他玩家的换牌后，单击 确定 按钮，即可由拥有“梅花2”的玩家首先出牌，以同张花色的牌中最大者为本次出牌的赢家，并在下一轮出牌中首先出牌，单击需出的牌。

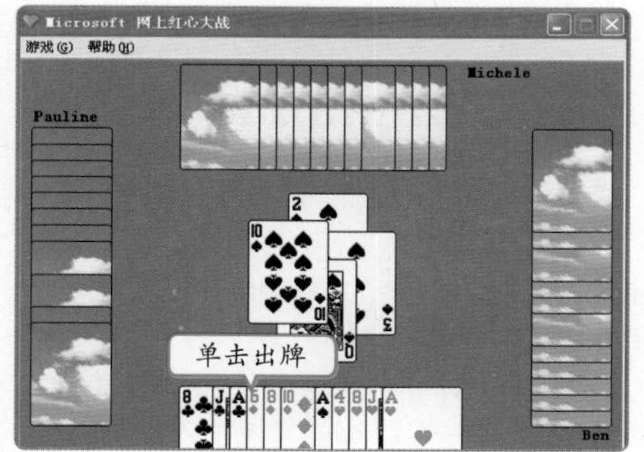

4 结束游戏

当一局结束后，将自动弹出“得分表”对话框，在其中可以查看到本局各玩家所得的分数，分数最小的一方为胜利，单击 确定 按钮即可开始下一局游戏。

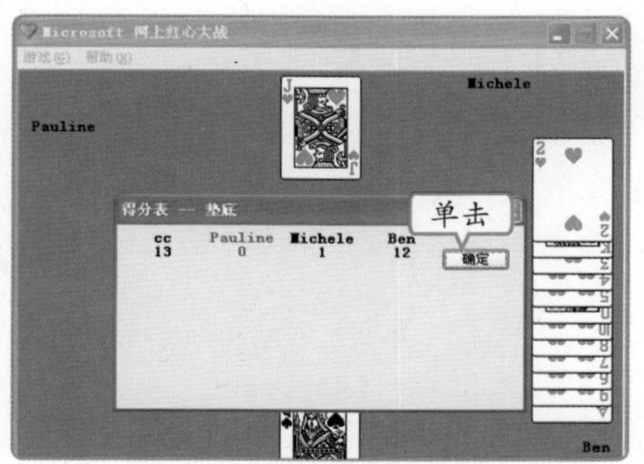

补充两句

出牌时都需要出跟第1个玩家的花色相同的牌，如果没有该花色的牌，则可以以其他花色代替。

5.4 跟着视频做练习1小时：新建播放列表

小李听了老马讲解的知识，觉得自己对播放器比较感兴趣，于是就和老马说：“老马让我试试自己新建一个播放列表吧！”老马说：“当然可以，下面就开始吧。”

本例将打开Windows Media Player窗口，并在其中新建一个播放列表，以方便欣赏音乐，通过本例用户将熟练新建播放列表的方法。

操作提示：

1. 选择【开始】/【所有程序】/【附件】/【娱乐】/【Windows Media Player】命令，打开Windows Media Player窗口。
2. 在播放列表区单击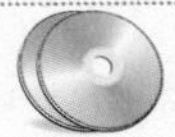按钮，在弹出的菜单中选择“使用播放列表编辑器编辑”命令。
3. 在打开的“编辑播放列表”对话框左边的属性列表框中单击歌手名，并选择歌曲，被选中的歌曲将在对话框右侧的列表框中显示。
4. 单击 确定 按钮。
5. 返回Windows Media Player窗口后，对音乐进行播放，并调整音量大小。

视频演示\第5章\新建播放列表

5.5 秘技偷偷报

看着小李操作，老马说：“小李，还有一个比较实用的小软件，还没来得及给你说。”小李看着老马，说：“还有什么实用的软件没给我说啊？老马，就快一些说出来吧。”

1 计算器的使用

Winowds XP为用户提供了简单且方便的计算软件——计算器，它的使用方法和普通计算器的使用方法相同。启动计算器只需选择【开始】/【所有程序】/【附件】/【计算器】命令，此外，它的使用方法也和一般计算器相同，在使用时可用鼠标单击计算器对话框中的按钮进行计算，也可直接在键盘上按相关的数字、符号键进行计算。

2 无法播放音乐

若使用Windows Media Player播放一些音乐时，提示无法进行播放，可在播放前查看该音乐文件的格式。Windows Media Player可以播放mp3、wma、avi、asf等格式的文件。如果要播放的是rmvb等格式的文件，则可以选择其他的播放软件。

高手指点　位图就是指使用像素点绘制的图形，将其放大后会伴有失真的现象。

第6章

—— 轻松办公好帮手——Word 2003 ——

今天，小李接到一个任务，部门主管要求他使用Word 2003制作一个年终总结文档，于是，他坐在电脑旁打算开始制作。但是，该怎样来使用Word进行制作呢？小李感到很茫然，因为他对Word一点也不熟悉。为了尽快完成这个任务，他决定去向老马请教Word的使用方法。老马了解情况后，为了让小李能够很好地完成，打算从最基本的使用Word的方法开始进行讲解，逐步深入，使小李能全面地掌握Word 2003。

3 小时学知识

- Word 2003快速上手
- 让文档更整齐
- 为文档美容

5 小时上机练习

- 打开“简报”文档并修改
- 设置“人物介绍”文档
- 美化并打印“价格信息”文档
- 制作“宣传海报”文档
- 制作“年终总结”文档

6.1 Word 2003快速上手

老马告诉小李，在学习Word 2003时，首先应了解它的基本操作和工作界面各部分的作用，再进行文字的输入和编辑。同时，在对文档操作结束时应该及时保存，以防止数据丢失。小李听了老马的讲述，迫不及待地要求老马给他讲解。看见小李急切的表情，老马开始认真地讲解起来。

6.1.1 学习1小时

学习目标

- 了解Word 2003的启动和退出。
- 认识Word 2003的工作界面。
- 学会新建Word文档及输入、编辑、保存以及打开等操作。

1 启动和退出Word 2003

要想使用Word 2003编辑文档，首先需要启动Word 2003，在编辑完后，则要退出Word 2003，下面将对Word 2003的启动和退出进行简单介绍。

启动Word 2003

双击系统桌面上的Word快捷方式图标或者选择【开始】/【所有程序】/【Microsoft Office】/【Microsoft Office Word 2003】命令。

退出Word 2003

单击Word 2003窗口标题栏上的“关闭”按钮或者双击“窗口控制菜单”按钮。

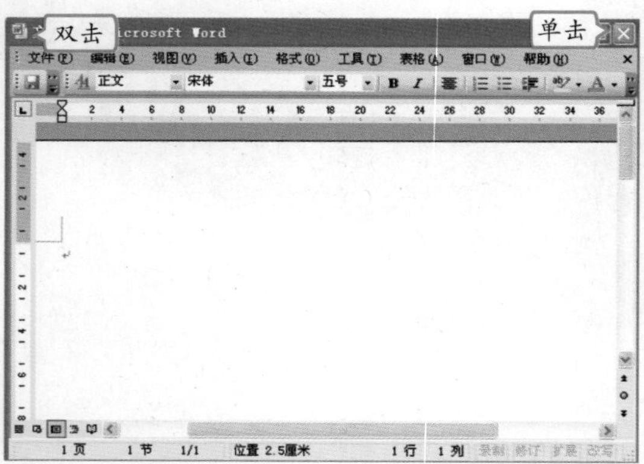

操作提示：使用快捷键退出Word

在编辑完文档后，用户还可以通过按【Alt+F4】键退出Word。

高手指点　双击已创建的Word文档，在打开该文档的同时也启动了Word 2003。

2 Word 2003的工作界面

启动Word 2003后，显示在桌面上的窗口就是Word 2003的工作界面，它主要由标题栏、菜单栏、工具栏、文档编辑区、任务窗格和状态栏等部分组成。其中标题栏、菜单栏和工具栏的作用与Windows其他窗口相应部分的作用相同，下面将对其特有部分的作用进行讲解。

文档编辑区

文档编辑区是输入与编辑文档的场所，中间不停闪烁的黑色小竖线称为“文本插入点”，它表示用户可以从此处开始输入文字。其四周分别是水平标尺、垂直标尺、水平滚动条、垂直滚动条及视图切换按钮等。

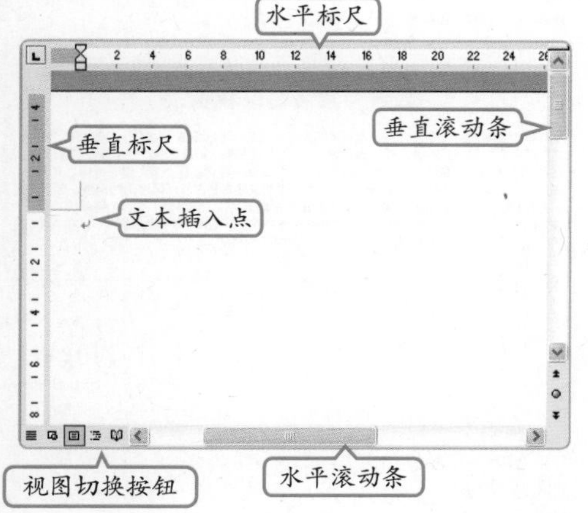

任务窗格

任务窗格通常位于操作界面的右侧，通过单击任务窗格右上角的按钮，在弹出的菜单中选择不同的命令即可切换到相应的任务窗格中。任务窗格能使用户及时地获得所需工具，它会根据用户的操作需求自动弹出。

状态栏

状态栏位于操作界面的最底端，在其中主要显示当前页码、总页码、光标所在位置以及当前工作方式、语言状态等信息。

操作提示：标尺的作用

标尺可分为水平标尺与垂直标尺，它主要用于确定文档中各种浮动版式对象的位置。水平标尺上的调整块可设置段落的缩进格式；垂直标尺主要用于制作表格时准确调整各行表格的行高。

操作提示：两行显示工具栏

Word 2003默认以一行显示常用和格式工具栏，工作时一般都将其分为两行显示，其方法为：单击工具栏中的▾按钮，在弹出的下拉列表中选择“分两行显示按钮”命令。

补充两句：拖动水平滚动条或垂直滚动条中的蓝色滑块可快速将文档移动到相应位置。

3 新建Word文档

用户可根据需要在Word 2003中新建空白文档和使用模板新建文档，下面分别对这两种新建文档的方法进行介绍。

（1）新建空白文档

启动Word 2003，软件将自动新建一个名为“文档1”的空白文档。单击工具栏左侧的“新建空白文档”按钮，可快速创建空白文档。

操作提示：使用快捷键创建

使用【Ctrl+N】键同样可以新建空白文档，并且将自动以“文档1”、“文档2”……进行命名。

（2）使用模板新建文档

用户除了可以新建空白文档外，还可以根据模板来创建具有固定格式的文档，以提高工作效率。这里根据模板新建备忘录，其具体操作如下。

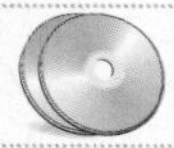

教学演示\第6章\使用模板新建文档

1 打开“新建文档”任务窗格

1. 启动Word 2003，选择【文件】/【新建】命令，打开“新建文档”任务窗格。
2. 单击任务窗格的“模板”栏中的“本机上的模板”超链接。

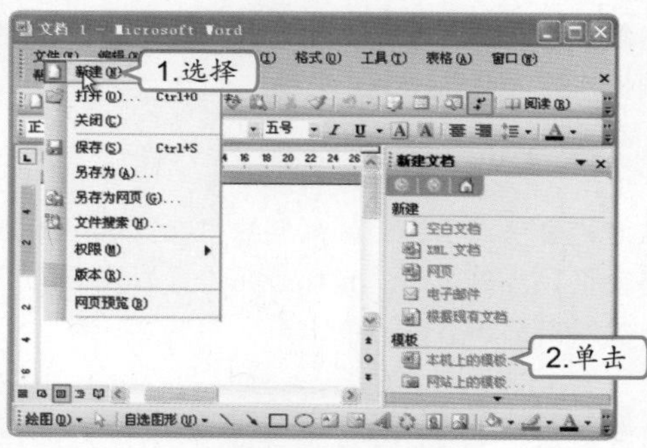

2 选择模板选项

1. 在打开的对话框中选择“备忘录”选项卡。
2. 在列表框中选择“典雅型备忘录”选项，单击 确定 按钮。

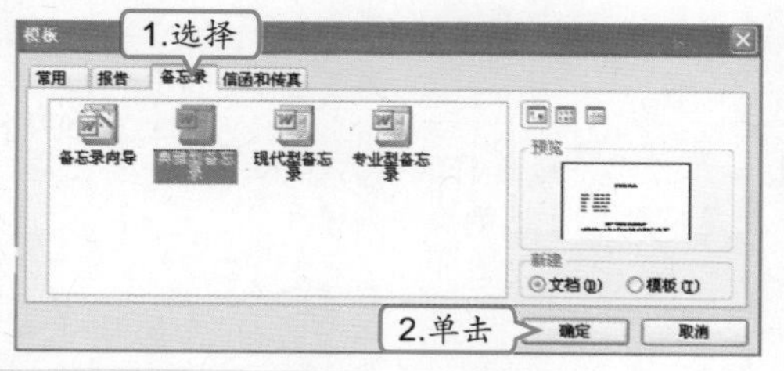

3 查看新建文档

返回文档，即可查看创建的“备忘录”文档，如下图所示，将鼠标光标插入对应的位置即可输入相关内容。

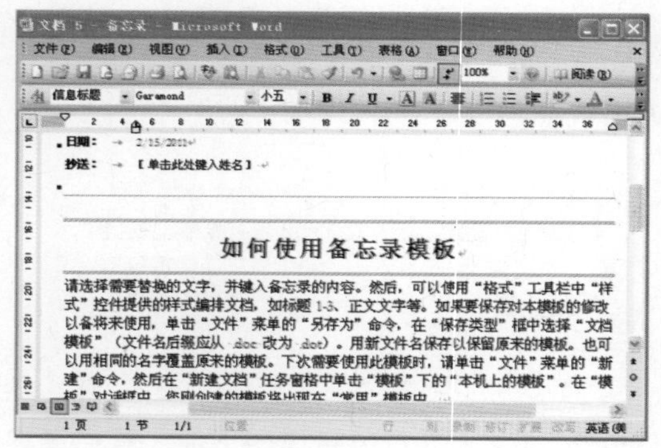

操作提示：根据现有文档创建

在Word 2003中还可以根据已经创建好的文档来创建新的文档，其方法为：选择【文件】/【新建】命令，在窗口右侧显示的“新建文档”任务窗格中单击“根据现有文档”超链接，打开“根据现有文档新建”对话框，在其中找到并选中要使用的Word文档，再单击 创建(C) 按钮即可新建基于该文档基础的Word文档。

高手指点 在“开始工作”任务窗格中单击“连接到Microsoft Office Online”超链接，可以打开Office网站主页，通过该网站不仅可以查看一些关于Word使用技巧的文章，还可以下载很多专业、实用的模板。

4 输入文本

用户在Word 2003中，可以进行文本的输入，其输入形式可分为输入普通文本和输入特殊字符两种情况，下面分别进行介绍。

（1）输入普通文本

输入普通文本的方法与在“写字板”中输入文本类似。在Word文档中，将鼠标光标定位到需要输入的位置处，选择输入法即可进行输入。在输入文本时，输入的内容显示在插入光标所在的位置处，同时插入光标自动向后移动。当一段文字输入完成，需要另起一行时，按【Enter】键，光标从当前位置跳到下一行行首，同时在该行行首与上一段段末出现段落标记。当输入的文字到达页面右边距时，插入光标自动移到下一行的行首，此时行末不会产生段落标记。

（2）输入特殊字符

在Word中输入文本的过程中，有时需要输入一些特殊的字符，除了可以使用输入法的软键盘输入特殊字符外，还可以通过Word自带的插入特殊字符功能进行输入。

启动Word 2003，新建空白文档，将文本插入点定位到需要输入特殊符号的位置，选择【插入】/【特殊符号】命令，打开“插入特殊符号”对话框，选择“特殊符号”选项卡，在中间的列表框中选择需要的“特殊符号”选项，单击 确定 按钮，返回文档，即可看到选择的符号已插入到指定位置。

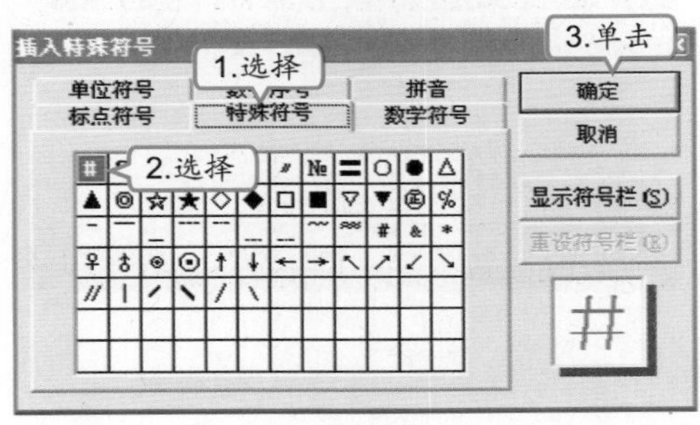

5 编辑文本

在输入文本的过程中，用户不可能一次就输入正确，此时就需要对输入文本进行编辑。下面将介绍一些编辑文本的基本方法，使文本达到满意的效果。

（1）选择文本

在对文本进行编辑操作之前，首先需要选择该文本。Word中选择文本主要分为选择所有文本、选择连续文本以及选择不连续文本等，下面分别进行介绍。

选择所有文本

选择【编辑】/【全选】命令；或按【Ctrl+A】键；或将鼠标光标定位到文本的起始位置，按住鼠标左键并拖动至文本末尾。

选择连续文本

将鼠标光标定位到要选择的文本的起始位置，按住鼠标左键不放，拖动鼠标，直到要选的文本的终点位置释放鼠标。

操作提示：选择不连续文本

在Word文本选择操作中可能还会遇到需要选择不连续的文本的情况，与选择连续文本类似，但在选择文本时，要同时按住【Ctrl】键，直到需要的文本都被选中后释放键位即可。

补充两句

在Word中，经常需要定位文本的插入点，其方法为：将鼠标光标移动到需要的位置，单击鼠标左键即可。

（2）删除文本

在Word文档中，当输入了多余的文本或者输入错误，用户需要在文档中将多余的部分和错误的文本进行删除，删除文本的方法可以有如下几种：按【Delete】键可删除文本插入点右侧的文本；按【Back Space】键可删除文本插入点左侧的文本；选择要删除的文本，按【Delete】键或【Back Space】键即可删除。

（3）复制与移动文本

在Word中进行文本的编辑时，有时文中会遇到在多处需要使用相同的文本或改变文本的位置，这时就将用到复制和移动命令，下面分别对其进行介绍。

复制文本

复制选中需编辑的文本，通过选择【编辑】/【复制】命令进行复制，然后在目标位置选择【编辑】/【粘贴】命令进行粘贴。

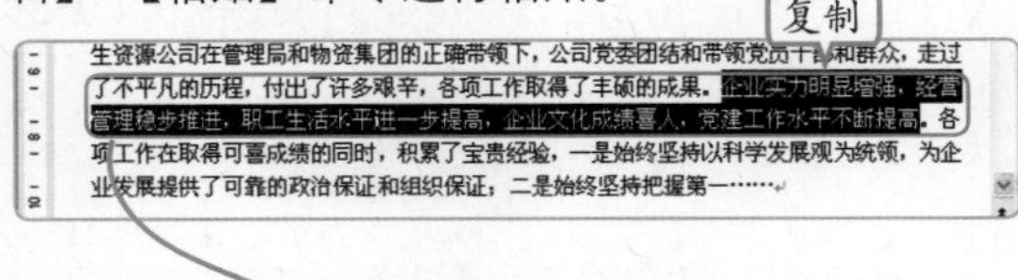

移动文本

选择要移动的文本，单击鼠标右键，在弹出的快捷菜单中选择“剪切”命令，将鼠标光标移至目标位置处再次单击鼠标右键，在弹出的快捷菜单中选择“粘贴”命令。

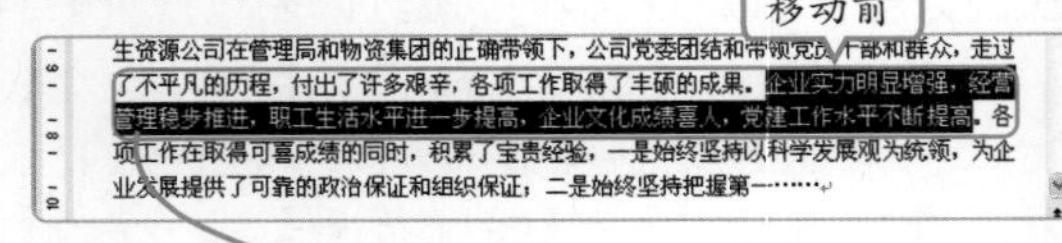

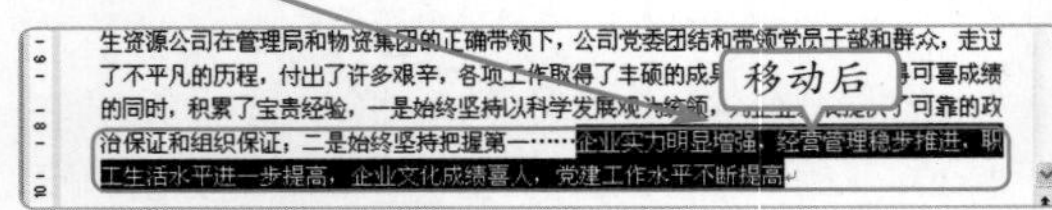

操作提示：通过鼠标和键盘进行操作

在文档中选择文本，单击鼠标右键，在弹出的快捷菜单中选择“复制”或“剪切”命令，将鼠标光标移至目标位置处单击鼠标右键，在弹出的快捷菜单中选择“粘贴”命令即可完成文本的复制或移动。选择文本，按住鼠标左键不放，拖到文本到目标位置处释放鼠标可移动文本，在拖动鼠标的同时按住【Ctrl】键，可复制文本。

（4）查找和替换

在一篇较长的文档中，如果需要对某个经常出现的字词进行修改，可以使用Word 2003专门提供的查找和替换功能来实现。

查找文本

打开Word文档，选择【编辑】/【查找】命令，在打开对话框的“查找”选项卡中的“查找内容”下拉列表框中输入要查找的文字，这里输入“进一步”，单击查找下一处(F)按钮在文档中查找目标文字，并以特殊的颜色标注出来。如果文中有多处相同的文字，可多次单击查找下一处(F)按钮全部查找出来。

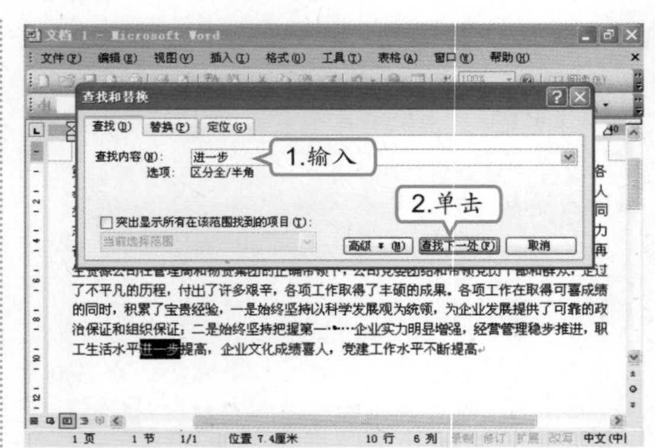

高手指点 选择文本，按【Ctrl+C】键，在目标位置处按【Ctrl+V】键即可复制文本；选择文本，按【Ctrl+X】键，在目标位置处按【Ctrl+V】键即可移动文本。

替换文本

选择“替换”选项卡，在“替换为”下拉列表框中输入“极大”。如果要有选择性地替换文本，则只在查找到要替换的位置时单击[替换(R)]按钮，若不需替换当前查找到的内容则单击[查找下一处(F)]按钮继续查找。这里单击[替换(R)]按钮，将文档中的“进一步”替换为“极大”，完成后打开一个提示对话框显示替换的数量。单击[确定]按钮关闭提示对话框，再单击☒按钮关闭对话框即可。

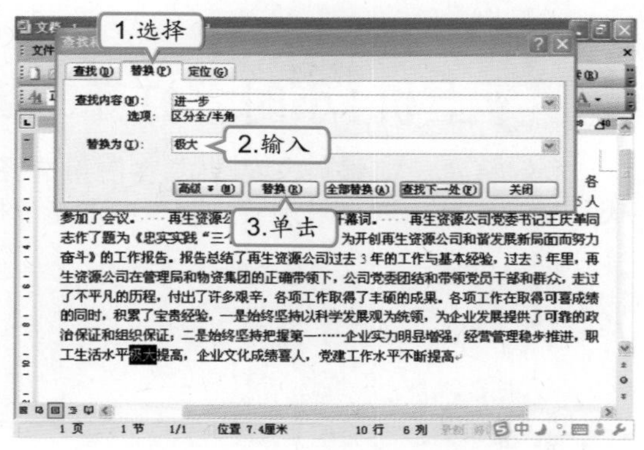

（5）撤销和恢复

在Word中编辑文档时，很可能执行错误的操作，这时可以通过撤销与恢复功能来进行处理，下面分别对其进行介绍。

撤销

选择【编辑】/【撤销】命令，或单击工具栏中的按钮，或按【Ctrl+Z】键。

恢复

选择【编辑】/【恢复】命令，或单击工具栏中的按钮，或按【Ctrl+Y】键。

6 保存和打开Word文档

与保存“写字板”文档一样，在Word文档中完成相应的操作后，也需要将其进行保存。打开Word文档则可以通过在“我的电脑”或“资源管理器”窗口中找到并双击文档图标来实现，也可以在Word程序中通过“打开”对话框查找并打开，下面分别进行介绍。

保存文档

选择【文件】/【保存】命令或单击常用工具栏中的“保存”按钮，在打开对话框的“保存位置”下拉列表框中设置保存位置，这里选择“本地磁盘（F:）”选项，在“文件名”下拉列表框中设置文件名，这里输入“工作计划”，保持“保存类型”下拉列表框中选择的文件类型，再单击[保存(S)]按钮即可保存文档。

打开文档

在Word界面中单击常用工具栏中的“打开”按钮，打开“打开”对话框，在“查找范围”下拉列表框中选择文档所在位置，这里选择“桌面”，在中间的列表框中选择要打开的文档，单击[打开(O)]按钮，即可在新的Word窗口打开文档。

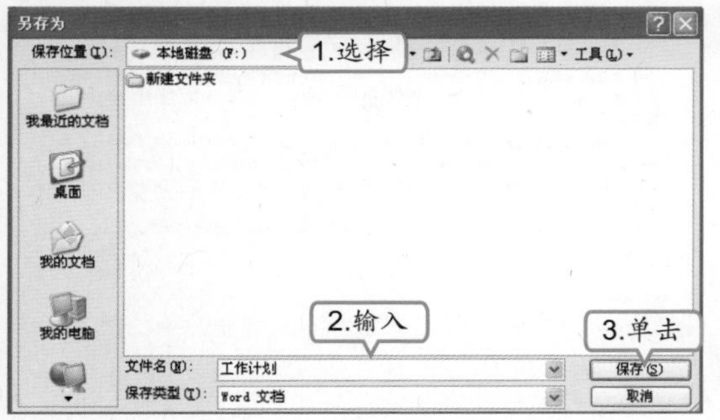

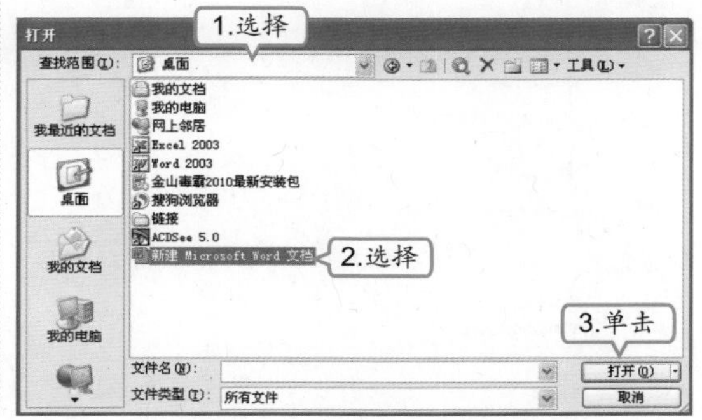

补充两句

为文档设置自动保存的方法为：打开Word文档，选择【工具】/【选项】命令，在打开的对话框中选择“保存”选项卡，选中“自动保存时间间隔”复选框，在其后的数值框中输入自动保存的时间间隔，单击[确定]按钮。

6.1.2 上机1小时：打开“简报”文档并修改

本例将对“简报”文档的内容使用选择、复制移动和查找替换等方式进行修改，使Word文档中的内容更准确、完善，完成后的效果如下图所示。

上机目标

- 巩固Word文档的基础知识。
- 进一步掌握Word的文本输入和编辑方法。

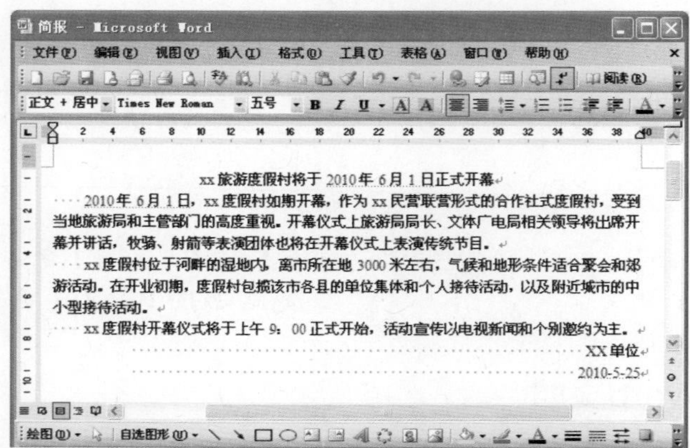

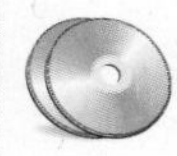

实例素材\第6章\简报.doc
最终效果\第6章\简报.doc
教学演示\第6章\打开“简报”文档并修改

1 打开“简报”文档

1. 启动Word文档，单击常用工具栏中的“打开”按钮，在打开的对话框中找到并选择“简报”文档。
2. 单击 打开(O) 按钮，打开文档。

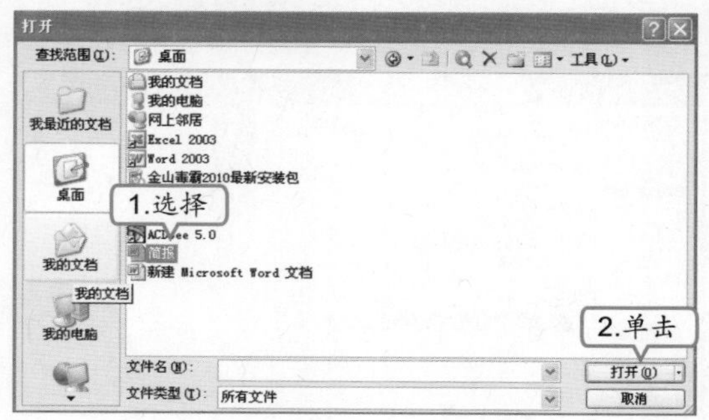

2 输入文本

在打开的文档中将鼠标光标定位到第1句话后面，选择相应的输入法，在鼠标光标的位置处输入“开幕仪式上”文本。

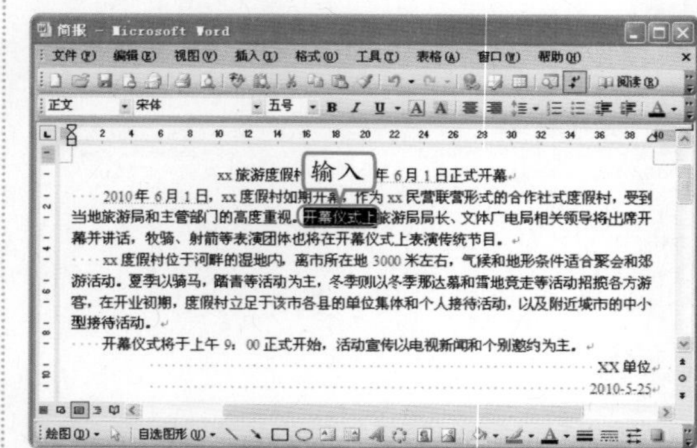

高手指点 对于已经存在的文档，选择【文件】/【保存】命令或单击常用工具栏中的按钮，Word不会打开“另存为”对话框，而是自动将文档以原文件名保存在原来的位置，原文档内容将被更改后的内容覆盖。

3 选择文本

将鼠标光标定位到文本“夏季”前，按住鼠标左键不放，拖动鼠标，直到文本“游客”位置处释放鼠标，即可选中如下图所示的文本。

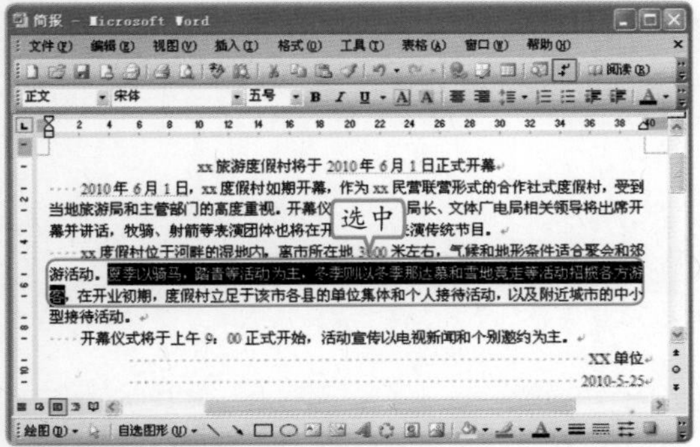

4 删除选中文本

按【Delete】键删除选中的文本，删除后的效果如下图所示。

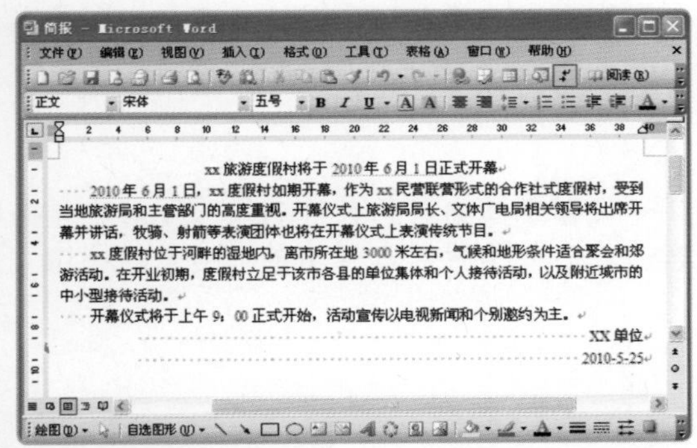

5 复制文本

1. 选中“XX度假村”文本，按【Ctrl+C】键复制文本。
2. 将鼠标光标移到如下图位置处，按【Ctrl+V】键粘贴文本。

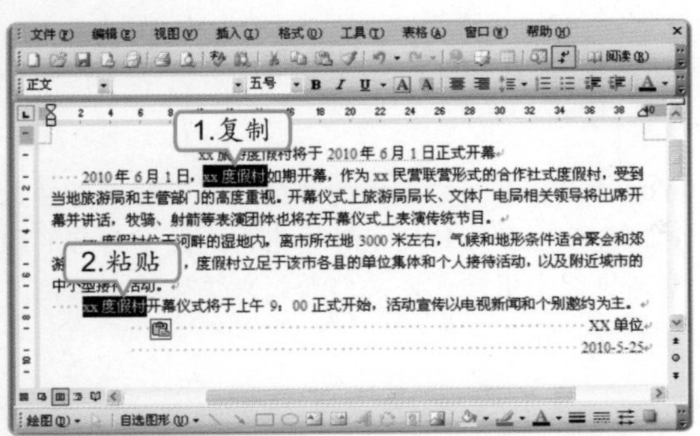

6 打开查找功能

选择【编辑】/【查找】命令，打开“查找和替换”对话框。

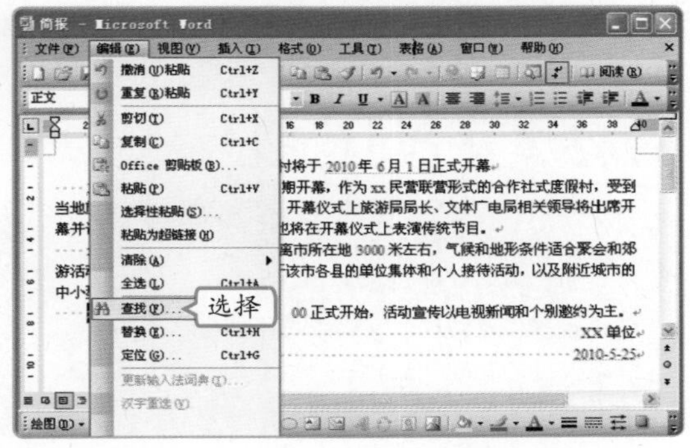

7 查找文本

1. 在打开对话框的“查找内容”下拉列表框中输入“立足于”。
2. 单击查找下一处(F)按钮。

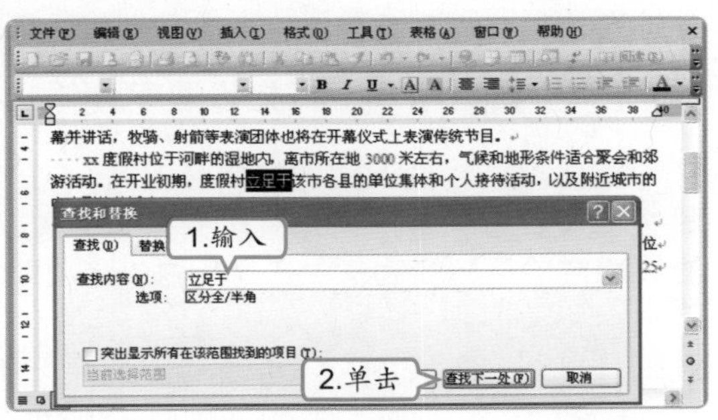

8 替换文本

1. 选择“替换”选项卡，在“替换为”下拉列表框中输入“包揽”，单击替换(R)按钮。
2. 单击确定按钮关闭提示对话框，再单击☒按钮关闭“查找和替换”对话框即可。

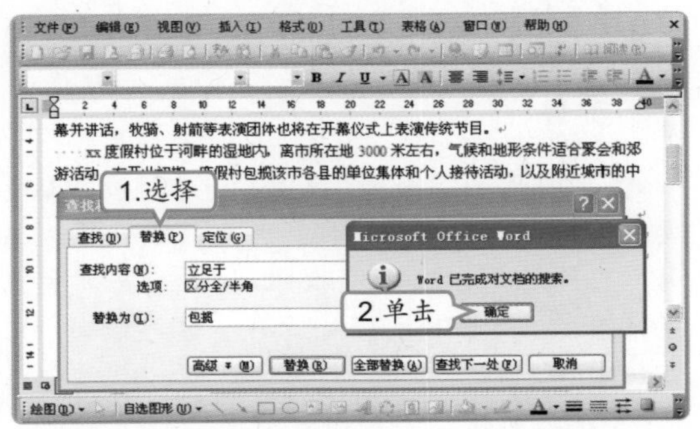

补充两句：在对Word文档文本编辑完后，应单击工具栏中的保存按钮，对修改后的文档进行保存。

6.2 让文档更整齐

小李看着自己做出来的文档，感觉很不满意，文档看起来没有一点格式，让人感觉杂乱无章。他把这种问题告诉老马，老马告诉他，Word文档可以通过设置字体、段落和页面的格式让它显得更整齐美观，小李听了，迫不及待地想知道怎样去进行设置。

6.2.1 学习1小时

学习目标

- **掌握设置文字格式的方法。**
- **掌握设置段落格式的方法。**
- **掌握设置页面格式的方法。**

1 设置字体格式

在Word文档中输入的文字格式默认为五号大小的宋体，在输入文本后，应对其字体、字形、大小和颜色等进行设置，使字体更美观。实现文本格式化可通过格式工具栏和“字体”对话框两种方法实现，下面分别对其进行介绍。

（1）通过格式工具栏设置字体格式

第6章

格式工具栏位于文档编辑区上方，它包括用于设置字体格式的各种功能。要对字体格式进行设置时，首先选择要改变格式的文本内容，然后在格式工具栏中单击相应的按钮，或在相应的下拉列表框中选择所需的选项即可。

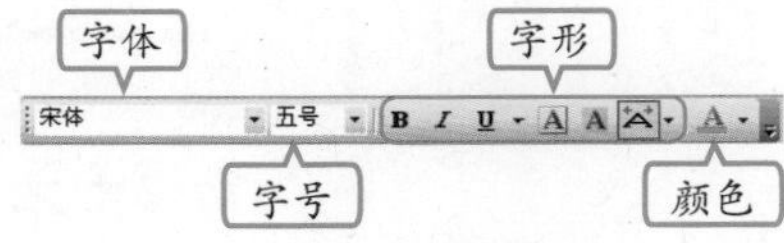

字体

Word 2003默认字体为“宋体”，同时还提供了其他的字体，可以单击“字体”下拉列表框右侧的▾按钮，在弹出的下拉列表中便可看到各种字体。

字号

Word 2003默认字号为“五号”，它的设置支持两种字号表示方法，一种为中文，如一号、二号、三号……数字越大，文本越小；另一种为数字，如5、5.5、10.5、14、20……数字越大，文本越大。

字形

字形是指文本的特殊外观，Word 2003默认为常规字形，同时还可以为文本设置加粗、倾斜和添加下划线等字形。

颜色

Word 2003默认的颜色为黑色。在一些娱乐性文档、报刊以及宣传文档等中常常通过设置字形和颜色来突出重点，使文档看起来更生动、醒目，让读者印象更深刻。

高手指点 选择要设置的文本，单击鼠标右键，在弹出的快捷菜单中选择“字体”命令，在弹出的“字体”对话框中也可以对文本格式进行详细的设置。

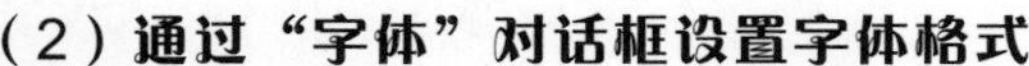

（2）通过“字体”对话框设置字体格式

选择要改变格式的文本内容，通过“字体”对话框可完成格式工具栏中所有的字体设置功能，并且还可以设置一些格式工具栏无法完成的特殊格式，其具体操作如下。

实例素材\第6章\文章.doc
教学演示\第6章\通过“字体”对话框设置字体格式

1 打开“字体”对话框

1. 打开“文章”文档，选中文档的标题。
2. 选择【格式】/【字体】命令，打开“字体”对话框。

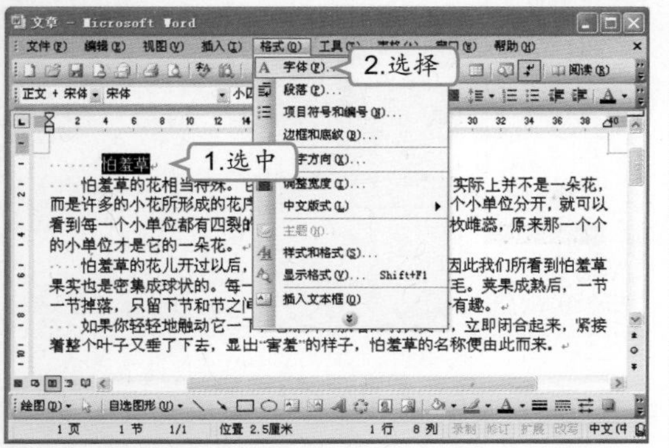

2 设置字体格式

1. 在打开对话框的“中文字体”栏的下拉列表框中设置字体为“黑体、三号、浅蓝”。
2. 单击 确定 按钮。

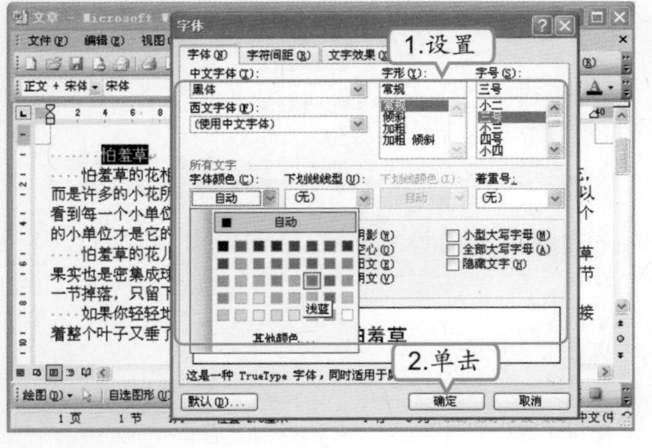

3 设置特殊格式

1. 选中正文内容，打开“字体”对话框，设置字体为“褐色”，选择“文字效果”选项卡。
2. 在“动感效果”栏中选择“七彩霓虹”选项。
3. 单击 确定 按钮。

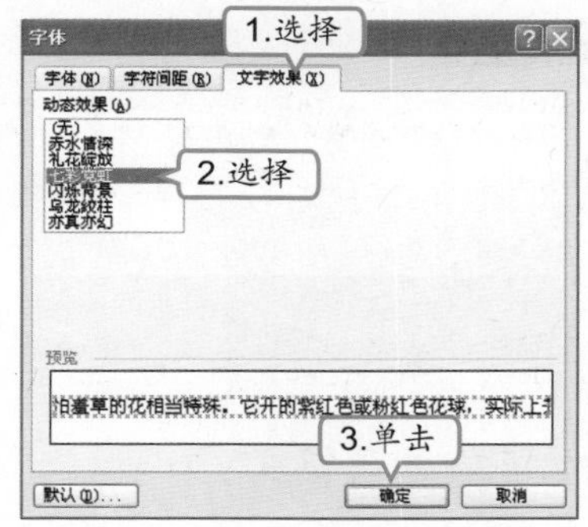

4 查看效果

返回文档，即可查看文本设置后的效果，如下图所示。

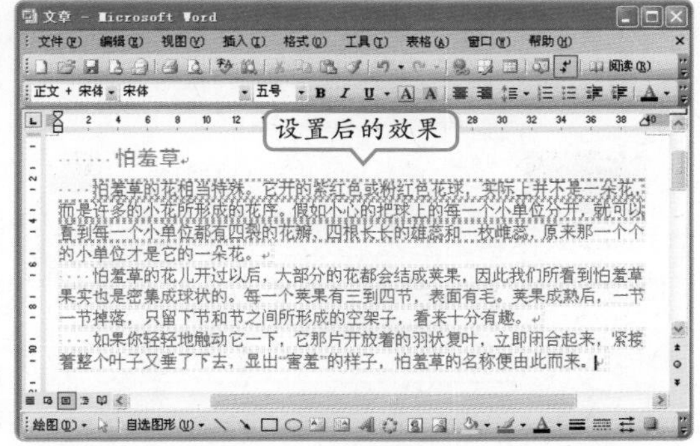

第6章

2 设置段落格式

设置段落格式包括设置段与段之间的间距、行间距、对齐方式以及缩进方式等。下面将对“通知”文档进行段落格式的设置，其具体操作如下。

在“字体”对话框中，可在“字符间距”选项卡中设置字符的缩放、间距大小和位置。　补充两句

实例素材\第6章\通知.doc
教学演示\第6章\设置段落格式

1 居中标题

1. 打开“通知”文档，在文档中选中文档标题“庆华公司安全办公室通知”。
2. 单击工具栏中的“居中”按钮，将选中的文本居中。

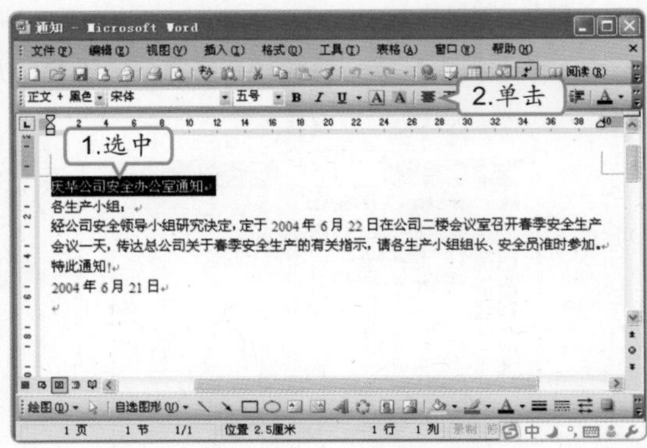

2 设置正文段落格式

1. 选择通知的内容，选择【格式】/【段落】命令，打开“段落”对话框，设置段落缩进为“首行缩进、2字符”，间距为“1行”。
2. 单击 确定 按钮。

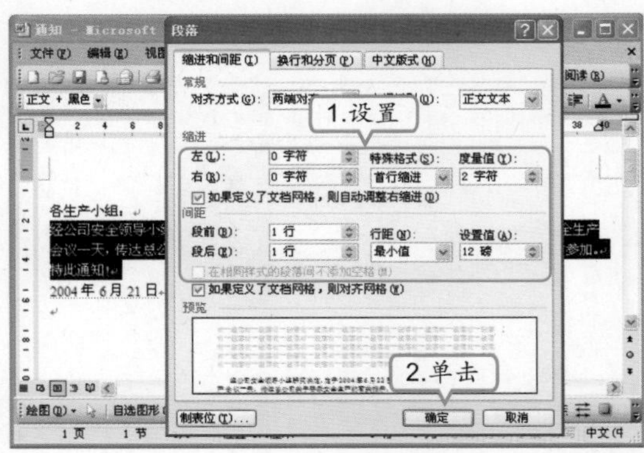

3 设置日期段落格式

1. 选择日期文本“2004年6月21日”，打开“段落”对话框，在“对齐方式”下拉列表框中选择“右对齐”选项。
2. 单击 确定 按钮。

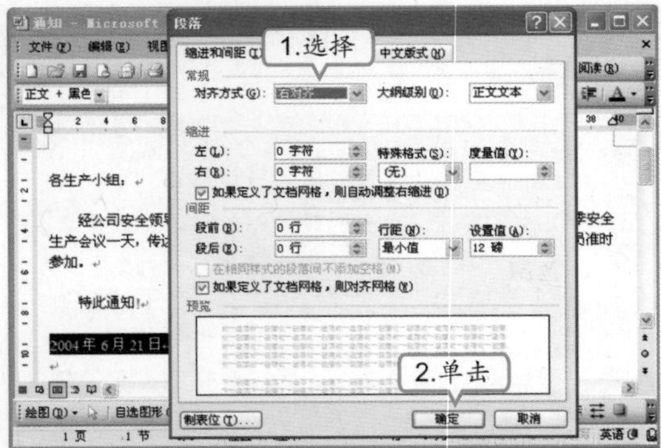

4 查看效果

返回文档，查看设置段落格式后的文档效果。下图显示的为一个简单的通知格式文本。

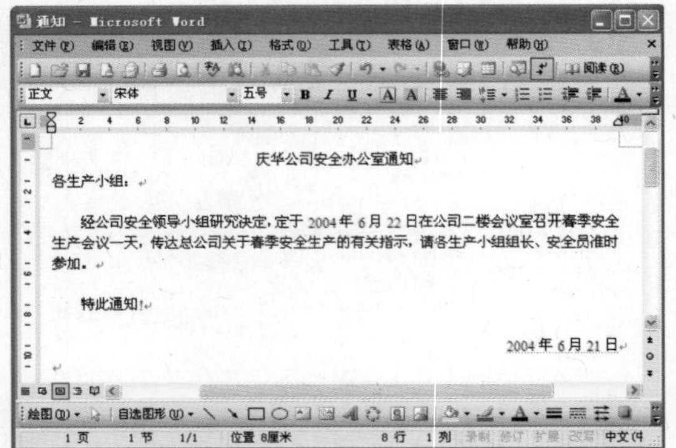

操作提示：格式工具栏设置

通过格式工具栏设置段落格式的方法为：将插入光标定位到要改变格式的段落中（若要设置多个段落的格式，则需先选中要进行设置的段落），然后在格式工具栏中单击相应的按钮或在相应的下拉列表框中选择所需的选项即可进行相应设置。

操作提示：通过水平标尺缩进

首行缩进：拖动该标记设置段落中首行第1个字的起始位置。悬挂缩进：拖动该标记可以设置段落中除首行以外的其他行的起始位置。左缩进：拖动该标记可以设置整个段落左边界的缩进位置。右缩进：拖动该标记可以设置整个段落右边界的缩进位置。

高手指点 两端对齐即除该段最后一行外，其他所有行中的文字将均匀分布在左右页边距之；居中对齐即段落文本居中对齐，每一行文本距页面两端距离相等；右对齐即段落文本靠右对齐。

3 设置页面格式

页面格式的设置主要包括纸型、页边距、页面方向、页眉和页脚以及页码的格式等几个方面，对页面所做的设置将应用于文档中的所有页，下面分别进行介绍。

页面设置

选择【文件】/【页面设置】命令，即可打开设置界面，新建的Word文档默认纸张大小是A4纸型，通过“页面设置”对话框可以对文档的纸型、页边距和页面方向等进行设置。

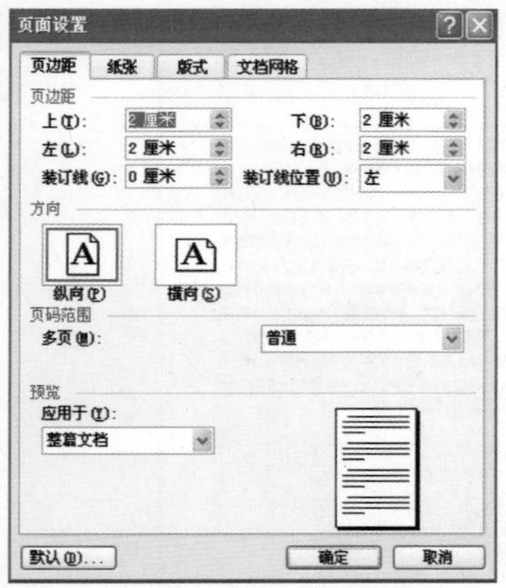

插入页码

如果只需要为文档插入页码而不需要设置页眉和页脚，则可直接通过菜单命令来实现。选择【插入】/【页码】命令即可打开对话框进行设置。

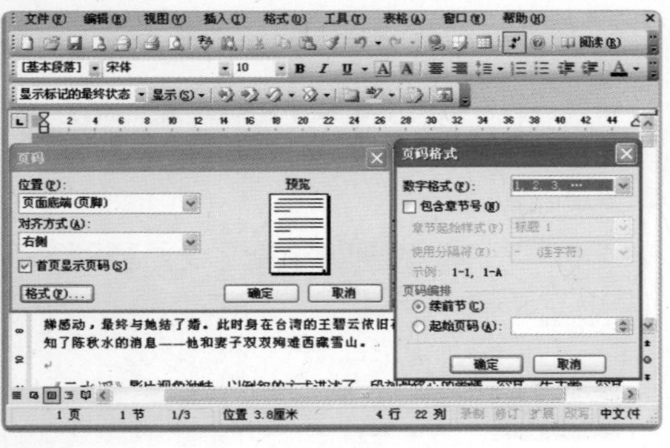

页眉和页脚设置

选择【视图】/【页眉和页脚】命令，即可进入页眉和页脚视图，如果需要在文档每页的顶部或底部添加相同的内容，通过“页眉和页脚”工具栏中的各种按钮可以快速地在页眉和页脚中添加一些常用元素或进行与页眉和页脚相关的设置。

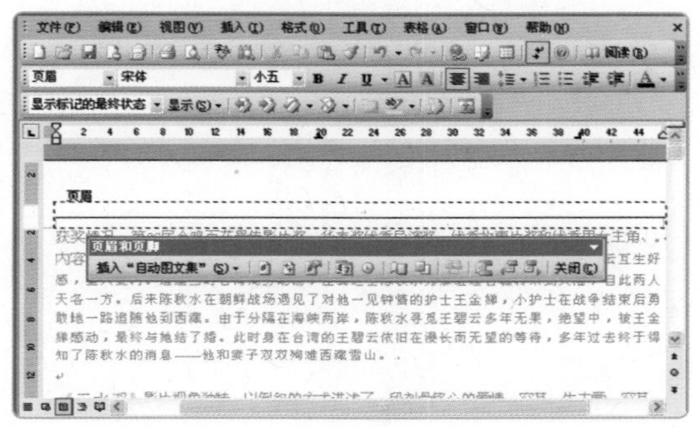

操作提示：调用页面格式

在“页眉和页脚”工具栏中单击“设置页码格式”按钮，可打开“页码格式”对话框，对页码的格式进行编辑。

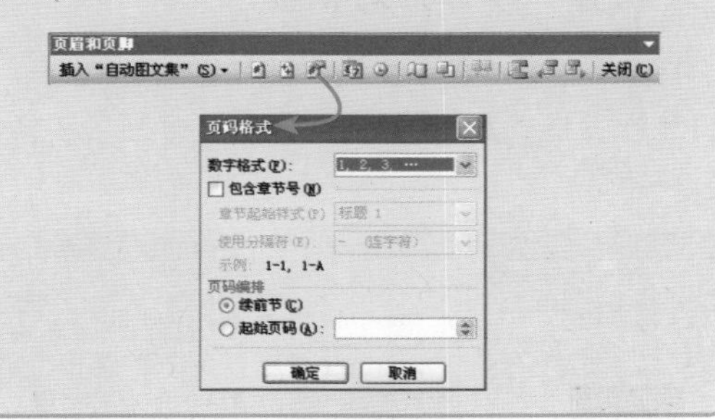

操作提示：通过“页眉和页脚”工具栏插入页码

在“页眉和页脚”工具栏中单击“插入页码”按钮，可以在文档中很方便并且快速地插入页码。

补充两句

在页眉和页脚区中可以像在文档主编辑区中一样输入文本或插入图形，插入的内容将自动出现在文档的每一页。

6.2.2 上机1小时：设置“人物介绍”文档

通过对“人物介绍”文档中文字格式、段落格式和页面格式的设置，使文档页面更加整齐美观，完成后的效果如下图所示。

上机目标

- 巩固字体格式的设置方法。
- 进一步掌握段落格式和页面格式的设置。

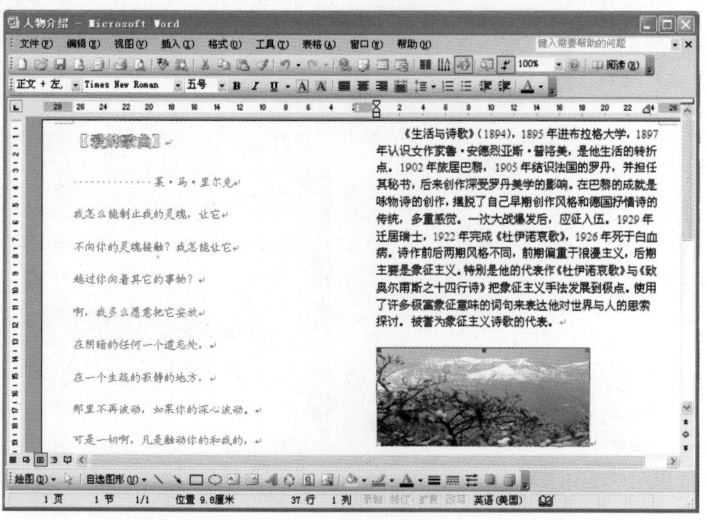

实例素材\第6章\人物介绍.doc
最终效果\第6章\人物介绍.doc
教学演示\第6章\设置“人物介绍”文档

1 打开“字体”对话框

1. 打开“人物介绍”文档，选择标题文本。
2. 选择【格式】/【字体】命令，打开“字体”对话框。

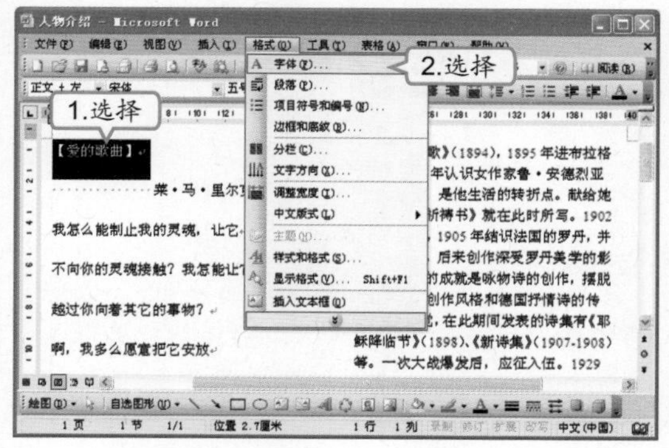

2 设置标题字体格式

1. 在打开的对话框中设置字体格式为“黑体、加粗、四号、蓝色和空心”。
2. 单击 确定 按钮。

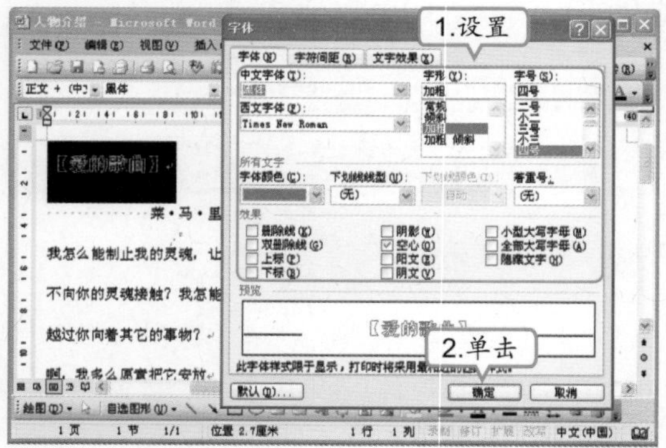

高手指点 在工具栏中单击≡按钮可将所选择的内容居中显示。

3　设置动态效果

1. 再次打开“字体”对话框，选择“文字效果”选项卡。
2. 在“动态效果”列表框中选择“亦真亦幻”选项。
3. 单击确定按钮应用效果。

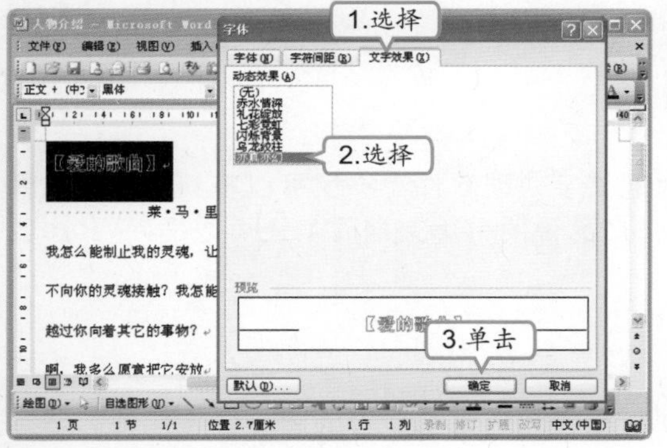

4　设置文本的字体格式

1. 选中诗的内容，打开“字体”对话框，设置字体格式为“楷体_GB2312、蓝色”。
2. 单击确定按钮。

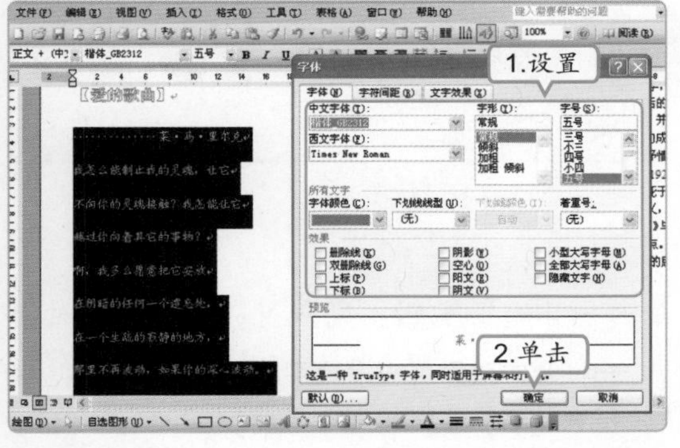

5　设置段落格式

1. 选择【格式】/【段落】命令，打开“段落”对话框，设置缩进为“首行缩进、2字符”，间距为“自动、单倍行距”。
2. 单击确定按钮。

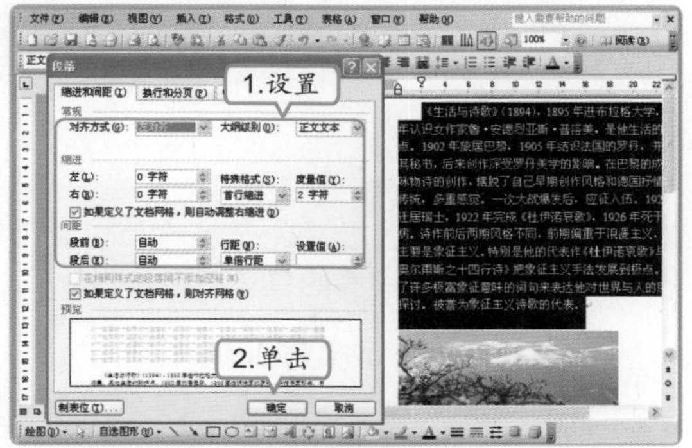

6　设置页面格式

1. 选择【文件】/【页面设置】命令，在打开对话框的“方向”栏中选择“横向”选项。
2. 单击确定按钮并查看文档效果。

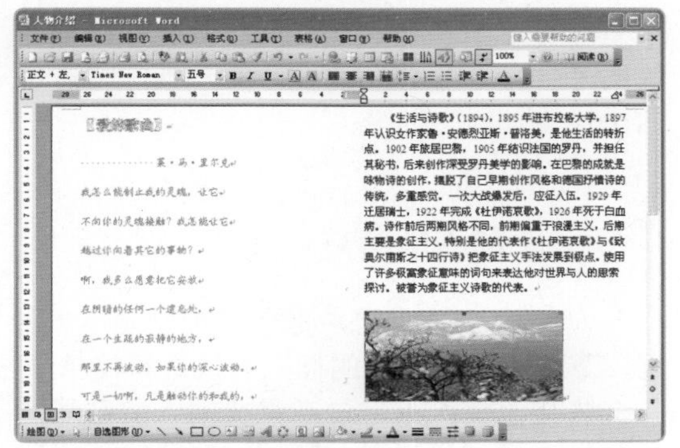

操作提示：设置段落的左右缩进

在设置段落缩进时，可在“左”数值框中输入数据或单击上下箭头设置左缩进的数值；在“右”数值框中输入数据或单击上下箭头设置右缩进的数值。

6.3　为文档美容

通过前面的学习，小李掌握了Word文档的基本编辑方法，但是他感觉自己的文档太单调了，没有能吸引人的地方。于是他向老马请教怎样使文档变得更加美观，老马告诉他，在Word文档中可以插入图形，还可以使用表格等使文档更具“活力”。

补充两句

段落的对齐方式还可以通过格式工具栏设置，其方法为：选择要设置对齐方式的段落后，单击≡按钮可以设置右对齐。

6.3.1 学习1小时

学习目标

- 了解在Word文档中添加图片和剪贴画的方法。
- 了解添加形状、艺术字和表格的方法。
- 学会打印文档的操作。

1 添加图片

Word支持多种格式的图片，它是一个强大的文字处理软件，不仅可以将其他图形软件制作的图片插入到文档中，在制作公司宣传单、产品说明书等文档时，还可以插入Word自带的剪贴画及自己绘制的自选图形。

（1）插入来自文件的图片

在Word文档中可以方便地插入保存在本地磁盘或网络驱动器中的图片，有效地利用资源，下面将对其插入方法进行简单介绍。

将文本插入点定位于需要插入图片的位置，选择【插入】/【图片】/【来自文件】命令，在打开的“插入图片”对话框中的“查找范围”下拉列表框中选择图片所在的位置，在其下的列表框中即可显示出该文件夹下的所有图片名及其预览图，选择要插入的图片，单击 插入(S) 按钮，即可将选择的图片插入到文档中。

（2）插入剪贴画

Word 2003为用户提供了剪贴画、照片、影片和声音等剪辑，用户可在编辑文档时使用。下面将对剪贴画的插入方法进行简单介绍。

将文本插入点定位在需要插入剪贴画的位置，选择【插入】/【图片】/【剪切画】命令，打开“剪贴画”任务窗格，在其中的“搜索文字”文本框中输入图片的关键字，这里输入“植物”，在“结果类型”下拉列表框中可以选择文件类型，单击 搜索 按钮，在“结果”下拉列表框中将显示出主题中包含“植物”的剪贴画或图片，选择需要插入的剪贴画，即可将其插入到文档中的光标所在处。

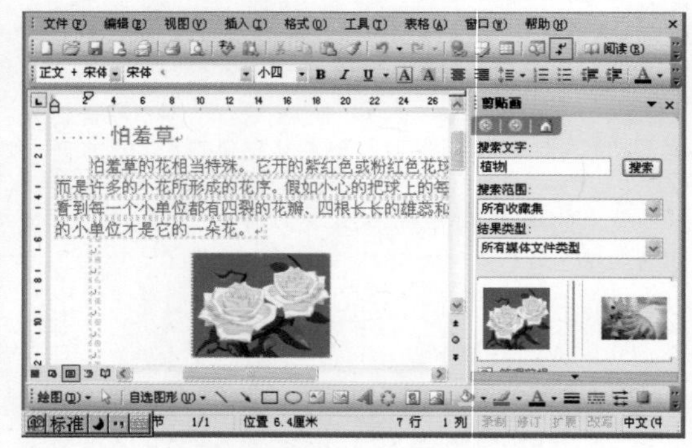

高手指点　在Word中，可以对插入的图片和剪贴画进行编辑操作，方法为：选择插入的图片，将出现“图片”工具栏，通过其中的按钮进行编辑即可。

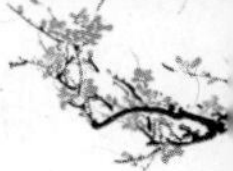

（3）添加艺术字

在Word中为了使文档中的某些内容更加醒目、文档更加漂亮，可以在文档中插入艺术字。下面将在“盘根错节的苍天大树”文档中添加艺术字，其具体操作如下。

实例素材\第6章\盘根错节的苍天大树.doc
最终效果\第6章\盘根错节的苍天大树.doc
教学演示\第6章\添加艺术字

1 打开“艺术字库”对话框

打开“盘根错节的苍天大树”文档，然后选择【插入】/【图片】/【艺术字】命令，打开“艺术字库”对话框。

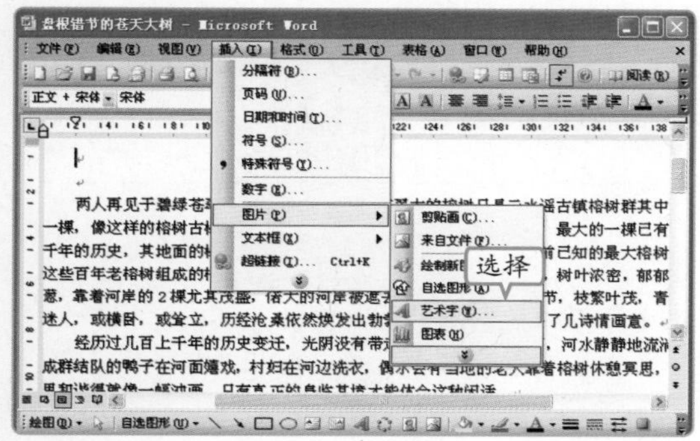

2 选择艺术字样式

1. 在打开的对话框中选择一种艺术字样式。
2. 单击 确定 按钮，打开“编辑‘艺术字’文字”对话框。

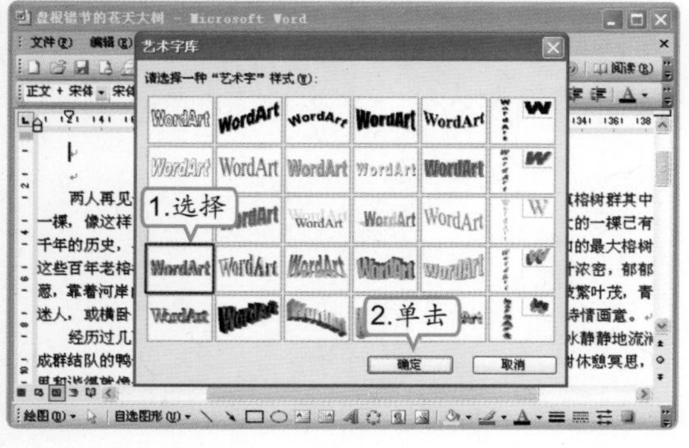

3 输入内容并设置字体格式

1. 在打开对话框的“文字”文本框中输入文本内容。
2. 设置“字体”为“楷体_GB2312”，设置“字号”为24，单击 确定 按钮。

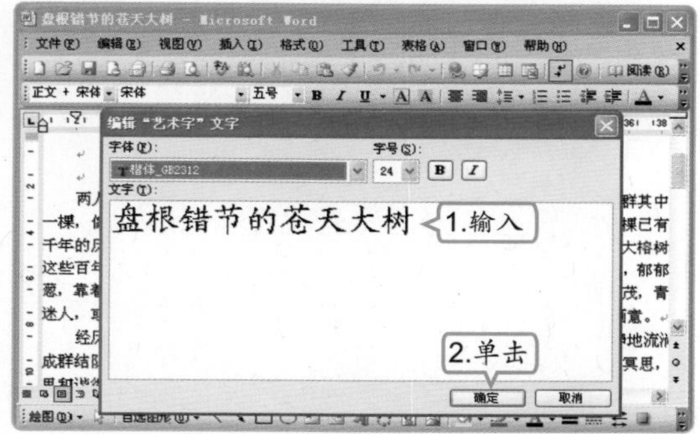

4 查看效果

即可将选择的文字转换成艺术字，在文档中可查看添加的艺术字，如下图所示。

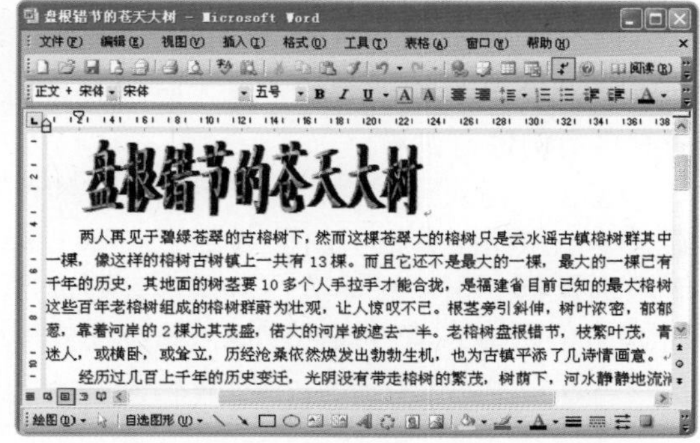

教你一招：编辑艺术字

在文档中添加艺术字后，选择艺术字，即可打开“艺术字”浮动工具栏，可以通过它编辑文字、设置艺术字格式和环绕方式等。

补充两句

在添加艺术字时，如果选中文档中已有内容，那么在“编辑‘艺术字’文字”对话框的“文字”文本框中将自动显示选中的内容，对其编辑即可。

（4）绘制自选图形

也可以在Word 2003中绘制所需的图形，包括直线、矩形、椭圆、标注等。同时也能设置图形的填充颜色、边框颜色以及阴影效果等。绘制和编辑图形都可通过“绘图”工具栏来实现，选择【视图】/【工具栏】/【绘图】命令，即可将“绘图”工具栏显示在Word 2003窗口的底部。下面就对绘制自选图形和编辑图形的方法进行介绍。

在“绘图”工具栏中单击◯、□、↘、╲按钮，或单击自选图形(U)▾按钮，在弹出的下拉列表中可选择自选图形样式，同时将在文档中出现绘图画布，鼠标指针将变成+形状，在画布内拖动鼠标，即可绘制出相应的图形，并使绘制好的图形呈选中状态，单击“绘图”工具栏中的按钮，可在弹出的下拉列表中选择一种线条颜色；单击按钮，可在弹出的下拉列表中选择一种填充颜色；单击按钮，可选择一种阴影样式。

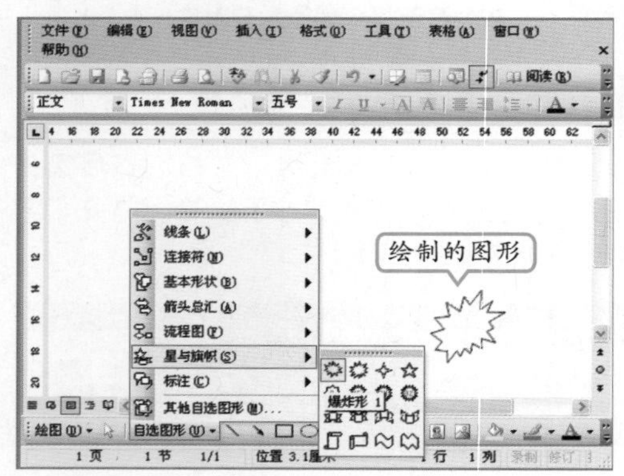

教你一招：编辑图片

插入并选定一张图片后，图片四周将出现黑色小方框的控制点，并自动打开“图片”工具栏。利用“图片”工具栏，可以对图片进行编辑，包括改变图片大小、裁剪图片和设置图片版式等操作。

2 添加表格

在制作文档时，通过在文档中绘制表格，可以准确清晰地反应出数据与数据间的关系，让文档更加专业。Word 2003的表格制作功能也较为强大，它可以满足各种普通表格的制作需求。

（1）通过工具栏中的按钮添加表格

通过常用工具栏中的“插入表格”按钮可以快速绘制表格，这里以插入一个2行3列的表格为例进行讲解。

将文本插入点定位在需要插入表格的位置，单击常用工具栏中的按钮，在弹出的制表选择框中拖动鼠标进行选择，直到选定2行3列单元格，单击鼠标左键，系统会立即在插入光标位置处绘制2行3列的表格。

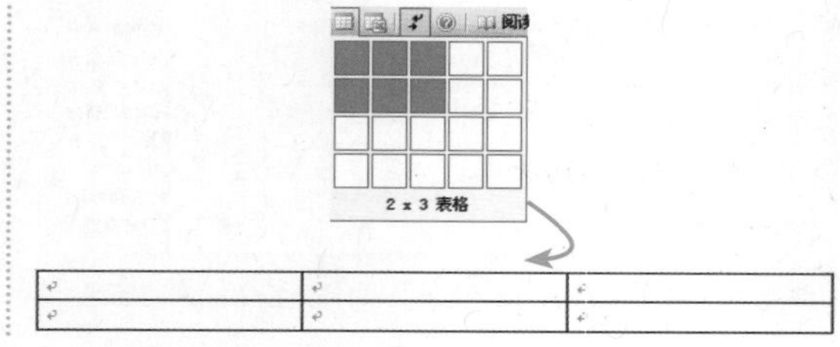

教你一招：添加表格的操作

使用按钮添加表格时，在弹出的列表框中也可以先按住鼠标左键拖动，直到适当位置释放鼠标即可完成表格的添加。

高手指点

在绘制表格时，如果绘制了错误或多余的表格线，可以单击“表格和边框”工具栏的按钮，在要擦除的表格线上单击并沿着需擦去的表格线拖动鼠标即可进行擦除。

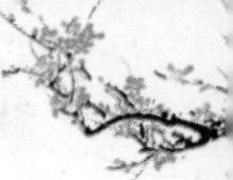

（2）通过菜单命令添加表格

如果需要创建的表格行列数较多，可以使用菜单命令来精确进行创建。通过菜单命令绘制表格的具体操作如下。

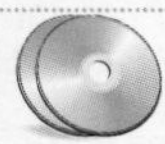

教学演示\第6章\通过菜单命令添加表格

1 打开"插入表格"对话框

将文本插入点定位在需要插入表格的位置，选择【表格】/【插入】/【表格】命令，打开"插入表格"对话框。

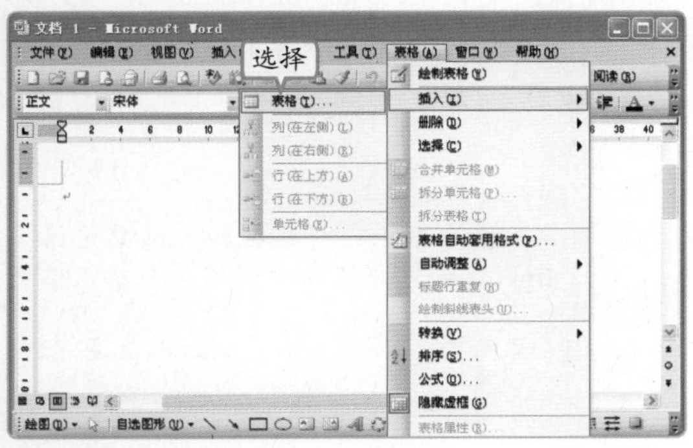

2 设置并插入表格

1. 设置"列数"和"行数"为3和4。
2. 在"'自动调整'操作"栏中选择调整表格的方式，这里选中"根据内容调整表格"单选按钮。
3. 单击 确定 按钮，即可在文本插入点位置处创建相应行列数的表格。

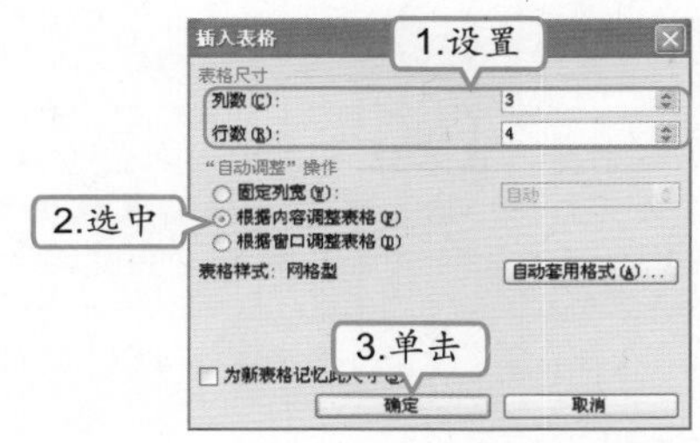

（3）通过"表格和边框"工具栏绘制表格

如果用户需要创建不规则的表格，可以使用"表格和边框"工具栏来绘制，其具体操作如下。

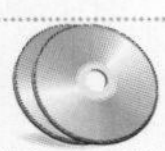

教学演示\第6章\使用"表格和边框"工具栏绘制表格

1 打开"表格和边框"工具栏

选择【表格】/【绘制表格】命令，打开"表格和边框"工具栏，此时鼠标指针变为形状。

操作提示：打开工具栏的方式

在打开的Word文档中单击工具栏中的按钮，同样可以打开"表格和边框"工具栏。

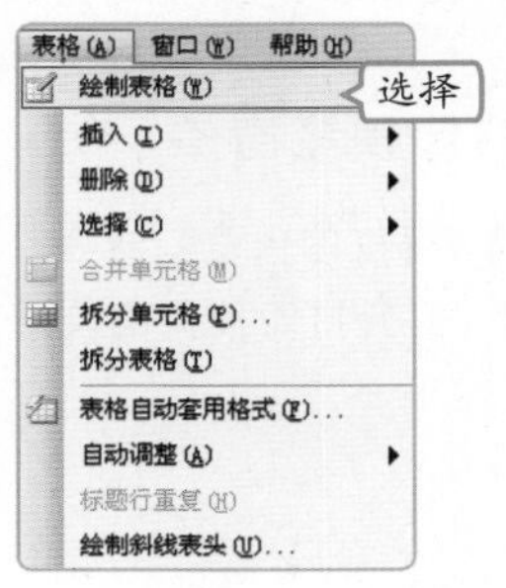

补充两句

选择【表格】/【表格自动套用格式】命令，打开"表格自动套用格式"对话框，在"表格样式"列表框中可以选择Word自带的表格样式，在"预览"栏中可以对选择的样式进行详细查看。

2 绘制表格外框

在文档中斜向拖动鼠标，将绘制一个以拖动的起点和终点位置作为对角顶点的表格外框。

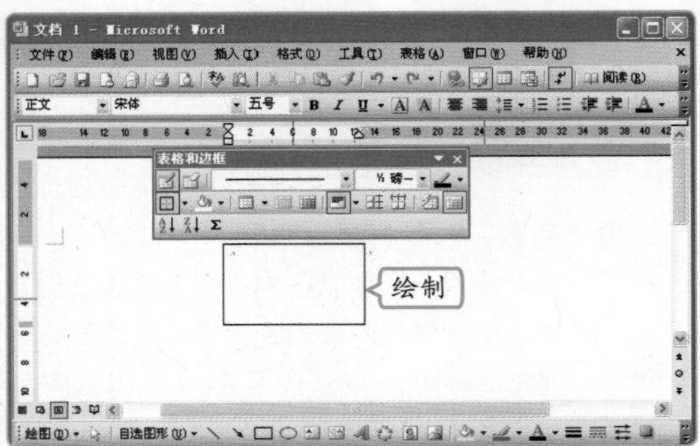

3 完成表格的绘制

1. 在表格外框内按住鼠标左键不放，横向拖动鼠标即可绘制出表格的行线；纵向拖动鼠标绘制表格的列线。
2. 在单元格中斜向拖动鼠标即可绘制出单元格的斜线，表格绘制完成后，双击鼠标或再次单击按钮，鼠标指针将恢复到正常状态。

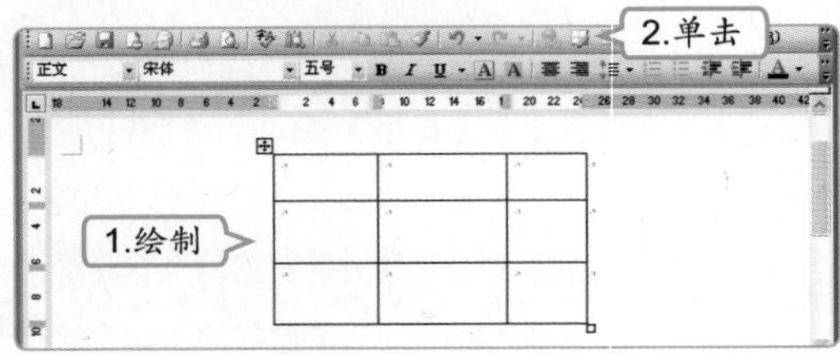

操作提示：输入表格的内容

在表格中输入内容的方法为：在要输入文本内容的单元格中单击，将光标插入该单元格中，然后像在文档中输入文本一样输入数据即可，按【Tab】键将光标移至右边的一个单元格或按【→】、【←】、【↑】和【↓】键向相应方向的单元格移动，输入文本内容。

3 打印文档

文档制作完成后，应先对文档进行预览后再打印到纸上，从预览效果查看文档的错误与不足，以便及时更正，防止浪费纸张。

（1）打印预览

在打印文档前，可以对文档进行打印预览，其具体操作如下。

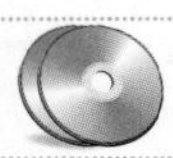

教学演示\第6章\打印预览

1 打开打印预览窗口

选择【文件】/【打印预览】命令或单击常用工具栏的按钮，打开打印预览窗口。

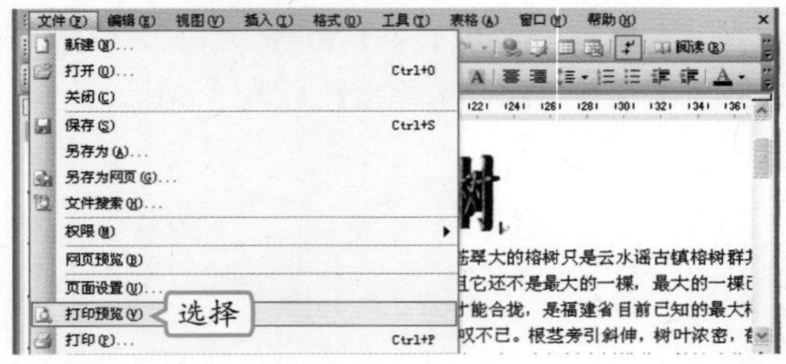

操作提示：输入表格的内容

单击打印预览窗口工具栏中的按钮，然后在预览图中单击可以放大页面显示，再次单击即可还原；单击按钮，预览窗口将以单页显示。

高手指点　单击按钮，从弹出的列表中可选择任意数量的页数显示在预览窗口中。

2 查看打印效果

在该窗口工具栏的下拉列表框中输入“26%”，即可查看到文档26%的打印预览效果。

3 返回编辑状态

单击工具栏上的关闭(C)按钮，即可关闭打印预览窗口，返回到文档的编辑状态。

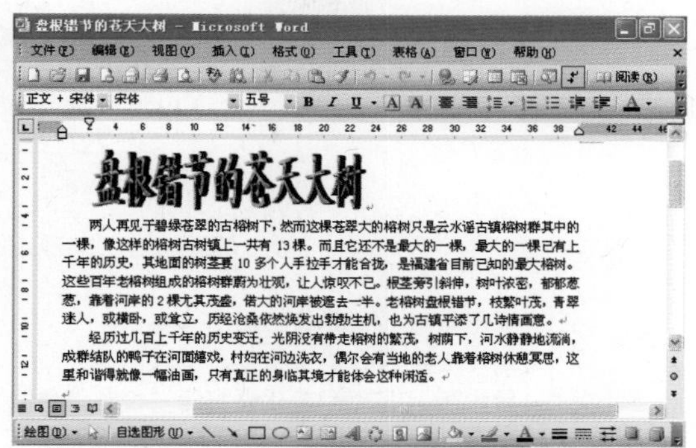

（2）打印设置

用户在确定文档无误后，即可进行文档打印设置并进行打印，下面将对其进行简单介绍。

选择【文件】/【打印预览】命令，打开“打印”对话框，在“名称”下拉列表框中显示的是默认打印机，可以选择其他打印机；在“页面范围”栏中选中“全部”单选按钮；在“份数”数值框中选择打印文档的数量。若选中“逐份打印”复选框，则先将第1份打印完成后，再打印第2份；完成打印设置后，单击确定按钮，即可开始打印文档。

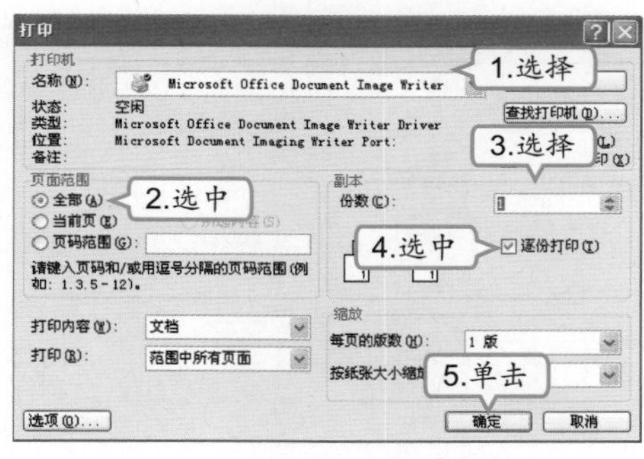

6.3.2 上机1小时：美化并打印“价格信息”文档

本例将对“价格信息”文档添加文字并设置文本格式，并添加图片和艺术字等进行美化处理，使文档表现的内容更加清楚，修改完成后将其进行打印，完成后的效果如下图所示。

上机目标

- 巩固添加各类图片及艺术字的方法。
- 进一步掌握打印文档的方法。

补充两句：在“打印”对话框的“页面范围”栏中若选中“当前”单选按钮，即可只打印文本插入点所在页，若选中“页面范围”单选按钮，则可以在其右侧的文本框中输入要打印的页码范围。

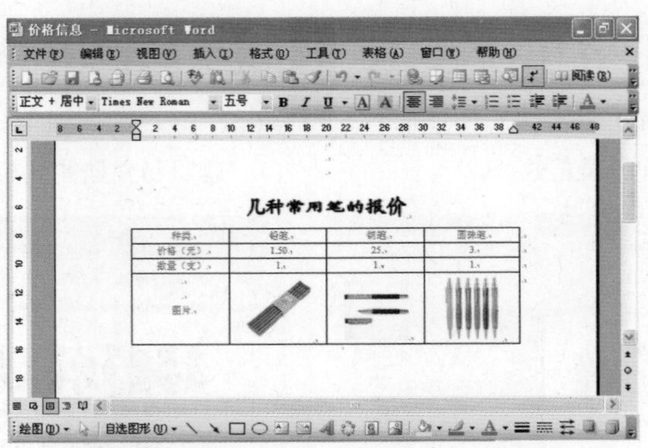

实例素材\第6章\价格信息.doc
最终效果\第6章\价格信息.doc
教学演示\第6章\美化并打印“价格信息”文档

1 打开“艺术字库”对话框

打开“价格信息”文档，选中表的标题，选择【插入】/【图片】/【艺术字】命令，打开“艺术字库”对话框。

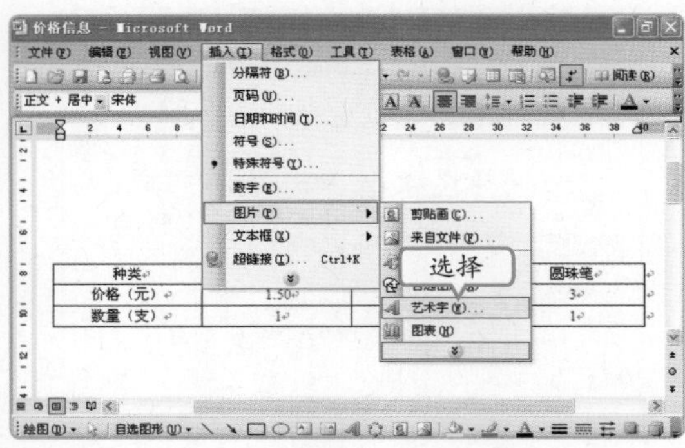

2 选择艺术字样式

1. 在打开的对话框中选择一种艺术字样式。
2. 单击 确定 按钮，打开“编辑‘艺术字’文字”对话框。

3 设置文本字体格式

1. 在打开的对话框中设置字体格式为“楷体_GB2312、20、加粗”。
2. 单击 确定 按钮完成设置。

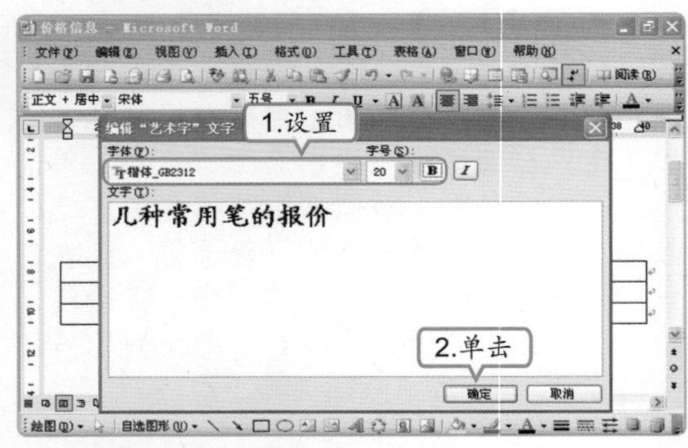

4 添加表格并输入内容

将鼠标光标定位到表格后，按【Enter】键添加行，在添加的表格中输入“图片”。

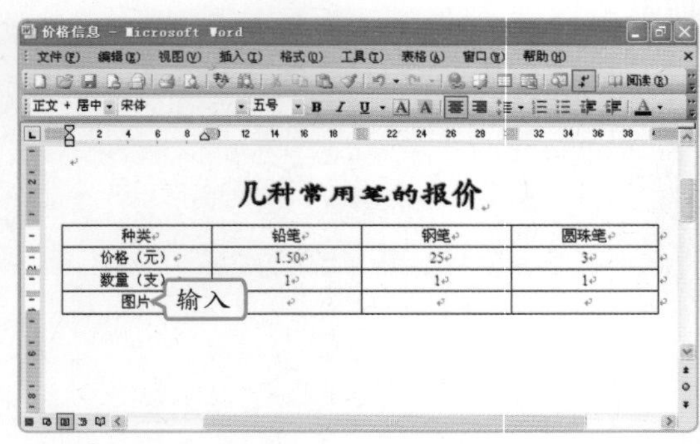

高手指点 在Word文档中，如需要在已有表格中添加行，只需将鼠标光标定位到表格后，按【Enter】键即可。

5 打开“插入图片”对话框

1. 将光标定位到第4行第2列表格中。
2. 选择【插入】/【图片】/【来自文件】命令，打开“插入图片”对话框。

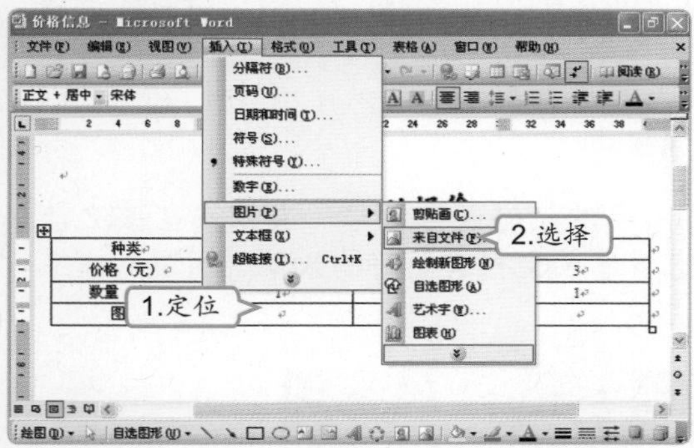

6 插入图片

1. 在打开对话框的“查找范围”下拉列表框中选择图片文件夹，在中间的列表框中选择图片。
2. 单击 插入(S) 按钮。

7 插入其他图片

选中图片，通过鼠标将其调整到合适的大小，用同样的方法添加其他的图片。

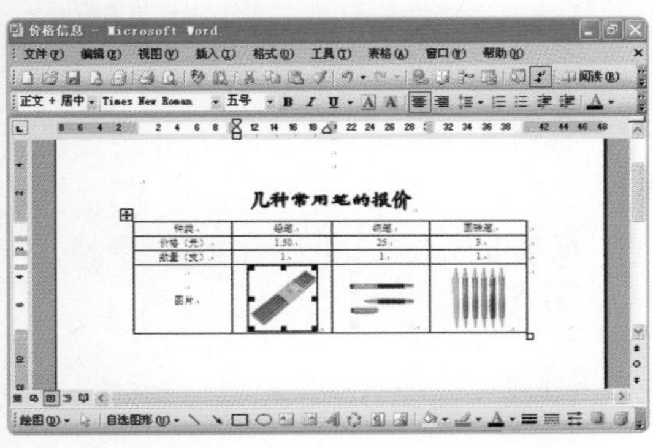

8 设置文本颜色

1. 选中除表名外的其他文字，在工具栏中单击 A 按钮。
2. 在弹出的列表框中选择“蓝色”选项。

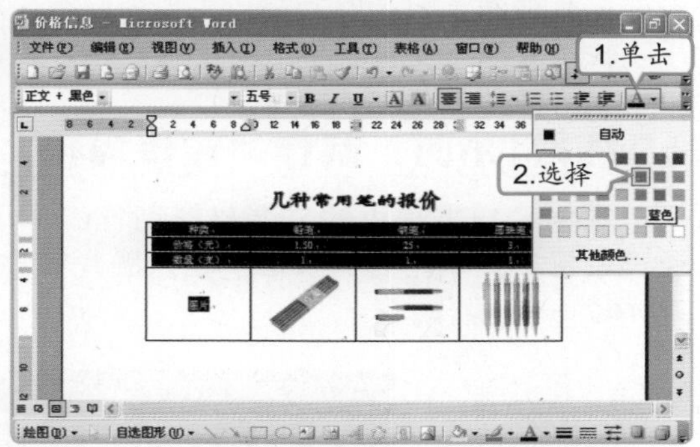

9 打印预览

选择【文件】/【打印预览】命令或单击常用工具栏中的按钮，打开打印预览窗口，查看其打印效果。

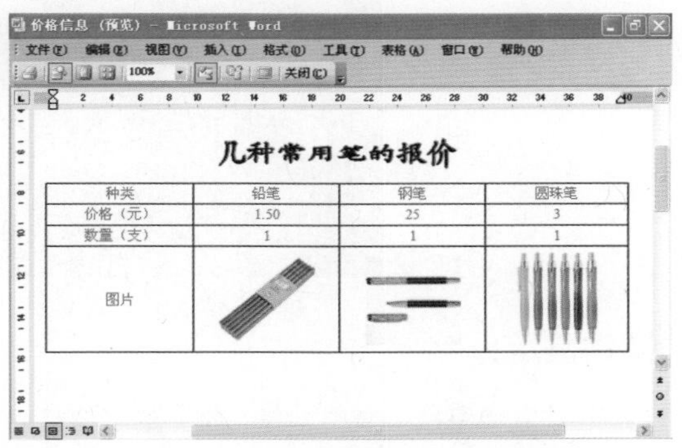

10 打印文档

选择【文件】/【打印】命令，在打开的对话框中选择打印机并单击 确定 按钮打印文档。

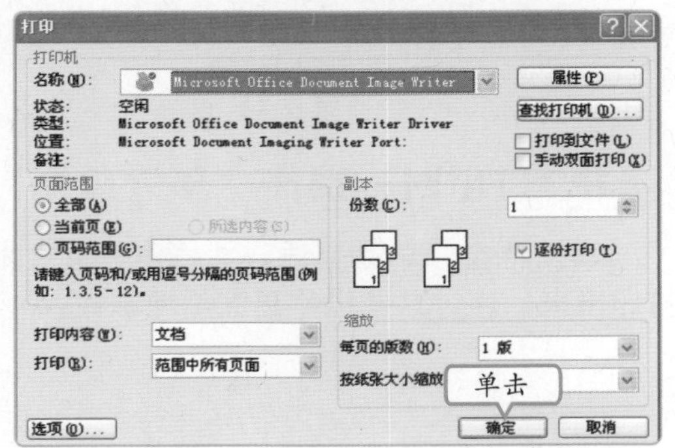

补充两句

在进行打印预览时，可将文档的显示比例设置为100%，与实际显示大小一致，然后再查看打印的效果。

6.4 跟着视频做练习

经过老马的悉心教导，小李学会了Word文档的操作技能，他不仅完成了自己的工作任务，并且得到了领导的好评。为了能够更好地掌握Word文档的编辑，以便以后熟练运用，小李找到老马，要求老马给他找一些练习做做。

1 练习1小时：制作"宣传海报"文档

本例将根据提供的文档材料制作出如下图所示的"旅游宣传单"文档，在该文档中通过设置其文本格式、页面、插入图片和添加艺术字使文档有更好的效果。通过制作练习Word的一般操作。

操作提示：

1. 打开"宣传海报"文档，将"贺"的字体格式设置为"72、加粗"，第2行和第3行字体设置为"小四"。
2. 将"颁奖仪式"设置为"四号、加粗"，其余字体不变。
3. 在文本框中插入图片，并调整其大小，用鼠标将其拖动到文字上方。
4. 选中时间和地点的文本，选择【插入】/【图片】/【艺术字】命令，在打开的对话框中选择艺术字样式，并设置字体格式，完成艺术字的添加。
5. 将制作好的文档进行保存。

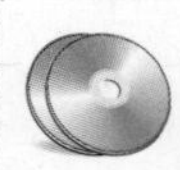

实例素材\第6章\视频练习\宣传海报.doc
最终效果\第6章\视频练习\宣传海报.doc
视频演示\第6章\制作"宣传海报"文档

2 练习1小时：制作"年终总结"文档

本例将在"年终总结"文档中设置文本格式、段落格式，插入页眉和页脚和表格，并打印出来，通过这些操作更深刻地掌握Word。

高手指点　若是对整篇文档分栏，则不需要选择文本，直接选择【格式】/【分栏】命令即可。

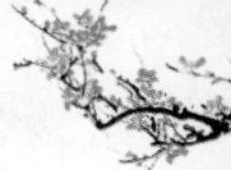

工作总结

工作总结

光阴似箭，一眨眼忙碌的一年就要过去了，新的一年即将到来。经过2010年的工作，公司的面貌有了很大的变化，办公室的各项工作也能秩序井然地得到开展，我也深深地知道这离不开公司领导及同事对我们工作的支持，作为我本人也在工作中得到了锻炼和学习，能够认真做好公司下达的各项工作任务，与各部门搞好协调，但在工作中也有很多的不足之处，现将2010年的工作情况总结汇报如下：

日常工作能够很好地进行，电话接听能及时记录并转答，传真的接收及时传递、文稿的输入打印都能按时准确地完成，保证各部门工作的顺利进行。

档案、文件的管理虽做到了严谨、保密，但是缺乏提档记录。因此我们制定《文件查阅登记表》详细记录文件查阅的各种明细，以便备案。办公室是一个职能部门，一定要搞好与其他各门的配合及协调工作，出现问题及时沟通，商讨解决方法。从每个小的细节入手将各项工作做到最好。

新的一年要做好的工作主要有以下方面，在记录方面必须科学、实时、详细、如实，这样的记录才有意义；而虚假记录不仅没有意义，而且是有害的，因此记录的填写必须：

A、实事求是的如实填写，不做虚假记录；
B、实时填写实际数值，不能凭印象或经验提前填写。
C、所作记录必须尽可能的详细，不能简写或略写。
D、倘若忘记实时填写，不能根据回忆填写。
E、若出现填写错误，保留错误的数值，填上正确的数值后签名。

我相信在新的一年里，只要大家一起努力、积极敬业、一定会将各项工作做到最好，我们的企业就会不断的发展壮大。

2010-12-30

操作提示：

1. 打开“年终总结”文档，设置文档的标题为“居中、黑体、加粗、四号”。
2. 选择【表格】/【插入】/【表格】命令，打开“插入表格”对话框，插入一个1行5列的表格，并调整其大小。
3. 将对应的文本内容移动到表格对应的位置，其字体格式保持不变。
4. 将文本进行分段，并设置文档中每段首行缩进两个字符。
5. 选择【视图】/【页眉和页脚】命令，为文档添加页眉。
6. 选择【文件】/【打印】命令，打开“打印”对话框，设置打印选项，单击按钮进行文档的打印。

实例素材\第6章\视频练习\年终总结.doc
最终效果\第6章\视频练习\年终总结.doc
视频演示\第6章\制作“年终总结”文档

第6章

6.5 秘技偷偷报

小李完成了练习拿来给老马看，老马看着点了点头，说道：“做得很好，下面再教你Word的几个技巧，在文档中使用它们将使制作出来的效果更加美观。”小李忙说：“那就赶紧教教我吧！”

1 设置边框和底纹

在文档中可以为文本或段落添加边框，其方法为：选中要添加边框的文本或段落，选择【格式】/【边框和底纹】命令，打开“边框和底纹”对话框，选择“边框”选项卡，在“设置”栏中选择边框的类型，在“线型”列表框中选择边框的线型，在“颜色”下拉列表框中选择边框的颜色，在“宽度”下拉列表框中选择边框的宽度，在“预览”框中单击各按钮，可取消或添加某条边框线，还可以为文本或段落添加底纹，其方法为：选中要添加边框的文本或段落，选择【格式】/【边框和底纹】命令，打开“边框和底纹”对话框，选择“底纹”选项卡，在“填充”栏中选择底纹的背影颜色，在“样式”下拉列表框中选择所需的图案样式，在“颜色”下拉列表框中选择所选图案的颜色。

补充两句

选择要取消设置的文本或段落，然后选择【格式】/【边框和底纹】命令，打开“边框和底纹”对话框，在“设置”栏中选择“无”选项即可取消边框和底纹。

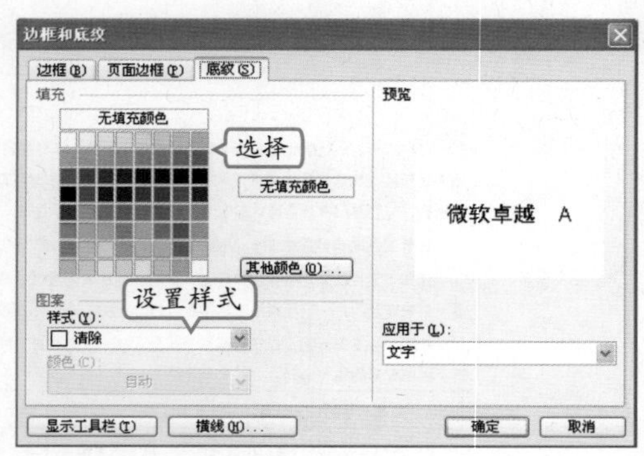

2 设置分栏

在一些特殊的文档中常可以看见文章呈两栏显示出来，如报纸或杂志，这称作“分栏”。分栏是指文档在页面上呈两栏或两栏以上显示出来。对文档的文本内容进行分栏的方法为：选择要分栏的文本，然后选择【格式】/【分栏】命令，打开“分栏”对话框，在“预设”栏中选择系统预设好的分栏样式，单击 确定 按钮即可应用分栏。

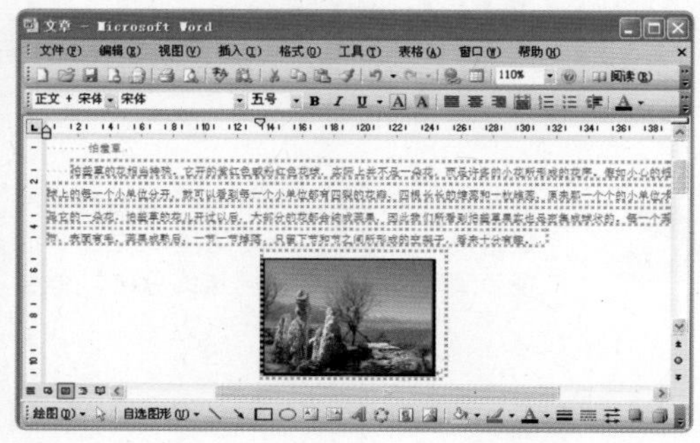

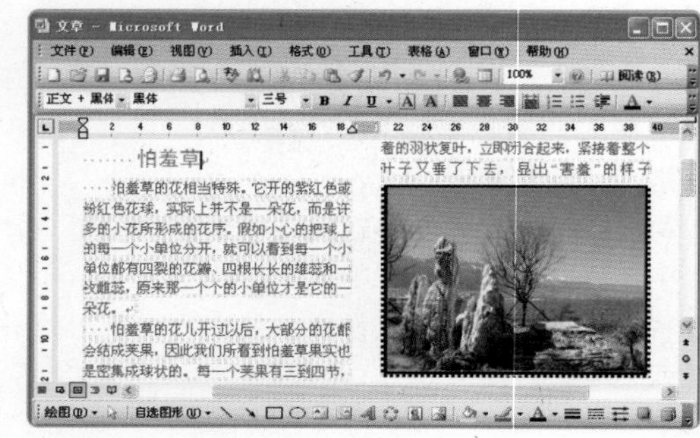

3 图文混排

在Word文档中，经常能看见在编辑文档时使用图文混排的方法，这样不仅能达到图文并存的目的，还可使排版的效果更为美观，下面对其设置方法进行简单介绍。

打开Word文档，在图片上单击鼠标右键，在弹出的快捷菜单中选择“设置图片格式”命令，在打开的对话框中选择“版式”选项卡，在“环绕方式”栏根据需要选择不同的选项，选择的环绕方式不同，其文字和图片排列的效果也不同，单击 确定 按钮，在文档中可查看其效果。

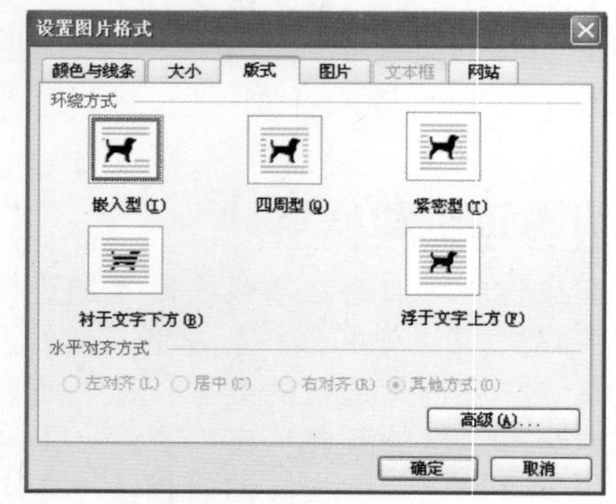

高手指点 在“预设”栏中选择分栏样式后，在下面的“宽度”、“间距”数值框中可以设置栏的宽度和相邻栏间的间距值；选中“分割线”复选框可以在各栏之间添加间隔线。

第7章

——表格制作好帮手——Excel 2003——

小李用Word做了一张销售报表，看上去还是挺美观的，可是他觉得有些费事，那么多数据需要自己录入，还需要使用计算器计算出结果再填进去。他想："有没有更好的办法只需输入相应的数据就自动计算出结果呢？"带着疑问，他找到了老马，老马告诉他："做数据类型的表格，用Excel方便多了，像你这张销售报表，只需做一次，以后每月都在这个基础上输入销量数据，其他的计算排序之类的工作都交给电脑搞定，而且还可以将表格做得更美观一些。"小李惊疑不定地说："我就知道电脑应该会解决这些小问题的，你快教我怎么用Excel吧！"

3小时学知识

- Excel 2003快速上手
- 为表格美容
- 在表格中快速处理数据

4小时上机练习

- 管理"工资表"表格
- 为"员工工资表"设置格式
- 管理"员工销售业绩表"
- 制作销售统计表
- 管理产品库存表

7.1 Excel 2003快速上手

老马告诉小李，Excel 2003同Word 2003都是Office 2003的主要组件，所不同的是，Word主要用于编辑和处理文字信息，而Excel则偏重于对数据的处理。小李说："那你快给我讲讲怎么处理数据吧。"老马说："要使用Excel处理数据，你还得先熟悉一下其基本操作才行。"

7.1.1 学习1小时

学习目标

- **认识**Excel 2003**的工作界面。**
- **认识**Excel 2003**的主要组成部分——工作簿、工作表和单元格。**
- **掌握各主要组成部分的基础操作。**
- **掌握在**Excel 2003**中输入数据和编辑数据的方法。**

1 Excel 2003的工作界面

在Excel 2003的工作界面中，也包括标题栏、菜单栏、工具栏、任务窗格和状态栏等部分，这些部分与Word 2003中相应部分的作用和操作是相同的，下面主要介绍Excel 2003中特有的组成部分（如编辑栏和工作表区）的主要作用。

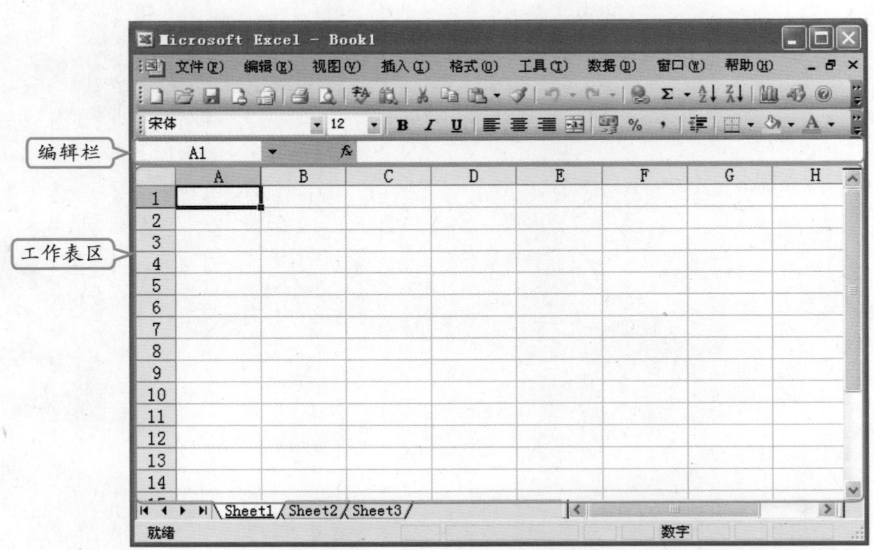

（1）编辑栏

编辑栏位于工具栏的下面，主要用于显示当前正在编辑的单元格中的数据或公式。编辑栏由名称框、编辑按钮区和编辑框3部分组成，下面简要介绍它们的作用。

高手指点 启动Excel 2003的方法和启动Word 2003一样，可以通过双击桌面上的图标启动，也可以通过选择【开始】/【所有程序】/【Microsoft Office】/【Microsoft Office Excel 2003】命令来启动。

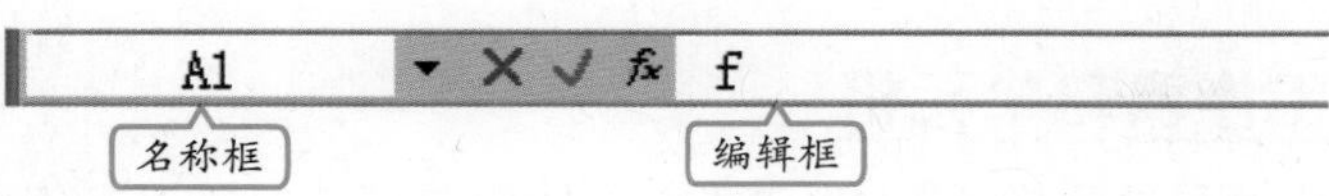

名称框

用于显示活动单元格的名称。

“输入”按钮

单击“输入”按钮✓，将确定当前的编辑操作。

“取消”按钮

单击“取消”按钮✕，可以取消正在进行的编辑操作。

“插入函数”按钮

单击“插入函数”按钮f_x，将打开“插入函数”对话框，在其中可以选择要在单元格中使用的函数。

编辑框

用于显示在活动单元格中输入的内容，也可以在其中输入或修改活动单元格中的数据。

（2）工作表区

工作表区是Excel的工作平台，也是Excel窗口的主体部分，它由单元格、列标、行号、标签栏和滚动条等部分组成。

列标

行号

单元格

工作表标签

工作表标签显示按钮

单元格、行号和列标

工作表区中由横线和竖线分隔成的小格子就是单元格，它是Excel中最基本的元素，也是存储数据的最小单位，用户输入和存储的数据都在单元格中。单元格用列标和行号来进行标记，如工作表中最左上角的单元格位于A列1行，则用A1来表示其位置，也称为单元格的地址。

工作表标签和显示按钮

工作表标签显示工作簿中包含的工作表名称，当工作簿中包含多张工作表时，通过工作表标签显示按钮可以显示标签栏中尚未显示出来的工作表标签。

补充两句：编辑栏的✕按钮和✓按钮只有在对单元格进行数据输入或编辑时才会出现。

2 工作簿、工作表和单元格

工作簿、工作表和单元格是Excel中最基本的组成部分，所以在使用Excel之前，需先了解工作簿、工作表和单元格等的基本概念及它们之间的关系。

工作簿

工作簿是指用于运算和保存数据的文件，它是Excel文档的主要表现形式。一个工作簿由一张或多张工作表组成。在默认情况下，启动Excel 2003，系统就会自动新建一个名为Book1的工作簿，一个工作簿由3张工作表组成，分别命名为Sheet1、Sheet2和Sheet3，其中Sheet1处于当前编辑状态，用户可根据需要增减工作表的数量。

工作表

工作表是工作簿的组成单位，它是Excel的基本工作平台，主要用于存储和处理数据，其中包含许多排列成行和列的单元格，在其中可以对数据进行组织和分析。

单元格

工作表中行与列分隔出的若干方格称为单元格，它是Excel中的最小单位。当前活动工作表中总有一个单元格处于激活状态，并以粗黑边框标出。在激活的单元格中，用户可进行数据的输入和修改等编辑操作，用鼠标单击相应的单元格即可激活该单元格。

操作提示：各组成部分的关系

在Excel 2003中，工作表是处理数据的主要场所；单元格是工作表中最基本的存储和处理数据的单元。一个工作簿包含多张工作表（最多为255张），每张工作表又由多个单元格组成（最多包括65536×256个）。

3 工作簿的基本操作

工作簿是用于运算和保存数据的载体文件，与Word文档一样，工作簿的基本操作也包括新建、保存、打开和关闭等。

（1）新建工作簿

在Excel 2003中，可以创建空白的工作簿，也可以创建基于模板的工作簿。创建空白的工作簿有几种方法：启动Excel时会自动创建一个名为Book1的工作簿；单击Excel 2003的常用工具栏中的“新建”按钮；按【Ctrl+N】键；在Excel 2003的工作界面中选择【文件】/【新建】命令；在打开的“新建工作簿”任务窗格中单击“空白工作簿”超链接。

除了创建空白的工作薄外，用户也可创建基于某个模板的工作簿，以便于对数据进行操作，其具体操作如下。

教学演示\第7章\新建工作簿

高手指点 模板是Excel中预先制作好的表格样式模板，选择模板后可以根据其布局和格式直接输入和编辑数据，为用户省了不少时间和精力。

1 打开“模板”对话框

1. 选择【文件】/【新建】命令，打开“新建工作薄”任务窗格。
2. 在其中的“模板”栏中单击“本机上的模板”超链接。

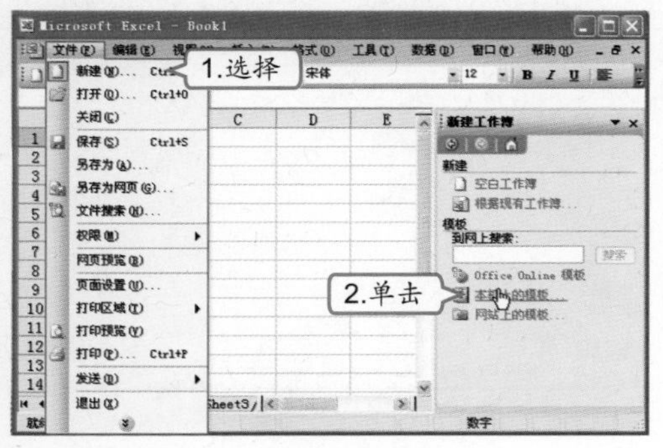

2 新建基于模板的工作簿

1. 在打开的“模板”对话框中选择“电子方案表格”选项卡。
2. 选择需要的模板类型。
3. 单击 确定 按钮即可新建一个基于该模板的工作簿。

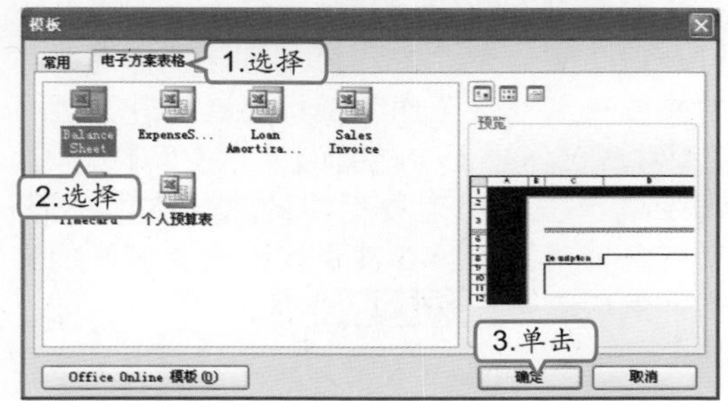

（2）保存工作簿

Excel工作簿的保存也分为保存新建工作簿、保存被修改的工作簿和另存工作簿，其操作方法与Word基本一样。保存新建的工作簿的方法为：单击工具栏中的按钮，或选择【文件】/【保存】命令，或按【Ctrl+S】键，打开“另存为”对话框，在其中指定工作簿的路径、名称和类型等。如果是对已经存在的工作簿进行修改后保存，只需使用与保存新建工作簿相同的方法直接保存即可，不同的是系统不再打开“另存为”对话框，而是直接将修改的内容保存到原来的工作簿中。

而另存工作簿是指将已有的工作簿以其他文件名或位置进行保存，它相当于为原工作簿制作备份文档，另存工作簿后，原工作簿的内容不会发生变化。其操作方法为：选择【文件】/【另存为】命令，打开“另存为”对话框，在其中重新指定工作簿的保存路径、名称或类型即可。

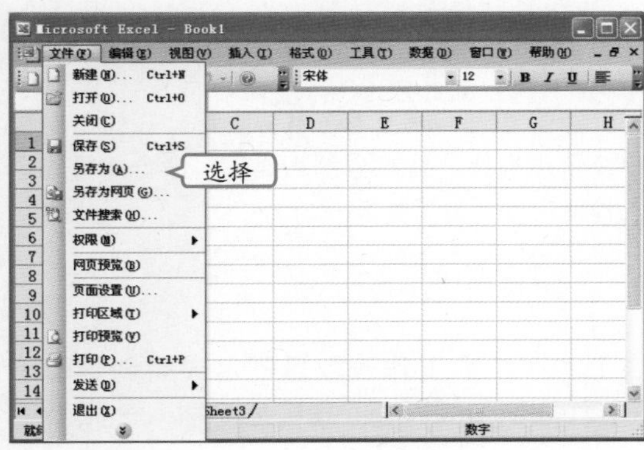

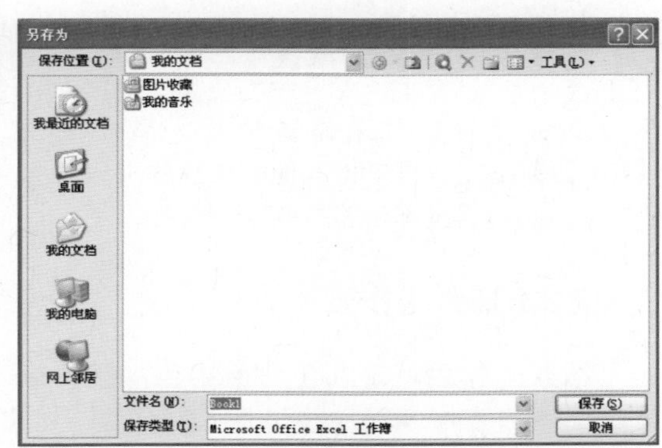

补充两句

新建工作簿或对工作簿进行修改后，如果没有进行保存操作而关闭工作簿，系统将会弹出提示对话框，询问是否保存工作簿，单击 是(Y) 按钮即可进行保存。

（3）关闭工作簿

完成一个工作簿的编辑工作之后可关闭该工作簿，方法为：单击工作簿窗口右上角的 ☒ 按钮或选择【文件】/【关闭】命令。

（4）打开工作簿

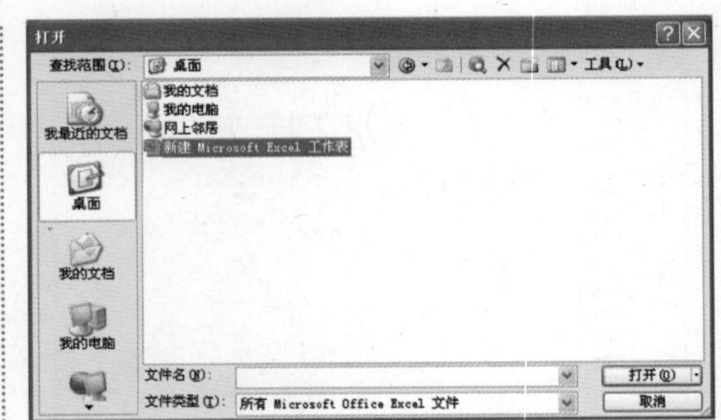

若要浏览或编辑某个工作簿，首先必须打开这个工作簿。方法为：打开工作簿所在的文件夹，双击工作簿图标将其打开，也可在Excel工作界面中选择【文件】/【打开】命令或单击常用工具栏中的 按钮，打开“打开”对话框，在其中找到需要打开的文件，然后单击 打开(O) 按钮。

4 工作表的基本操作

每张工作表都有自己的名称，在默认状态下创建的工作簿中会自动生成Sheet1、Sheet2和Sheet3共3张空白工作表，用户还可以自己添加和删除工作表，并对已有的工作表进行重命名、复制和移动等操作，下面分别进行介绍。

（1）选择工作表

要对工作表进行编辑，首先必须选择工作表，选择工作表有如下几种情况。

选择单个工作表

在标签栏中单击某个工作表标签即可选择该张工作表，同时将其置为当前显示，呈白底且突出显示的为当前工作表。

选择连续的工作表

单击第1个工作表标签，然后按住【Shift】键的同时单击最后一个工作表标签，可以同时选择这两张工作表及其之间的所有工作表。

选择不连续的工作表

单击要选择的任意工作表标签，然后按住【Ctrl】键不放，再单击其他要选择的工作表标签，可以同时选择不相邻的多张工作表。

选择全部工作表

在任意工作表标签上单击鼠标右键，在弹出的快捷菜单中选择“选定全部工作表”命令即可选择工作簿中的所有工作表。

（2）插入工作表

插入工作表就是在工作簿中添加工作表，当工作簿中的工作表数量不足或需创建基于某个模板的工作表时，便可插入工作表，如要在工作表Sheet1和Sheet2之间插入一张新工作表，其具体操作如下。

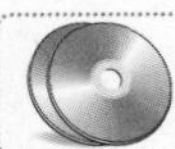

教学演示\第7章\插入工作表

高手指点　同一个工作簿中不能出现相同名称的工作表，即此操作无效。

1 选择命令

在工作表标签Sheet2上单击鼠标右键，在弹出的快捷菜单中选择“插入”命令。

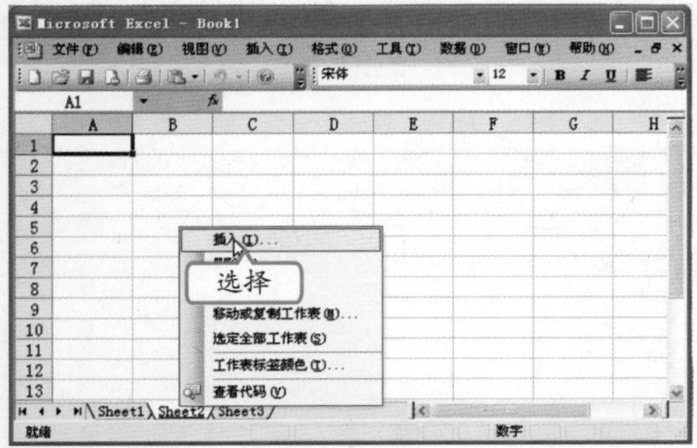

2 选择模板

在打开的“插入”对话框中默认显示“常用”选项卡，在其中的列表框中选择要使用的工作表模板。

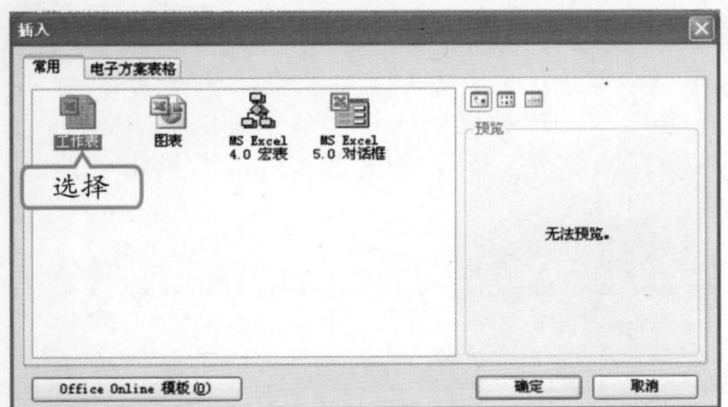

3 插入工作表

单击 确定 按钮即可在Sheet2前面插入名为Sheet4的工作表。

教你一招：插入其他模板工作表

在“插入”对话框中，选择“电子方案表格”选项卡，选择其他适合的工作表模板，单击 确定 按钮，将在插入的位置插入一个新的工作表模板。

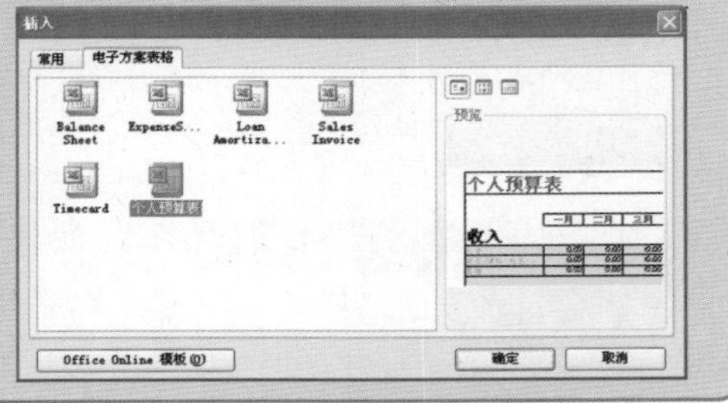

（3）重命名工作表

为了方便区分工作表，通常还需对工作表进行重命名，其操作方法很简单，只需选择要重命名的工作表，然后选择【格式】/【工作表】/【重命名】命令，或直接用鼠标右键单击要重命名的工作表标签，在弹出的快捷菜单中选择“重命名”命令，此时被选择的工作表标签呈编辑状态，在其中输入新的名称后按【Enter】键，则新的工作表标签名称将取代原来的名称。

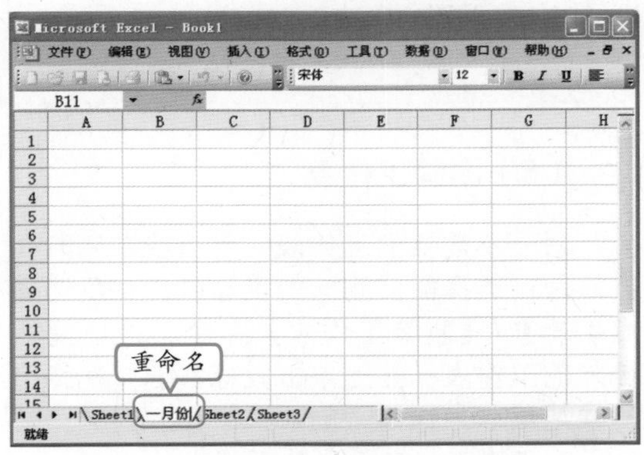

直接在工作表标签上双击鼠标，也可以对该工作表进行重命名。

补充两句

（4）移动或复制工作表

移动工作表的方法很简单，只需在需要移动的工作表标签上按住鼠标左键不放，并沿着标签进行拖动，此时鼠标指针变为形状，并有一个▾图标随鼠标指针的移动而移动，用以指示工作表将移动到的位置，当到达指定位置时松开鼠标左键，工作表将移动到该位置。如果需要复制工作表，方法与移动工作表一样，只是需要按住【Ctrl】键。如下图所示为移动“一月份”工作表的图示。

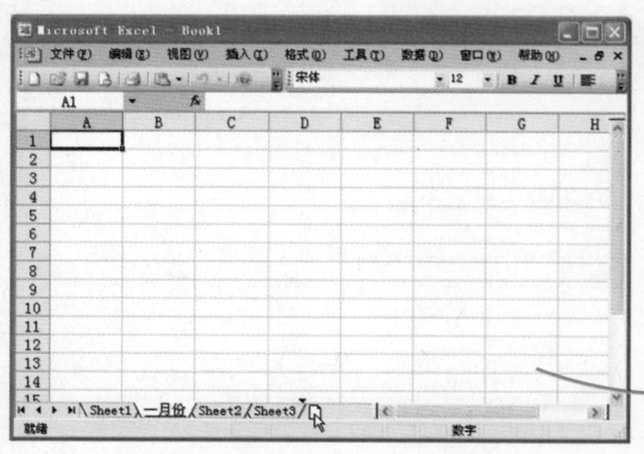

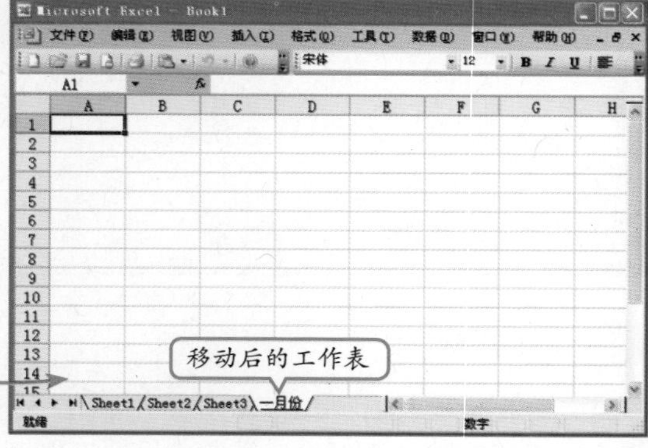

教你一招：在不同工作簿之间移动或复制工作表

如果需要将一个工作簿中的某张工作表移动或复制到另一工作簿中，可同时打开两个工作簿，选择要移动或复制的工作表标签，然后选择【编辑】/【移动或复制工作表】命令，打开“移动或复制工作表”对话框，在其中的“工作簿”下拉列表框中选择需移动到的目标工作簿，再在“下列选定工作表之前”列表框中选择移动到的位置，如果是复制工作表，则需要选中“建立副本”复选框。

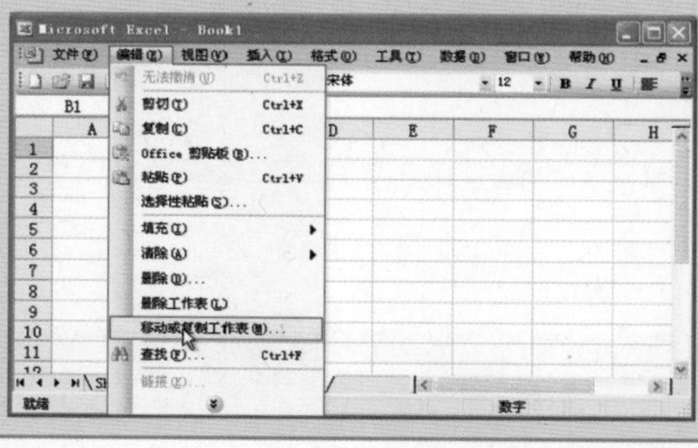

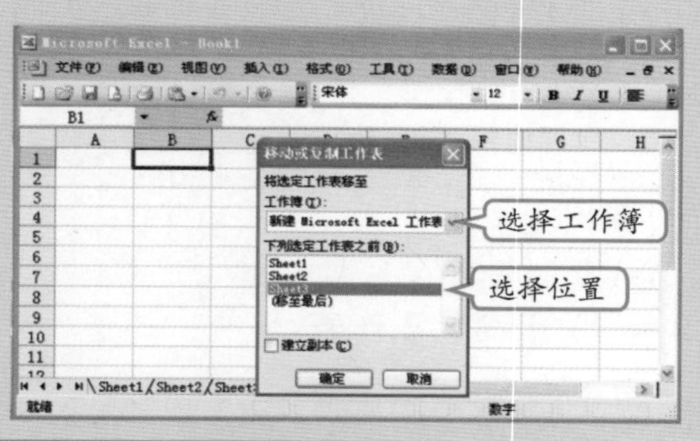

（5）删除工作表

对于不需要的工作表，可以将其删除，方法为：选择需要删除的工作表，然后选择【编辑】/【删除工作表】命令，或在需要删除的工作表标签上单击鼠标右键，在弹出的快捷菜单中选择“删除”命令，同时，其后面的工作表将变为当前工作表。

高手指点 工作簿中的工作表是不能全部删除的，至少要保留一张可视工作表。若要隐藏、删除或复制唯一的一张工作表，必须先插入一张新工作表或将已隐藏的工作表显示出来。

5 单元格的基本操作

在制作表格的过程中，除了编辑数据外，还需要对单元格进行一系列的基本操作，如选择单元格、插入单元格、拆分单元格、合并单元格以及删除单元格等，下面分别进行介绍。

（1）选择单元格

选择单元格是输入数据等操作的前提，根据不同的情况，选择单元格的方法主要有如下几种。

选择单个单元格

将鼠标指针指向某个单元格并单击，即可选择该单元格。

选择不相邻的单元格或区域

按住【Ctrl】键不放并在需选择的单元格上单击即可选择不相邻的单元格；按住【Ctrl】键不放并拖动鼠标即可选择不相邻的多个单元格区域。

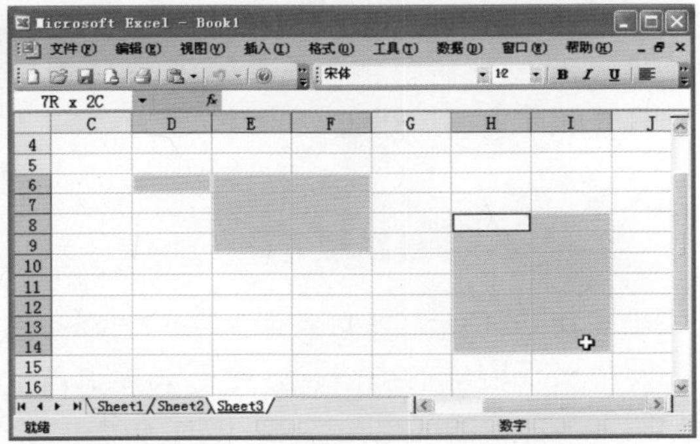

选择多个连续的单元格

单击选择范围内的第1个单元格，并拖动鼠标到最后一个单元格，可选择该区域内的所有单元格。

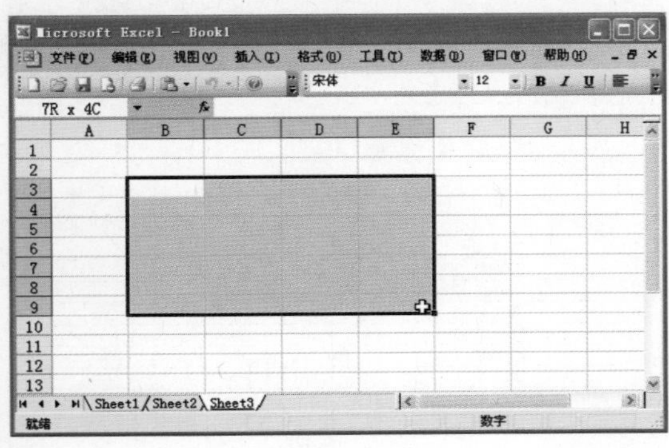

选择整行或整列

将鼠标指针放到行号或列标上，鼠标指针变为➡或⬇形状时单击鼠标即可选择整行或整列。

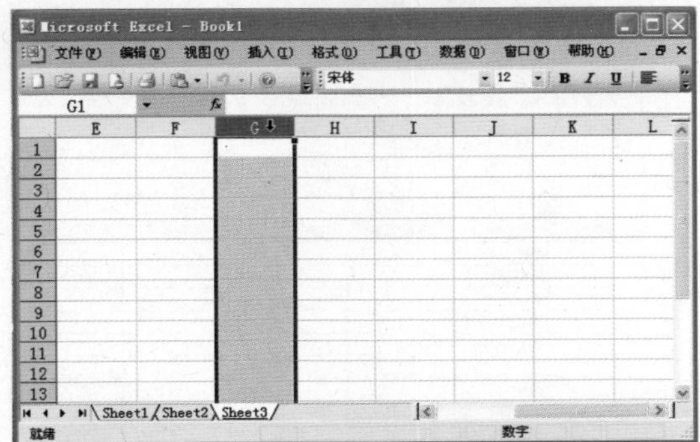

（2）插入单元格

在对工作表进行输入或编辑时，有时需在工作表的某个位置插入单元格，插入单元格前需要先选择一个单元格，表示在此单元格的位置插入一个单元格，然后选择【插入】/

补充两句

在工作表标签上单击鼠标右键，在弹出的快捷菜单中选择“工作表标签颜色”命令，可为该工作表标签设置不同的颜色以便区分。

【单元格】命令；或在该单元格中单击鼠标右键，在弹出的快捷菜单中选择"插入"命令，打开"插入"对话框，在其中选中相应的单选按钮，然后单击 确定 按钮即可在当前位置插入单元格。

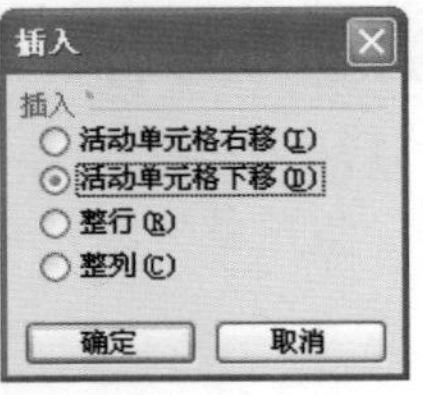

（3）合并/拆分单元格

有时需将多个单元格合并为一个，或者将一个单元格拆分为多个，这就需要使用合并或拆分单元格功能，选择需合并的单元格，单击格式工具栏中的"合并并居中"按钮即可合并所选单元格并使其中的数据以居中对齐的方式显示；Excel只能对合并的单元格进行拆分，拆分时只需选择已执行合并操作的单元格，再单击格式工具栏中的"合并并居中"按钮即可。

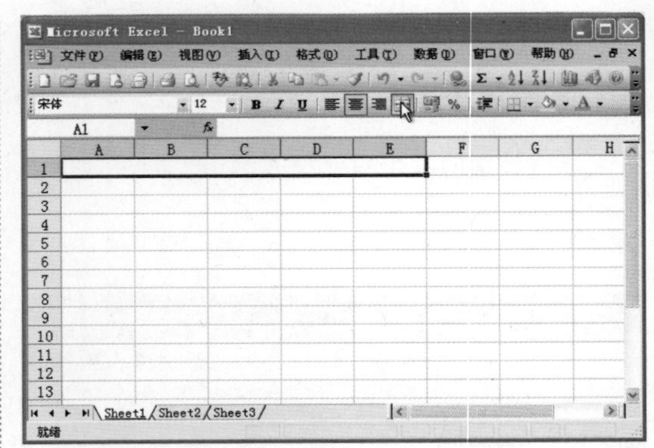

（4）移动/复制单元格

选择要移动或复制的单元格，选择"剪切"或"复制"命令，被剪切或复制的单元格周围将出现闪烁的虚线框，再在目标位置处选择"粘贴"命令即可移动或复制单元格。但剪切单元格后只能粘贴一次，而不能像在Word中可粘贴多次。

也可以选择要移动的单元格，将鼠标指针移到其边框上，当指针变成✥形状时，按住鼠标左键不放，拖动到其他位置释放鼠标可移动单元格，拖动单元格时按住【Ctrl】键不放可复制单元格。

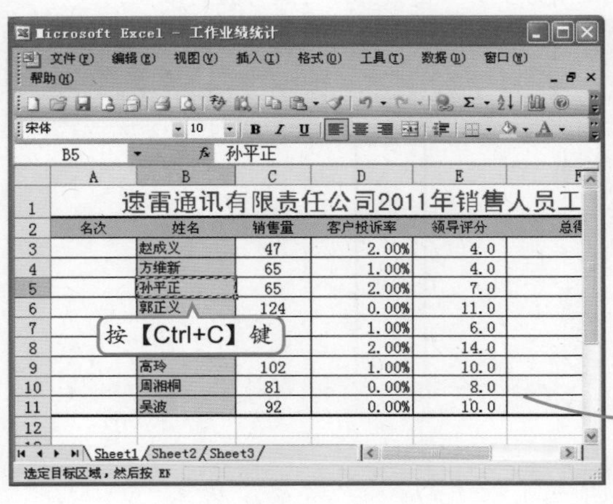

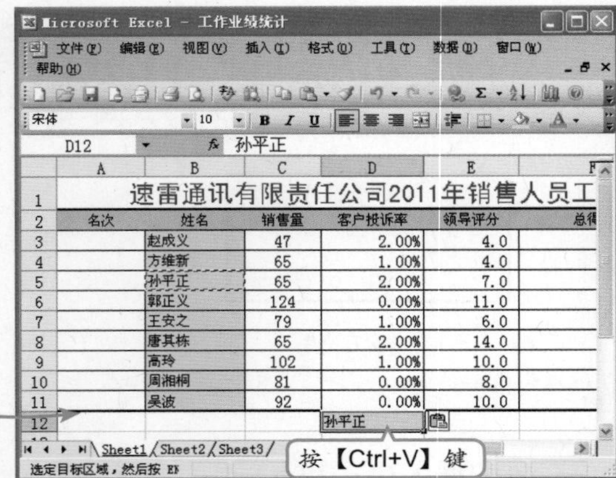

高手指点 若对已输入数据的单元格进行合并，合并后的单元格中将只保留所选区域左上角一个单元格中的数据。

（5）清除/删除单元格

清除单元格的方法为：选择需要清除的单元格，然后按【Delete】键或选择【编辑】/【清除】/【内容】命令即可。

删除单元格操作与插入单元格操作类似，方法为：选择需要删除的单元格，选择【编辑】/【删除】命令，打开“删除”对话框，根据实际情况选中其中一个单选按钮，然后单击 确定 按钮即可。

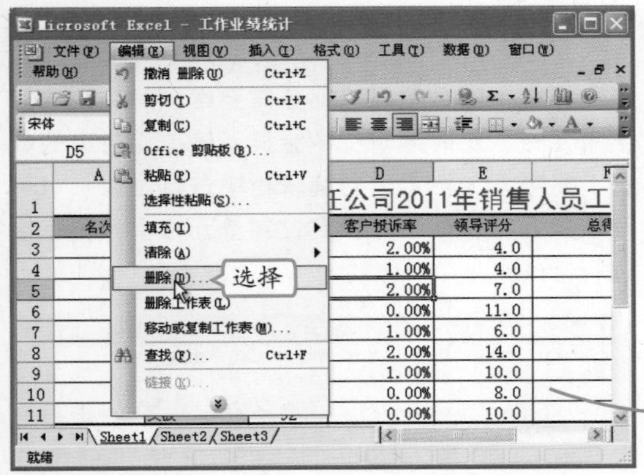

6 输入数据

电子表格的主要作用是存储和处理数据，因此数据的输入和编辑是制作电子表格的前提，下面将介绍如何输入表格数据。

输入一般文本或数字

在单元格中输入一般文本或数字，可以双击要输入数据的单元格，当单元格中有光标闪烁时直接输入数据后按【Enter】键；也可单击选择单元格后，直接输入数据后按【Enter】键；还可以选择单元格，在编辑栏中输入数据后按【Enter】键。

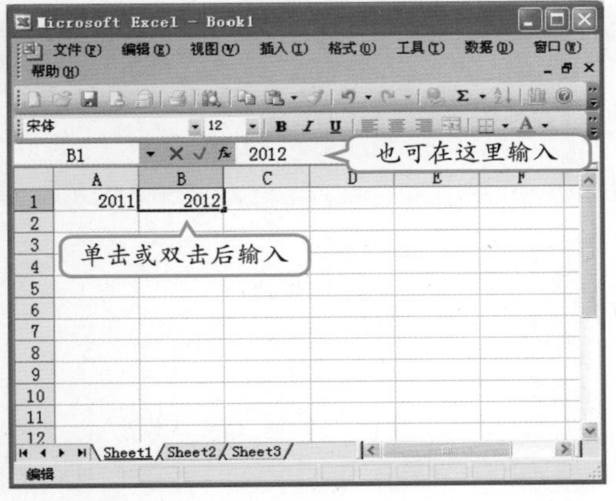

输入特殊数据

在Excel中可输入特殊格式的数据，如日期、时间、货币等，其方法是：选择需要输入特殊数据的一个或多个单元格，选择【格式】/【单元格】命令，在打开的“单元格格式”对话框中选择数据格式，然后在单元格中像输入普通数据一样输入数据内容，自动将输入的数据转为相应格式。

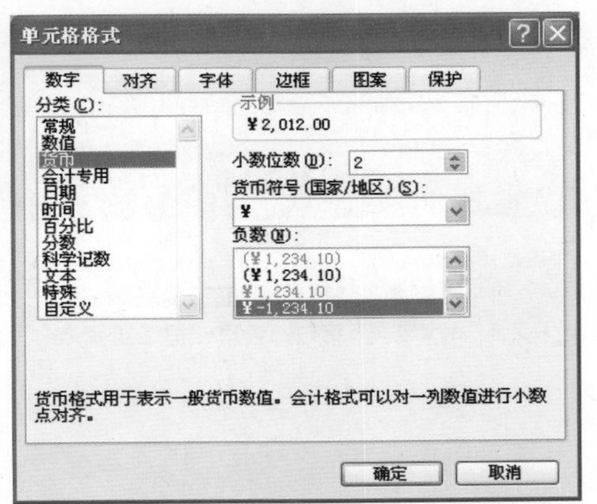

第7章

补充两句

在单元格上单击鼠标右键，在弹出的快捷菜单中选择“删除”命令也可以打开“删除”对话框。

7 编辑数据

数据输入后并不一定一次就正确了，往往还需要对其进行修改、删除等编辑操作。在输入时若出现错误可按【Back Space】键或【Delete】键删除字符，再重新输入。如果发现已经输入过的单元格出现错误或需更正某个数据时，就需要修改数据，修改的方法大致有如下两种。

修改整个单元格数据

当整个单元格中的数据均需修改时，只需选择该单元格，然后重新输入正确的数据，再按【Enter】键完成修改。

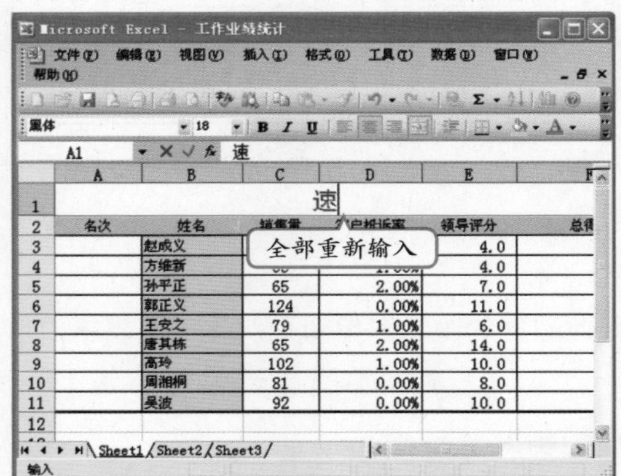

修改单元格中的部分数据

当单元格中的数据只有部分需要修改时，则选择该单元格，此时编辑栏中会显示该单元格中的数据，将插入光标定位到编辑栏中进行修改；也可双击单元格将插入光标定位到单元格中，可直接进行修改。

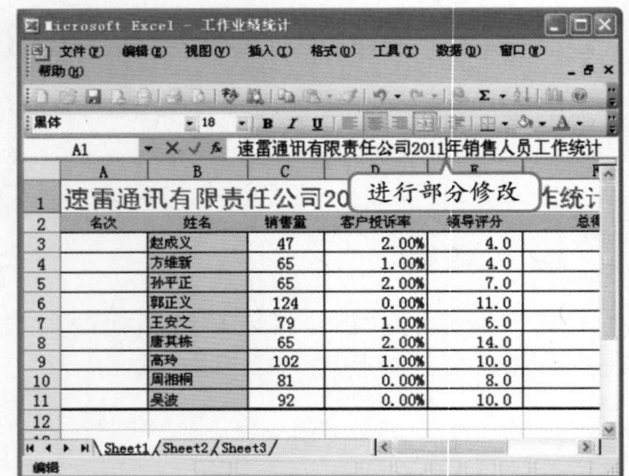

7.1.2 上机1小时：管理“员工工资表”表格

本例将管理“员工工资表”表格，主要练习新建工作表、输入数据、编辑数据、复制工作表、保存工作簿等操作。

上机目标

- 巩固新建工作表、输入数据和编辑数据的操作。
- 进一步掌握制作工作表和保存工作簿的功能。

实例效果\第7章\员工工资表.xls
教学演示\第7章\管理“员工工资表”表格

直接按【Shift+F11】键，可在选定的工作表之前快速插入一张新工作表。

1 新建工作簿

启动Excel 2003，在默认新建的Book1工作簿操作界面选择【文件】/【保存】命令。

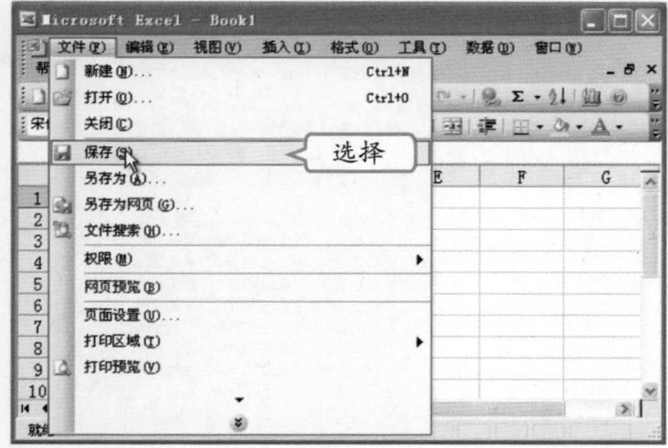

2 保存工作簿

1. 在打开的“另存为”对话框中选择保存位置并输入文件名“员工工资表”。
2. 单击 保存(S) 按钮。

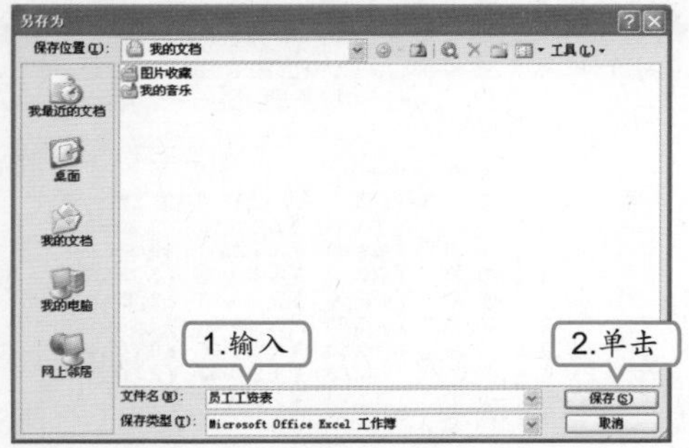

3 选择单元格

在默认的Sheet1工作表中拖动鼠标，选择A1:F1单元格。

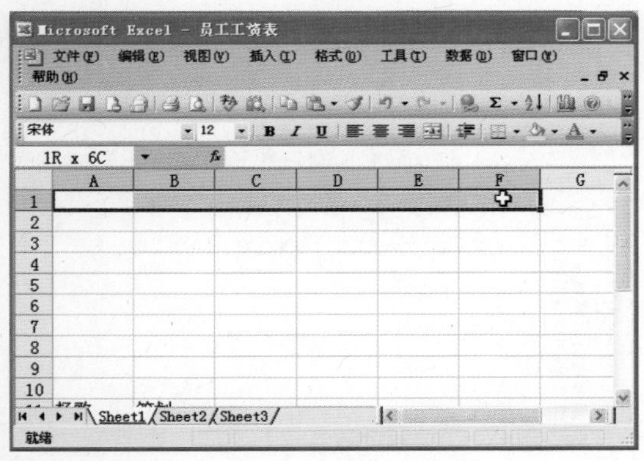

4 合并单元格

单击工具栏中的“合并并居中”按钮合并选中的单元格。

5 输入标题

在合并后的单元格中输入标题“员工工资表”。

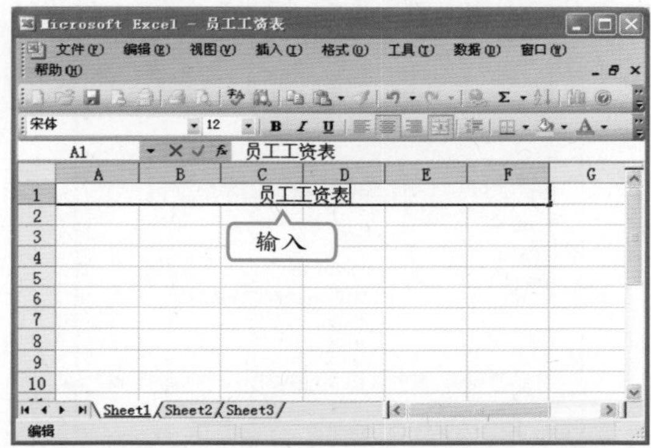

6 输入其他表格内容

1. 在A1:F1单元格中输入表头文字。
2. 在其他相应单元格中输入姓名和职位。

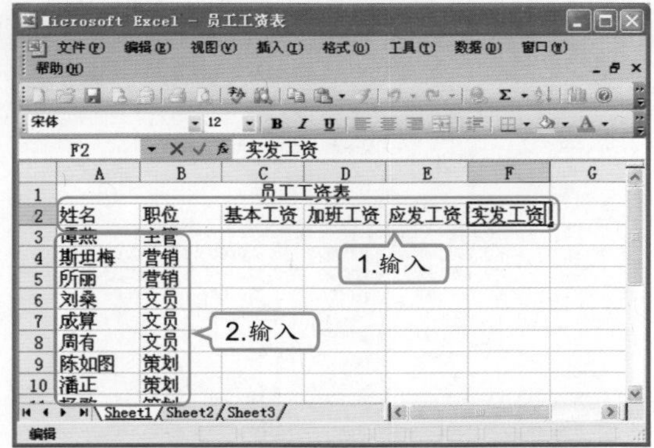

补充两句

如果工作簿中的工作表很多，其工作表标签栏不能全部显示时，则可单击工作表标签前面的◀和◀按钮进行向后或向前翻页，单击◀或▶则可快速定位到第1张或最后一张工作表。

7 打开“单元格格式”对话框

1. 选中中间的数据区域单元格。
2. 选择【格式】/【单元格】命令。

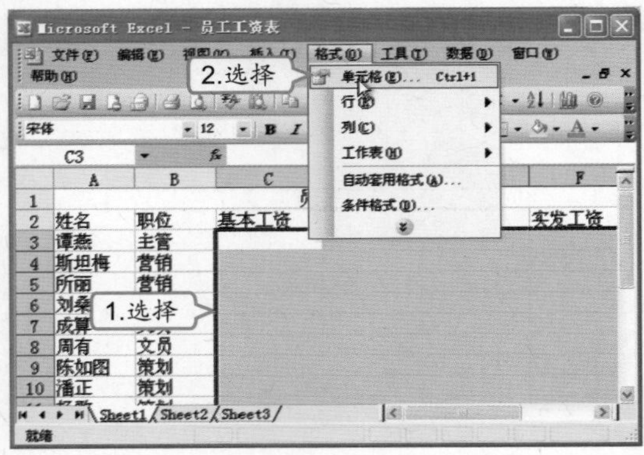

8 设置数据类型

1. 选择“分类”列表框中的“货币”选项。
2. 其他选项使用默认设置，单击 确定 按钮。

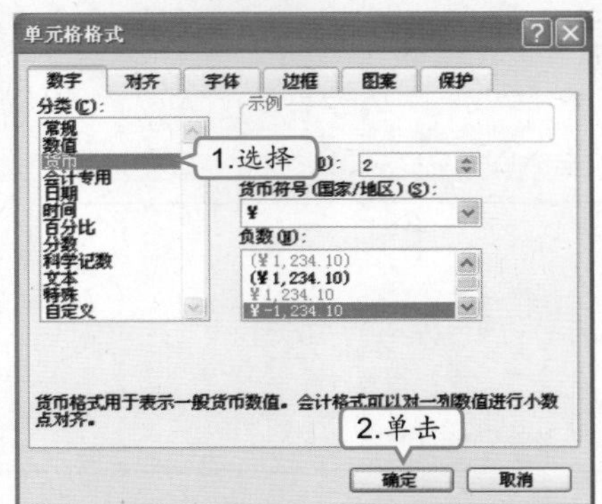

9 输入工资数据

在单元格中直接输入工资，按【Enter】键后将自动显示为人民币数据类型。

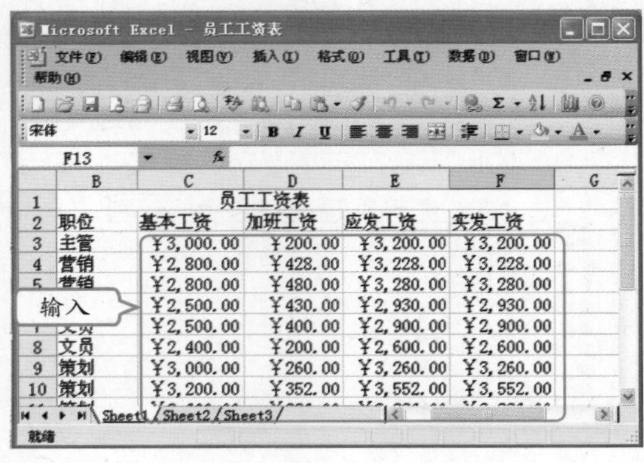

10 重命名工作表

双击Sheet1工作表标签，将其重命名为“一月份”。

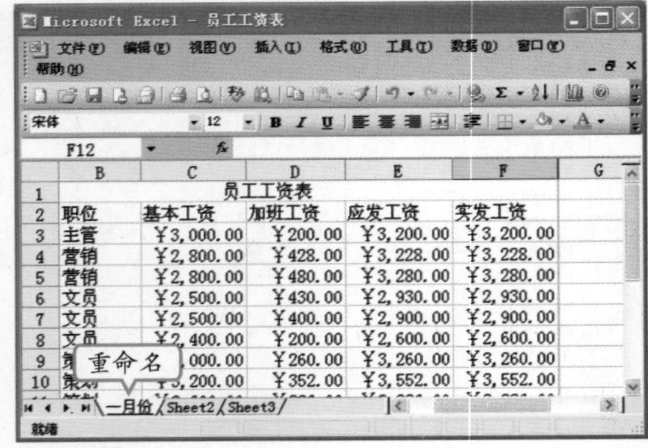

11 复制工作表

选择“一月份”工作表，按住【Ctrl】键的同时拖动工作表复制一张工作表。

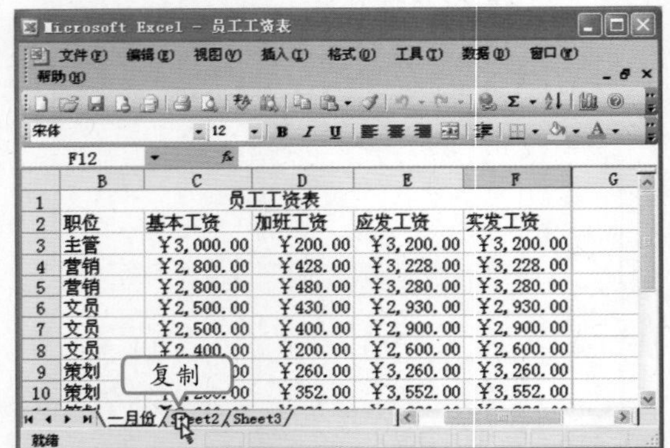

12 删除单元格

将复制的工作表重命名为“二月份”，选中所有的数据单元格，按【Delete】键删除单元格内容，最后按【Ctrl+S】键保存工作簿。

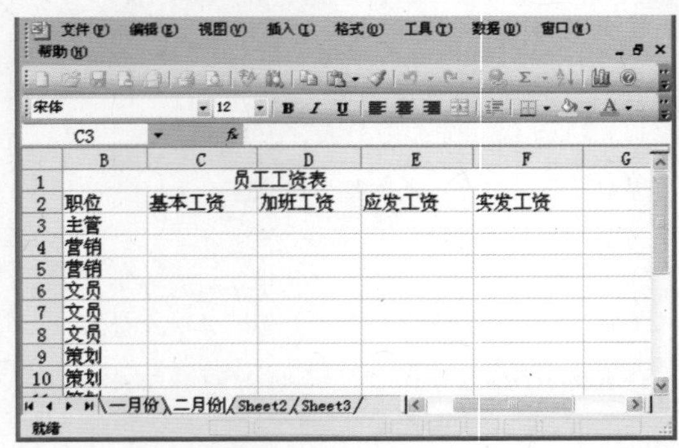

高手指点 单元格设置了特定的数据类型后，在其中输入数据将以设置的数据类型格式来显示，取消需要重新设置。

7.2　为表格美容

小李问老马：“我做的表格怎么没有别人的美观呢？我看他们的表格中还有颜色呢？”老马说：“那你得给它美容一下咯。”小李不解道：“表格怎么美容？”老马说：“可以通过设置字体样式、边框和底纹等，让同样内容的表格看起来更加美观，给人以美感。”小李迫不及待地说：“那赶快教教我吧！”

7.2.1 学习1小时

学习目标

- 掌握设置字体样式的方法。
- 掌握设置对齐方式的方法。
- 掌握设置边框和底纹的方法。

1 设置字体样式

要使表格中的字体更美观，可以对其进行设置，选择需要设置字体的单元格后，可以直接在窗口工具栏中选择字体、字号和颜色等属性；也可以选择【格式】/【单元格】命令，在打开的“单元格格式”对话框中选择“字体”选项卡，在其中可更直观地进行设置。

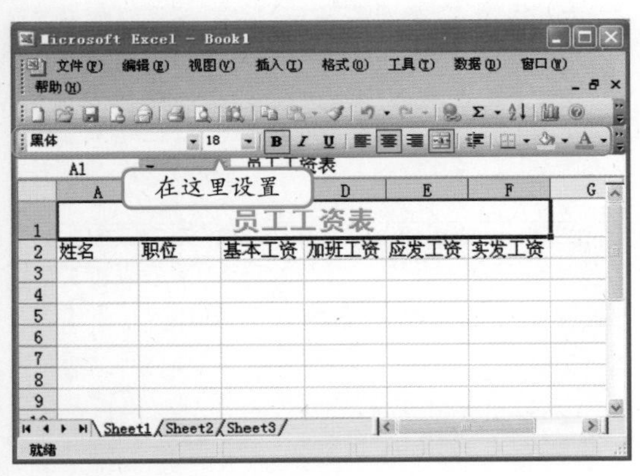

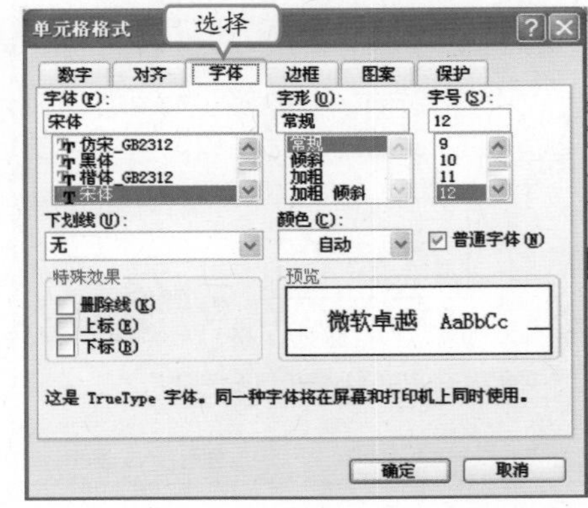

2 设置对齐方式

设置字体的对齐方式较简单，选择单元格后可以直接单击工具栏上的“左对齐”按钮、“居中对齐”按钮和“右对齐”按钮进行快速设置，也可以在“单元格格式”对话框中选择“对齐”选项卡，在其中可以进行更多的选择。

在“单元格格式”对话框的“字体”选项卡中，可以通过“特殊效果”栏的设置将单元格的数据设置为特殊的上标、下标或删除线样式。 补充两句

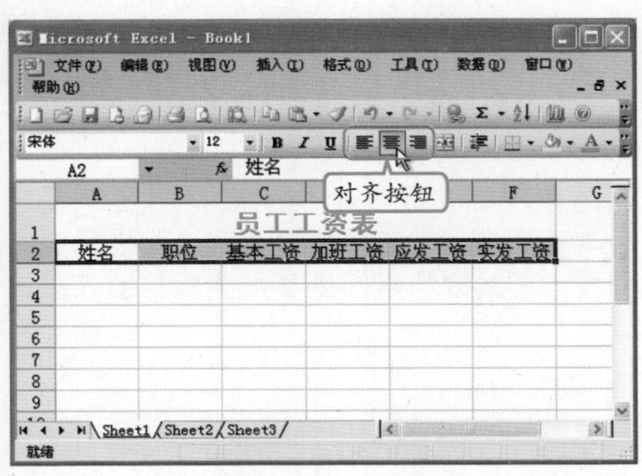

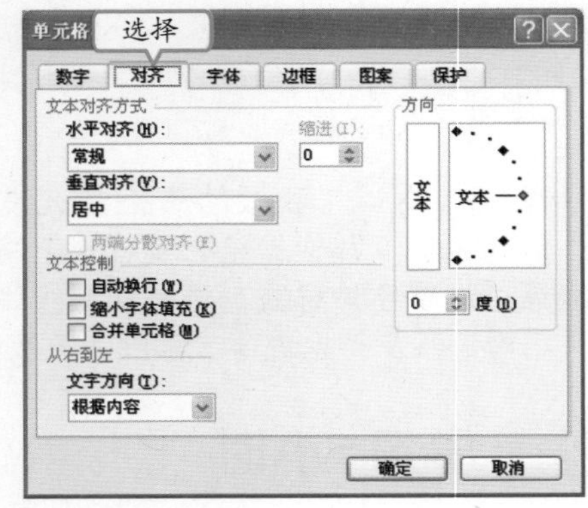

3 设置边框和底纹

Excel的工作表看上去都是由一个个小格（单元格）组合在一起的，但是如果打印出来，它们之间并没有明显的界限，要使各单元格像表格一样显示，可以通过添加边框来实现。另外，为单元格添加底纹也可以起到美观和区分单元格区域的目的。

（1）设置边框

选择需要设置边框的单元格区域，打开“单元格格式”对话框，选择“边框”选项卡可进行边框的设置。在其中单击“预置”栏中的快速按钮可对单元格应用边框；如果要添加或减少某一边的边框，则可单击“边框”栏中相应的区域进行添加或删除；在“线条”和“颜色”栏中可以设置边框的样式和颜色。

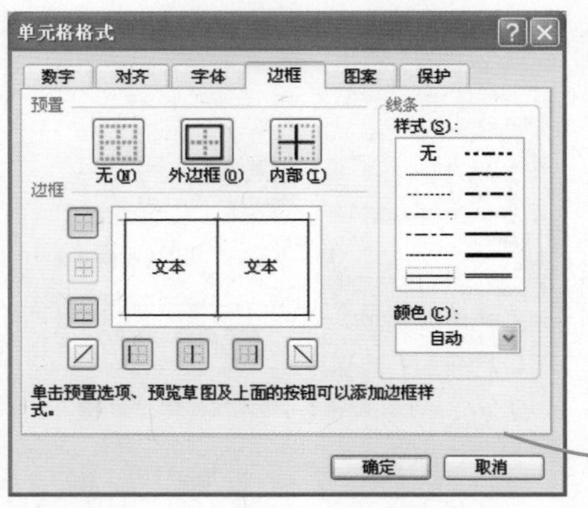

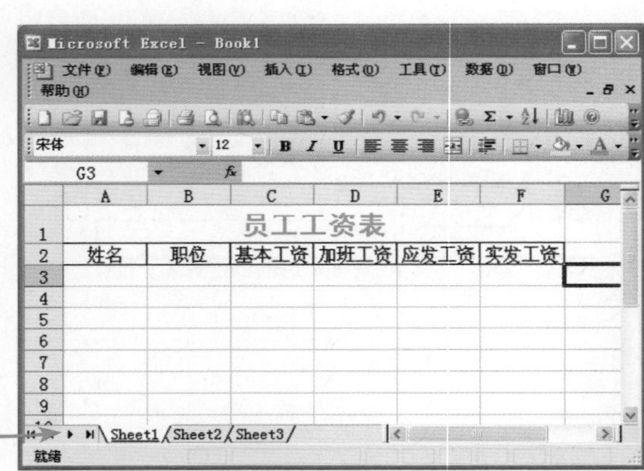

（2）设置底纹

在“单元格格式”对话框中选择“图案”选项卡，在其中选择底纹的颜色和图案即可设置单元格的底纹。

高手指点 在单元格中输入的文本宽度超过单元格本身，并且其右侧的单元格中又包含数据时，则只能显示本单元格中列宽范围以内的内容，其余部分将隐藏不显示，但内容仍然存在。

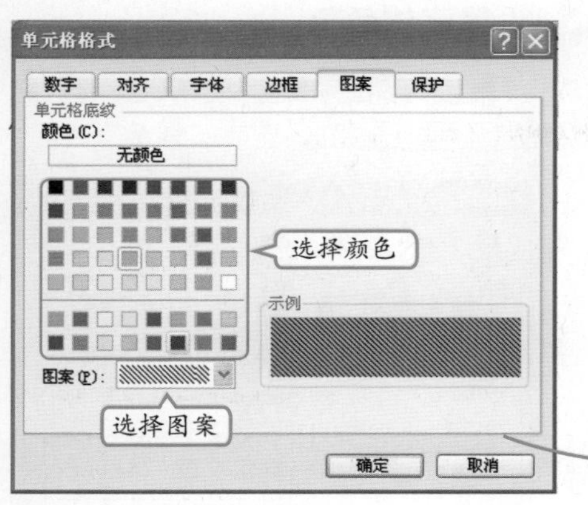

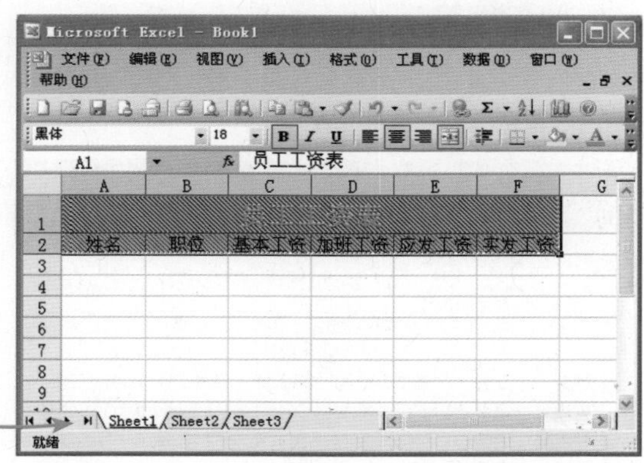

7.2.2 上机1小时：为“员工工资表”设置格式

本例将为之前做的“工资表”表格设置格式，使其看起来更加美观，完成后的效果如下图所示。

上机目标

- 进一步熟悉字体样式的设置方法。
- 进一步熟悉单元格对齐方式的设置方法。
- 巩固并熟悉单元格的边框和底纹的设置方法。

Microsoft Excel - 员工工资表

	A	B	C	D	E	F
1	员工工资表					
2	姓名	职位	基本工资	加班工资	应发工资	实发工资
3	谭燕	主管	￥3,000.00	￥200.00	￥3,200.00	￥3,200.00
4	斯坦梅	营销	￥2,800.00	￥428.00	￥3,228.00	￥3,228.00
5	所丽	营销	￥2,800.00	￥480.00	￥3,280.00	￥3,280.00
6	刘桑	文员	￥2,500.00	￥430.00	￥2,930.00	￥2,930.00
7	成算	文员	￥2,500.00	￥400.00	￥2,900.00	￥2,900.00
8	周有	文员	￥2,400.00	￥200.00	￥2,600.00	￥2,600.00
9	陈如图	策划	￥3,000.00	￥260.00	￥3,260.00	￥3,260.00
10	潘正	策划	￥3,200.00	￥352.00	￥3,552.00	￥3,552.00

实例素材\第7章\员工工资表.xls
最终效果\第7章\员工工资表1.xls
教学演示\第7章\为“员工工资表”设置格式

补充两句

如果单元格中的数值长度超过了单元格的宽度，单纯的十进制数值将以十六进制显示，而货币等其他格式的数据则会显示为若干个“#”符号，调整列宽即可正常显示。

1 调整表格

打开“员工工资表.xls”文件，使用鼠标调整行高和列宽。

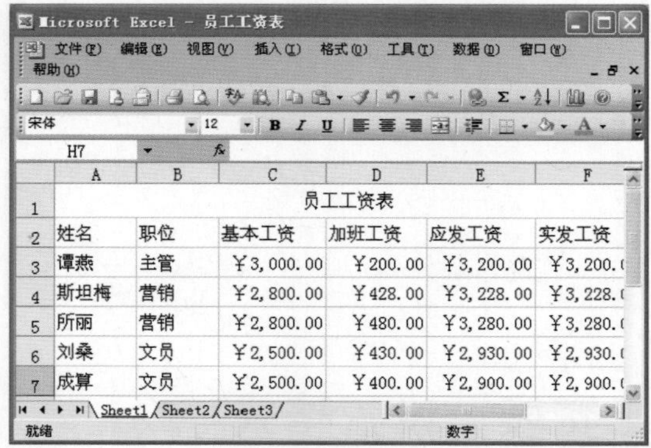

2 打开“单元格格式”对话框

选择A1单元格，选择【格式】/【单元格】命令，打开“单元格格式”对话框。

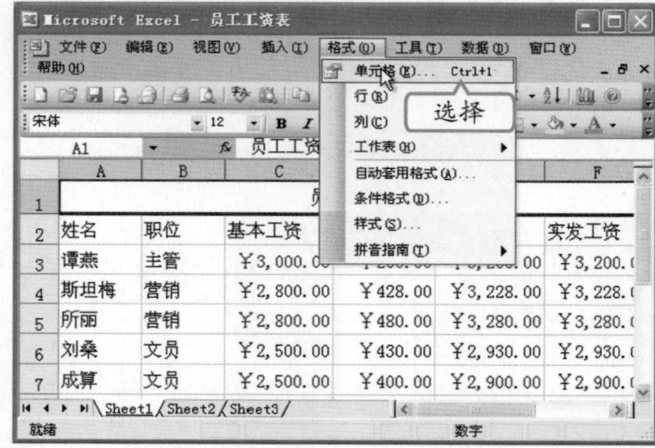

3 设置字体

选择“字体”选项卡，分别选择“字体”为“宋体”、“字形”为“加粗”、“字号”为16。

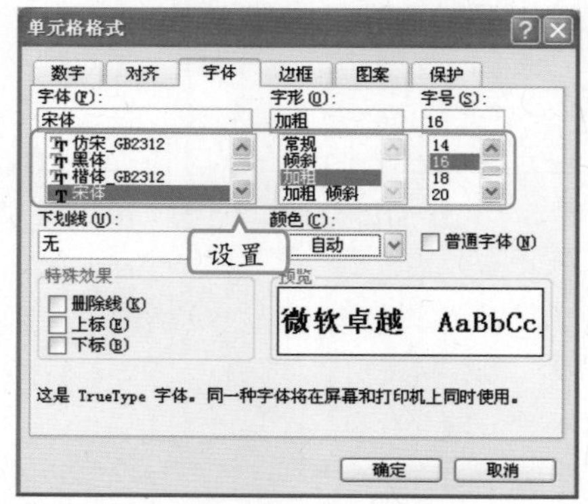

4 设置字体颜色

1. 在“颜色”下拉列表框中选择“深青”选项。
2. 单击 确定 按钮。

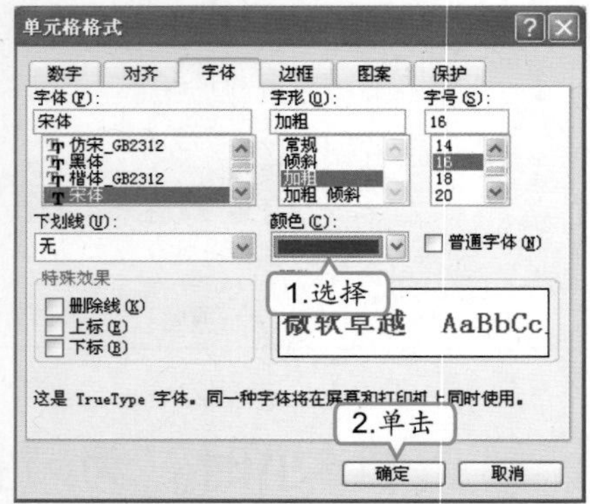

5 设置其他单元格字体

使用相同的方法设置其他单元格的字体样式，其效果如下图所示。

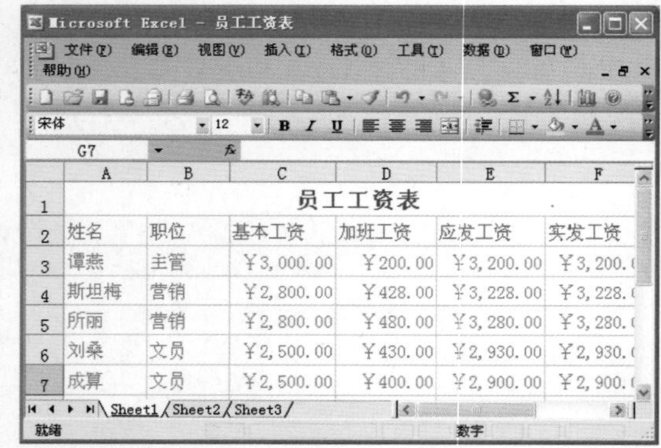

6 准备设置边框

1. 选择标题以外的表格区域。
2. 打开“单元格格式”对话框，选择“边框”选项卡。

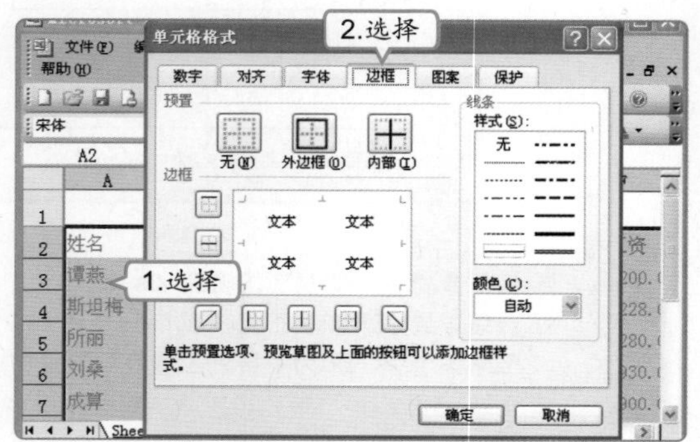

第7章

高手指点 无论是直接在单元格中输入内容还是利用编辑栏输入，在输入的同时，单元格和编辑栏中都将同步显示输入内容。

7 添加边框

1. 单击“外边框”按钮。
2. 单击“内部”按钮
3. 单击 确定 按钮。

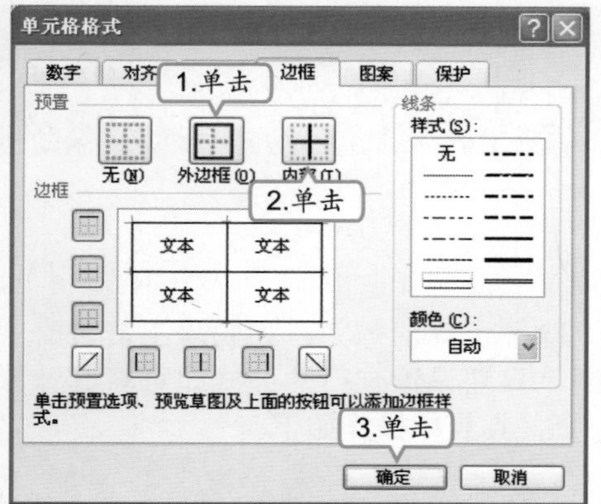

8 设置对齐

1. 选择表头单元格区域。
2. 单击工具栏中的“居中”按钮。

9 设置底纹

1. 选择所有表格区域，打开“单元格格式”对话框，选择“图案”选项卡。
2. 选择“颜色”为“淡黄色”。
3. 单击 确定 按钮。

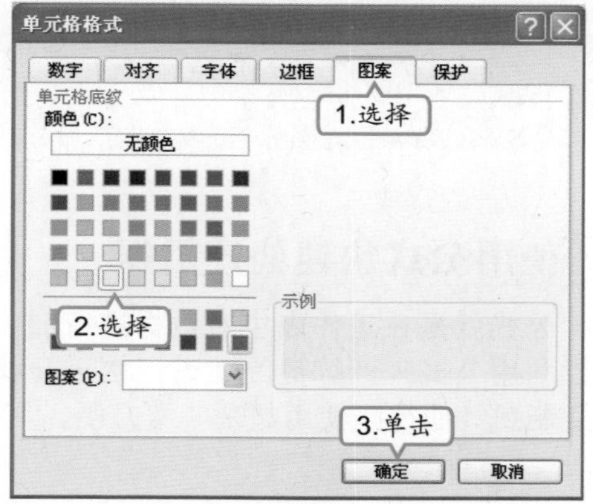

10 完成设置

完成设置后效果如下图所示，单击“保存”按钮保存工作簿即可。

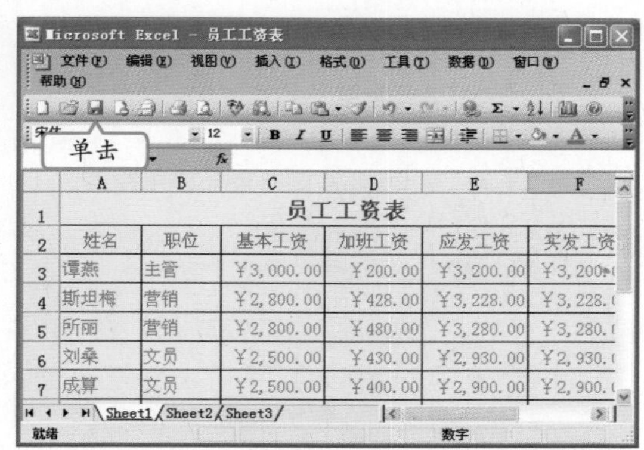

7.3 在表格中快速处理数据

小李问老马：“Excel只能做表格吗？我刚才做工资表，其中的数据全是手动输入的，而且工资总数还要自己算了输进去。”老马说：“关于计算数据，你完全可以交给Excel来做，你只要告诉它怎样计算，它就可以准确地帮你计算出来，而且结果会随着前面的变量而改变，比如加班工资输错了，重新输入后结果也会跟着更新。”小李说：“这么好的功能你怎么不早告诉我，让我计算了老半天呢。”

补充两句

设置边框时同样可以根据情况选择边框的颜色。

7.3.1 学习1小时

学习目标

- 掌握在电子表格中使用公式处理数据的方法。
- 认识电子表格中的函数及其使用方法。
- 掌握数据的排序方法。
- 掌握数据的筛选方法。

1 使用公式快速处理数据

公式就是在工作表中对数据进行加、减、乘、除等运算的等式。如制作工资表时，就可以利用公式来计算最终工资，由于公式可以复制，只需设置一行的公式即可将其计算方法复制到其他行，使用起来非常方便。下面计算工资，其具体操作如下。

实例素材\第7章\工资表.xls
最终效果\第7章\工资表.xls
教学演示\第7章\使用公式快速处理数据

1 计算应发工资

1. 打开“工资表.xls”工作簿，选择“应发工资”栏下的F3单元格。
2. 将鼠标定位到上方的编辑框中，输入“=C3+D3”，也可直接在单元格中输入。

2 计算实发工资

1. 按【Enter】键后将计算出结果，选择G3单元格。
2. 在编辑框中输入计算公式“=F3+E3”并按【Enter】键确定。

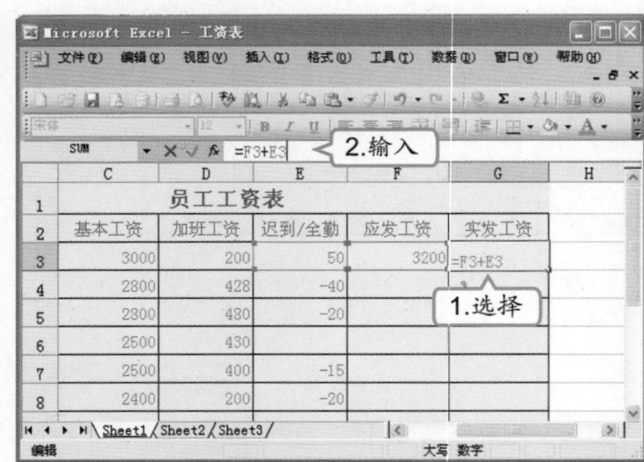

教你一招：使用自动求和功能计算数据

如果需要求和的数据在一行或一列的连续单元格中，可以选择需要求和的单元格，然后单击工具栏中的“自动求和”按钮Σ，系统将在其后的一个单元格中显示求和结果。

高手指点 使用自动求和后，其显示结果的单元格中会出现公式，如“=SUM(D3:D15)”，表示求D3至D15单元格中的数据之和。

3 复制公式

选择F3单元格，按【Ctrl+C】键复制其公式，然后选择所有需要应用该公式的单元格，按【Ctrl+V】键粘贴即可。

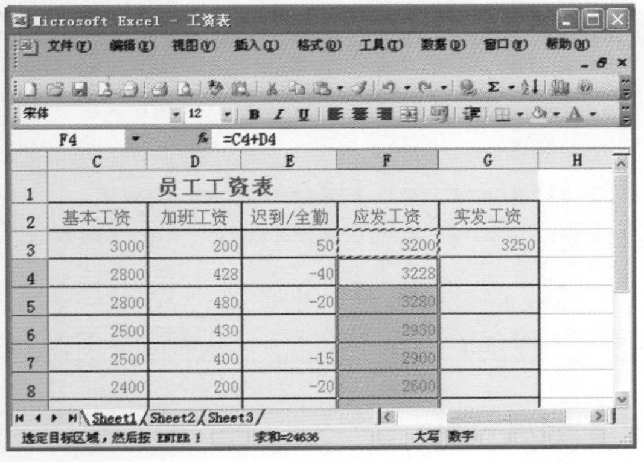

	C	D	E	F	G
1	员工工资表				
2	基本工资	加班工资	迟到/全勤	应发工资	实发工资
3	3000	200	50	3200	3250
4	2800	428	-40	3228	
5	2800	480	-20	3280	
6	2500	430		2930	
7	2500	400	-15	2900	
8	2400	200	-20	2600	

4 完成计算

使用相同的方法复制“实发工资”一栏的计算公式，其计算结果如下图所示，最后保存表格。

	C	D	E	F	G
1	员工工资表				
2	基本工资	加班工资	迟到/全勤	应发工资	实发工资
3	3000	200	50	3200	3250
4	2800	428	-40	3228	3188
5	2800	480	-20	3280	3260
6	2500	430		2930	2930
7	2500	400	-15	2900	2885
8	2400	200	-20	2600	2580

2 使用函数快速处理数据

函数是Excel中预定义的公式，通过使用一些参数的特定数值来按特定的顺序或结构执行计算。函数包括3个部分：等号（=）、函数和参数，如自动求和就是一个函数，所以函数也是公式的一种，只是可以直接调用而不需用户手动设置和输入。调用函数可通过“插入函数”对话框来实现。Excel中的函数可以用于求和、平均值、最大值、正弦值等。下面以求学生成绩表中的平均值为例进行讲解，其具体操作如下。

实例素材\第7章\学生成绩表.xls
最终效果\第7章\学生成绩表.xls
教学演示\第7章\使用函数快速处理数据

1 打开“插入函数”对话框

1. 打开“学生成绩表.xls”工作簿，选择J2单元格。
2. 选择【插入】/【函数】命令。

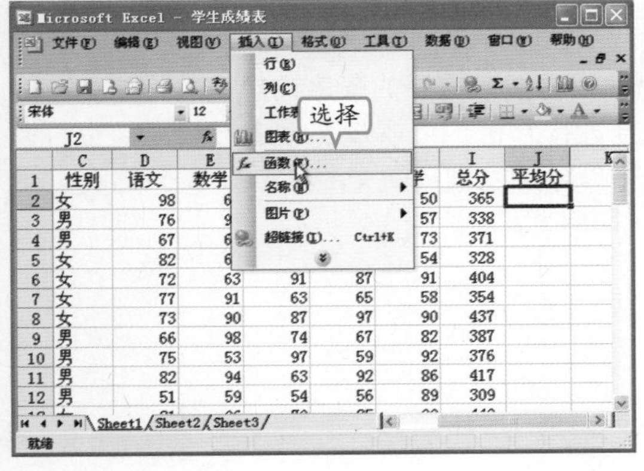

2 设置函数参数

1. 在打开的“插入函数”对话框的“选择函数”列表框中选择求平均值的函数AVERAGE。
2. 单击 确定 按钮。

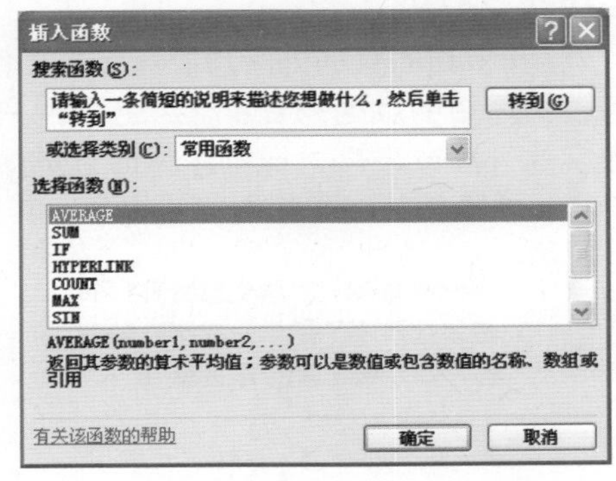

补充两句

直接单击编辑栏的 按钮，也可以打开“插入函数”对话框。

3 收缩“函数参数”对话框

打开“函数参数”对话框，然后单击Number1文本框后面的按钮。

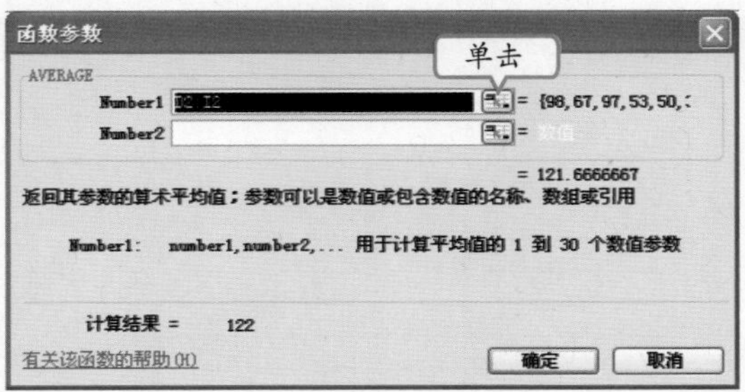

4 选择参数

1. 通过鼠标选择需要计算平均值的单元格，这里选择D2:H2单元格区域。
2. “函数参数”对话框的文本框中将自动增加所选的单元格，单击按钮。

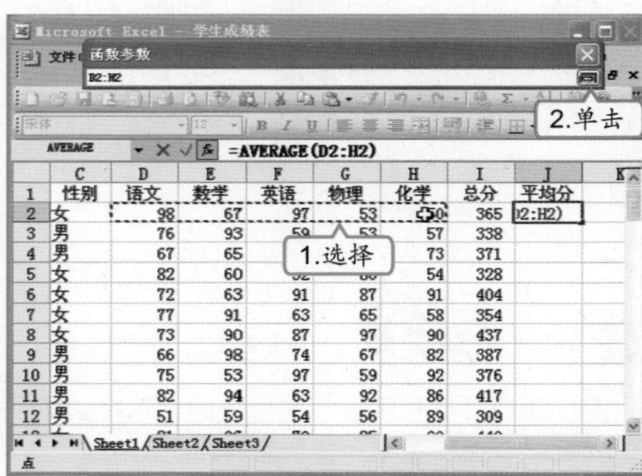

5 查看修改后的参数

如果还需要添加其他参数，可在Number2栏用同样的方法添加，添加后后面还会增加Number3栏，用户可一直添加，这里单击 确定 按钮。

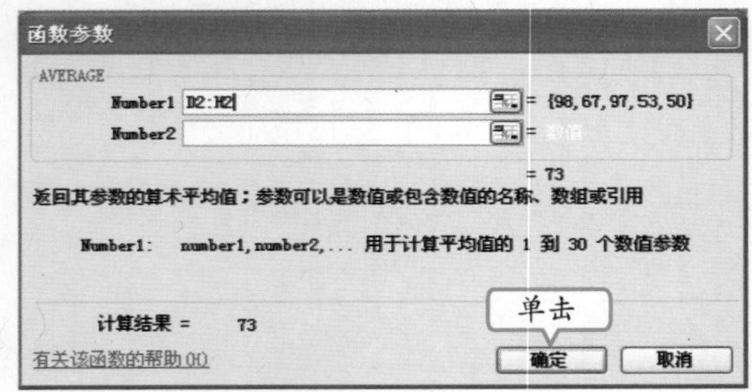

6 完成计算

设置函数后系统将计算出指定单元格的平均值，并显示在插入函数的单元格中，直接复制函数到下面的单元格即完成所有学生平均成绩的计算。

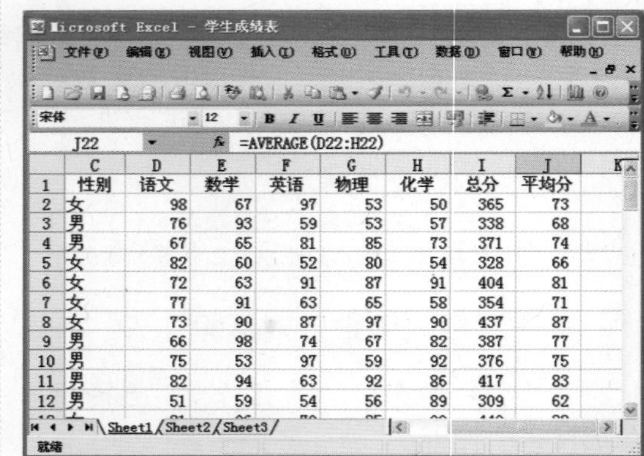

3 排序数据

利用Excel的数据排序功能可以使工作表中的数据按照需要的顺序或规律进行排列，这样可使排序后的数据一目了然，方便用户对数据进行分析。可以按字母进行排序，也可以按数字的升序或降序进行排序，而且排序的内容可以是单列内容，也可以是多列内容。下面将学生成绩按从高到低的方式排序，其具体操作如下。

实例素材\第7章\学生成绩表1.xls
最终效果\第7章\学生成绩表1.xls
教学演示\第7章\排序数据

高手指点 选择一列中的一个单元格后，单击工具栏中的“升序”按钮或“降序”按钮，可快速对该列数据进行升序或降序排列。

1 设置排序

1. 打开“学生成绩表1.xls”工作簿，选择任意单元格，选择【数据】/【排序】命令，在打开的“排序”对话框中的“主要关键字”下拉列表框中选择“总分”选项。
2. 选中“降序”单选按钮。
3. 单击 确定 按钮。

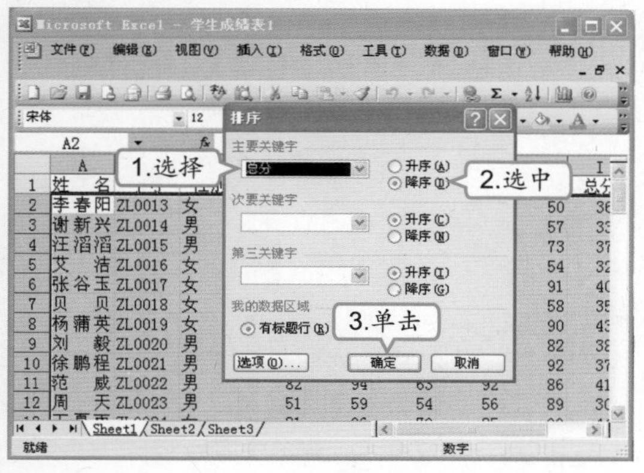

2 查看排序结果

返回到工作表中，可以发现其中的数据都以“总分”一列的数据由高到低进行了重新排序。

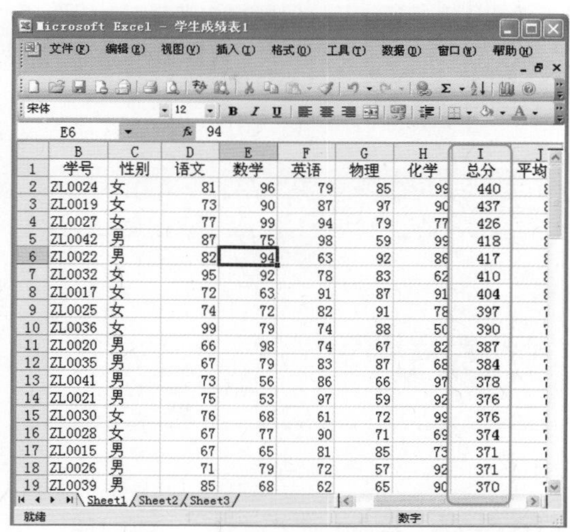

4 筛选数据

使用Excel 2003的数据筛选功能可以把暂时不需要的数据隐藏起来，只显示符合设置条件的数据记录。如要筛选出平均成绩在75~85分之间的学生，其具体操作如下。

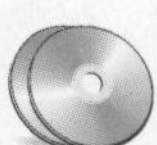

实例素材\第7章\学生成绩表1.xls
最终效果\第7章\学生成绩表2.xls
教学演示\第7章\筛选数据

1 执行自动筛选

打开“学生成绩表1.xls”工作簿，选择【数据】/【筛选】/【自动筛选】命令执行自动筛选。

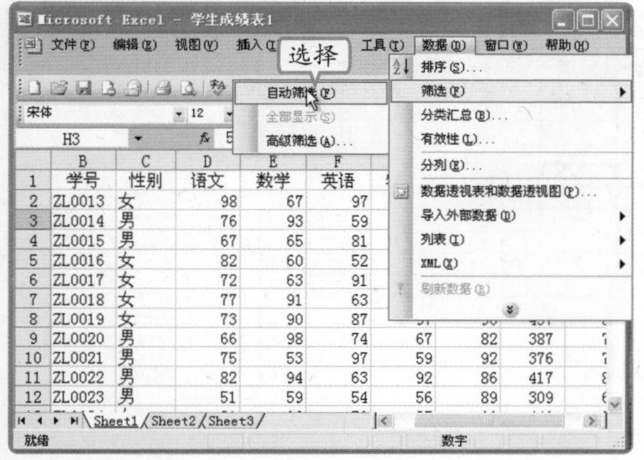

2 选择自定义筛选

这时第1行的每个数据右下方都出现了一个▼按钮，这里单击“平均分”下的▼按钮，在弹出的下拉列表中选择“自定义”选项。

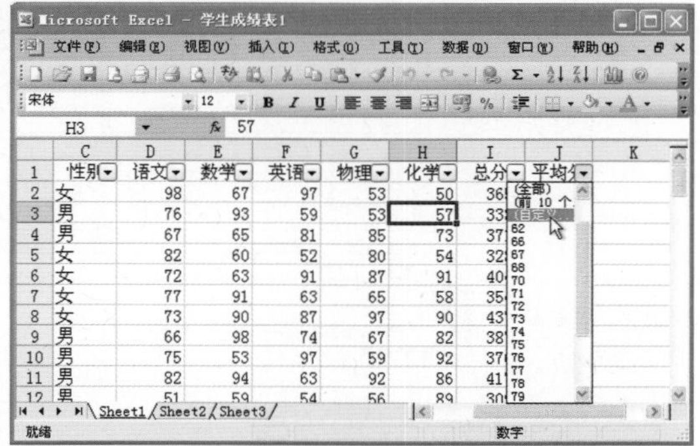

补充两句

设置排序时还可以添加次要关键字和第三关键字，即如果主要关键字中出现了相同的数据，将按照次要关键字设置的升降序进行排序。

3 设置筛选条件

1. 在打开的“自定义自动筛选方式”对话框中的第1个下拉列表框中选择“大于”选项。在其后的下拉列表框中输入“75”，选中“与”单选按钮，在第2个下拉列表框中选择“小于”选项，在其后的下拉列表框中直接输入“85”。
2. 单击 确定 按钮。

自定义自动筛选方式
显示行：
平均分
大于 75
⊙与(A) ○或(O)
小于 85
可用 ? 代表单个字符
用 * 代表任意多个字符
1.设置
2.单击
确定 取消

4 查看筛选结果

这时可以看见表格中所显示的数据并不是原来全部的数据，而是平均分在75~85分之间的学生。

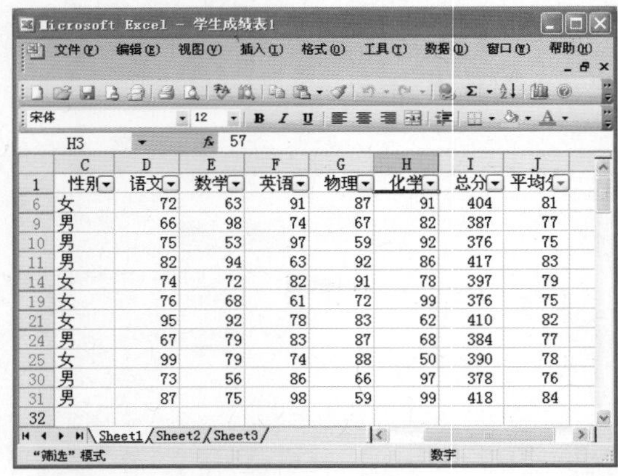
Microsoft Excel - 学生成绩表1

H3 57

	C 性别	D 语文	E 数学	F 英语	G 物理	H 化学	I 总分	J 平均分
6	女	72	63	91	87	91	404	81
9	男	66	98	74	67	82	387	77
10	男	75	53	97	59	92	376	75
11	男	82	94	63	92	86	417	83
14	女	74	72	82	91	78	397	79
19	女	76	68	61	72	99	376	75
21	女	95	92	78	83	62	410	82
24	男	67	79	83	87	68	384	77
25	女	99	79	74	88	50	390	78
30	男	73	56	86	66	97	378	76
31	男	87	75	98	59	99	418	84

7.3.2 上机1小时：管理“员工销售业绩表”

本例将对“员工销售业绩表”进行管理分析，通过Excel计算出员工的销售业绩并对其进行筛选分析，完成后的效果如下图所示。

上机目标

- **巩固使用公式快速处理数据的方法。**
- **进一步掌握数据的排序和筛选知识。**

Microsoft Excel - 员工销售业绩表

F7 台

金马公司员工销售业绩表

	编号	姓名	日期	销售地区	商品	单位	单价	销售量	总金额
3	002	王曼谷	1月3日	北区	彩电	台	3966	3	11898
4	001	张杰	1月4日	西区	电风扇	台	3966	3	11898
5	003	朱益	1月7日	北区	冰箱	台	2839	4	11356
6	004	李娅洁	1月1日	北区	冰箱	台	2839	3	8517
7	006	李翔	1月2日	西区	洗衣机	台	1986	4	7944
11	004	李娅洁	1月6日	南区	洗衣机	台	1986	3	5958
12	003	朱益	1月8日	北区	洗衣机	台	1986	3	5958
13	001	张杰	1月5日	西区	微波炉	台	1465	4	5860
16	007	马岚	1月3日	西区	微波炉	台	1465	3	4395
19	合计							42	114222

高手指点 在选择单个单元格后，按【Enter】键可以跳转到同一列的下一个单元格，按【Tab】键可以跳转到同一行右侧的一个单元格。

实例素材\第7章\员工销售业绩表.xls
最终效果\第7章\员工销售业绩表.xls
教学演示\第7章\管理“员工销售业绩表”

1 选择单元格

打开“员工销售业绩表.xls”文件，选择“总金额”下的I3单元格。

2 输入公式

在上方的编辑框中输入公式“=G3*H3”，然后按【Enter】键计算结果。

3 复制公式

再选择I3单元格，将鼠标光标移到其右下角，当其变为**+**形状时，按住鼠标左键不放，往下面的单元格拖动，复制其公式到其他需要计算总金额的所有单元格。

4 自动求和

选择数据下方的H19单元格，单击工具栏中的“自动求和”按钮Σ，当单元格中出现函数参数提示时，检查参数正确后直接按【Enter】键。

操作提示：注意检查函数参数

在使用自动求和时，Excel会自动检测符合条件的单元格数据作为函数参数，如果有些数据不需要计入总和数据中，可手动更改其参数。

选择需删除单元格，按【Ctrl+-】键可快速打开“删除”对话框。

补充两句

5 选择“排序”命令

1. 选择数据区域单元格。
2. 选择【数据】/【排序】命令。

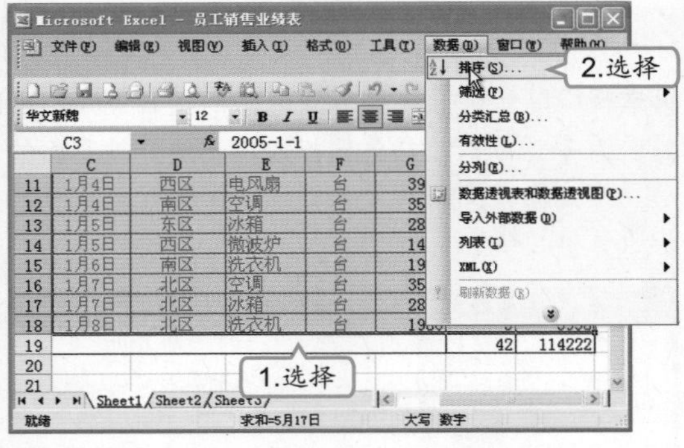

6 设置排序

将主要关键字和次要关键字分别设置为“总金额”和“销售量”的降序排序。

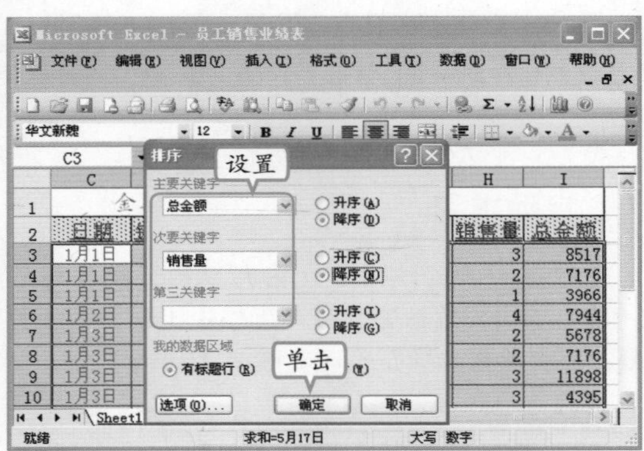

7 选择“自动筛选”命令

排序之后选择【数据】/【筛选】/【自动筛选】命令。

8 进行自定义筛选

1. 单击“销售”单元格右下方的▼按钮。
2. 在弹出的下拉列表中选择“自定义”选项。

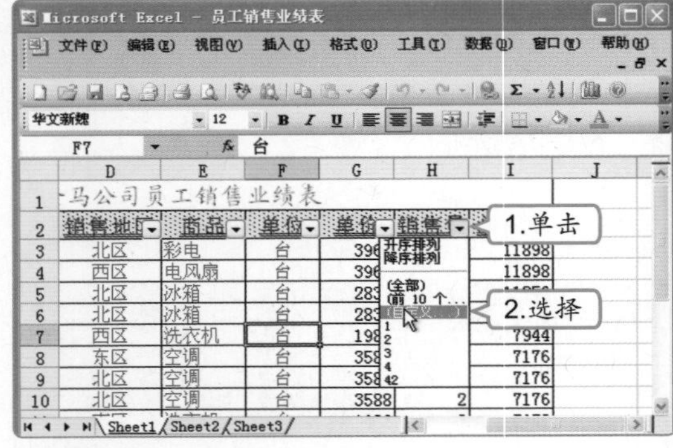

9 设置筛选条件

1. 将筛选条件设置为“大于或等于、3”。
2. 单击 确定 按钮。

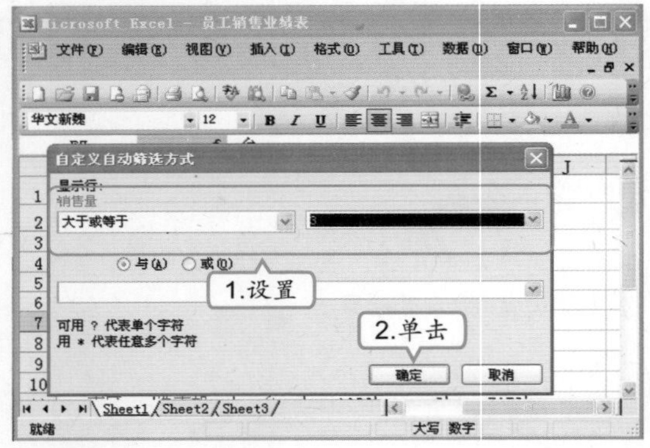

10 分析数据

进行筛选后将按照筛选条件按一定的排序条件显示销售情况，有助于用户分析数据。

高手指点 若要同时调整工作表中多行或多列的行高或列宽，首先选择需要调整的行或列，然后利用鼠标拖动调整任意行标记或列标记上的分隔线即可实现批量调整。

7.4 跟着视频做练习1小时

小李对老马说："Excel真是太方便、太神奇了，我得好好参透参透。"老马说："不错，是该多巩固一下，这类软件需要多练习，熟能生巧嘛。"小李说："那你给指点指点，让我多练习一下。"老马说："没问题。"

1 制作销售统计表

本例将主要练习工作簿、工作表和单元格的操作，以及数据的编辑和公式的应用等知识，完成后的效果如下图所示。

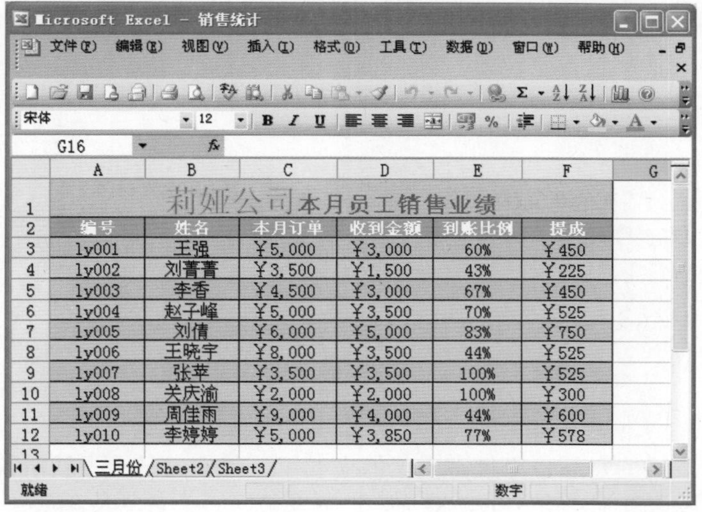

莉娅公司本月员工销售业绩					
编号	姓名	本月订单	收到金额	到账比例	提成
ly001	王强	￥5,000	￥3,000	60%	￥450
ly002	刘菁菁	￥3,500	￥1,500	43%	￥225
ly003	李香	￥4,500	￥3,000	67%	￥450
ly004	赵子峰	￥5,000	￥3,500	70%	￥525
ly005	刘倩	￥6,000	￥5,000	83%	￥750
ly006	王晓宇	￥8,000	￥3,500	44%	￥525
ly007	张苹	￥3,500	￥3,500	100%	￥525
ly008	关庆渝	￥2,000	￥2,000	100%	￥300
ly009	周佳雨	￥9,000	￥4,000	44%	￥600
ly010	李婷婷	￥5,000	￥3,850	77%	￥578

操作提示：

1. 新建工作簿并保存为"销售统计"。
2. 重命名工作表。
3. 合并单元格并调整行高和列宽。
4. 输入基本数据。
5. 设置相关单元格的数据类型。
6. 设置"到账比例"和"提成"栏下的计算公式，并复制公式。
7. 设置边框。
8. 设置底纹。
9. 保存工作簿。

最终效果\第7章\销售统计.xls
视频演示\第7章\制作销售统计表

2 管理"产品库存表"

本例将通过对"产品库存表"的计算、排序和筛选操作，进一步练习和巩固对数据的管理操作，其效果如下图所示。

如果输入单元格中的文本或数字长度超过列宽时，可按【Alt+Enter】键使单元格内的数据自动换行。

补充两句

	A	B	C	D	E	F
1	柔柔日用品公司系列产品库存表					
2	产品名称	规格	上月库存	进货数量	出货数量	本月库存
3	舒缓眼霜	20g	784	834	653	965
4	透明质感粉底	5g	843	534	742	635
6	柔白补水露	100ml	456	743	634	565
9	精华霜	50g	423	456	567	312
10	再生霜	50g	224	767	684	307
12	影形粉底	30ml	377	363	558	182
14						
15						
16						

操作提示：

1. 打开“产品库存表”文件，选择F3单元格。
2. 在单元格中输入“=C3+D3-E3”并按【Enter】键。
3. 复制该单元格格式到下面的单元格。
4. 选择【数据】/【排序】命令，设置按照“本月库存”的降序进行排序。
5. 选择【数据】/【筛选】/【自动筛选】命令。
6. 筛选出“出货数量”在500～800之间的数据。

实例素材\第7章\产品库存表.xls
实例素材\第7章\产品库存表.xls
视频演示\第7章\管理“产品库存表”

7.5 秘技偷偷报

小李现在对表格的熟悉也算是有一定的火候了，他问老马：“我听说Excel的功能还有很多呢，还有没有其他更实用的功能啊？”老马说：“它的功能确实不少，但是对于我们这种只是做做一般表格的用户，前面讲的已经足够了，倒是有两个小秘技可以和你分享一下。”

1 为工作簿创建密码

如果自己的工作簿有重要的数据不想被人看见，可以将工作簿加密，方法为：选择【文件】/【另存为】命令，在打开的“另存为”对话框中单击右上角的工具(L)▾按钮，在弹出的菜单中选择“常规选项”命令，然后在打开对话框的“打开权限密码”文本框中输入密码并确认即可。

2 隐藏工作表

如果不想加密工作簿，使用隐藏工作表的方法也可将一些工作表进行隐藏，其方法是：选择需要隐藏的工作表标签，选择【格式】/【工作表】/【隐藏】命令即可；需要显示时可选择【格式】/【工作表】/【取消隐藏】命令，在打开的“取消隐藏”对话框中选择需要显示的工作表即可。

若在同一工作簿隐藏了多张工作表，则在“取消隐藏”对话框中将显示出所有隐藏的工作表，但在选择需显示的工作表时一次只能选择一个，不能同时选择多个。

第7章

第8章

电脑新手必会的工具软件

小李今天气冲冲地走进办公室，将手里的东西重重地放在桌子上。老马好奇地问："今天是怎么了？吃火药了？"小李说："别提了，我放在电脑里的照片被小张看见了，还偷偷拷去他的电脑里了。"老马哈哈笑道："你那么不小心啊，这些东西应该加密，别让别人随便看啊。"小李问："加密？你快教我！"老马说："这需要一些软件，另外你嫌小张把你弄丑了，你也可以将自己弄得更帅啊。"小李这下把气愤都抛到了九霄云外，缠着老马教他这些软件的使用方法。

2小时学知识

- 文件管理与阅读小帮手
- 视听娱乐小行家

4小时上机练习

- 创建并加密PDF文件
- 使用千千静听编辑歌曲
- 制作专辑封面并编辑音乐信息
- 制作PDF文件并使用WinRAR压缩文件

8.1 文件管理与阅读小帮手

老马告诉小李，电脑的各种工具软件很多，可以根据自己的需要选择安装。小李说：“那以我的需要，你觉得我该安装些什么软件呢？”老马想了想，说：“这个还看你自己的需要，我先给你介绍几款常用的软件吧。”

8.1.1 学习1小时

学习目标

- 认识并学会使用解压缩软件——WinRAR。
- 认识并学会使用加密软件——天盾加密。
- 认识并学会使用PDF文件阅读软件——福昕阅读器。

1 压缩/解压软件——WinRAR

从网上下载的很多文件都是压缩文件，需通过解压后才能使用，同时在传递和保存文件时也常常需要先将文件压缩。目前较常见的压缩软件有WinRAR、WinZIP、好压等，它们可以压缩文件并解压缩各种格式的压缩文件，下面以WinRAR压缩软件为例进行讲解。

（1）WinRAR的工作界面

在电脑中安装了WinRAR软件后，选择【开始】/【所有程序】/【WinRAR】/【WinRAR】命令，或直接双击压缩文件图标可启动WinRAR。下面认识WinRAR的工作界面及其主要组成部分的功能。

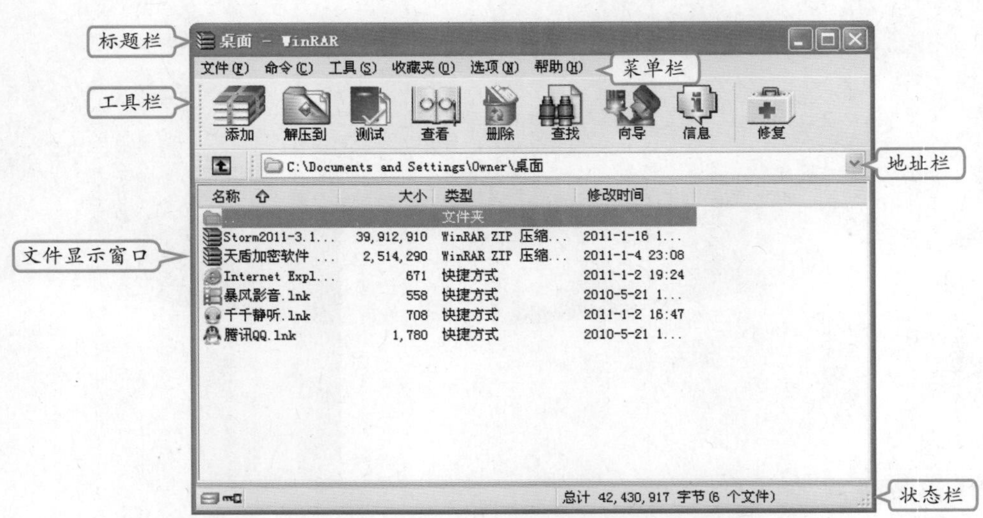

高手指点 文件的压缩格式有很多，常见的有RAR、ZIP、7Z、ACE、ARJ、BZ2、CAB、GZ、ISO、JAR、LZH、TAR、UUE、Z等，一般都能使用WinRAR来解压。

标题栏

其作用和其他常见窗口的标题栏一样，左边用于显示当前窗口的标题，右边的3个按钮用于控制和关闭窗口。

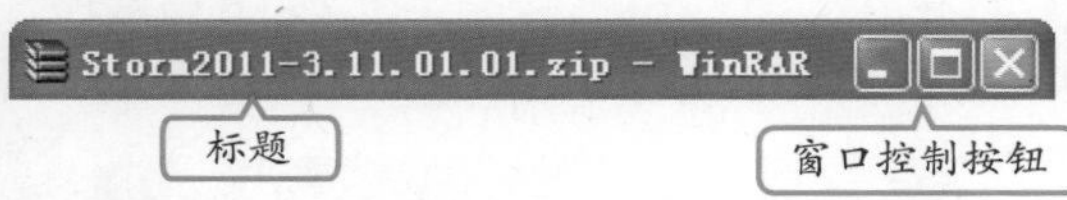

菜单栏

通过菜单栏的各项菜单命令可快速执行各种任务。

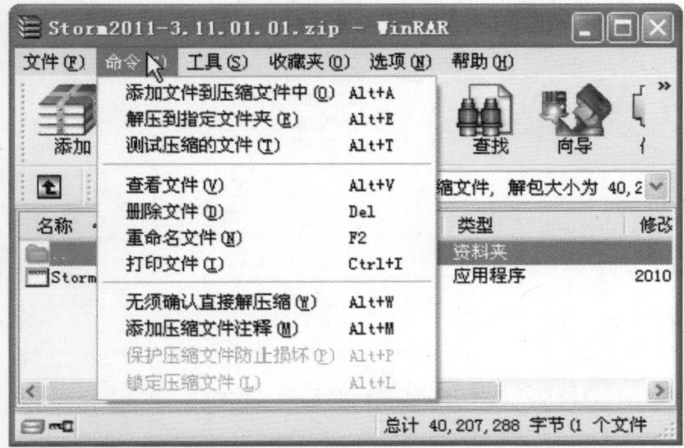

文件显示窗口

用于显示当前目录下的所有文件和文件夹，双击首行的..图标将返回上一级目录。

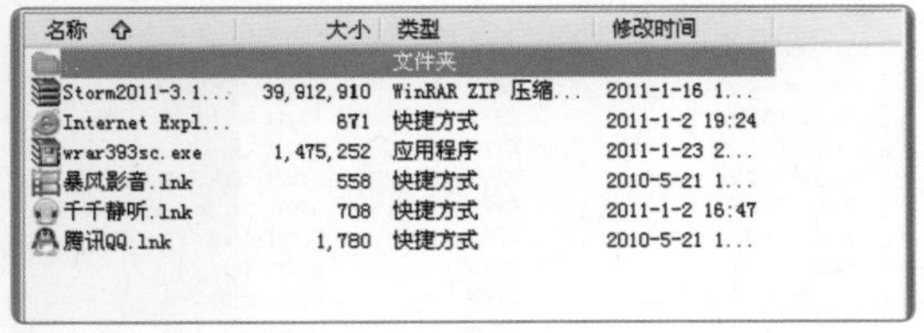

工具栏

工具栏中包含了各种常用工具按钮，单击不同的按钮可实现不同的功能。

- "添加"按钮：用于创建新压缩包。
- "解压到"按钮：用于解压缩文件，使其成为正常格式。
- "测试"按钮：用于测试在文件夹窗口中选择的压缩文件是否有错误。
- "查看"按钮：用于查看在文件夹窗口中选择的文件内容。
- "删除"按钮：用于删除在文件夹窗口中选择的文件。
- "查找"按钮：用于查找电脑中的某个文件。
- "向导"按钮：单击将打开一个向导，根据该向导可压缩或解压缩文件。
- "信息"按钮：获取在文件夹窗口中选择的压缩文件的总大小和压缩率等信息。
- "修复"按钮：用于修复有错误的压缩文件。

地址栏和状态栏

地址栏用于显示当前窗口打开目录的地址，状态栏用于显示所选文件或文件夹的详细信息。

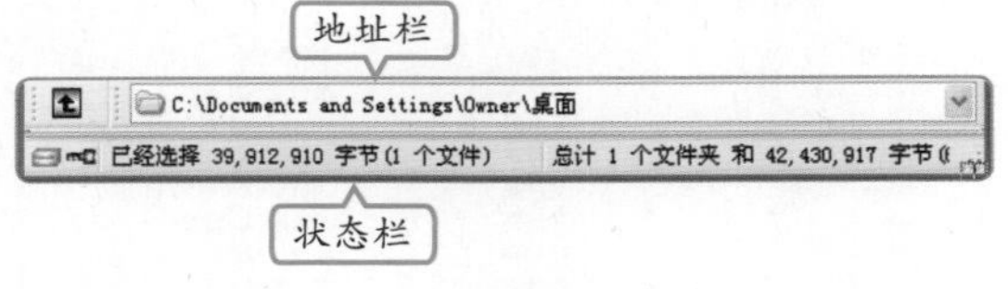

第8章

（2）使用WinRAR压缩文件

使用WinRAR压缩文件有两种方法，一种是通过WinRAR工具栏进行压缩，一种是通过右键快捷菜单命令进行压缩。下面以通过WinRAR工具栏压缩文件为例进行讲解，其具体操作如下。

补充两句

WinRAR不是免费软件，在网上下载的软件在试用40天之后需要购买RAR 许可，不购买的话还是可以继续使用，只是一些功能不能使用。

教学演示\第8章\使用WinRAR压缩文件

1 选择文件所在目录

启动WinRAR，在地址栏选择需要压缩的文件所在的磁盘。

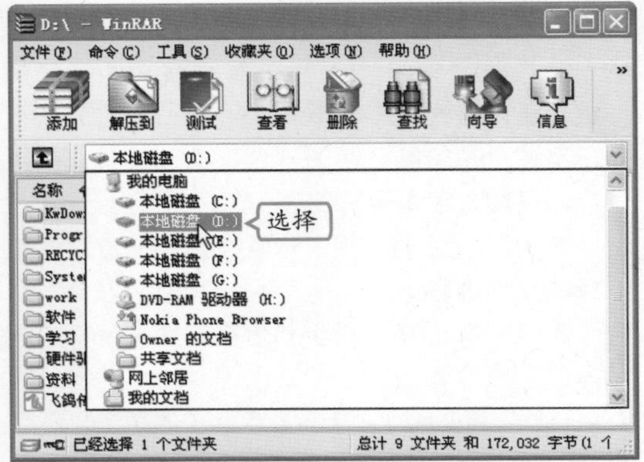

2 选择文件

1. 在文件显示窗口中选择需要压缩的文件或文件夹，这里选择“资料”文件夹。
2. 单击工具栏中的“添加”按钮。

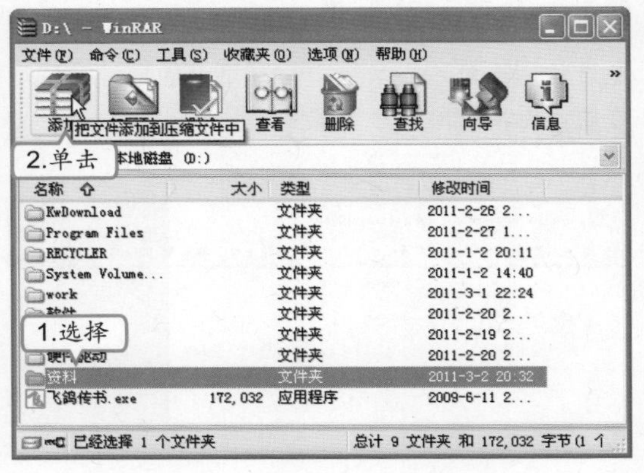

3 设置压缩参数

在打开的对话框中设置压缩文件名和其他参数，这里保持默认，直接单击 确定 按钮。

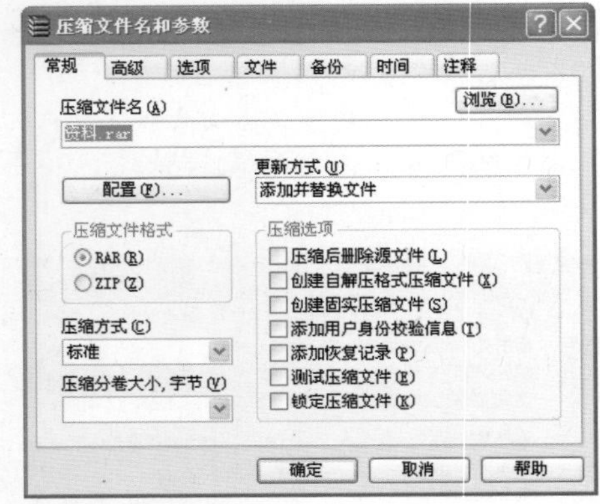

4 完成压缩

WinRAR开始执行压缩任务，完成后当前目录下即可看见出现了一个“资料.rar”压缩文件。

教你一招：快捷菜单压缩文件

在目标文件上单击鼠标右键，在弹出的快捷菜单中选择“添加到压缩文件”命令也可打开“压缩文件名和参数”对话框对文件进行压缩。

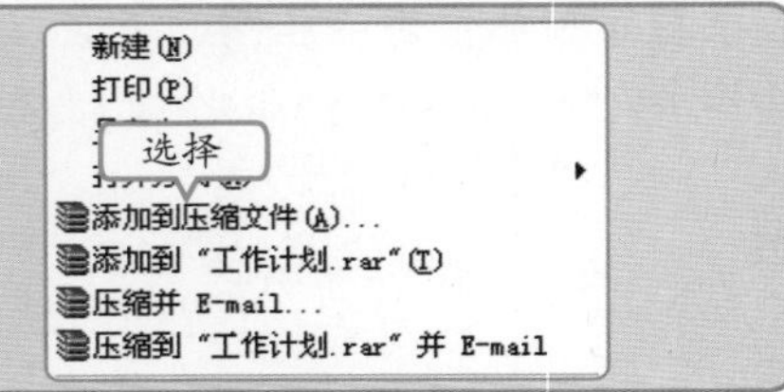

高手指点 在WinRAR的文件显示窗口中，也可像在“我的电脑”窗口中一样通过双击来打开某个文件夹。

（3）使用WinRAR解压文件

使用WinRAR解压文件的方法与压缩文件的方法类似，也可通过WinRAR工具栏或右键快捷菜单来操作。

通过工具栏按钮解压

在WinRAR界面的文件显示窗口中选择需要解压的压缩文件，单击工具栏中的“解压到”按钮，在打开的“解压路径和选项”对话框中进行解压设置后单击 确定 按钮即可执行解压操作。

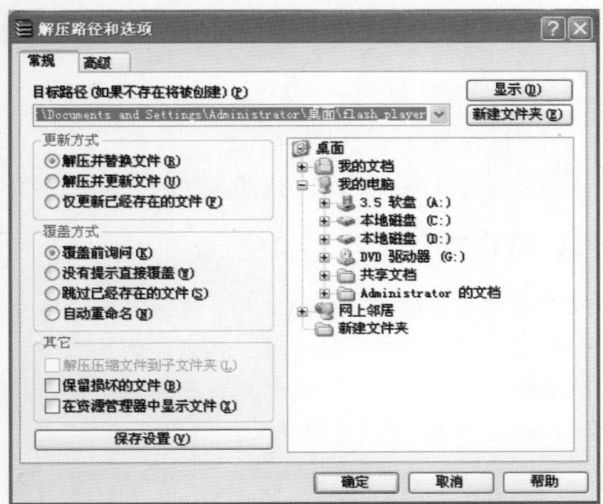

通过右键菜单解压

在需要解压的压缩文件图标上单击鼠标右键，在弹出的快捷菜单中选择“解压文件”命令可打开“解压路径和选项”对话框，选择“解压到当前文件夹”或“解压到（所选压缩包名称）\（E）”可快速执行解压操作。

2 加密软件——天盾加密

使用加密软件可以将一些私密文件或重要文件进行加密隐藏，避免被别人看见，下面介绍一款比较简单小巧的加密软件——天盾加密。

（1）认识天盾加密

天盾加密一般是绿色软件，不用安装，下载后解压即可使用。在其文件夹中双击图标可启动程序，输入登录密码（初始密码为123）后即可进入其主界面。

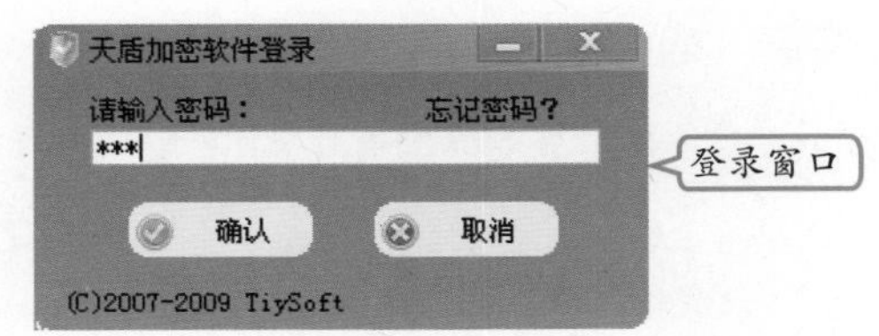

（2）加密与解密文件

下面介绍用天盾加密的隐藏加密和解密的方法，其具体操作如下。

教学演示\第8章\加密与解密文件

补充两句

在右键快捷菜单中选择“解压到当前文件夹”命令，可快速将压缩文件中的所有文件和文件夹解压到当前的文件夹中；选择“解压到（所选压缩包名称）\（E）”命令可在当前文件夹中创建一个与压缩包名称相同的文件夹并将其中的文件和文件夹解压到该文件夹中。

1 加入文件

1. 登录天盾加密，在其主界面中选择“隐藏加密”选项。
2. 单击 加入... 按钮，在弹出的菜单中选择“加入文件”命令。

2 选择文件

1. 在打开的对话框中选择需加密的文件。
2. 单击 打开(O) 按钮。

3 加密文件

1. 在天盾加密主界面的文件列表中选择需要加密的文件。
2. 单击 闪电加密 按钮。

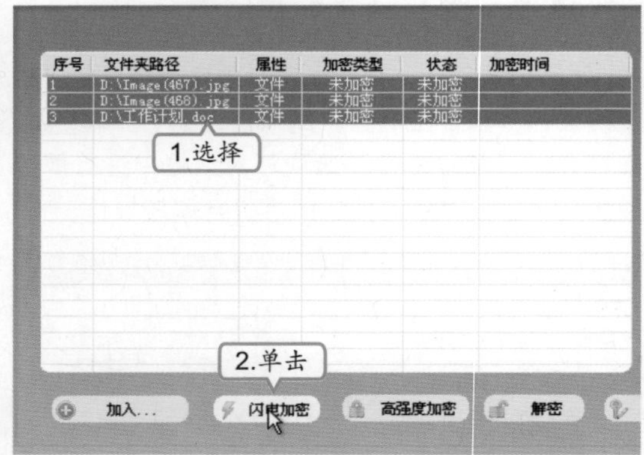

4 解密文件

1. 加密后天盾加密将自动关闭，在原来的文件夹中已经找不到加密的文件，如果需要解密需要重新启动加密程序，选择列表中的文件。
2. 单击 解密 按钮恢复文件。

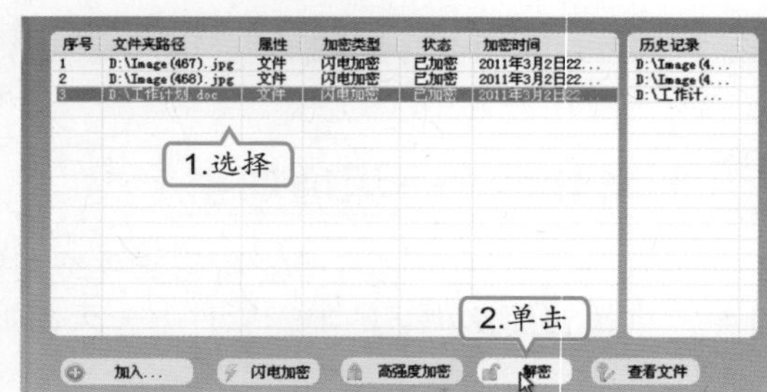

操作提示：设置天盾加密

选择天盾加密主界面左侧的“系统设置”选项，可打开“系统设置”对话框，在其中可进行加密的常规设置及密码和操作设置等。

选择天盾加密主界面左侧的“密码加密”选项，可使用另一种加密方式——密码加密。

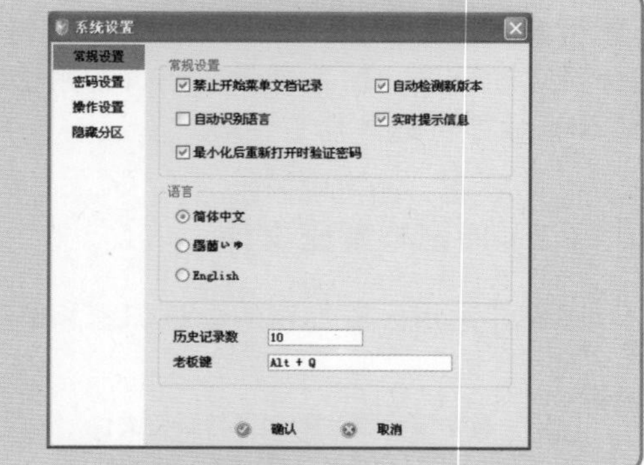

第8章

高手指点 隐藏加密的文件只有通过天盾加密才能发现，所以天盾加密软件的密码至关重要。

3 电子阅读器——福昕阅读器

在网上搜索和下载资料时往往会下载到一些特殊的PDF格式的文件，如果电脑中没有安装专门的PDF阅读器，将无法查看这类文件中的内容。所以通常电脑中也不能缺少这类阅读软件，福昕阅读器就是一款PDF文件阅读软件，除了阅读电子文件外，它还支持将电脑中的其他文件转化为PDF格式。

阅读PDF文件

电脑中安装了福昕阅读器后，双击PDF文件图标即可打开，或者启动阅读器后选择【文件】/【打开】命令来选择需要打开的文件。打开文件后可以通过阅读器操作界面上的菜单栏和工具栏实现对文档中内容的浏览、选择、复制以及打印等操作。

创建PDF文件

福昕阅读器安装了创建组件后，还可以将电脑中各种支持打印的文件都创建成PDF格式。在其主界面中选择【文件】/【创建PDF】/【从文件】命令，在打开的对话框中选择需要创建的文件后即可创建出一个新的PDF文件。

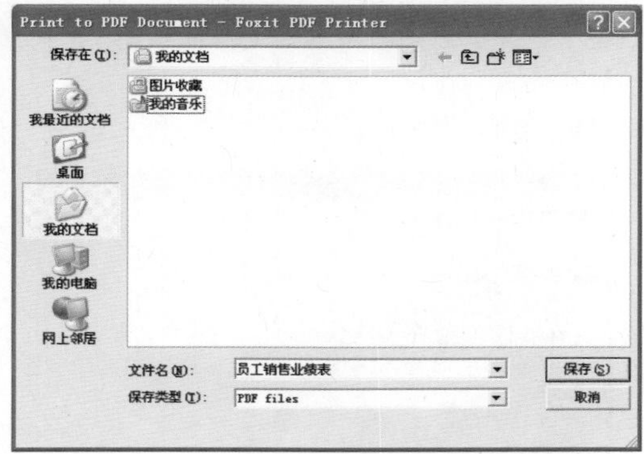

8.1.2 上机1小时：创建并加密PDF文件

本例将使用福昕阅读器将“产品相册”幻灯片文档创建成PDF文件，然后再使用天盾加密软件为该文件添加密码。

上机目标

- 巩固利用福昕阅读器创建和查看PDF文件的知识。
- 进一步掌握使用天盾加密加密文件的方法。

实例素材\第8章\产品相册.ppt
教学演示\第8章\创建并加密PDF文件

补充两句：Adobe公司推出的Adobe Reader也是一款很受欢迎的PDF阅读软件，只是它的体积较福昕阅读器要大很多。

1 选择命令

启动福昕阅读器，选择【文件】/【创建PDF】/【从文件】命令。

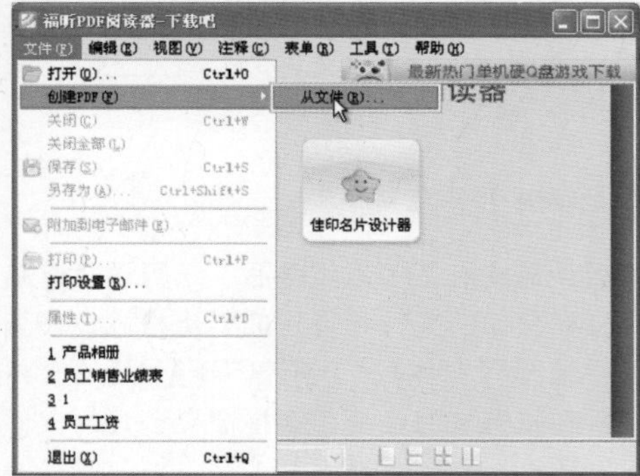

2 选择文件

1. 在“打开”对话框中选择“产品相册.ppt”素材文件。
2. 单击 打开(O) 按钮。

3 保存PDF文件

1. 创建程序读取文件后，在打开的对话框中选择保存位置和设置文件名。
2. 单击 保存(S) 按钮。

4 完成创建

创建程序会自动在选择的位置创建一个PDF文件，完成后在其窗口中打开该文件。

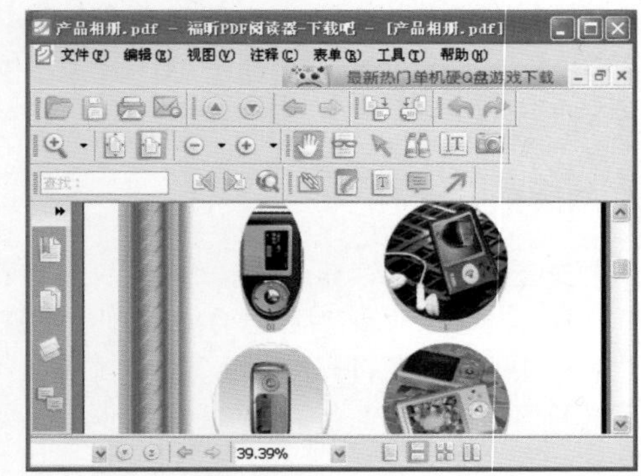

5 添加加密文件

1. 启动天盾加密程序，选择“密码加密”选项。
2. 单击 加入... 按钮，在弹出的菜单中选择“加入文件”命令。

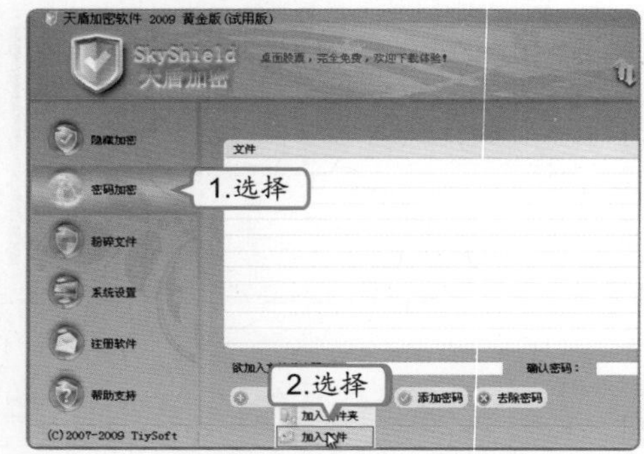

6 加入文件

1. 在打开的“请输入欲打开的文件：”对话框中选择刚才创建的“产品相册.pdf”文件。
2. 单击 打开(O) 按钮加入文件。

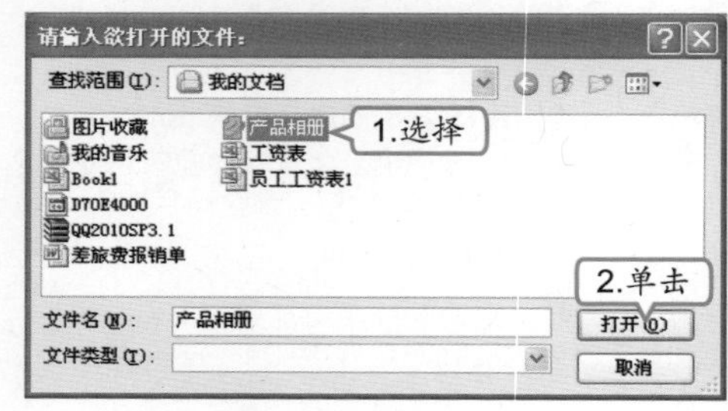

高手指点 如果使用天盾加密的隐藏功能来加密文件，是不能添加系统盘中的所有文件和文件夹的，包括桌面和我的文档中的文件。

7 设置密码

1. 在“欲加入文件的密码”和“确认密码”文本框中输入密码“123456”。
2. 单击 添加密码 按钮。

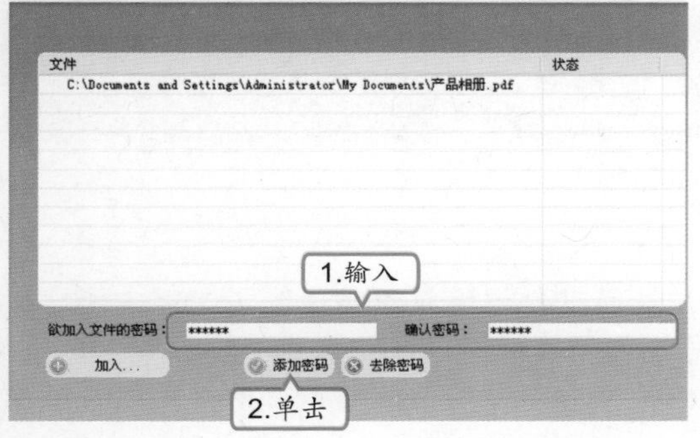

8 完成加密

加密成功后文件列表中可见其状态为“已加密”，关闭天盾加密窗口。

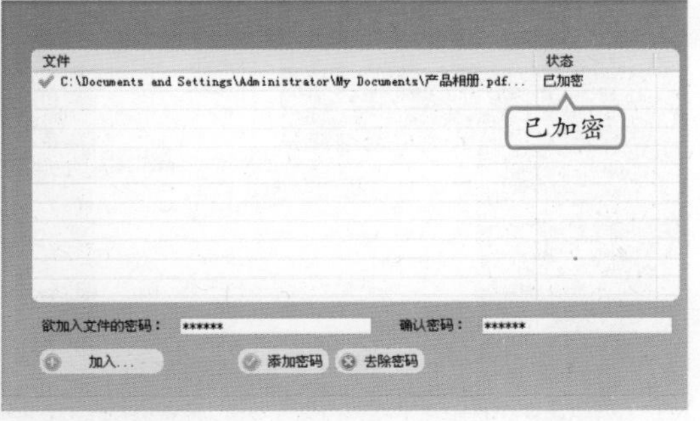

9 输入密码

1. 打开加密文件所在的文件夹，双击其图标。
2. 在打开的对话框中输入密码。
3. 单击 确认 按钮。

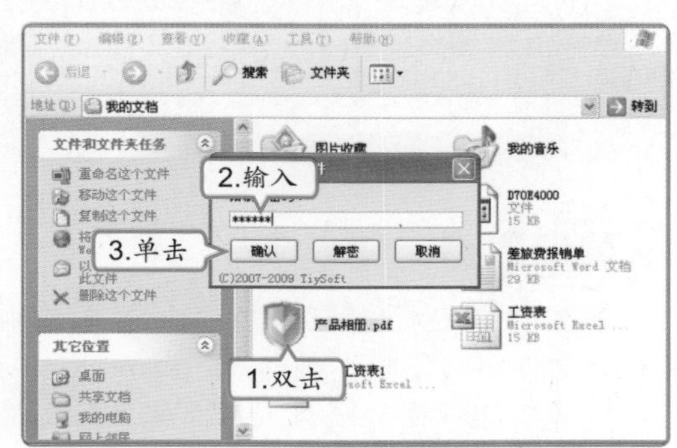

10 查看并阅读文件

系统将启动阅读器打开文件，这时可以在阅读器中直接阅读文件内容。

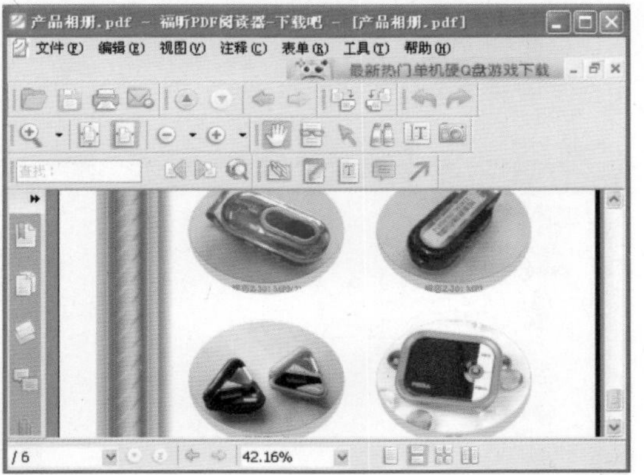

8.2 视听娱乐小行家

老马告诉小李，电脑的功能不只是办公和管理文件，在工作之余，还可以使用电脑看看电影、听听音乐让自己放松。小李说：“这么神奇啊？可是我的电脑里并没有播放影片和音乐的功能选项啊？是不是也要安装什么软件才能实现啊？”老马说：“这次你说对了，是要安装软件。”小李这下好奇了，问：“那都要装些什么软件呢？”老马说：“那就看你的需要了，不过通常很多用户都选择安装暴风影音和千千静听。另外，如果你业余时间想弄点照片什么的，用美图秀秀很适合你，它的使用很简单，不像那些专业的软件那么复杂。”小李有点急了，说：“那你赶快教教我吧，我都等不及了。”

补充两句

除了各种格式的电子文档外，图片也可以使用福昕阅读器创建成PDF文档。

8.2.1 学习1小时

学习目标

- 熟练使用视频播放软件暴风影音播放视频文件。
- 熟练使用音频播放软件千千静听播放音频文件。
- 能够使用美图秀秀编辑简单的图片。

1 暴风影音

随着电脑技术和网络的发展，在电脑中播放影音文件已经是家常便饭了，但由于现在的视频文件格式繁多，虽然Windows XP中也有视频播放软件Windows Media Player，但它能播放的文件格式很有限。而暴风影音是一款被称为全能的播放器，目前常见的各种视频格式它基本上都能播放，还能播放DVD，而且其操作也非常简单，下面对其进行介绍。

播放本地影片

双击保存在电脑中的视频文件即可启动暴风影音并播放，也可先启动暴风影音，单击播放器窗口中间的打开文件按钮，在打开的“打开”对话框中选择需要播放的文件进行播放。

播放DVD光盘

将DVD光盘放入光驱后，单击暴风影音的“主菜单”按钮，在弹出的菜单中选择【文件】/【打开碟片/DVD】/【_（光驱盘符）】命令即可打开光驱中的碟片。

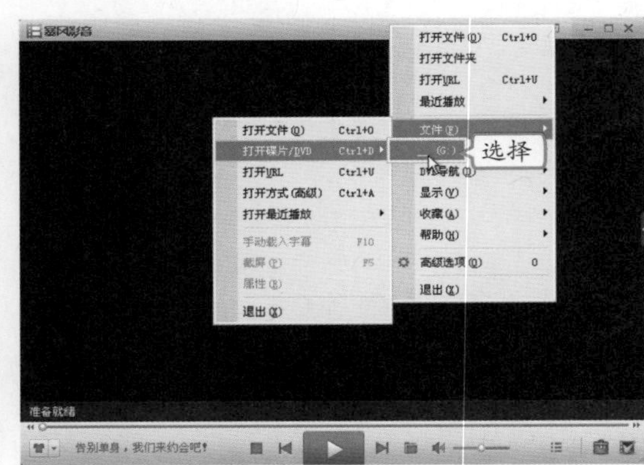

教你一招：取消开机启动

暴风影音安装之后会默认为开机自动启动程序，这其实没有必要，且会消耗系统资源。用户可以在其主界面中单击“主菜单”按钮，在弹出的菜单中选择“高级选项”命令，打开“高级选项”对话框，然后选择“常规”选项卡，取消选中“开机自动运行暴风影音”复选框，确认后下次开机将不再自动启动暴风影音。

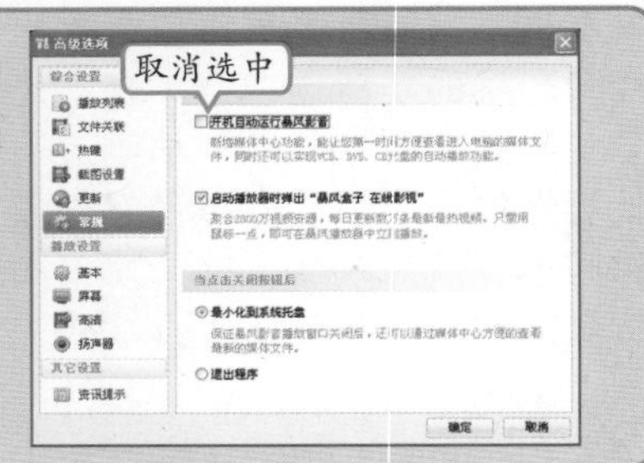

高手指点 在“高级选项”对话框中，选择不同的选项卡可以进行不同的设置，使用时可以很好地利用。

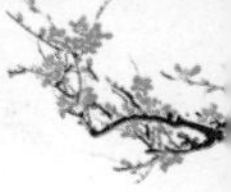

管理播放列表

默认情况下，打开一个视频文件就会将其加入到播放列表中，也可以展开右边的窗格，在“播放列表”选项卡中，可以通过其中的+、-、🗑和⏸按钮为播放列表添加、删除、清空文件和设置播放顺序。

观看在线视频

暴风影音还支持在线视频播放，在播放列表的窗格中，选择“在线视频”选项卡，即可选择播放暴风影音推荐的热门视频。

2 千千静听

虽然暴风影音、RealPlayer等播放器也可播放音频文件，但在歌词关联、选择歌曲和创建播放列表等方面都不如专门的音频播放器——千千静听那么方便实用。千千静听采用高保真、高性能的音频回放技术，具有资源占用少、运行效率高、扩展能力强等优点。

（1）千千静听的基本操作

启动千千静听后默认会有4个面板，即主面板、播放列表面板、歌词秀面板和均衡器面板，各个面板的大小和位置都可以通过鼠标来调整，也可以将其隐藏。

主面板

该窗口是播放器的主要控件，可以控制音乐的播放、停止、暂停，即进度控制，可以进行窗口的控制和音量的控制，其他3个窗口的显示与隐藏也可在这里实现。

播放列表面板

通过上方的“添加”、“删除”、“列表”等按钮可以对当前列表进行相应的操作，在播放列表中双击某个选项即可立即播放该音乐文件。在左侧的列表中单击鼠标右键，可以进行列表的新建、删除和重命名等操作。

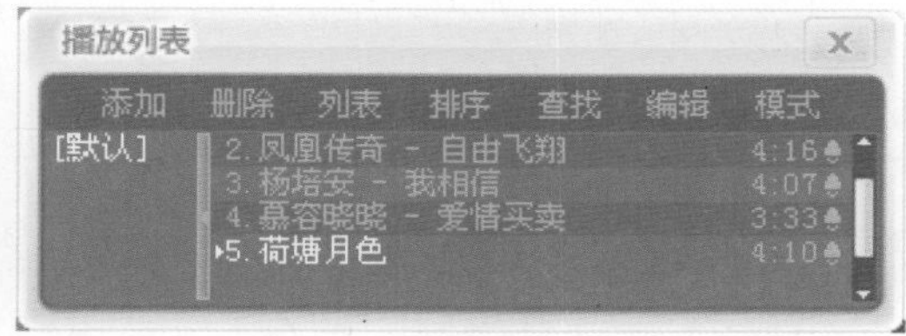

第8章

补充两句：在千千静听主面板的中间区域，会滚动显示当前播放音乐的详细信息，包括文件名称、格式、长度等。

歌词秀面板

用于显示当前播放音乐的歌词内容，但是只有电脑中有音乐对应的歌词文件才能显示。千千静听具有在线搜索歌词的功能，当播放一首音乐时，它会通过网络搜索和下载相应的歌词文件，用户也可以自己设置和手动搜索。

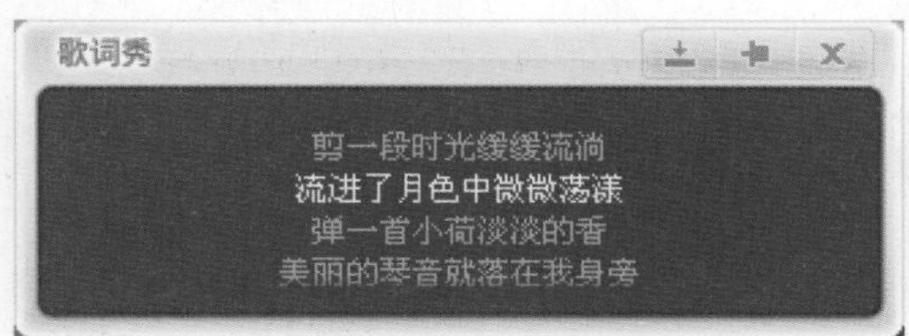

均衡器面板

用户可以按照自己的喜好调节声音频率，单击窗口上方的 ≡ 按钮即可选择各种不同的方案。

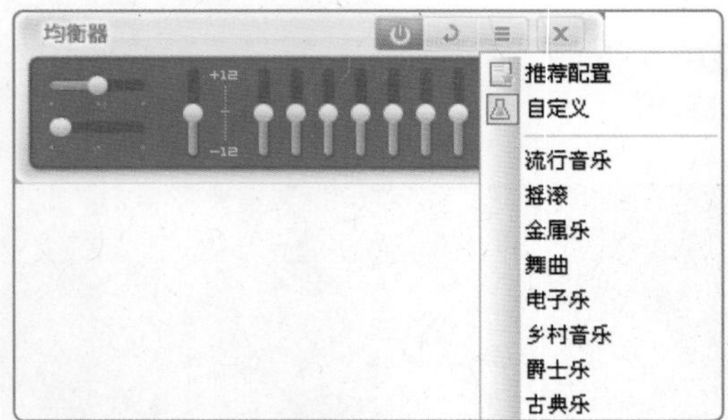

（2）编辑音乐

使用千千静听除了可以播放音乐外，还可以对音频文件进行属性编辑和格式转换等，下面介绍这两种比较实用的功能。

编辑文件属性

在播放列表中选择需要编辑属性的文件选项，单击鼠标右键，在弹出的快捷菜单中选择“文件属性”命令即可打开“文件属性”对话框，在其中可以对当前音乐文件的标题、艺术家、专辑等属性进行编辑修改，选择“专辑封面”选项卡还可以为其设置专辑的封面。

转换音频格式

千千静听还可以将一种音频格式的文件转换成另一种格式，如将wma格式转换为mp3格式。方法为：在播放列表中右击需要转换的选项，在弹出的快捷菜单中选择“转换格式”命令，打开“转换格式”对话框，然后选择需要转换的格式和输出位置即可进行转换。

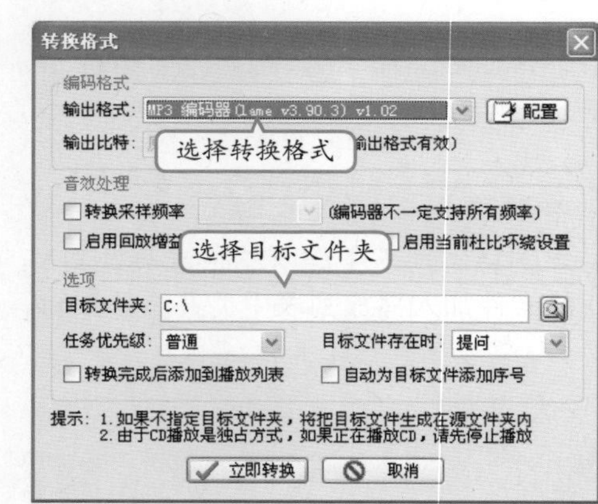

教你一招：显示桌面歌词

在千千静听主面板顶部的空白处单击鼠标右键，在弹出的快捷菜单中选择“显示桌面歌词”命令，即可在电脑桌面上显示当前播放音乐的歌词。

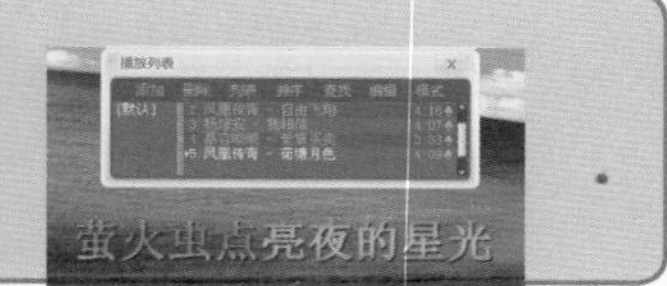

高手指点 显示桌面歌词后，即使将千千静听窗口最小化，电脑桌面上依然会显示歌词。

3 美图秀秀

使用美图秀秀可以简单而快速地对照片和各种图片进行处理，如美化图片效果、为人物美容、添加饰品、添加文字和添加边框等。启动美图秀秀后，通过窗口右上方的工具按钮可执行图片的打开、保存、新建等各种操作，打开或新建一张图片后，选择左上方的“美化”、“美容”、“饰品”、“文字”、“边框”、“场景”、“闪图”、“娃娃”和“拼图”选项卡，在其中可以实现各种简捷而实用的图片处理功能。美图秀秀的操作非常简单，不用系统地学习，只需利用它提供的各种功能就能轻松处理图片，是初学者不可多得的选择。

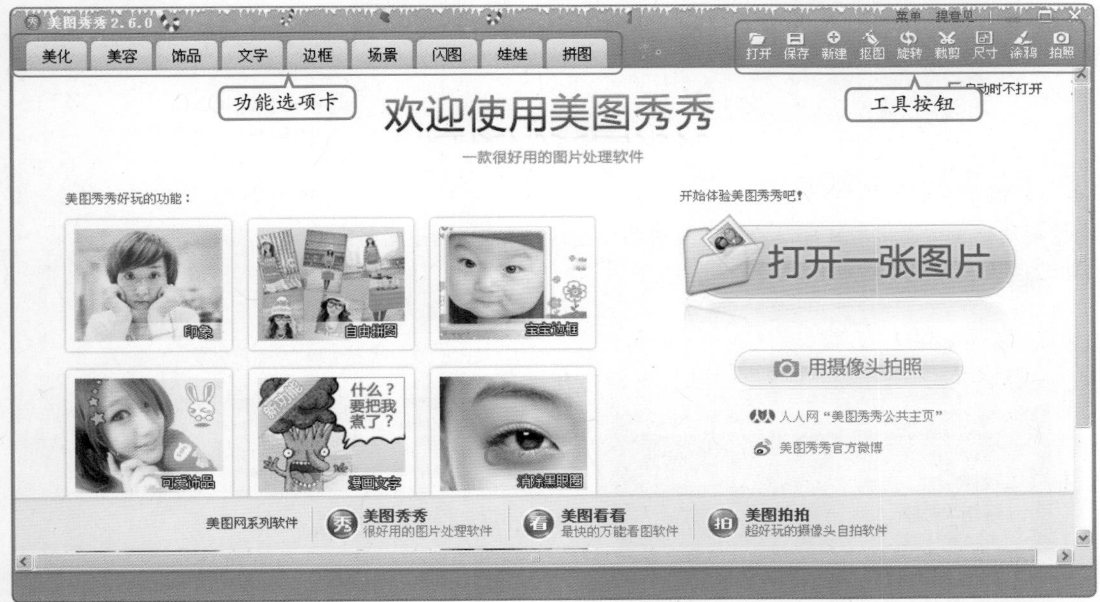

8.2.2 上机1小时：使用千千静听编辑歌曲

本例将利用千千静听的格式转换功能，将wma格式的音乐文件转换为mp3格式，再将转化的文件加入播放列表中，并重新编辑其歌曲信息。

上机目标

- **进一步熟悉千千静听的格式转换功能。**
- **能够熟练地使用千千静听播放器进行歌曲信息的编辑及添加列表文件等操作。**

教学演示\第8章\使用千千静听编辑歌曲

补充两句

安装美图秀秀后，将一同安装其图片浏览器产品和PDF阅读器产品。如果用户不太习惯用这两款软件，可以将其卸载，只保留美图秀秀。

1 管理面板

启动千千静听，在其主面板上选择“均衡器”和“歌词”选项隐藏其面板，并拖动“播放列表”面板与主面板相连。

2 添加播放列表文件

在“播放列表”面板中选择“添加”菜单项，在弹出的菜单中选择“文件”命令。

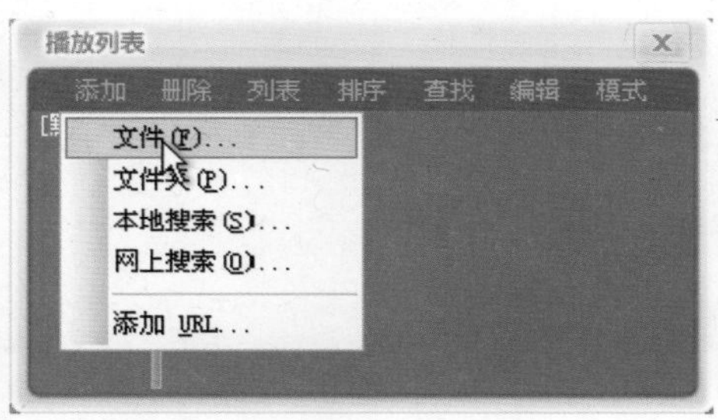

3 选择文件

1. 在“打开”对话框中选择文件所在目录，并选择需要添加的文件。
2. 单击 打开(O) 按钮。

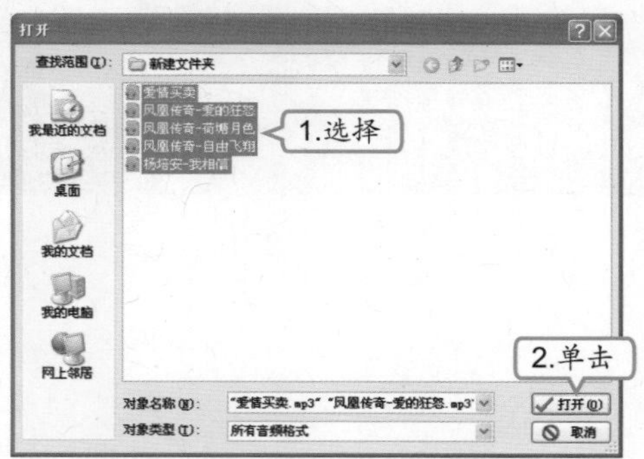

4 选择命令

在播放列表中选择一个wma格式的文件选项并单击鼠标右键，在弹出的快捷菜单中选择“转换格式”命令。

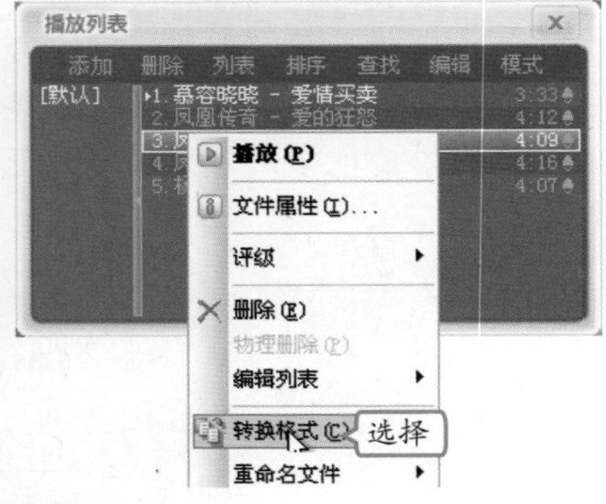

5 执行转换

1. 选择输出格式为“MP3编码器”。
2. 选中“转换完成后添加到播放列表”复选框。
3. 单击 立即转换 按钮。

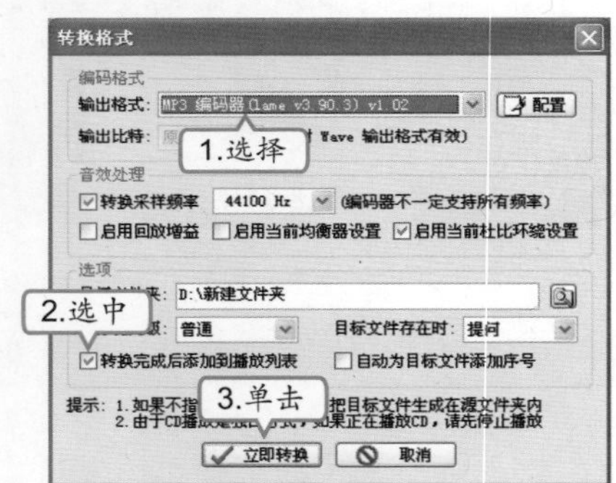

6 打开“文件属性”对话框

转换完成后在播放列表的最后将添加一个转换之后的选项，单击鼠标右键，在弹出的快捷菜单中选择“文件属性”命令。

高手指点 如果选择添加文件夹，则在“打开”对话框中只能选择一个文件夹，确定后该文件夹中的所有音乐文件都将被添加到播放列表中。

第8章

7 编辑属性

1. 在打开的"文件属性"对话框中输入各项相关属性。
2. 单击保存到文件按钮保存设置。
3. 单击关闭按钮关闭对话框。

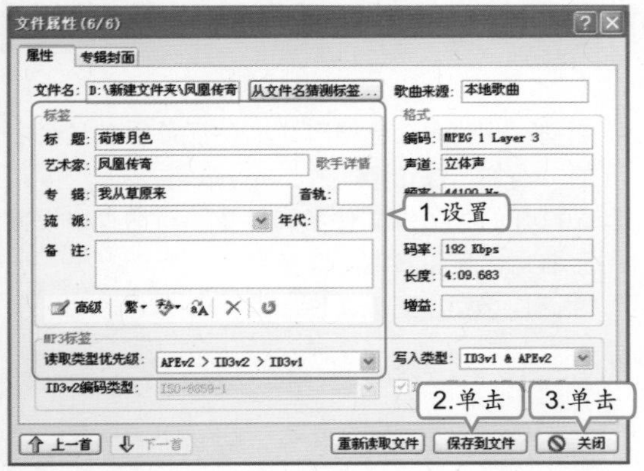

8 播放音乐

完成之后单击主面板上的"播放"按钮▶，播放器将从第1首开始播放，这时"播放"按钮▶将变为"暂停"按钮‖。

8.3 跟着视频做练习

老马问小李："觉得怎么样？刚才学的这些都还简单吧？"小李说："是够简单的，但是你讲得也够简单啊，你还是让我多练习一下吧。"老马说："行，这类软件知识就是在使用的过程中才能更好地掌握。"

1 练习1小时：制作专辑封面并编辑音乐信息

本例将练习使用美图秀秀制作一张图片，并使用千千静听将该图片设置为音乐的专辑封面，以熟悉这两款软件的使用。

视频演示\第8章\制作专辑封面并编辑音乐信息

操作提示：

1. 选择一张素材图片和一首音乐。
2. 使用美图秀秀打开图片。
3. 为图片添加各种特效。
4. 保存图片。
5. 启动千千静听，将音乐文件添加到播放列表中。
6. 右击音乐文件，在弹出的快捷菜单中选择"文件属性"命令，打开"文件属性"对话框，选择"专辑封面"选项卡。
7. 单击浏览...按钮，选择制作的图片并保存到文件中。

第8章

补充两句

直接双击播放列表中的选项也可播放音乐，但这时将从双击的对象开始播放而不是从第1首播放。

2 练习1小时：制作PDF文件并使用WinRAR压缩文件

本例将使用福昕阅读器制作PDF文件，然后使用WinRAR压缩软件进行压缩。

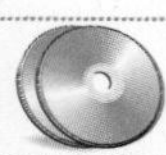

视频演示\第8章\制作PDF文件并使用WinRAR压缩文件

操作提示：

1. 制作一个Word文档。
2. 启动福昕阅读器，选择【文件】/【创建PDF】/【从文件】命令。
3. 在打开的“打开”对话框中打开制作好的Word文档。
4. 选择保存位置保存PDF文件。
5. 启动WinRAR，选择PDF文件后单击工具栏中的“添加”按钮。
6. 在打开的“压缩文件名和参数”对话框中设置压缩文件名和其他压缩参数。
7. 单击 确定 完成文件压缩。

8.4 秘技偷偷报

这几小时学习下来，小李对这几款必备软件也有了一定的了解。可是老马告诉他：“不管使用什么软件，都是一个熟能生巧的过程，只要对它熟悉了，使用起来也就得心应手了。熟悉之后说不定会找到一些软件的一些特殊功能呢。”小李一听，笑呵呵地说：“那您一定已经找到一些了吧？”老马说：“是有一些，告诉你也无妨。”

1 使用千千静听编辑歌词

如果发现播放音乐时歌词与歌曲对不上，或者有错别字，可以手动编辑歌词，甚至可以在没有歌词时自己编辑。播放一首音乐时，在歌词秀面板中单击鼠标右键，在弹出的快捷菜单中选择“编辑歌词”命令，即可设置每句歌词的时间和其具体文字，完成后保存即可。

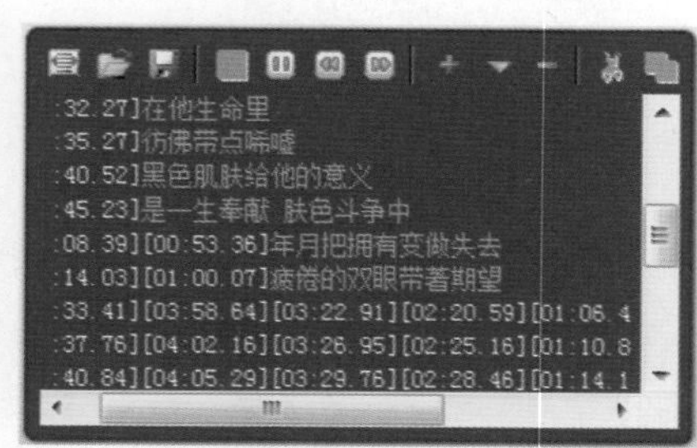

第8章

2 使用暴风影音的自动记忆功能

暴风影音2011版添加了自动记忆播放位置功能，即第一次播放后如果没有播放完而退出播放器，下次再启动播放器时直接单击“播放”按钮或单击其主界面的播放区域，即可接着上次的播放进度播放影片。默认情况下该功能是开启的，如果没有开启，可打开“高级选项”对话框，选择左侧“播放列表”选项卡，在“播放列表常规选项”栏选中“继续播放上次未完成的列表”复选框即可。

高手指点 如暴风影音的“高级选项”对话框一样，在千千静听的“千千静听-选项”对话框中也可以对软件进行详细的设置，在其主界面上单击鼠标右键，在弹出的快捷菜单中选择“千千选项”命令可打开该对话框。

第9章

电脑硬件使用入门

小李对电脑硬件设备的认识很匮乏，以至于他在使用电脑时经常对一些需要用到的硬件束手无策，这不，今天同事让他组装一台电脑并连接到扫描仪，他却不知道从哪开始着手。于是，他找到老马，请求老马给他补一补这方面的知识，老马了解情况后，决定给他讲解一些很实用的硬件知识，小李对老马充满感激，他迫不及待地想学习这些知识，要求老马赶紧给他讲解。

2小时学知识

- 轻松管理电脑硬件
- 常用电脑硬件使用早知道

3小时上机练习

- 安装显卡驱动并删除摄像头
- 使用摄像头
- 使用扫描仪

9.1 轻松管理电脑硬件

老马告诉小李，管理好电脑的硬件设备能有效防止一些故障的发生，要管理电恼的硬件首先应认识电脑硬件设备，再掌握添加和删除硬件的方法，才能做好对电脑硬件的安装与拆卸，小李听了老马的话点点头，开始认真地听起来。

9.1.1 学习1小时

学习目标

- 了解常见的办公硬件设备。
- 学会给电脑添加硬件设备。
- 了解删除电脑硬件的方法。

1 添加硬件

为电脑添加硬件包括添加无须驱动程序的硬件和添加需要驱动程序的硬件两种，其添加方法各有不同，下面分别进行简单介绍。

（1）添加无须驱动程序的硬件

在电脑中添加无须驱动程序的硬件时，通常有两种情况：首先是必须在断电的情况下添加的硬件设备（如内存），将硬件安装在正确的位置即可正常使用；其次是在开机或通电的情况下就可添加的硬件设备（如U盘等），只需将其连接到正确的接口即可。

（2）添加需要驱动程序的硬件

添加需要驱动程序的硬件，首先应将硬件设备与电脑进行连接，再通过设备管理器检测出对应的硬件进行驱动的安装。下面以添加网卡为例进行讲解，其具体操作如下。

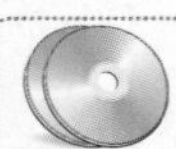

教学演示\第9章\添加需要驱动程序的硬件

高手指点 在为显卡安装驱动程序前，应该先运行其应用程序，否则在安装过程中将无法找到该显卡正确的驱动程序。

1 安装网卡

将网卡安装在主板中的网卡插槽中，组装并连接电脑。

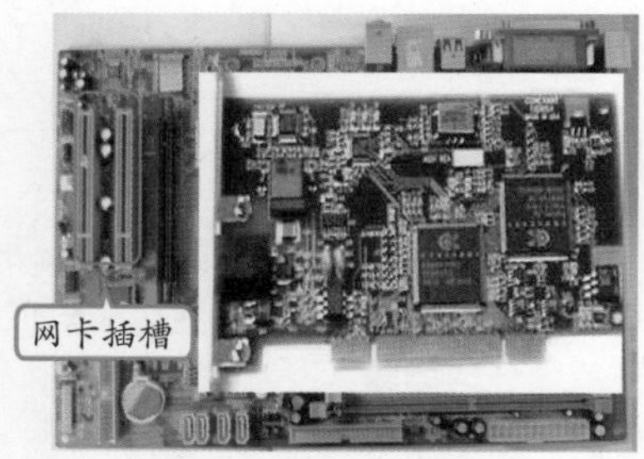

2 打开“设备管理器”对话框

启动电脑，在桌面上的“我的电脑”图标上单击鼠标右键，在弹出的快捷菜单中选择“设备管理器”命令。

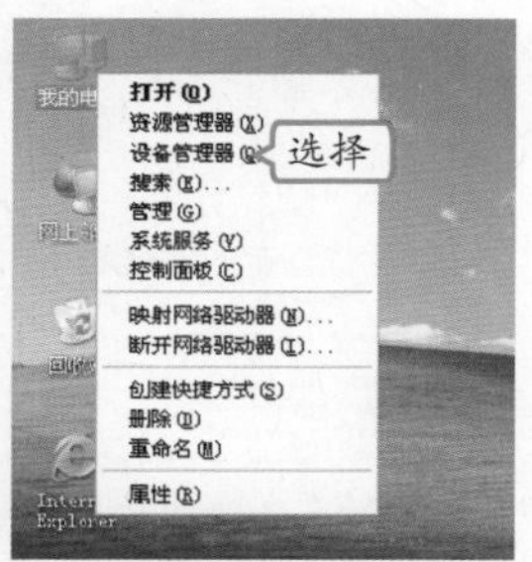

3 搜索到新硬件

在系统桌面的右下方显示“发现新硬件”提示，同时在设备管理器中出现 图标，表示搜索到的新硬件。

4 打开安装向导

1. 系统会自动打开安装新硬件向导的对话框，在其中选中“否，暂时不”单选按钮。
2. 单击 下一步(N) > 按钮。

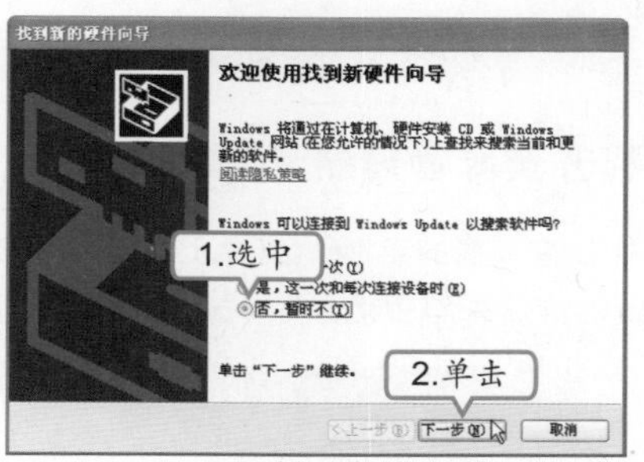

5 设置安装方式

1. 将光盘放入电脑光驱中，在打开的对话框中选中“自动安装软件（推荐）”单选按钮。
2. 单击 下一步(N) > 按钮，根据向导进行操作，直到驱动安装完成。

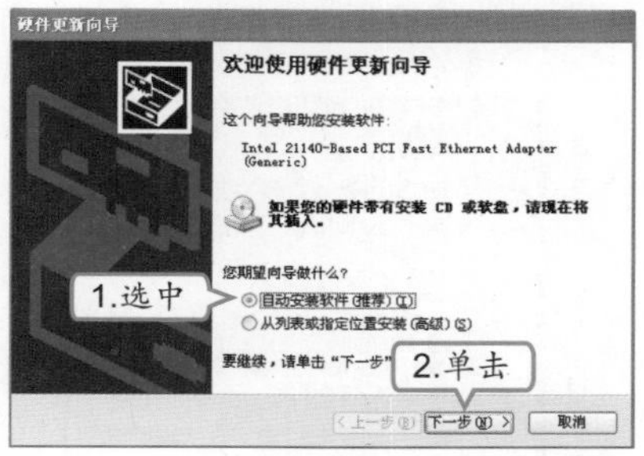

6 添加成功

安装完成后，在“设备管理器”对话框中原来的 图标将显示为 图标，表示添加的新硬件可正常使用。

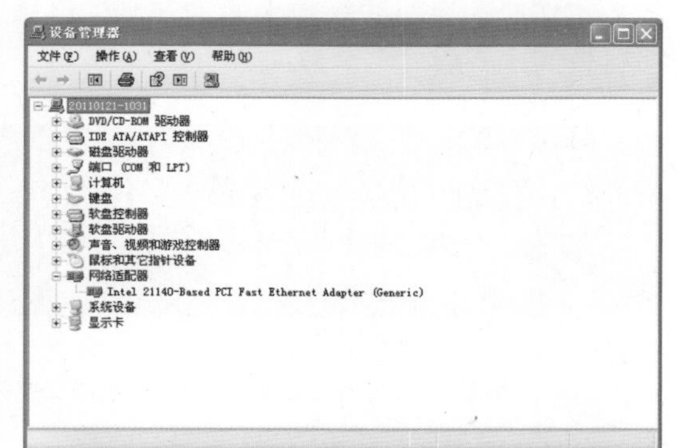

补充两句

一般情况下，在为电脑的硬件设备安装驱动程序时，硬件将自动获取其驱动程序，即可进行使用，但对于有多个此硬件的驱动程序，则需手动安装选择合适的进行使用。

2 删除硬件

在电脑中，如果不需要某个硬件，可以将其删除，从而释放磁盘空间，以便最大限度地发挥电脑的性能。下面以删除网卡设备为例进行讲解，其具体操作如下。

教学演示\第9章\删除硬件

1 打开资源管理器

在桌面上的“我的电脑”图标上单击鼠标右键，在弹出的快捷菜单中选择“设备管理器”命令。

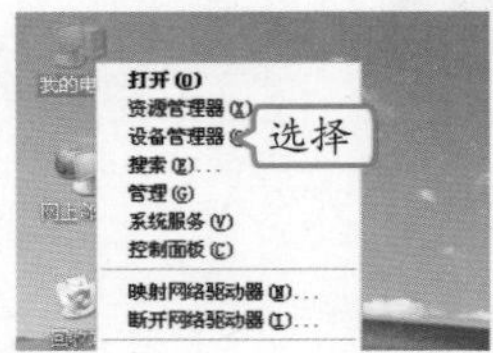

2 卸载硬件

在打开的对话框中找到网卡的图标，单击鼠标右键，在弹出的快捷菜单中选择“卸载”命令。

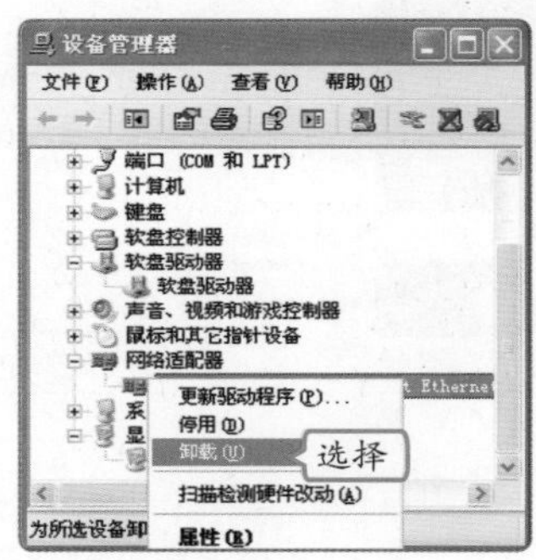

3 确认卸载

在打开的“确认设备删除”对话框中单击确定按钮，再在打开的对话框中单击是(Y)按钮，重启电脑，完成硬件的删除。

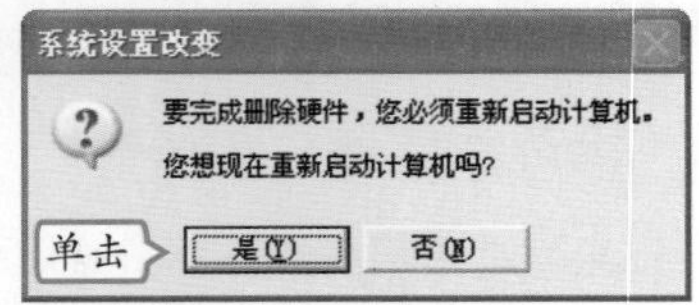

操作提示：在对话框中卸载

在设备管理器中双击要进行卸载的驱动程序图标，在打开的对话框中选择“驱动程序”选项卡，单击卸载(U)按钮即可卸载。

9.1.2 上机1小时：安装显卡驱动并删除摄像头

本例将为电脑安装显卡驱动并删除电脑上的摄像头，释放电脑资源，如下图所示为操作前与操作后的效果图对比。

上机目标

- **巩固安装电脑硬件的方法。**
- **进一步掌握删除硬件的方法。**

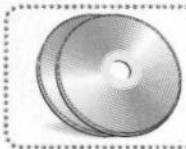

教学演示\第9章\安装显卡驱动并删除摄像头

高手指点　一般情况下，在添加需要驱动程序的硬件时，系统会自动检测出新添加的硬件，直接进行驱动的安装即可，无须手动进行检测。

1 安装显卡

安装要添加的显卡设备，组装并连接电脑，启动电脑，系统会自动搜索新安装的显卡。

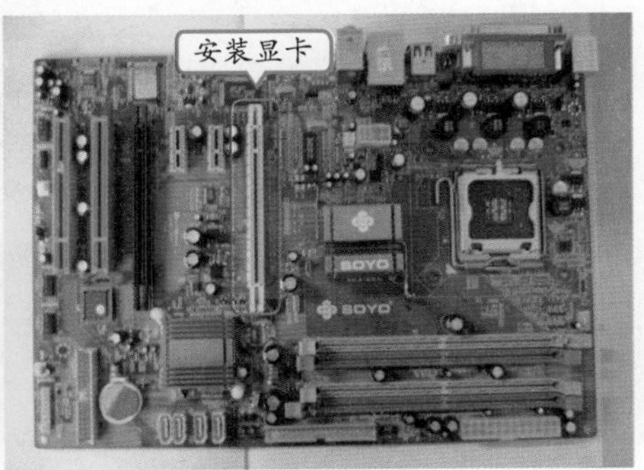

2 进入新建硬件向导

1. 系统会自动打开安装新硬件向导的对话框，在其中选中“否，暂时不”单选按钮。
2. 单击[下一步(N) >]按钮。

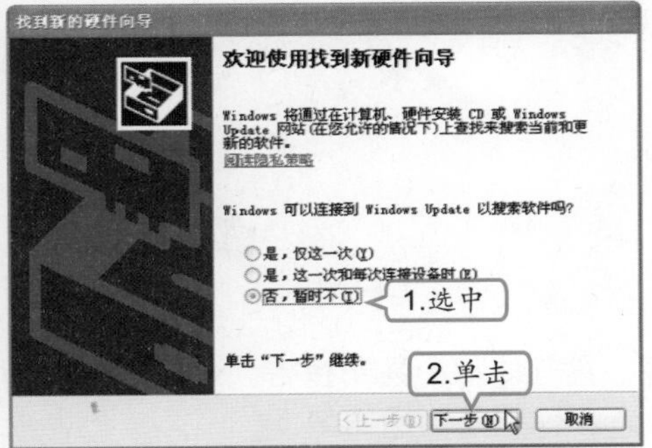

3 自动搜索驱动程序

1. 在打开的对话框中选择安装驱动的方式，这里选中“自动安装软件”单选按钮。
2. 单击[下一步(N) >]按钮，根据向导提示安装驱动程序。

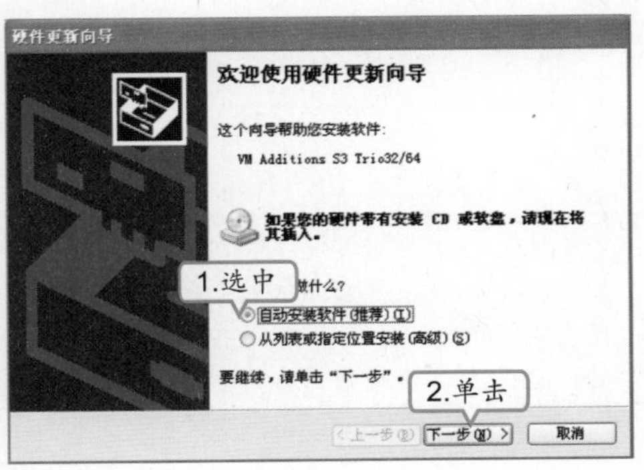

4 删除摄像头

1. 完成安装后，打开设备管理器，在其中将正常的显示显卡图标。
2. 在摄像头的驱动程序名称上单击鼠标右键，在弹出的快捷菜单中选择“卸载”命令。

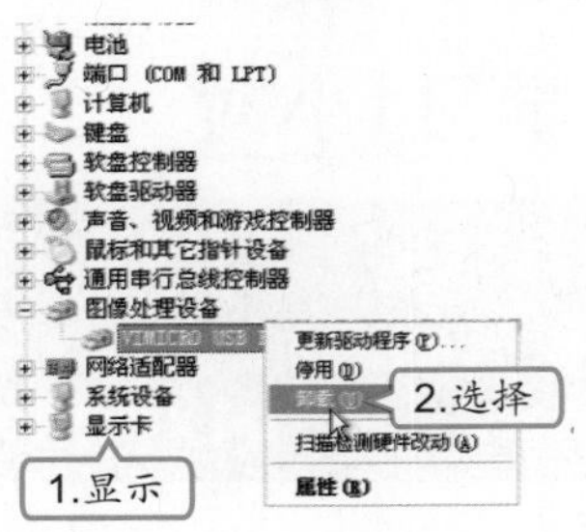

5 确认删除

1. 在打开的“确认设备删除”对话框中单击[确定]按钮。
2. 在打开的对话框中单击[是(Y)]按钮，重启电脑，完成硬件的删除。

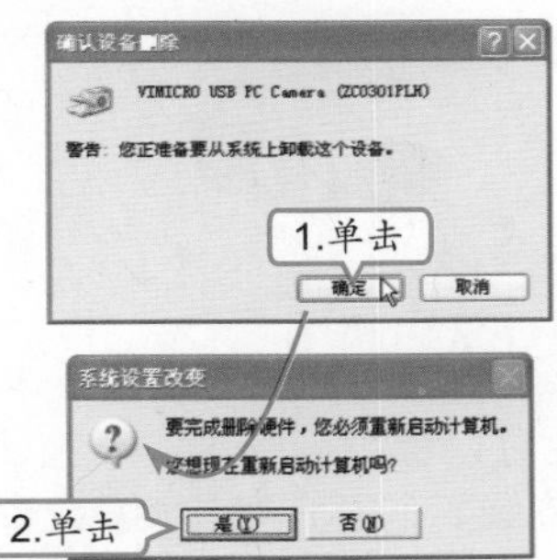

操作提示：更新驱动程序

在设备管理器中双击要更新驱动的程序图标，在打开的对话框中选择“驱动程序”选项卡，单击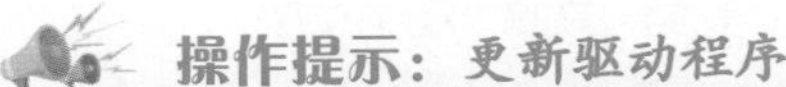按钮即可进入驱动更新向导进行驱动的更新。

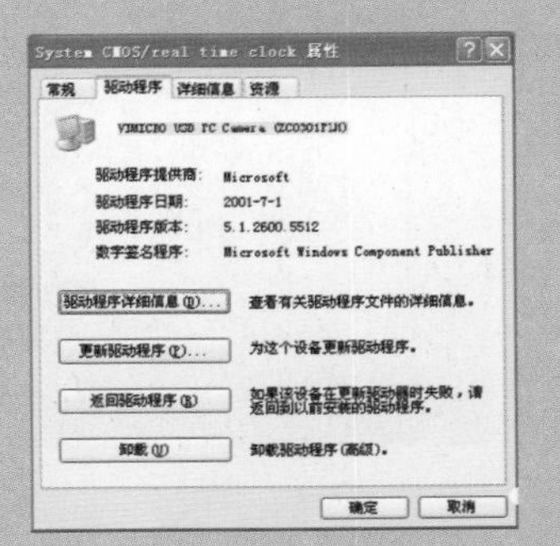

补充两句

硬件的驱动程序可以在硬件的包装盒中找到驱动盘进行安装运行，或在该硬件的官方网站中进行下载安装。

9.2 常用电脑硬件使用早知道

小李问老马：“除了电脑的硬件设备外，还有很多其他的外设硬件可以在电脑中使用，它们应该怎样使用呢？”老马说：“这些设备的使用非常简单，接下来就给你讲讲常用的U盘、移动硬盘、摄像头、扫描仪的使用方法吧！”

9.2.1 学习1小时

学习目标

- 了解U盘和数码相机的使用方法。
- 学会摄像头以及扫描仪的使用方法。

1 U盘和移动硬盘

在电脑中可以使用U盘和移动硬盘进行数据的共享和传递，并且它们作为可移动存储设备，为用户提供了极大的方便。

（1）U盘的使用

U盘也可以称为闪存盘，它被使用得频率较高，具有体积小易于携带、外观别致且支持热插拔的特点。下面介绍使用U盘进行数据传递的方法，其具体操作如下。

教学演示\第9章\U盘的使用

1 插入U盘

找到电脑主机上的USB接口，将U盘插入到USB接口中。

2 显示图标

系统自动识别U盘并安装驱动，在完成安装后将在任务栏的提示区中显示图标。

操作提示：USB图标的意义

在电脑中，任务栏的图标不仅在插入U盘时会显示，在使用USB接口的其他设备时也可能显示，如USB的鼠标、移动硬盘和打印机等。

高手指点　使用U盘传递数据，实际就是通过执行复制和移动操作完成数据的传递。

3 打开U盘

双击“我的电脑”图标，在打开窗口中的“有可移动存储的设备”栏中双击可移动磁盘的盘符图标，这里双击H盘的图标，即可将其打开。

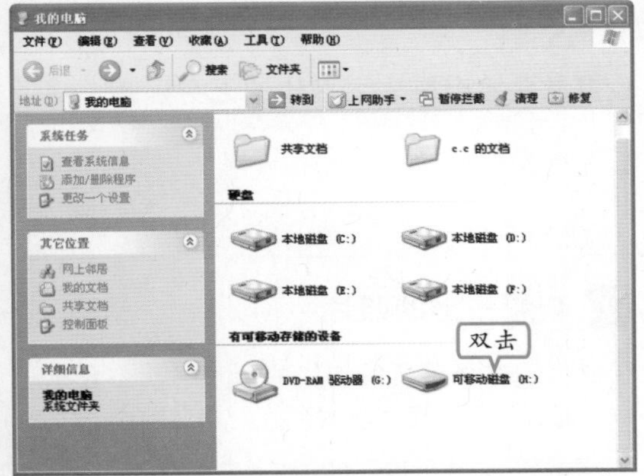

4 发送文件到U盘

选择需要传递的文件或文件夹，单击鼠标右键，在弹出的快捷菜单中选择【发送到】/【可移动磁盘（H:）】命令。

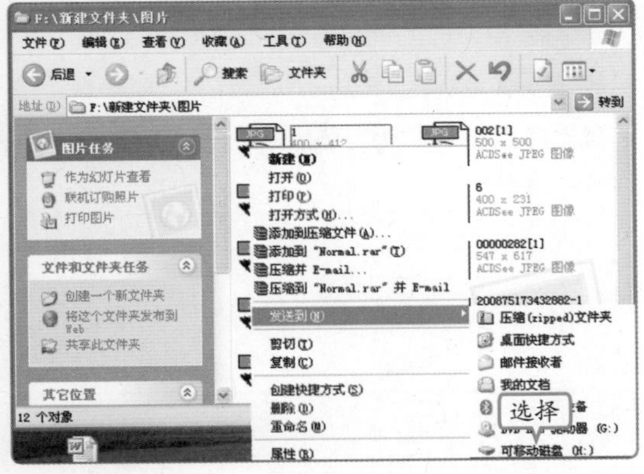

5 查看发送的文件

返回“可移动磁盘（H:）”窗口，即可查看到需要传递的文件已经存在于窗口中，此时在窗口中单击×按钮，即可执行退出操作。

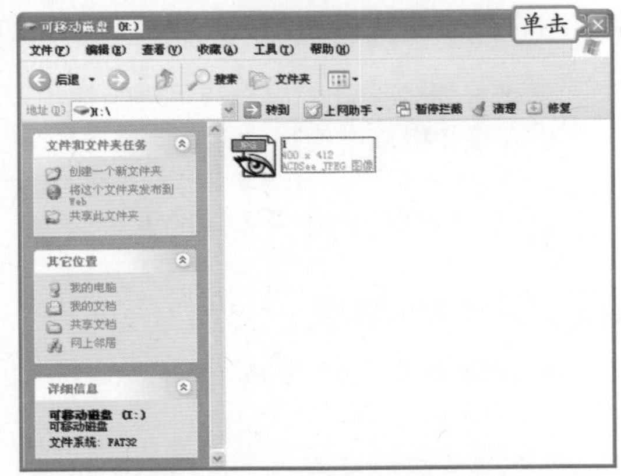

6 退出U盘

1. 在提示区中双击图标，在打开的对话框中选择要退出的盘符，单击停止(S)按钮。
2. 在弹出的“停用硬件设置”对话框中单击确定按钮。
3. 单击关闭(C)按钮。

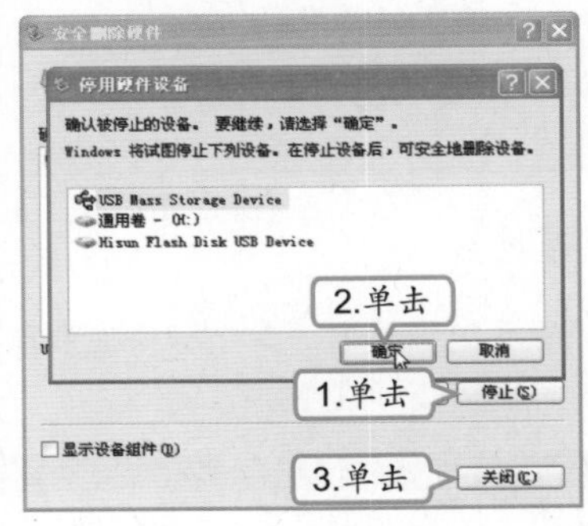

操作提示：使用U盘进行资源共享

拔出U盘，在需要传递数据的另一台电脑上按同样的方式插入U盘，即可对数据进行复制、移动操作，完成数据的传递。

（2）移动硬盘的使用

移动硬盘中的资源可通过数据线将其移动到电脑中，与U盘的使用相似，其方法为：用数据线将移动硬盘与电脑连接起来，电脑将自动识别设备，在“我的电脑”窗口中同样可以打开数码相机的存储区，使用将文件移到U盘相同的方法可对其进行操作。

补充两句

现在的机箱大多都有USB接口，用于连接USB接口的硬件设备，因此在电脑上使用U盘的方法很简单。

2 摄像头

摄像头作为电脑的外部设备，用户并不陌生。随着网络的发展，可以利用摄像头进行远程成像，方便用户进行交流，下面将对摄像头进行简单介绍。

（1）摄像头的使用

安装好摄像头后，用户即可进行使用，体验摄像头给电脑生活增添的无穷乐趣。摄像头可以直接在电脑中使用，其具体操作如下。

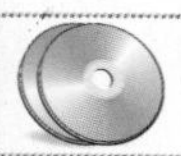

教学演示\第9章\摄像头的使用

1 打开摄像头窗口

在系统桌面上双击“我的电脑”图标，在打开的窗口中双击摄像头图标。

2 拍摄照片

调整好摄像头的位置后，单击窗口左侧窗格中的“拍照”超链接即可成像。

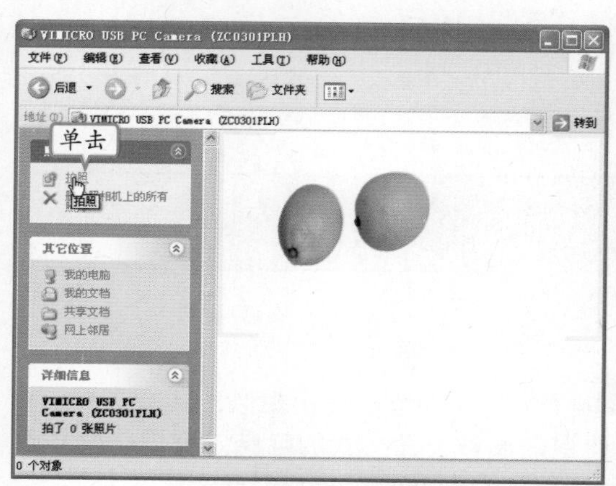

3 查看拍摄的照片

在窗口下方显示所有拍摄的照片，双击任意一个，即可打开图像查看照片效果。

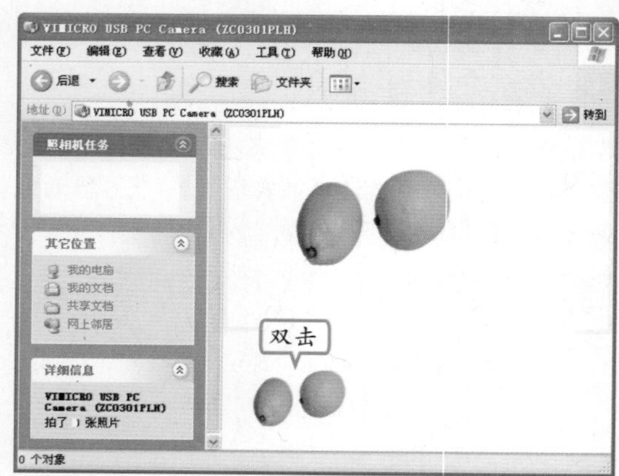

操作提示：在QQ中使用

在使用QQ软件进行网络聊天时，用户可通过摄像头进行视频聊天。其使用方法很简单，只需在聊天窗口中单击视频聊天按钮即可。

高手指点

摄像头的像素越高，生成的图像也就越大。不过图像不止与像素有关，还涉及镜头材质、软件处理等因素，因此在购买时要进行多方面的考虑。

（2）摄像头的日常保养

日常使用过程中应注意摄像头的维护和保养，这样可以延长摄像头的使用寿命。保养摄像头时需注意操作的正确性及外界条件的影响，下面分别进行介绍。

维护操作

在维护中，不能使用刺激性的清洁剂或有机溶剂擦拭摄像头，最好使用干燥、不含麻质的布或者专业镜头纸进行擦拭，并且在擦拭时不可在镜头上施压，避免损伤镜头，同时在使用摄像头的环境中，光线不要太弱，否则可能影响成像的质量。

外界条件

摄像头不能正对着阳光，否则会损害摄像头的图像感应器件，同时，应避免摄像头和油、蒸汽、水汽、湿气和灰尘等接触。在没有适当保护的情况下，最好不要暴露在户外条件下；温度、湿度过高或者过低都会对摄像头产生损害，平时应当将摄像头存放在干净、干燥的地方。

3 打印机

在日常的办公中，打印机的使用是必不可少的，因此，了解打印机的基本知识和使用方法十分重要，下面对其进行介绍。

打印机是电脑主要的输出设备之一。电脑中的许多文件都需通过它打印出来，目前最常用的打印机有针式打印机、喷墨打印机和激光打印机等。打印机的使用主要有打印文档、设置默认打印参数和取消打印几个方面，下面分别对其进行讲解。

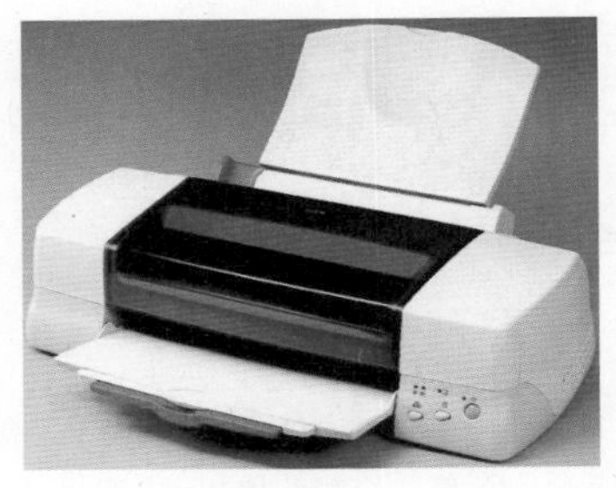

（1）打印文档

在日常办公中，通常需要将一些文档备案，这就需要将电脑中用办公软件编辑的文档进行打印，下面将对打印文档的方法进行介绍。

打开要进行打印的文档，选择【文件】/【打印】命令，也可按【Ctrl+P】键，打开“打印”对话框，在“名称”下拉列表框中显示的是默认打印机，用户可以选择其他打印机；在“页面范围”栏中选中“全部”单选按钮；在“份数”数值框中选择打印文档的数量。若选中“逐份打印”复选框，则先将第1份打印完成后，再打印第2份；完成打印设置后，单击 确定 按钮，即可开始打印。

补充两句

打印机的安装可分为连接打印机和安装打印机驱动程序两步，打印机连接后，将驱动光盘放入电脑光驱中，可根据打印机安装向导寻找驱动进行安装。

（2）设置默认打印参数

在打印文档前，可以设置文档的默认参数，即打印首选项，方便用户在以后的打印中使用默认的参数进行打印而不需再设置。下面将对打印首选项的设置进行讲解，其具体操作如下。

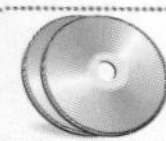

教学演示\第9章\设置默认打印参数

1 打开设置对话框

在“打印机和传真”窗口中的打印机图标上单击鼠标右键，在弹出的快捷菜单中选择“打印首选项”命令。

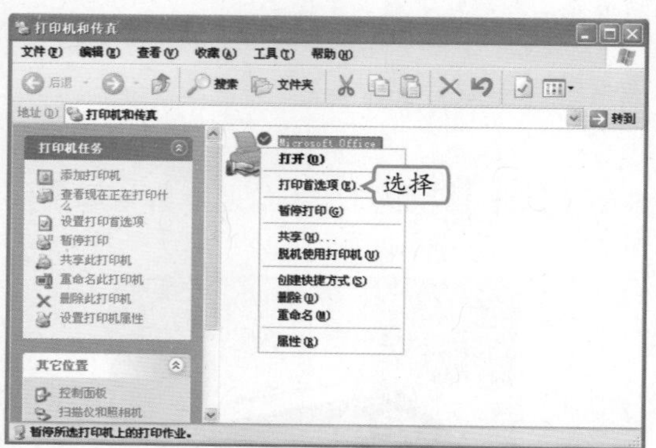

2 设置参数

1. 在打开的对话框中进行设置，这里使用常用的设置，即在“页面大小”栏的下拉列表框中选择A4选项，选中“纵向”单选按钮。
2. 单击 确定 按钮完成设置。

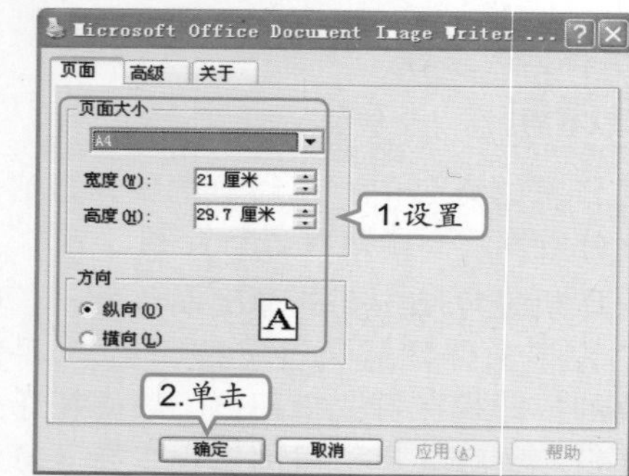

（3）取消打印

在打印过程中，如果发现打印的文档不是所需要的或出现无法打印的现象，可以取消正在打印的文档，下面将对其进行讲解，其具体操作如下。

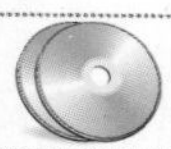

教学演示\第9章\取消打印

1 打开正在打印的文档列表窗口

1. 打开“打印机和传真”窗口，选中打印机图标。
2. 单击“查看现在正在打印什么”超链接。

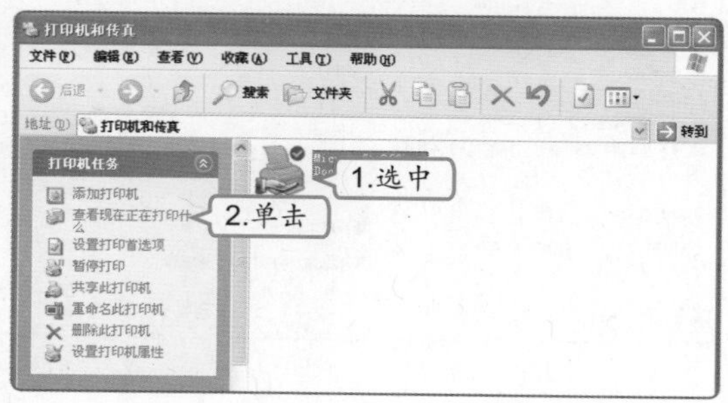

2 取消打印

打开的窗口中显示了正在打印的文档，在要取消打印的文档上单击鼠标右键，再弹出的快捷菜单中选择“取消”命令。

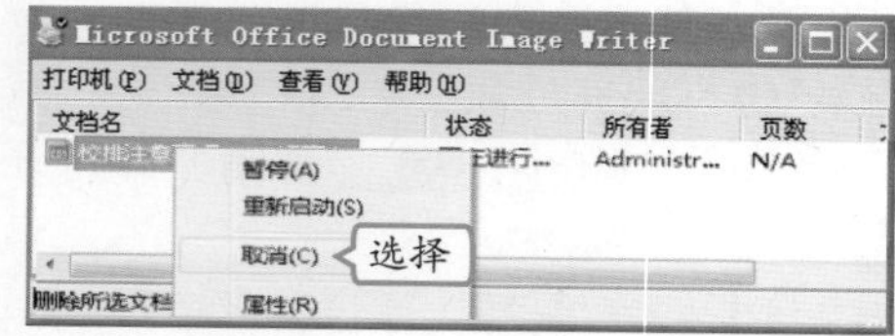

第9章

高手指点　在“打印机任务”窗格中单击“共享此打印机”超链接，可对几台电脑共同使用该打印机进行设置。

3 退出打印任务

取消打印文档后，窗口中的打印任务将消失，单击⊠按钮退出打印文档。

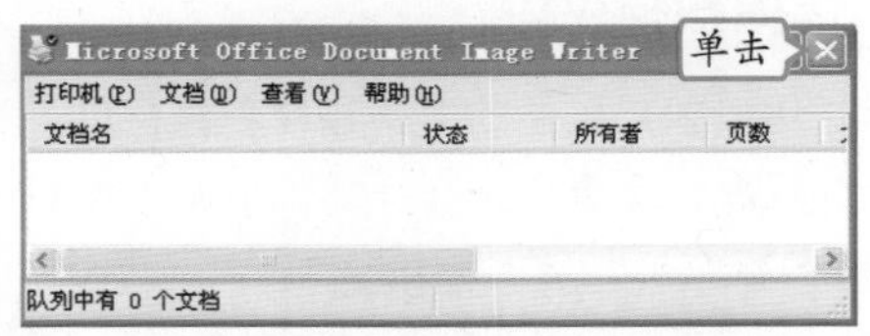

操作提示：设置默认打印机

如果电脑连接有多台打印机，在打印时要求始终使用固定的某台进行打印，则需要设置此打印机为默认打印机，方法为：选择【开始】/【打印机和传真】命令，在打开窗口中的目标打印机图标上单击鼠标右键，在弹出的快捷菜单中选择“设置为默认打印机”命令即可。

4 扫描仪

在日常的办公中，经常会用到扫描仪进行资料文件的扫描输入以及图形图像的输入等，下面将对其安装使用和维护进行介绍。

（1）扫描仪的安装和使用

扫描仪的安装方法与安装打印机类似，需进行硬件的连接与驱动程序的安装，其具体操作如下。

教学演示\第9章\扫描仪的安装和使用

1 连接数据线

1. 将扫描仪数据线的输入端插入扫描仪的后部。
2. 将扫描仪的数据线输出端插入电脑机箱后部的USB接口中。

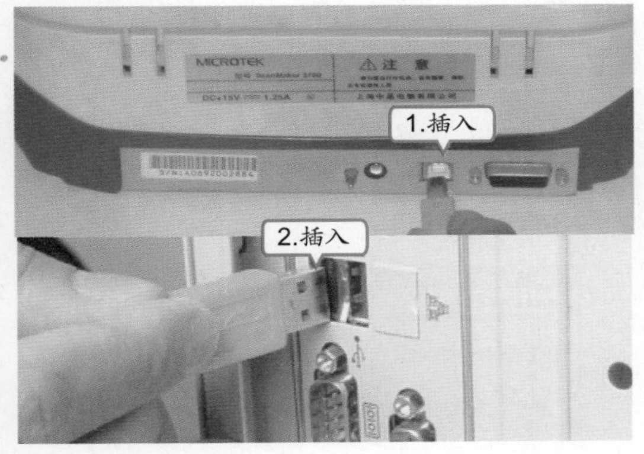

2 连接电源线

将扫描仪的电源接口连接到扫描仪后部的电源插孔中，然后将扫描仪电源插头插在电源插板上。

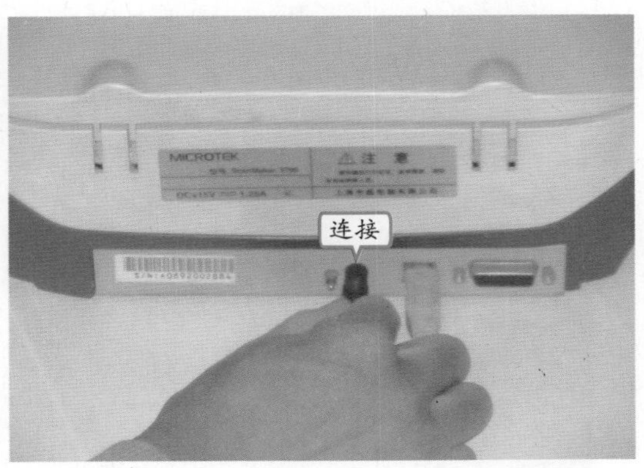

操作提示：打开扫描仪

连接电脑和扫描仪后，应打开扫描仪的电源开关，以使电脑检测到该设备的存在。

补充两句

摄像头的帧数也可以决定成像速度，帧数是指1秒钟时间内传输图片的帧率，即图形处理器每秒钟能刷新几次，通常用fps表示。

3 选择扫描仪

将要扫描的图片正面朝下平放在扫描仪中，将图片调整好后合上盖子，在“我的电脑”窗口中双击图标。

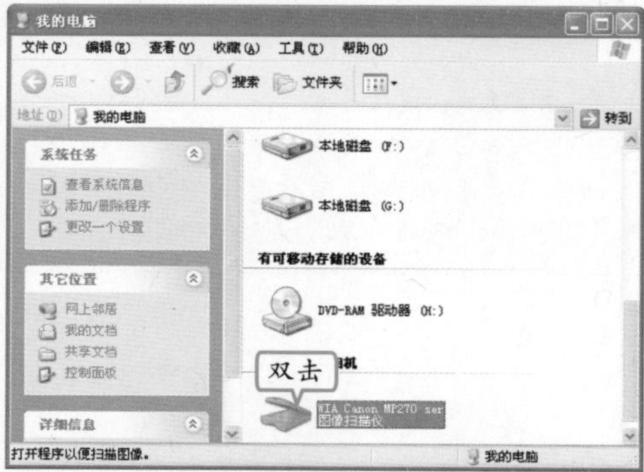

4 打开向导

1. 在打开的对话框中选择“Microsoft 扫描仪和照相机向导”选项。
2. 单击 确定 按钮，打开“扫描仪和照相机向导”对话框。

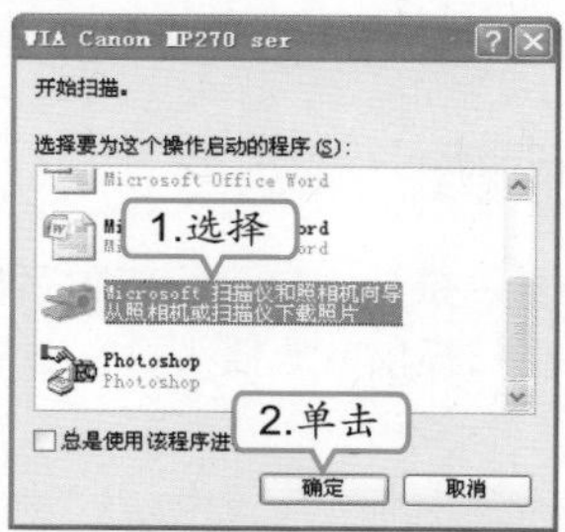

5 打开“选择扫描首选项”对话框

在打开的对话框中单击 下一步(N) > 按钮，打开“选择扫描首选项”对话框。

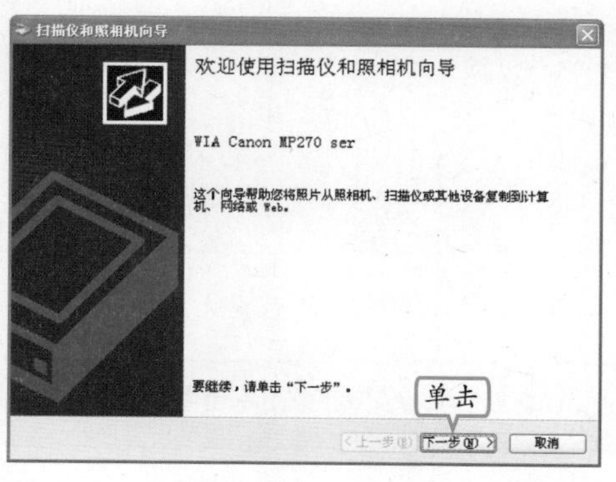

6 预览图片

1. 单击 预览(P) 按钮。
2. 在“图片类型”栏中选中“彩色照片”单选按钮。
3. 单击 下一步(N) > 按钮，开始扫描图片。

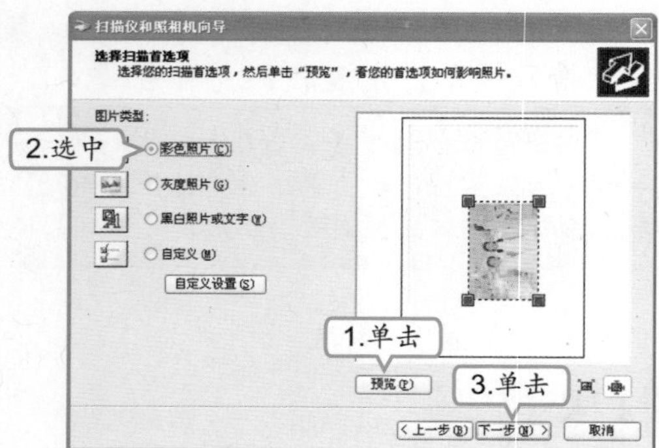

7 扫描图片

系统开始扫描图片并显示扫描进度，完成扫描后，将自动打开“照片名和目标”对话框。

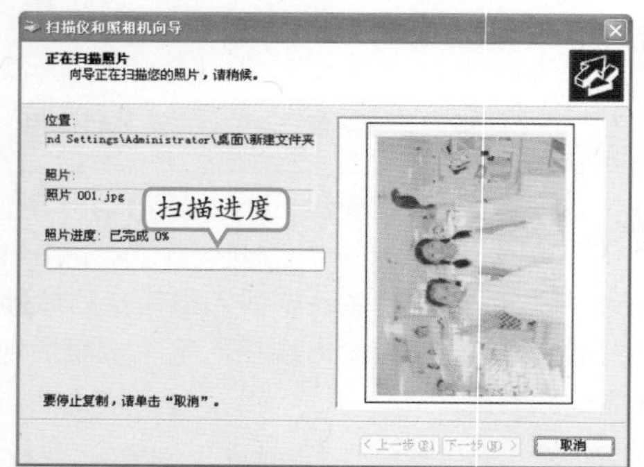

8 保存设置

1. 在打开的对话框中设置文件名称、文件格式及保存路径，这里保持默认。
2. 单击 下一步(N) > 按钮。

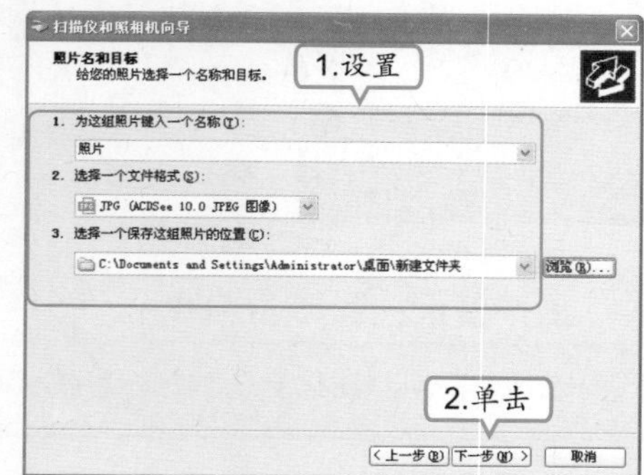

高手指点

当扫描仪出现故障时，不能擅自拆修，一定要送到厂家或者指定的维修站点进行维修。另外，在搬运扫描仪时，一定要把扫描仪背面的安全锁锁上，以避免改变光学配件的位置。

9 设置其他选项

1. 在打开的对话框中选中“什么都不做。我已处理完这些照片”单选按钮。
2. 单击 下一步(N) > 按钮。

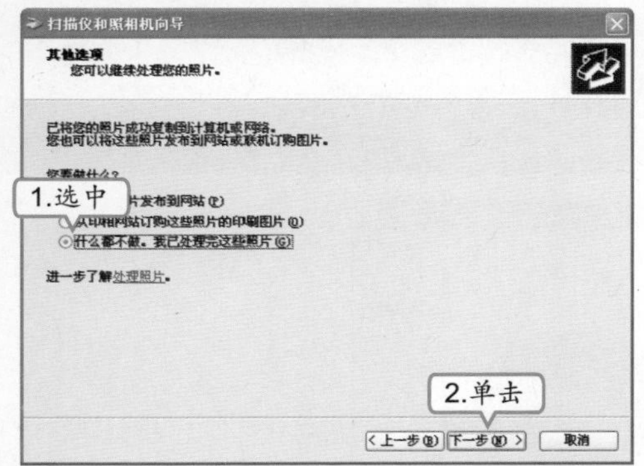

10 完成图片的扫描

在打开的对话框中单击 完成 按钮，完成扫描，系统将自动打开扫描的图片所在的文件夹。

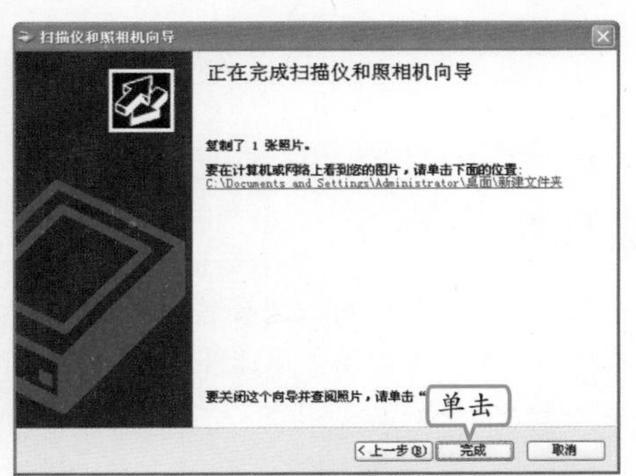

11 查看扫描的图片

在打开的文件夹中双击文件图标即可查看其效果。

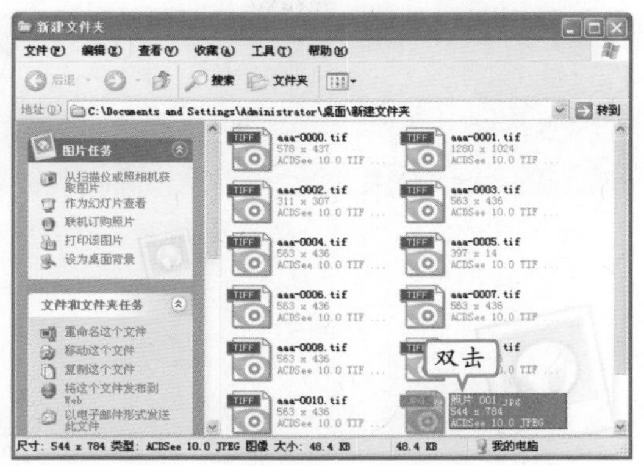

操作提示：使用Scan Wizard扫描程序

在电脑中安装Scan Wizard扫描程序进行扫描，其扫描过程与使用向导类似，只需打开扫描程序，根据对话框中的内容进行设置后即可开始扫描。

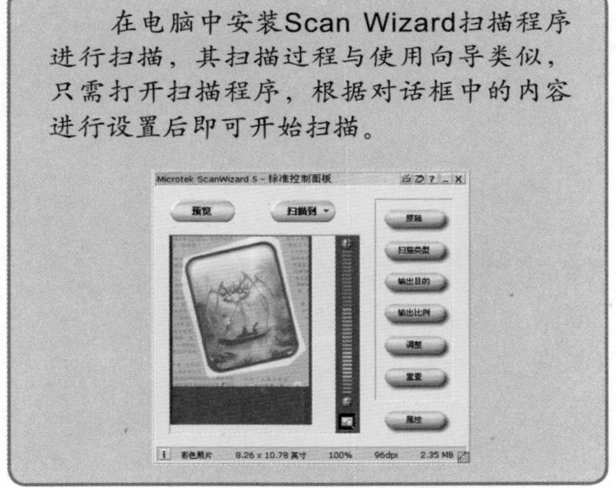

（2）扫描仪的维护

扫描仪也是电脑中常用的输入设备之一，应注意对其进行维护和保养，否则会缩短使用寿命，下面将对扫描仪的维护进行介绍。

保护好光学部件

扫描仪在扫描图像的过程中，会通过一个叫光电转换器的部件将图像的模拟信号转换成数字信号，再输入到电脑中。这个光电转换器非常精致，光学镜头或反射镜头的位置对扫描的质量有很大的影响，因此在工作的过程中，不能随便改动这些光学装置的位置，要尽量避免扫描仪的震动或倾斜。

定期进行清洁

扫描仪中的玻璃平板以及反光镜片、镜头如果落上灰尘或者其他一些杂质，会使扫描仪的反射光线变弱，从而影响图片的扫描质量。因此，应定期清洁扫描仪，可以先用柔软的细布擦去其外壳上的灰尘，再用清洁剂和水再认真地进行清洁。然后清洁玻璃平板，可以先用玻璃清洁剂来擦拭一遍，接着再用软干布将其擦干擦净。

补充两句

保存图像时应根据其使用目的选择适当的图像文件格式，如果对图像的精度要求不高，可以选择具有数据压缩特点的JPG文件格式。

9.2.2 上机1小时：使用摄像头

本例将在电脑中安装并使用摄像头进行拍照，效果如下图所示。

上机目标

- 巩固硬件的安装方法。
- 进一步掌握摄像头的使用方法。

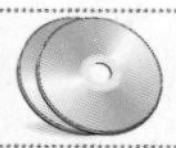

教学演示\第9章\使用摄像头

1 连接摄像头

将摄像头的数据接口插入电脑的USB接口中，进行摄像头与电脑的连接。

2 打开安装向导

1. 在打开的对话框中可以选择是否搜索软件，这里选中“否，暂时不”单选按钮。
2. 单击 下一步(N) > 按钮。

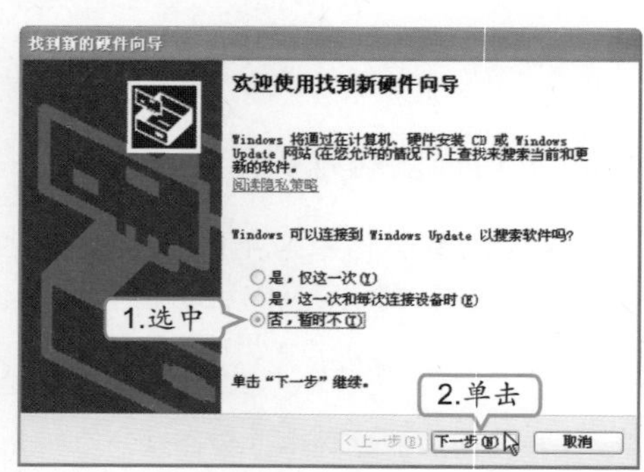

操作提示：显示摄像头的图标

摄像头安装完成后，双击“我的电脑”图标，在打开的“我的电脑”窗口中，即可查看到安装好的摄像头图标。

高手指点

目前，许多摄像头产品都具备一些独特的设计，如磁性分体结构可以更加灵活地调整可视角度；自拍镜可以更利于用户自我拍摄等。

3 选择安装方式

1. 将驱动光盘放入光驱中，在打开的对话框中选中“自动安装软件(推荐)”单选按钮。
2. 单击下一步(N) >按钮。

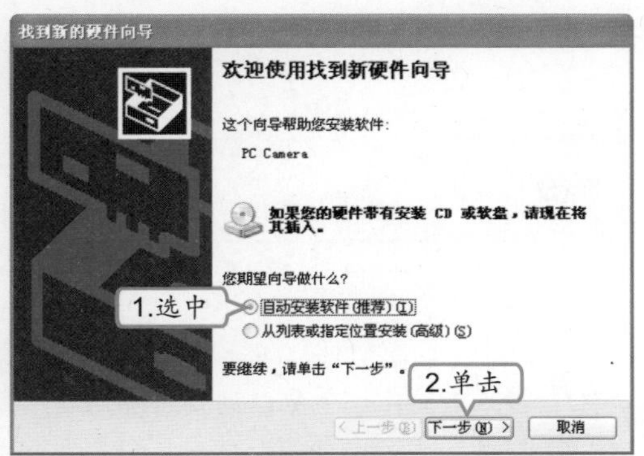

4 完成安装

在打开的对话框中将提示系统完成了软件的安装，单击完成按钮关闭对话框。

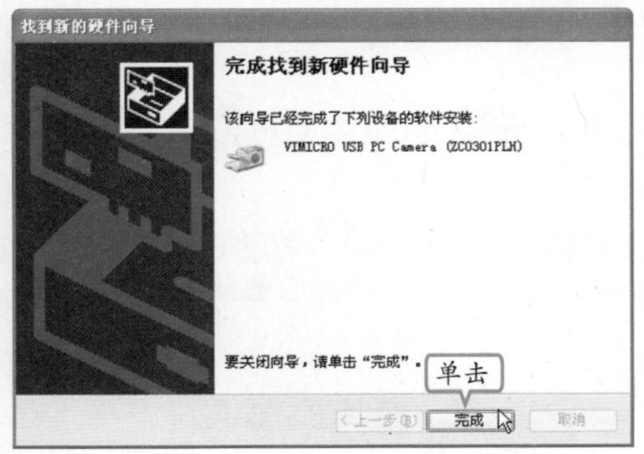

5 启动摄像头

打开“我的电脑”窗口，双击摄像头图标即可启动摄像头。

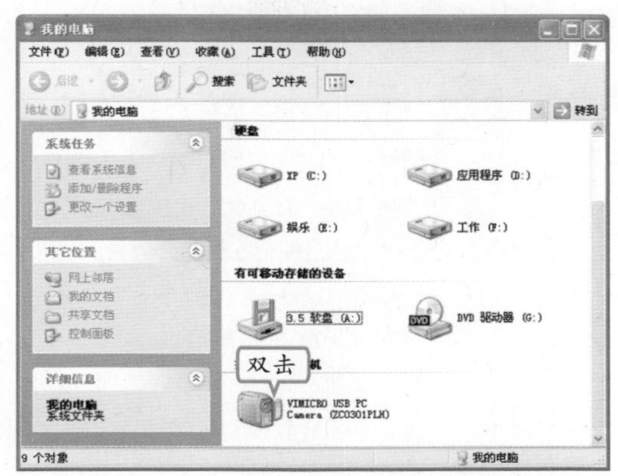

6 完成拍照

将摄像头的镜头朝着要拍照的对象，调整摄像头的位置以使窗口预览区中出现最佳效果的图像，单击窗口左侧窗格中的“拍照”超链接即可。

操作提示：保存拍摄的图片

拍摄完成后，系统将当前拍摄的照片以图片文件形式进行保存，双击拍摄的照片，即可打开该图片并进行查看。

9.3 跟着视频做练习1小时：使用扫描仪

通过前面的学习，小李掌握了硬件设备的安装方法和一些电脑外设的使用。为了让他更加熟悉扫描仪以及U盘的使用，老马要求他通过扫描仪进行目标文件的扫描，再把扫描的文件复制到U盘中，于是，小李又投入到练习中。

补充两句：因为摄像头是通过软件来控制开关的，因此在不使用时，一定要用镜盖盖住摄像头，以免让黑客有机可趁。

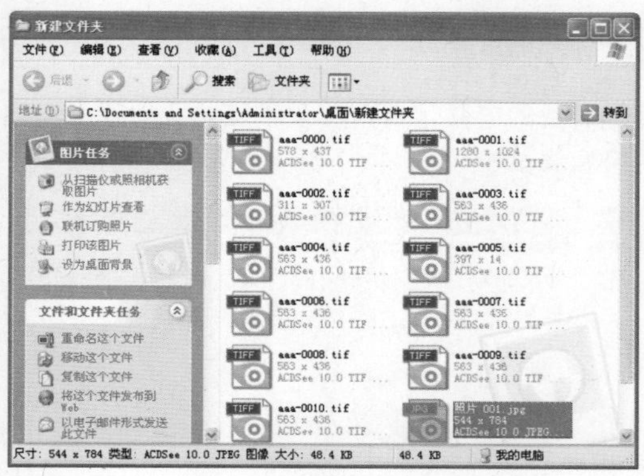

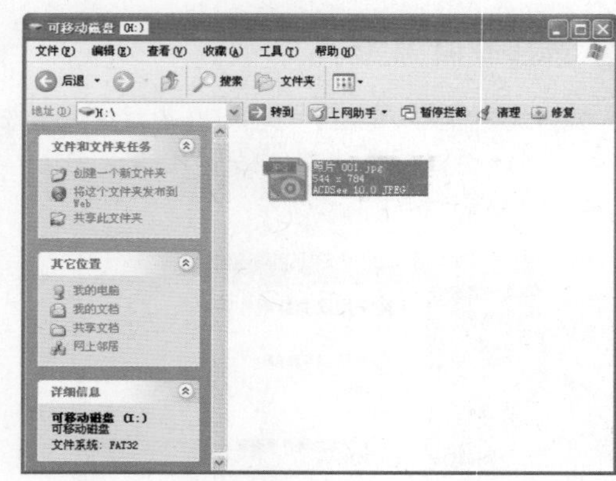

教学演示\第9章\使用扫描仪

操作提示：

1. 启动扫描仪，将要扫描的照片放入扫描仪中并合上盖子。
2. 打开扫描向导，根据提示设置扫描选项进行扫描，打开扫描出的文件。
3. 在该文件上单击鼠标右键，选择“复制”命令，复制文件。
4. 将U盘插入电脑中，电脑自动安装驱动程序并检测出U盘。
5. 在“我的电脑”窗口中找到可移动存储的设备，双击该盘符打开U盘。
6. 在打开的窗口空白处单击鼠标右键，在弹出的快捷菜单中选择“粘贴”命令，即可完成文件的复制。

9.4 秘技偷偷报——格式化U盘

老马对小李说：“当U盘中病毒了或者出现逻辑错误导致可用空间减少时，需要对U盘进行格式化，才能保证U盘的正常使用。”小李问道：“那怎样格式化U盘呢？”老马对他说：“我现在就来教你怎样进行U盘的格式化。”

在“我的电脑”窗口中的U盘驱动器图标上单击鼠标右键，在弹出的快捷菜单中选择“格式化”命令，打开格式化U盘的对话框。在“文件系统”下拉列表框中选择要将其格式化成的文件系统，一般Windows XP操作系统选择FAT32或NTFS文件系统，在“卷标”文本框中为U盘驱动器命名，选中“快速格式化”复选框，以通过删除磁盘中的文件但不扫描坏扇区的方式执行快速格式化，在首次格式化U盘或U盘出现物理坏扇区的情况下不应选中该复选框。单击 开始(S) 按钮，单击 确定 按钮，系统即可开始对U盘进行格式化，格式化完毕后，单击 确定 按钮关闭提示对话框，再单击 关闭(C) 按钮关闭格式化U盘对话框即可。

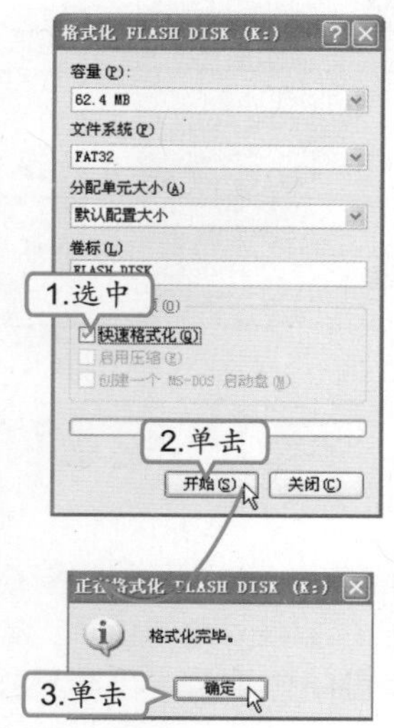

高手指点 USB接口的扫描仪在工作或启动状态下，若将其从电脑主机中拔出，有可能会损坏USB接口和扫描仪接头。

第10章

开启网上冲浪的大门

小李今天联系到一个客户，经过一番电话交流后，客户对小李公司这次的新项目很感兴趣，并留给小李一个电子邮箱地址，让他将项目相关的资料发给他看看。小李满口应承后，心里却愁起来了，他还不知道怎么发送电子邮件，但又不能给客户说自己不会，想了想，还是只能向老马求救了。老马说："发电子邮件还不简单？会上网吧？"小李摇了摇头，老马说："那看来得从上网说起了。"

2小时学知识

- 开启网络大门
- 电子邮件简单用

3小时上机练习

- 搜索并下载腾讯QQ安装程序
- 管理电子邮件
- 浏览并保存网上信息
- 下载软件并使用邮件发送

10.1 开启网络大门

老马问小李：“知道上网首先需要做什么吗？”小李说：“开电脑。”老马没理会他，说：“上网首先得将电脑联入Internet，否则你怎么实现通信？”小李恍然大悟，说：“对呀，你快教我怎么将电脑联入Internet吧。”老马又问：“那你上网的最初目的是什么呢？”小李说：“当然是搜索资料啊。”老马点点头说：“那好，我就从这里开始给你讲吧。”

10.1.1 学习1小时

学习目标

- 了解电脑上网的主要途径。
- 认识IE浏览器并学会使用浏览器浏览网页。
- 熟练掌握使用浏览器搜索、保存和下载网络资源的方法。

1 连接网络

要想上网就必须先选择一个合适的ISP（提供Internet接入服务和信息增值服务的服务商），如电信、网通等部门以及专门的小区宽带提供商，到ISP服务商处申请办理联网业务后，会获得一个账号和密码，通过该账号和密码即可联入网络。通常开通网络时服务商会派人替用户安装和调试，所以具体设置用户不用担心。

2 认识IE 6.0

在连接Internet后，还要通过IE浏览器才能访问所需网页并进行相应的操作。IE浏览器的全称是Internet Explorer，它是Windows自带的网页浏览器，在Windows XP中集成了IE 6.0版本。下面来认识IE 6.0的界面。

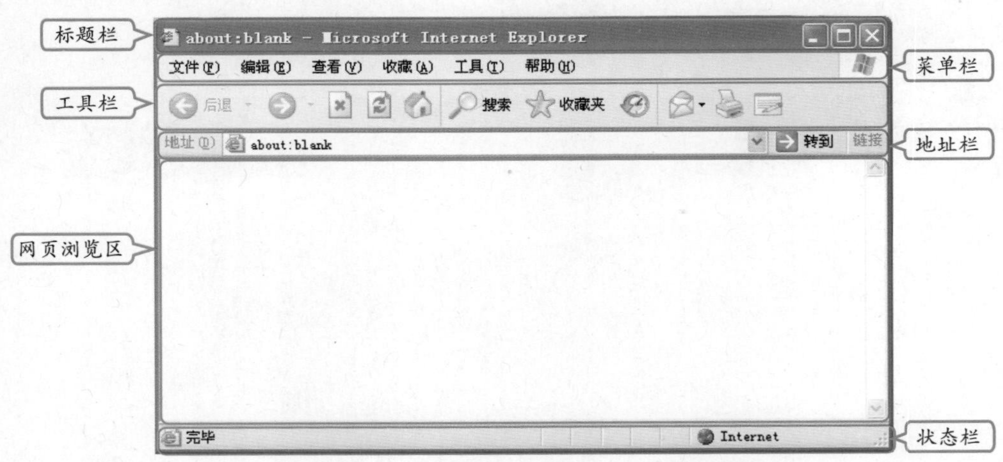

高手指点

启动IE浏览器的方法是双击桌面上的图标或者单击快速启动栏上的图标，也可以从“开始”菜单启动。

标题栏

标题栏的左边用于显示当前浏览网页的标题，右边分别为“最小化”按钮、“最大化”按钮和“关闭”按钮，其作用与其他窗口的窗口控制按钮一样。

菜单栏

菜单栏包括“文件”、“编辑”、“查看”、“收藏”、“工具”和“帮助”6个菜单项，通过它们可对网页文档进行编辑、保存、复制和粘贴等操作，并且可获得一些帮助信息。

工具栏

工具栏中包含有“后退”、“前进”、“停止”和“刷新”等快速工具按钮，单击它们可对浏览的网页进行相应操作。

地址栏

在地址栏中输入需要访问网站的网址后按【Enter】键或单击后面的“转到”按钮即可打开相应的网页，同时还可显示当前打开的网页的网址。

网页浏览区

网页浏览区是浏览器中最主要的区域，用于显示网页中的图像、文字、视频等信息，用户也可通过该区域进行一些交互式的操作，如投票、发帖、填写表单等。

状态栏

状态栏用于显示当前网页的打开状态等相关信息。

3 使用IE浏览网页

在Internet中，每个网站都有一个唯一的网址，就像每家每户都有的门牌号一样，在知道要访问的网站网址后就可以通过地址栏打开该网页了。下面启动IE浏览器，然后通过地址栏打开搜狐网站，其具体操作如下。

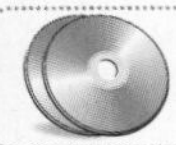

教学演示\第10章\使用IE浏览网页

1 启动IE浏览器

选择【开始】/【Internet Explorer】命令，启动IE浏览器。

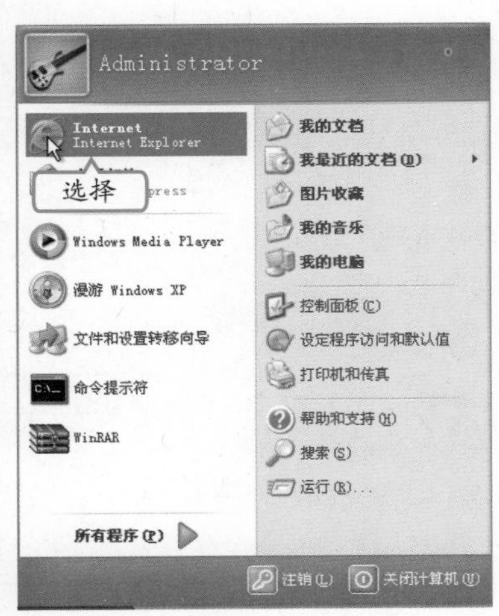

2 打开网页

1. 在地址栏中输入网址“http://www.sohu.com”。
2. 单击地址栏后的按钮或按【Enter】键，打开搜狐网首页。

补充两句

浏览网页时，可以记住一些门户网站的网址，如新浪（www.sina.com.cn）、网易（www.163.com）等，也可进入一些网址大全网站（如www.hao123.com），通过单击各网站的超链接进入各网站。

3 选择浏览内容

在打开的首页中，选择感兴趣的话题并单击，如这里单击“人大品牌管理硕士”超链接。

4 浏览网页内容

启动一个新的浏览器窗口，并在其中显示具体的内容，使用鼠标拖动右边或下面的滚动条浏览详细内容。

4 搜索网络资源

Internet就如一个巨大的信息海洋，我们可以在其中查找到所需信息。在不知道网址的情况下，可以通过搜索引擎快速找到自己需要的信息。所谓搜索引擎，就是一些专门提供各个网站的网址及各类资讯链接的网站，目前最流行的搜索引擎网站有百度、中搜和雅虎等。常见的搜索网上信息的方法主要有使用关键字搜索和分类搜索两种，下面分别进行介绍。

（1）使用关键字搜索

在搜索引擎网站中最基本的搜索方法是以输入关键字作为查找的依据进行搜索。下面将在百度网站中以“航班信息”作为关键字搜索相关的信息，其具体操作如下。

教学演示\第10章\使用关键字搜索

1 进入搜索引擎网站

1. 启动IE浏览器，在IE浏览器的地址栏中输入百度搜索引擎的网址“http://www.baidu.com”，按【Enter】键，打开百度首页。
2. 在网页中的搜索文本框中输入要搜索信息的关键字，如输入“列车时刻表”。
3. 单击百度一下按钮开始搜索。

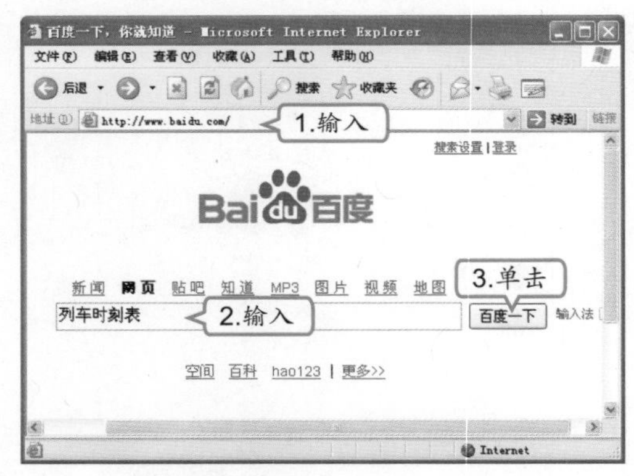

高手指点　搜索信息时，关键字很重要，注意更换语句顺序、词语之间加个空格等，搜索到的结果将更多、更精确。

2 选择搜索结果

稍后即可在打开的网页中显示搜索结果，单击搜索结果列表中的超链接即可进入相应页面。

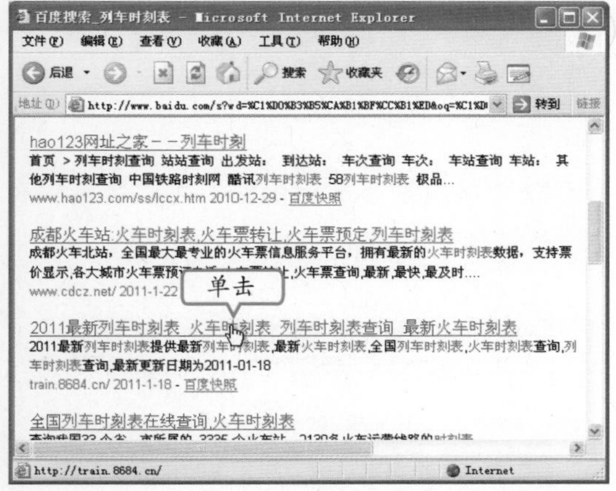

3 查看所需信息

在打开的页面中即可查看所需的信息，如果对当前页面的信息不满意，可继续单击查看其他搜索结果。

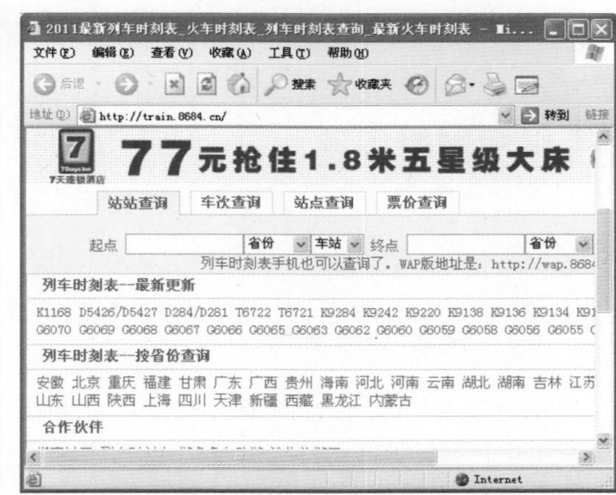

（2）使用分类搜索

分类搜索是指由提供搜索引擎功能的网站对网上的信息进行分类收集，并以目录的形式列举出来供用户使用的搜索方式，主要用于模糊搜索信息和资源。下面将通过百度搜索引擎的分类搜索功能搜索所需图片，其具体操作如下。

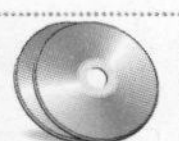

教学演示\第10章\使用分类搜索

1 选择分类项目

启动IE浏览器并打开百度搜索引擎首页，单击“图片”超链接。

2 选择图片类型

在打开的图片分类页面中，单击“精美壁纸”超链接选择图片类型。

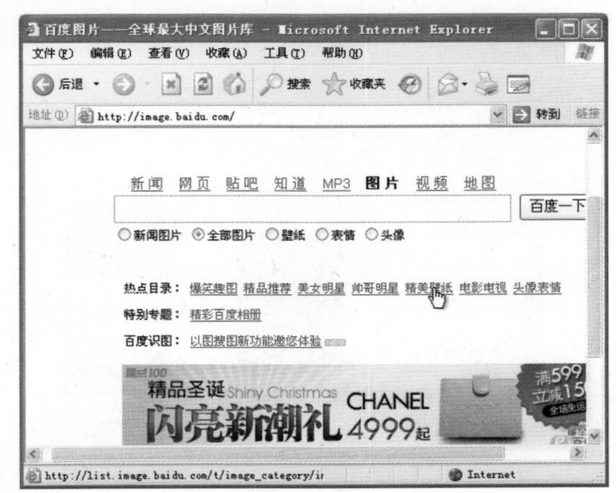

补充两句

如果不选择分类，通常默认为搜索网页信息。

3 查看图片

在打开的风景图片页面中，单击列表中的图片缩略图超链接，即可打开查看大图。也可在上方的搜索框中输入关键字查找所需图片。

5 保存网络资源

在浏览网页时，如果觉得某些文字、图片甚至整个网页都有保存价值，可以将其保存到电脑中。

（1）保存文本资源

保存文字的方法很简单，就像在写字板和Word中复制文字一样，将网页中的文字选中，执行“复制”命令，然后将其粘贴到文字处理软件中，最后保存文档即可。

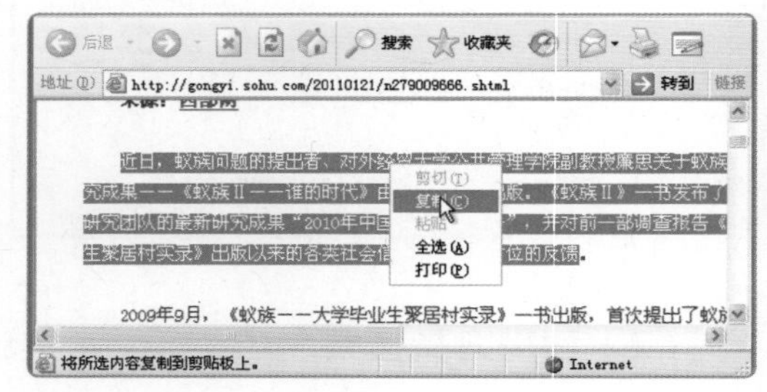

（2）保存图片资源

保存网页中的图片资源的具体操作如下。

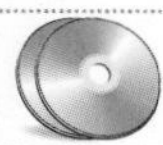

教学演示\第10章\保存图片资源

1 选择保存命令

打开需要保存图片的网页，将鼠标放在图片上，单击鼠标右键，在弹出的快捷菜单中选择“图片另存为”命令。

2 保存图片

1. 在打开的“保存图片”对话框中选择图片保存的位置。
2. 输入保存图片的文件名。
3. 单击 保存(S) 按钮完成保存操作。

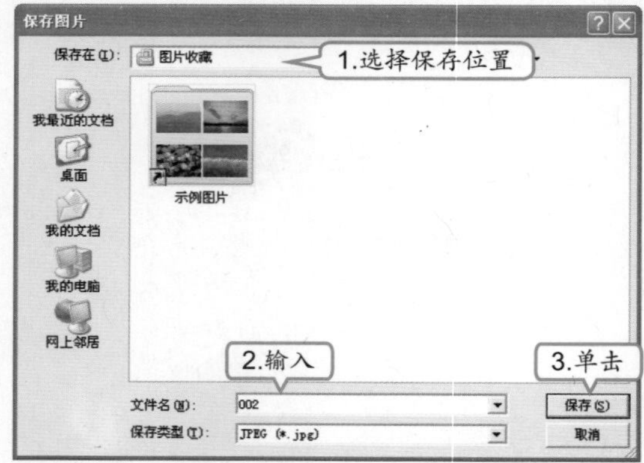

高手指点 在进行分类搜索时，同样可以输入一些关键字进行详细搜索，这样可以缩小搜索范围，找到自己想要的资源。

（3）保存整个网页

用户还可以将完整的网页保存到电脑中，再次浏览时不必上网就可以脱机查看该页的内容，其具体操作如下。

教学演示\第10章\保存整个网页

1 打开“另存为”对话框

打开需要保存的网页，选择【文件】/【另存为】命令。

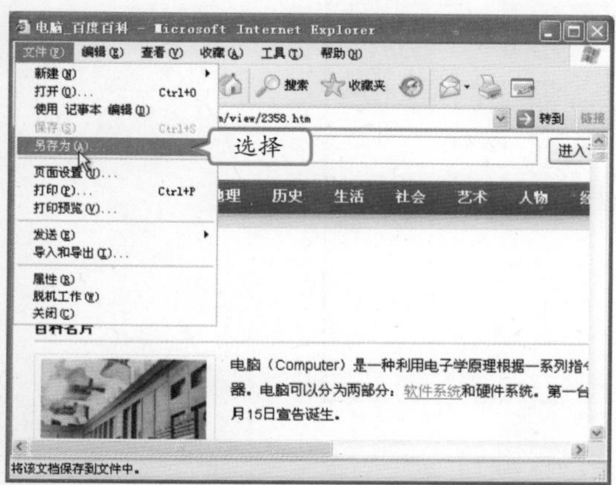

2 保存网页

1. 在打开的“另存为”对话框中选择保存位置。
2. 在“文件名”文本框中输入文件名。
3. 单击 保存(S) 按钮完成保存操作。

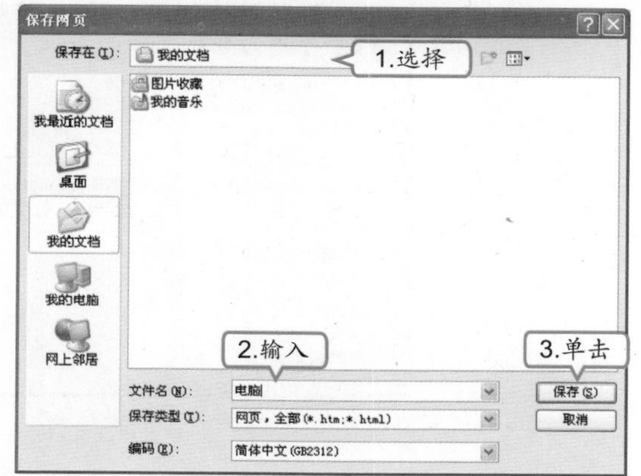

6 下载网络资源

下载是指将网络上的资源复制到本地电脑中的过程。网络上有很多网站都提供资源下载服务，下载的对象一般是一些较大的文件，如音乐、电影、游戏以及各种软件等。下载文件一般需要先进入相关的下载页面，按照提示单击其下载链接，打开一个“文件下载”对话框，单击 保存(S) 按钮，在打开的“另存为”对话框中执行保存操作，系统将从站点上下载该文件到本地电脑上。

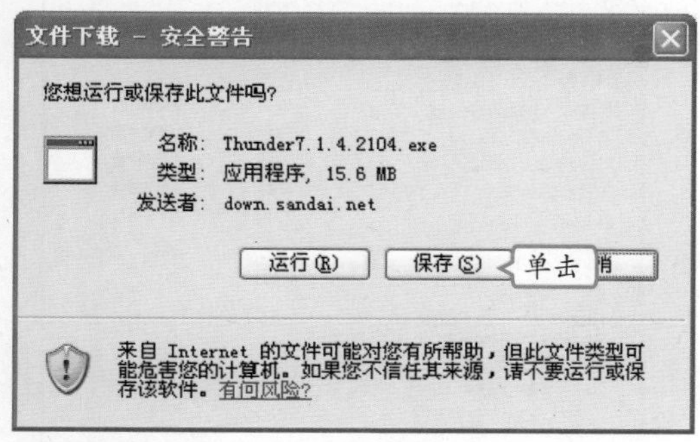

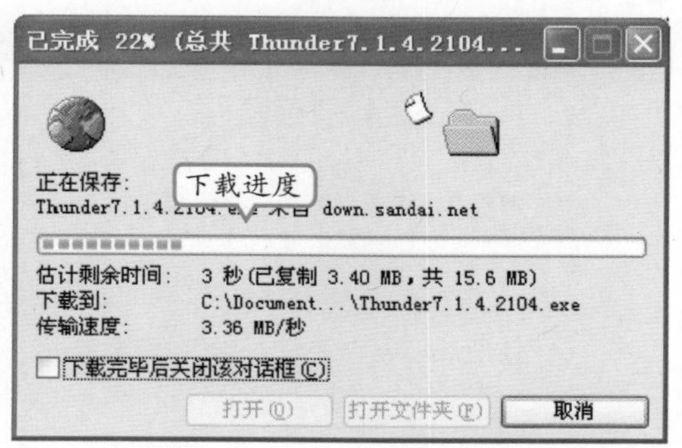

补充两句

在“保存类型”下拉列表框中还可以选择保存网页的类型，如选择“全部”，则会在保存目录下同时保存一个文件夹，其中保存了该网页中的所有图片。

10.1.2 上机1小时：搜索并下载腾讯QQ安装程序

本例将通过搜索并下载腾讯QQ安装程序，以熟悉和巩固使用IE浏览器搜索和下载网络资源的知识，下载后打开保存文件的文件夹，可看到其安装程序的图标，如下图所示。

上机目标

- 掌握利用搜索引擎搜索资源的方法。
- 能够通过浏览器浏览网页。
- 掌握通过网络下载资源的方法。

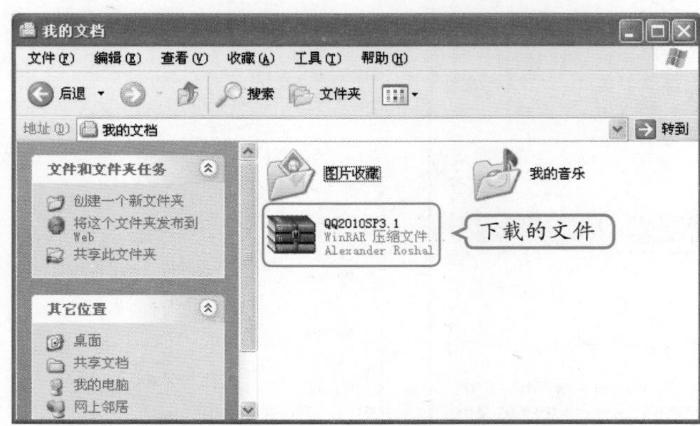

教学演示\第10章\搜索并下载腾讯QQ安装程序

1 搜索关键字

1. 启动IE浏览器，在地址栏中输入“http://www.baidu.com/”，按【Enter】键。
2. 在搜索文本框中输入关键字“qq下载”。
3. 单击百度一下按钮执行搜索。

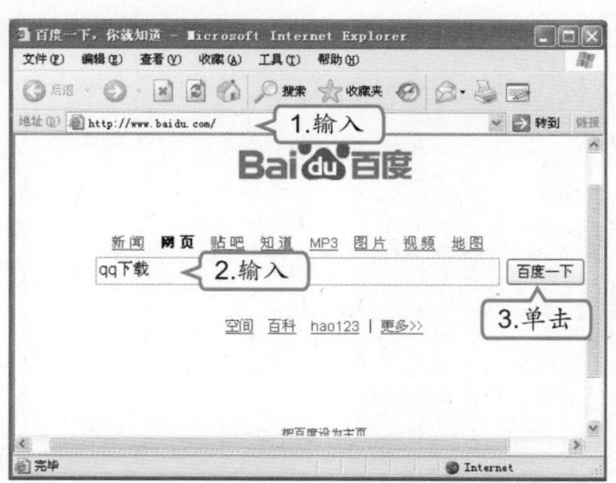

2 选择搜索项

在打开的搜索结果页面中列出了很多相关选项，找到适合的选项后单击其超链接。

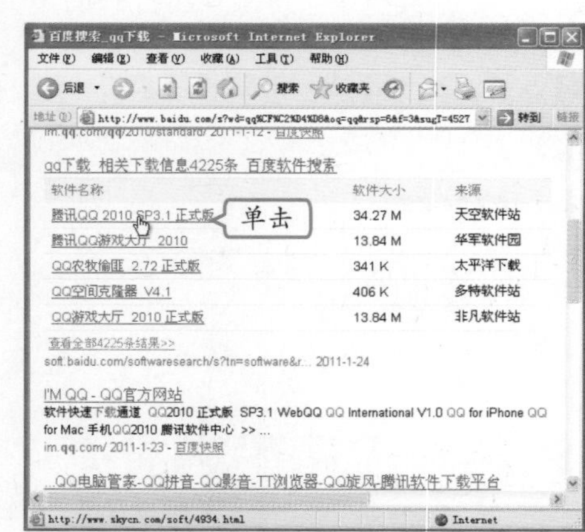

高手指点 在Internet中有很多常用术语，如TCP/IP协议、万维网、IP地址、E-mail、域名系统、超链接、HTML等。

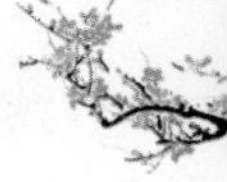

3 查看软件信息

在打开的窗口中显示了软件的一些信息，查看后单击「下载地址」按钮进入下载地址页面。

4 选择下载地址

在打开的下载地址列表中，根据自己的网络类型选择一个下载地址并单击。

5 保存文件

在打开的“文件下载”对话框中单击「保存(S)」按钮保存文件。

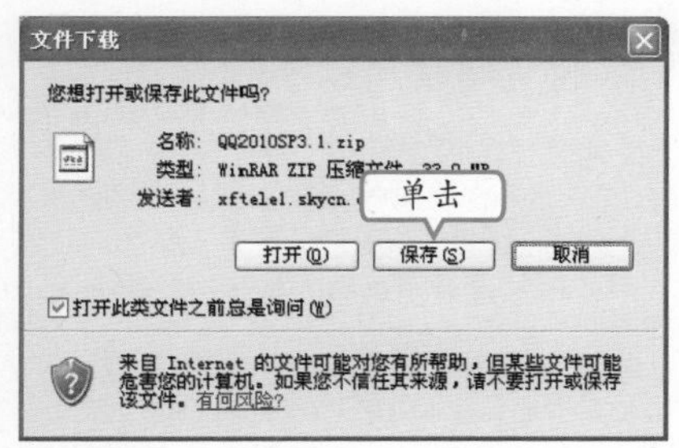

6 确认下载

打开“另存为”对话框，如保存网页的方法一样选择保存位置后单击「保存(S)」按钮。

7 开始下载

系统自动开始从服务器上下载文件，并显示下载进度。

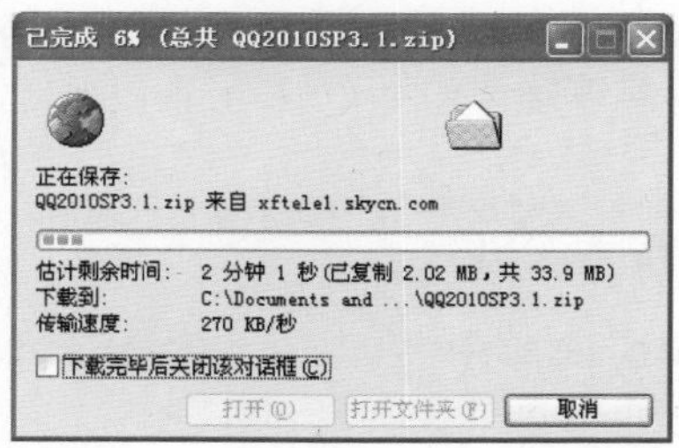

8 完成下载

下载完后单击「打开文件夹(F)」按钮，即可打开保存文件的文件夹，将文件解压后即可进行安装。

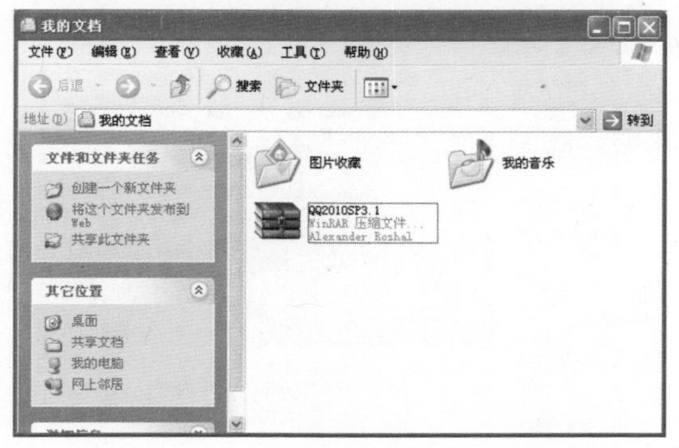

第10章

补充两句

这里下载的安装程序为zip压缩文件，其他一些地方下载的也可能是单独的可执行文件，但不管什么类型的文件，下载后能正常使用即可。

10.2 电子邮件简单用

老马今天看见小李在往一个信封上贴邮票，问道：“寄什么有意义的东西呢？”小李说：“也没什么，一个老同学昨天给我打电话了，给了我他现在的地址，我没事就想到写封信过去问候一下。”老马说：“还用信封寄信？问候嘛，用电子邮箱就可以了啊！”小李拍了一下头，说：“对呀，我早就听说电子邮箱这东西了，就是不知道怎么用，你教教我吧。”老马笑笑说：“这个没问题，随时可以教你。”

10.2.1 学习1小时

学习目标

- 认识电子邮件并学会申请电子邮箱。
- 掌握发送电子邮件以及接收和回复电子邮件的方法。
- 掌握电子邮件的其他常见操作。

1 申请电子邮箱

电子邮件又叫E-mail，它是互联网中广泛使用的一种重要通信方式，具有方便、快捷和准确等优点。除了可以收发电子信件外，还可以将电子文件传送到他人的邮箱中。

目前很多大型门户网站都提供免费邮箱业务，如新浪、网易、搜狐、雅虎、腾讯等，各网站电子邮箱的申请和使用方法都差不多。下面以申请搜狐电子邮箱账号为例进行讲解，其具体操作如下。

教学演示\第10章\申请电子邮箱

1 进入注册页面

启动IE浏览器，在地址栏中输入“http://www.sohu.com”进入搜狐网站首页，单击“注册”超链接进入邮箱注册页面。

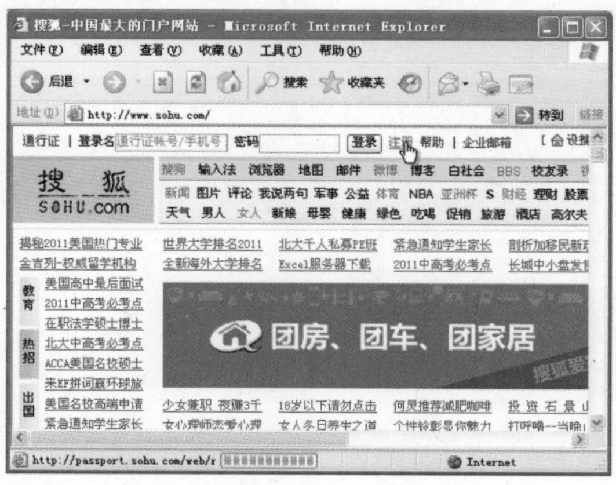

2 填写账号和密码

在打开注册页面的“用户账号”文本框中输入需注册的账号，在“密码”和“密码确认”文本框中输入相同的密码。

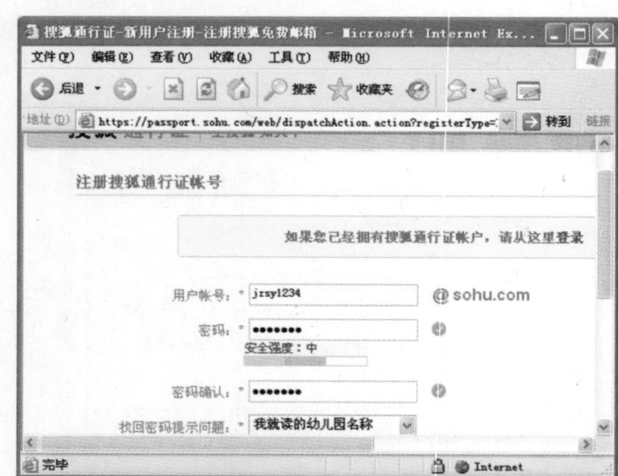

第10章

高手指点　填写的账号在该网站中必须是唯一的，如果填写的账号已经被别人注册了，系统会要求用户重新填写。

3 提交注册信息

1. 设置下面的密码提示问题和密码问题答案，并输入正确的验证码。
2. 单击 完成注册 按钮。

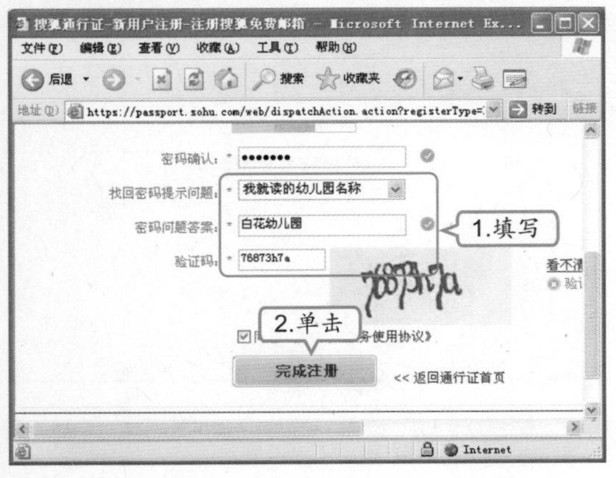

4 注册成功

系统接受注册信息后，在打开的页面中显示成功注册的提示信息，完成注册。

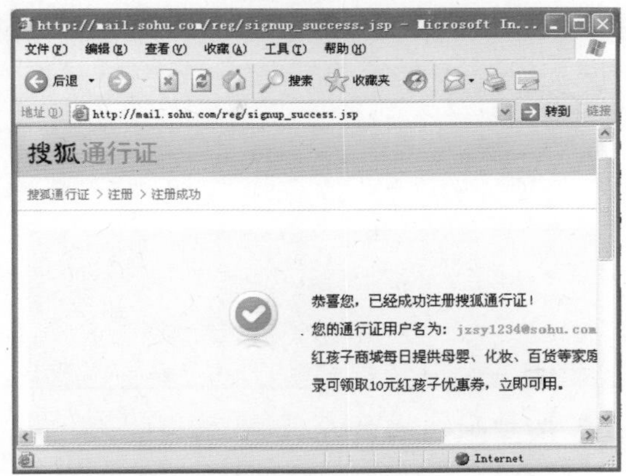

2 发送电子邮件

有了邮箱，就可以给别人发送电子邮件了，但是要发送邮件必须知道对方的邮箱账号，否则服务器无法将邮件送达对方的邮箱中。下面介绍使用搜狐邮箱发送电子邮件的方法，其具体操作如下。

教学演示\第10章\发送电子邮件

1 登录通行证

1. 进入搜狐网首页，在网页顶部的“登录名”和“密码”文本框中输入邮箱账号和密码。
2. 单击登录按钮登录通行证。

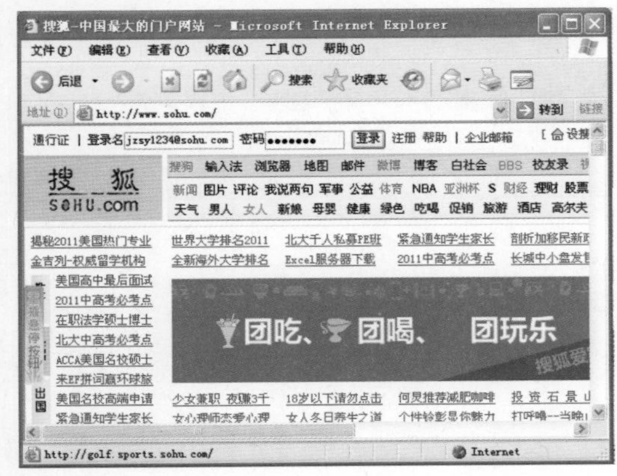

2 进入邮箱

登录成功后，单击邮件相关的超链接都可以进入邮箱，这里单击下面的“邮件”超链接。

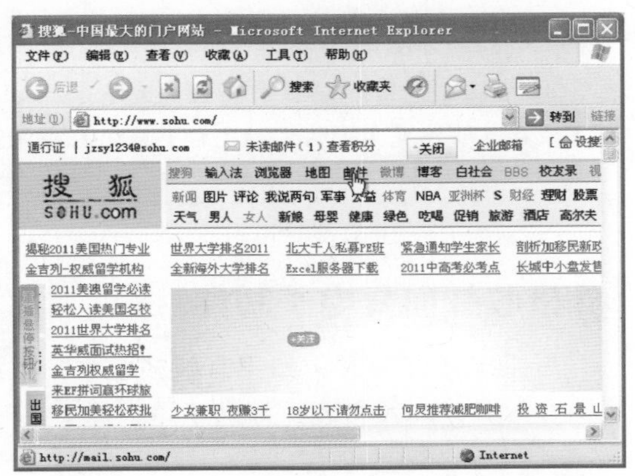

第10章

补充两句

由于各网站的设计有所不同，所以登录邮箱的方式也有些差别，但基本的原则都是一样的，就是登录后找到邮件的相关超链接后单击进入。

3 进入写信页面

进入邮箱后，单击写信按钮进入写信页面。

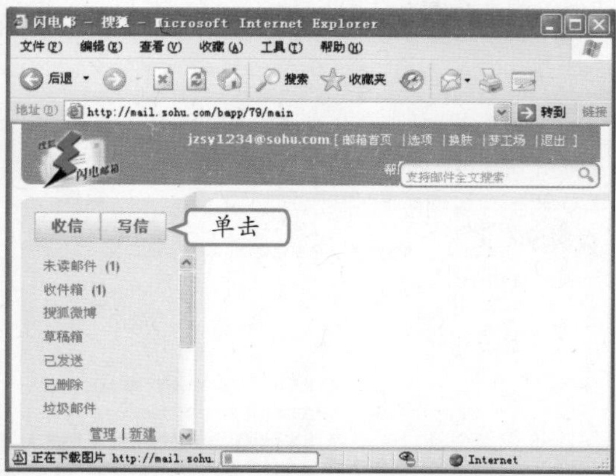

4 填写邮件信息

在打开的“写邮件”页面中，在“发件人”文本框中输入收件人的邮箱地址，在“主题”文本框中输入邮件的主题。

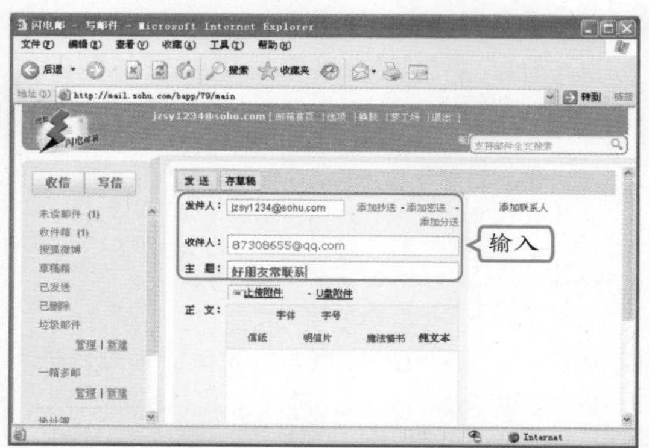

5 发送邮件

1. 在“正文”文本框中输入正文信息。
2. 单击发送按钮发送邮件。

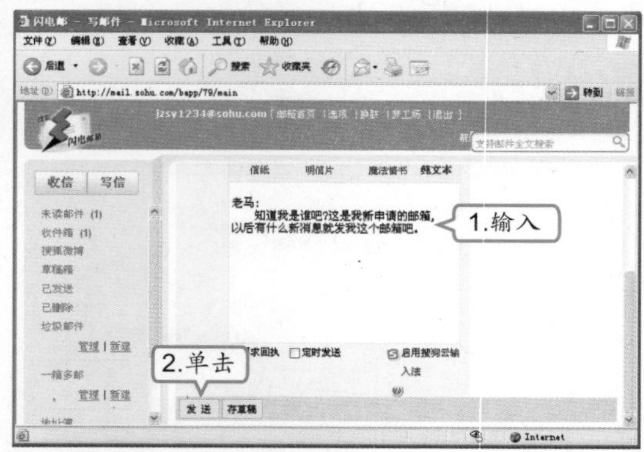

6 发送成功

等待邮件发送出去后，在打开的页面中将显示邮件发送成功的信息，这时关闭页面，对方登录邮箱时将会看到邮件。

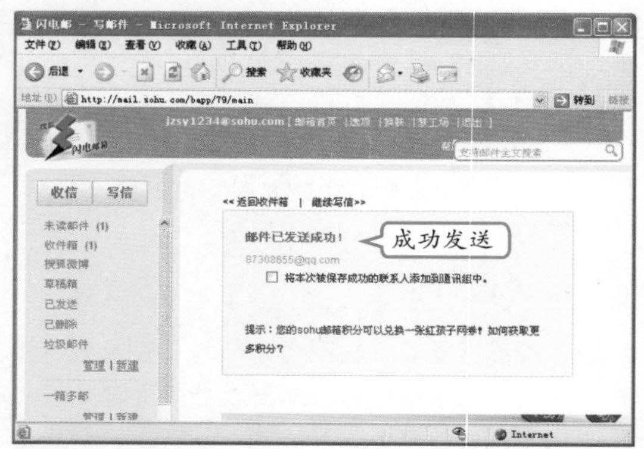

教你一招：添加邮箱附件

发送邮件时，还可以将一些电子文件通过添加附件的方式发送给对方，如Word文档、Excel表格以及各种格式的文件，只需在撰写信件时单击“上传附件”超链接，将文件附到邮件中一起发送给对方即可。

3 接收并回复电子邮件

登录电子邮箱时，如果有新的邮件，系统会提醒用户，用户只需进入收件箱，即可查看邮件内容并回复对方，其具体操作如下。

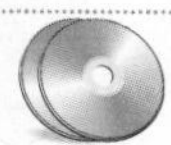

教学演示\第10章\接收并回复电子邮件

高手指点 回复邮件时，系统会自动将对方的邮件地址添加到“收件人地址”文本框中，用户不需自己填写，只需填写邮件内容即可。

1 进入收件箱

登录电子邮箱，在主界面中单击 收信 按钮进入收件箱。

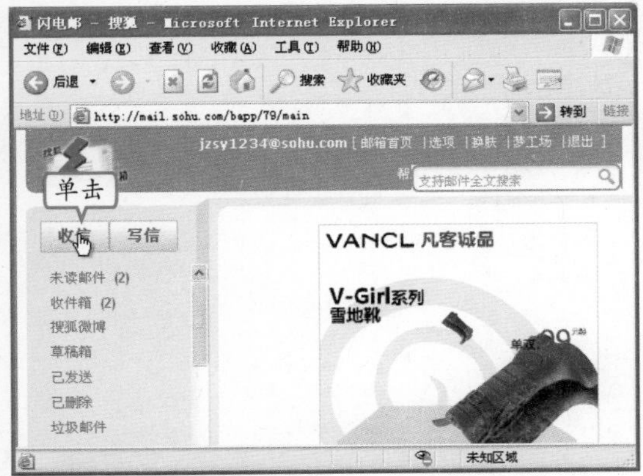

2 打开邮件

在收件箱中，按照接收时间列出了所有收到的邮件，单击邮件主题超链接可打开相应的邮件。

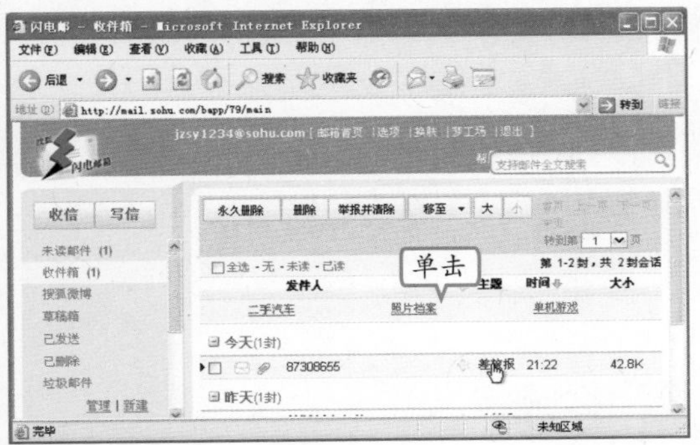

3 查看邮件内容

在打开的页面中即可查看邮件的具体内容，如果有附件，单击“下载”超链接可下载附件。

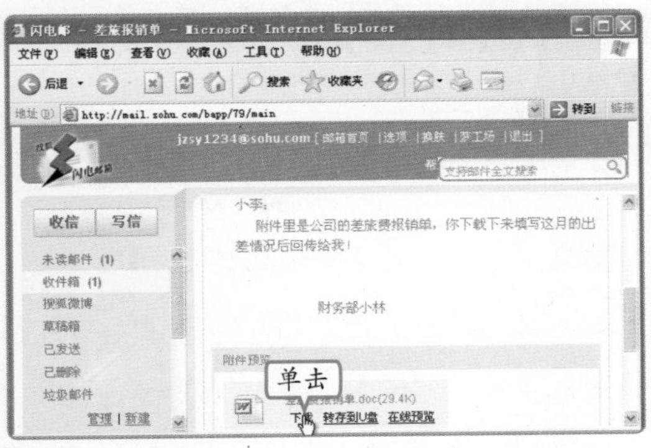

4 下载附件

在打开的“文件下载”对话框中单击 保存(S) 按钮，可将附件保存到电脑中并查看其内容。

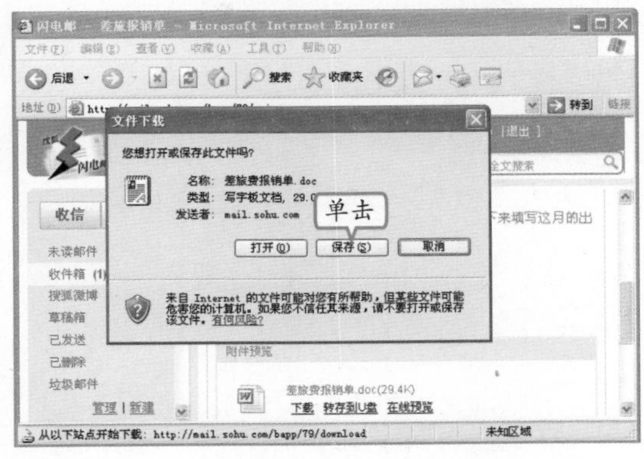

5 回复邮件

看完所有内容后，需要给对方“回信”，单击“回复”超链接可进入回复邮件页面。

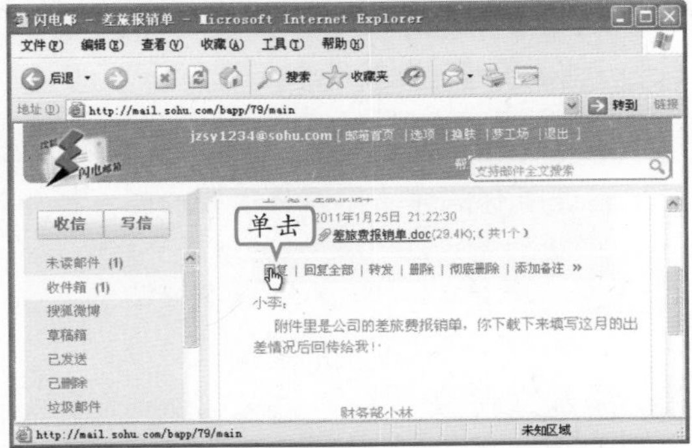

6 撰写信件

在正文文本框中输入回复内容，如果要添加附件，单击“上传附件”超链接。

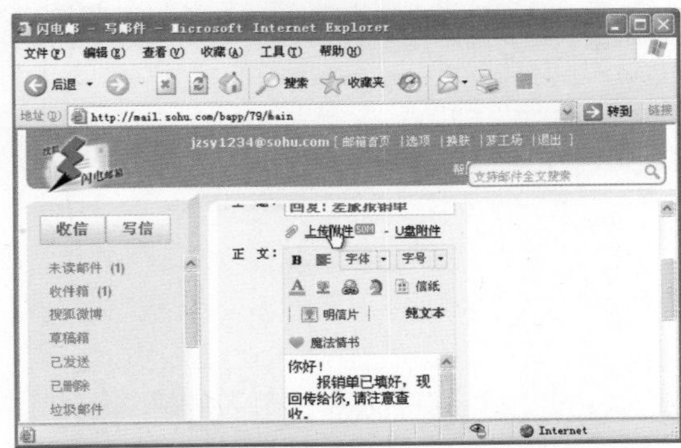

补充两句

万维网WWW（World Wide Web）又称3W，是一种基于超文本技术的交互式信息浏览检索工具，用户可用WWW在Internet上浏览、编辑、传递超文本格式的文件。

7 添加附件

1. 在打开的“选择文件”对话框中选择需要传送给对方的文件。
2. 单击 打开(O) 按钮。

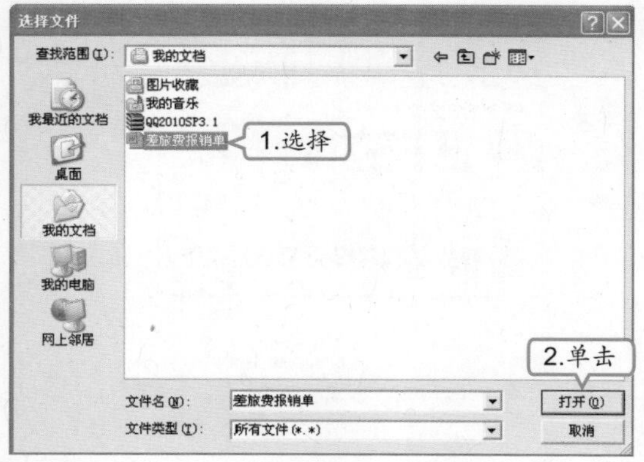

8 发送邮件

完成所有的邮件撰写后，单击邮件顶部或下方的 发送 按钮，系统会将邮件发送到对方的邮箱中。

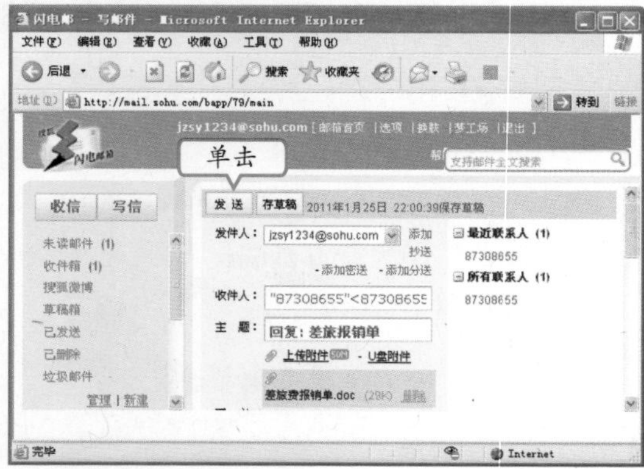

4 电子邮件的其他常见操作

使用电子邮箱时，还需要经常整理邮件，如将邮件进行分类和删除不需要保留的邮件等，以便于更好地管理邮箱。

（1）分类邮件

邮件多了，垃圾文件和重要文件容易弄混，且不便于查找，通过分类邮件，可以很轻松地管理所有信件。下面将主要的邮件移动到新建的文件夹中，其具体操作如下。

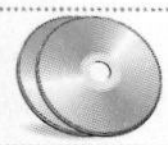

教学演示\第10章\分类邮件

1 添加文件夹

1. 单击邮箱左侧窗格中的“新建”超链接。
2. 在右侧的文本框中输入文件夹的名称。
3. 单击 添加文件夹 按钮。

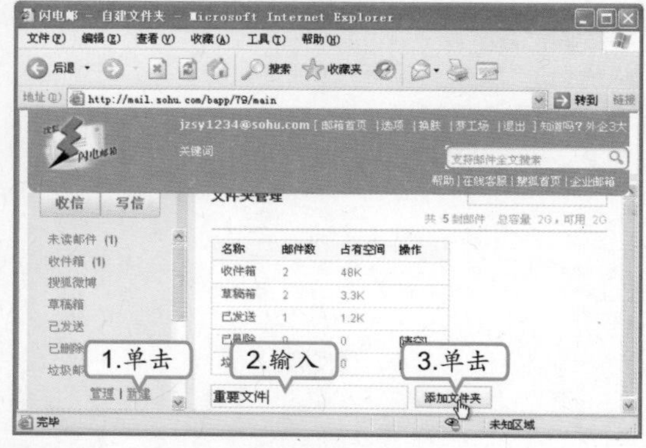

2 移动邮件

1. 单击“收件箱”文件夹。
2. 选中需要移动的邮件前的复选框。
3. 单击 移至 按钮，在弹出的菜单中选择“重要文件”命令。

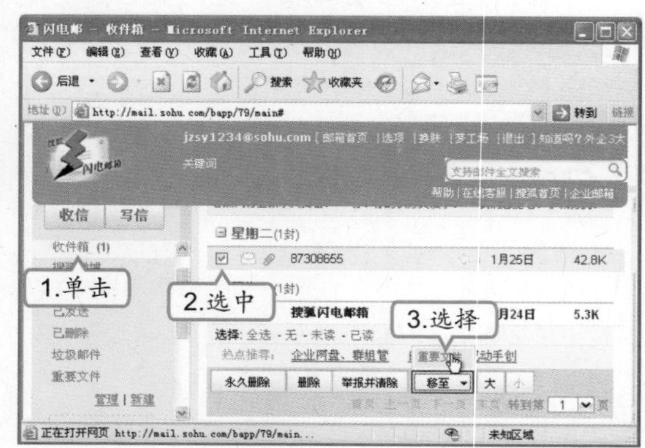

高手指点 在邮箱中可以添加多个文件夹，当添加了多个文件夹后，移动邮件时将列出所有添加的文件夹让用户选择。

（2）删除邮件

选中邮件前的复选框，单击删除按钮可删除该邮件，同时选中多个邮件则可批量删除邮件，删除的邮件被放到“已删除”文件夹中，进入“已删除”文件夹，还可以查看或还原邮件，也可以将其永久删除。如果选中邮件后单击永久删除按钮则会立即将其删除，并且无法恢复。

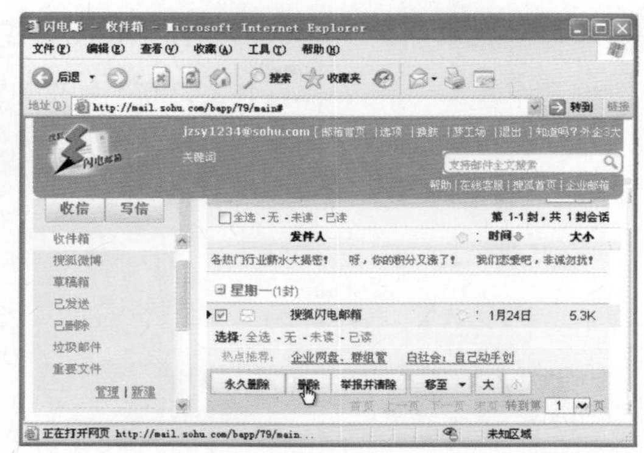

（3）添加联系人

将经常联系的联系人的邮箱地址保存在地址簿中，在写信时可以方便地插入收件人邮箱地址而不必从其他地方找来再手动输入。在邮箱左侧的窗格中选择“地址簿”选项，再单击窗口中出现的新建联系人按钮，可打开“新建联系人”窗口，在其中输入和选择相关信息，保存后可随时查看和调用。

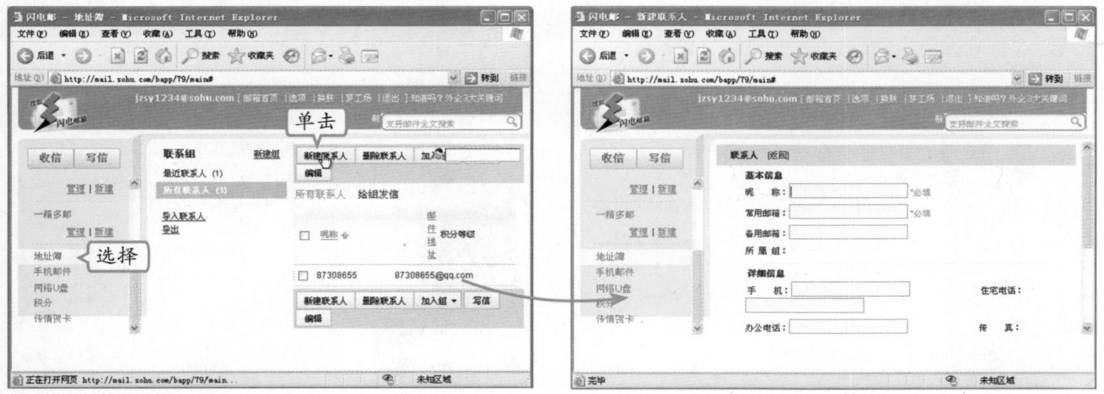

10.2.2 上机1小时：管理电子邮件

本例将登录网易邮箱，进行电子邮件的接收、回复、移动和删除等操作，以巩固本节所学知识，其具体操作如下。

上机目标

- **巩固电子邮件的接收和回复的操作知识。**
- **进一步掌握电子邮件的移动和删除等操作。**

教学演示\第10章\管理电子邮件

网易的电子邮箱服务很多，免费的除了163邮箱外，还有126邮箱和yeah邮箱。

补充两句

1 登录邮箱

在地址栏中输入“http://www.163.com/”打开网易首页，在登录框中输入账号和密码，选择登录“163邮箱”，然后单击登录按钮。

2 进入收件箱

在打开的邮箱主界面中单击收信按钮进入收件箱，单击收到邮件的主题。

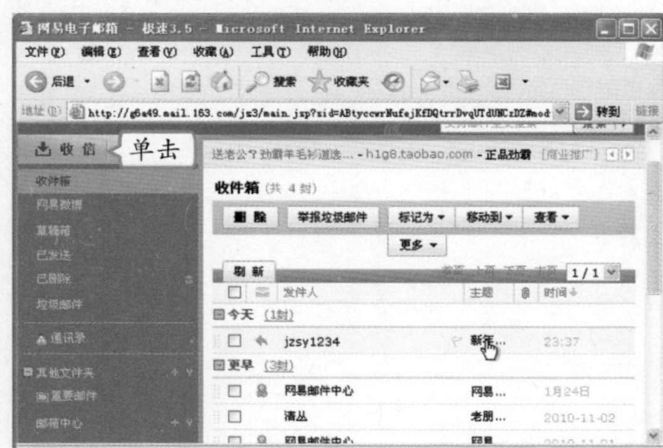

3 查看邮件

打开邮件，查看邮件的内容后，单击回复按钮。

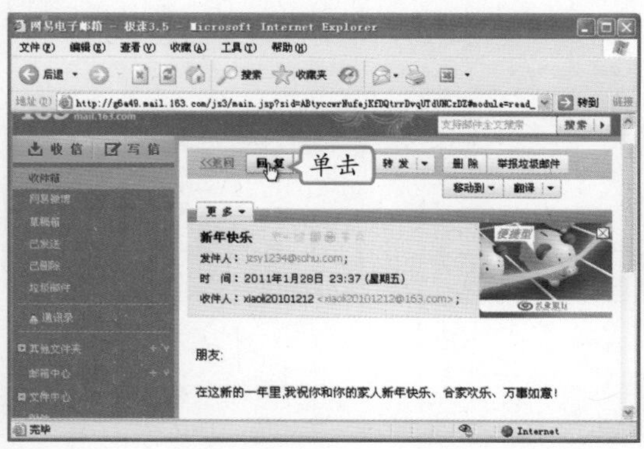

4 回复邮件

1. 在“内容”文本框中输入回复内容。
2. 单击发送按钮。

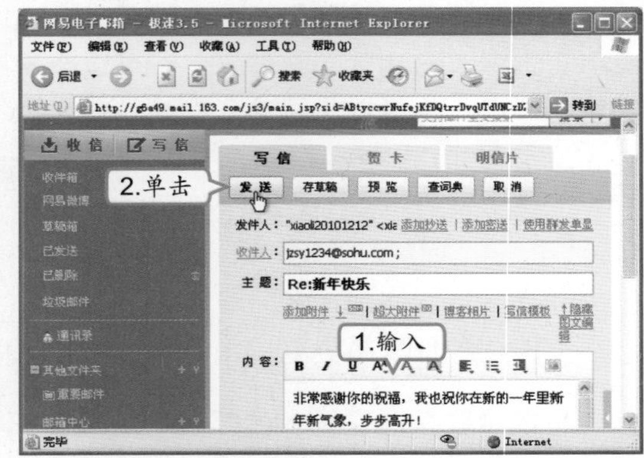

5 新建文件夹

1. 单击“其他文件夹”选项后的+按钮。
2. 在打开对话框的文本框中输入文件夹名。
3. 单击确定按钮。

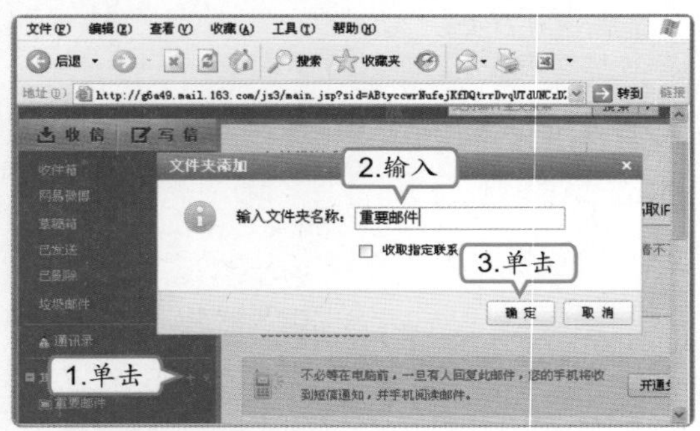

6 移动邮件

1. 选择“收件箱”选项，选中需要移动的邮件。
2. 单击移动到按钮。
3. 在弹出的菜单中选择新建的文件夹。

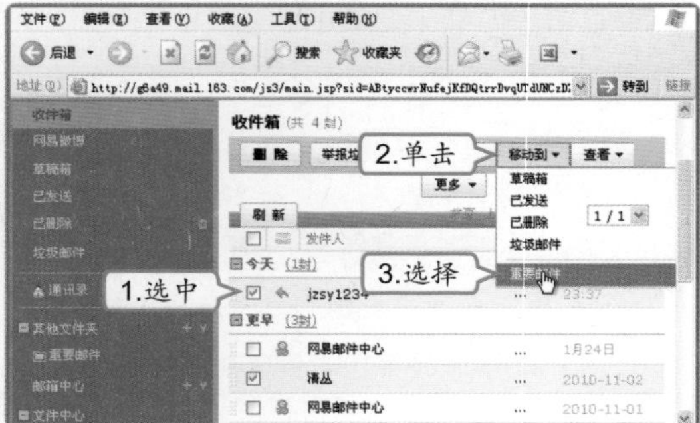

高手指点 电子邮箱分收费邮箱和免费邮箱两种。收费邮箱的对象一般为企业用户或者有特殊需求的用户，它提供了更多的服务和扩展功能，一般个人用户选择免费邮箱就足够了。

7 删除邮件

1. 选择需要删除的邮件。
2. 单击 删除 按钮删除邮件。

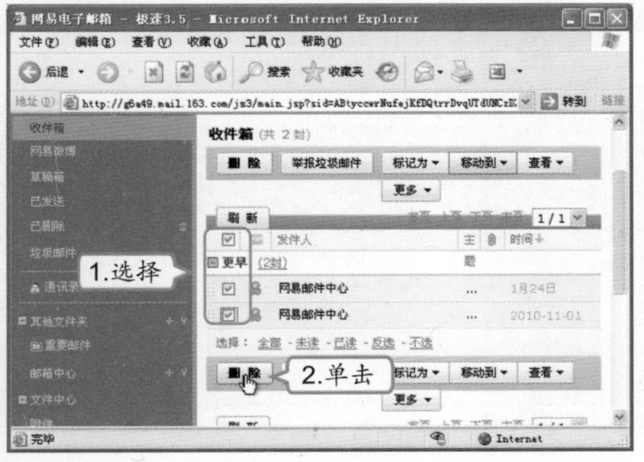

8 完成操作

完成所有操作后，单击窗口右上方的☒按钮关闭浏览器窗口。

10.3 跟着视频做练习1小时

小李对老马说：“原来上网还这么好玩，不仅可以浏览新闻，而且搜索想要的资源，还可以向好友发送电子邮件。”老马说：“那当然了，你现在可以自己上网了吧？那我不陪你了。”小李忙说：“你能不能再给我指点一下，让我再熟悉熟悉操作嘛。”老马犹豫了一下，说：“好吧，那你再做两个练习熟悉熟悉。”

1 浏览并保存网上信息

本例将练习浏览网页的方法，并快捷地将网上信息保存下来。

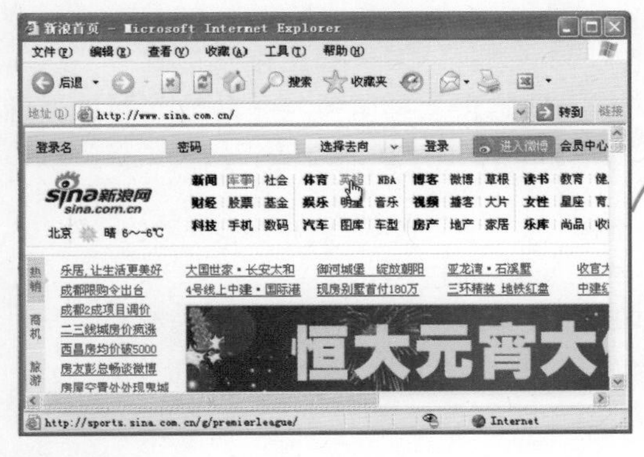

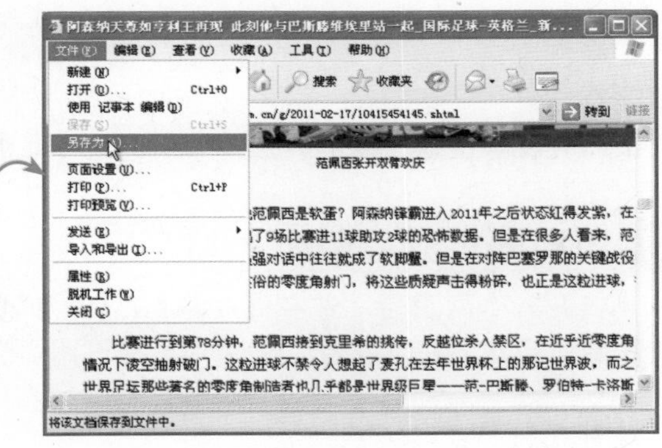

操作提示：

1. 启动IE浏览器，在地址栏中输入新浪网的网址“http://www.sina.com.cn”，按【Enter】键。
2. 在新浪首页中单击感兴趣的导航链接进入相关页面。
3. 单击具体的页面链接，查看详细内容。
4. 选择【文件】/【另存为】命令保存网页。
5. 继续浏览其他网页。

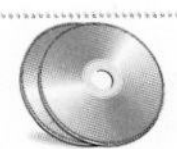

视频演示\第10章\浏览并保存网上信息

补充两句

IP（Internet Protocol）地址是分配给主机的一个32位二进制地址，由4个十进制字段组成，中间用圆点隔开，如192.168.1.1。

2 下载软件并使用邮件发送

本例将主要练习搜索和下载软件的操作，并使用邮箱将软件以附件的形式发送给好友，以熟悉搜索下载网络资源和使用电子邮箱的方法。

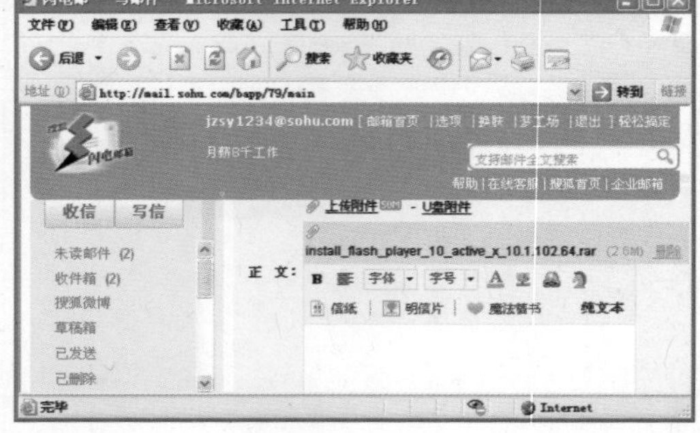

操作提示：

1. 打开百度搜索引擎首页。
2. 在搜索文本框中输入关键字，然后单击 百度一下 按钮进行搜索。
3. 在搜索结果页面中单击相应的选项。
4. 在打开的网页中单击相应的下载链接。
5. 进行文件保存操作。
6. 下载完后打开搜狐网站首页。
7. 登录电子邮箱并进入“写信”页面。
8. 填写收件人邮箱地址和邮件主题，然后输入邮件正文。
9. 单击“添加附件”超链接，将下载的软件添加到邮箱中。
10. 发送邮件。

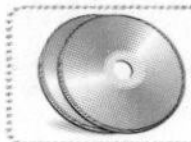

视频演示\第10章\下载软件并使用邮件发送

10.4 秘技偷偷报

学完之后，老马问小李：“这下没问题了吧？”小李说：“大问题倒是没有了，小问题还有一点。”老马问：“什么问题？”小李说：“我觉得上网时每次手动输入网址太麻烦了，有没有快捷一点的方法？”老马说：“好吧！教你两招快捷的方法。”

1 添加网址到收藏夹

打开一个网页后，选择【收藏】/【添加到收藏夹】命令，可将该网址收藏起来，当下次需要访问时，在“收藏”菜单中选择该网页选项即可直接连接该网页地址。

2 使用邮件客户端收发邮件

很多邮箱都支持电子邮局服务，如果邮箱开通了POP3/SMTP电子邮局服务，可以使用Outlook Express、Foxmail、DreamMai等邮件客户端软件直接在电脑上收发电子邮件，使用邮件客户端软件，不必登录电子邮箱页面就可接收和发送电子邮件，为用户节省了不少时间。

高手指点 电子邮件又叫E-mail（Electronic Mail），是用户或用户组之间通过电脑网络收发信息的服务。

第11章

网上交友与休闲

公司最近与外部公司一起协同开发一个项目，需要小李经常在网络上和对方进行沟通和交流等。因为对方所用的交流软件是QQ，所以小李需要申请一个自己的QQ号码，可是如何申请QQ号码、如何使用QQ等小李都还不是非常清楚，在这种情况下，他只得去请教老马。老马一听这件事就笑了，说："这容易啊！其实QQ除了用在工作上，也可以用来和朋友、家人聊天。另外，在互联网上还可以听听音乐、看看电影，充实自己的日常生活。"

2小时学知识

- QQ网上交友
- 网上休闲娱乐

3小时上机练习

- 与好友聊天
- 玩网页游戏
- 在线玩游戏并将游戏截图发送给网友
- 听歌写微博

11.1 QQ网上交友

老马告诉小李：“QQ是目前最常用的聊天通信工具之一，使用它可以快速地与各地的朋友进行文字和视频语音聊天，还可以相互间传送文件、参与QQ群等，真正实现零距离通信。”

11.1.1 学习1小时

学习目标

- 了解申请QQ号码的方法。
- 熟悉怎样通过QQ与网友进行文字、语音和视频聊天。
- 学会使用QQ群和讨论组的基本操作。

1 申请QQ号码

在安装好QQ程序后还不能马上进行聊天，还需要申请一个QQ号码，申请QQ号码的方法有多种，常用的方法是利用QQ注册向导申请，其具体操作如下。

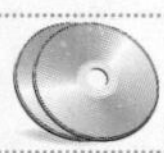

教学演示\第11章\申请QQ号码

1 注册新账号

1. 双击桌面上的QQ快捷方式图标，打开QQ2010对话框。
2. 单击“注册新账号”超链接。

2 立即申请

在打开的网页中有免费账号和付费账号两种，可以通过网页和手机两种方式申请。这里在“网页免费申请”栏中单击 立即申请 按钮。

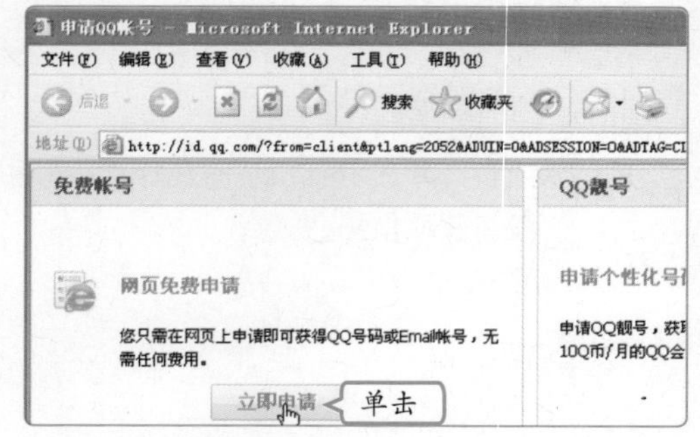

教你一招：使用手机申请QQ号码

移动用户编写短信88发送到106617007，即可获得一个QQ号码；联通用户编写短信8801发送到10661700（福建联通用户发送到10621700），即可获得一个QQ号码，资费都是1元。

高手指点 在IE浏览器中打开QQ网站的主页（www.qq.com），找到提供QQ号码申请服务的文字超链接，再根据网页提示填写用户资料也可申请QQ号。

3 选择账号类型

在打开的网页中选择申请的账号类型，单击“QQ号码”超链接。

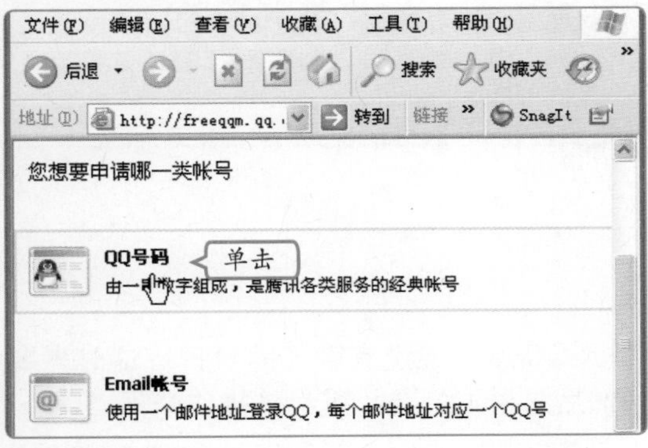

4 填写资料信息

1. 在打开的网页中填写昵称、密码等用户信息。
2. 单击 确定 并同意以下条款 按钮。

5 申请成功

在打开的网页中显示申请的号码后，单击 立即获取保护 按钮获取保护。

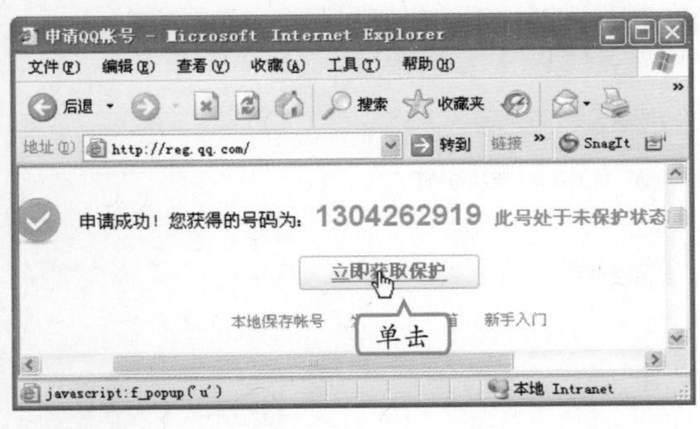

6 设置密码保护

在打开的网页中选择一种密码保护方式，单击“密保问题”超链接。

7 设置密保问题

1. 在打开的网页中设置3个密保问题。
2. 单击 下一步 按钮。

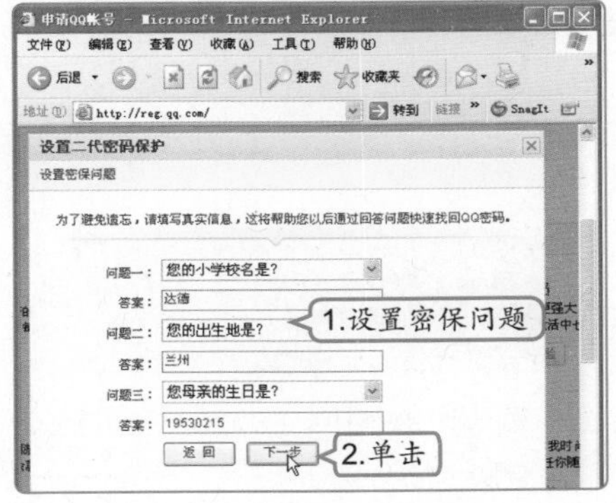

8 回答密保问题

1. 依次回答刚设置的3个密保问题。
2. 单击 下一步 按钮。

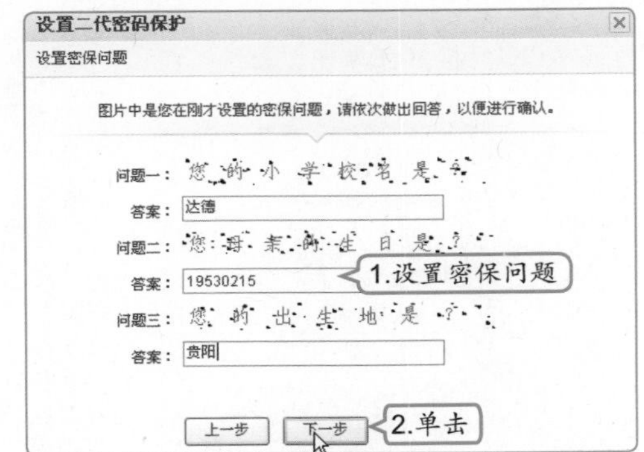

补充两句

QQ软件可到腾讯主页（www.qq.com）或各软件下载门户网站下载，然后根据安装向导的提示进行安装即可。

9 完成密保问题

完成密码保护设置，单击 完 成 按钮就可以使用申请的号码了。

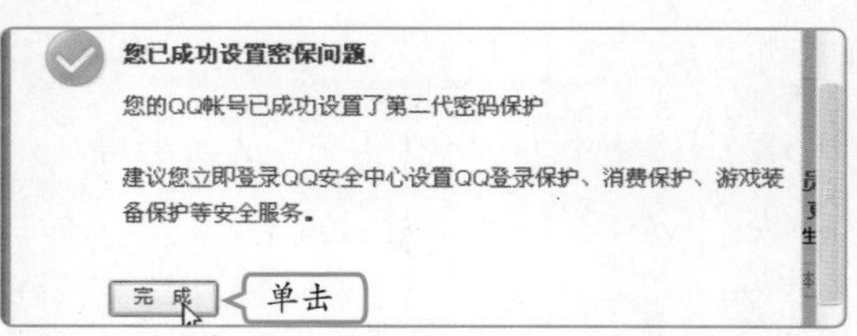

教你一招：密码保护的原因

QQ号码申请成功后若不进行密码保护也可以直接使用，但密码被盗的风险会增加，所以建议用户都要进行密码保护后再使用QQ号码。

2 登录QQ并添加好友

号码申请后就可以登录QQ了，但是第一次登录QQ后，还没有聊天的对象，这时先要添加好友。下面就先用刚刚申请的QQ号码登录，然后再添加好友，其具体操作如下。

教学演示\第11章\登录QQ并添加好友

1 登录QQ

1. 打开QQ2010对话框，在“账号”和“密码”文本框中输入刚申请的号码和密码。
2. 单击 登录 按钮，打开QQ面板。

2 查找好友

在打开的QQ面板底部单击 查找 按钮。

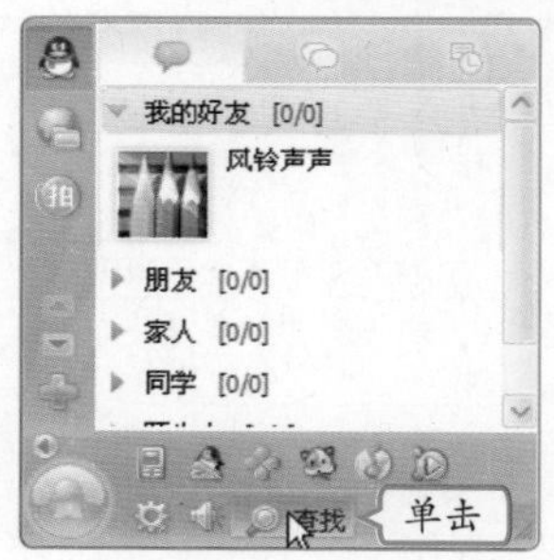

3 设置查找信息

1. 在打开的对话框中选中“精确查找”单选按钮。
2. 在“账号”文本框中输入要查找的号码。
3. 单击 查找 按钮进行查找。

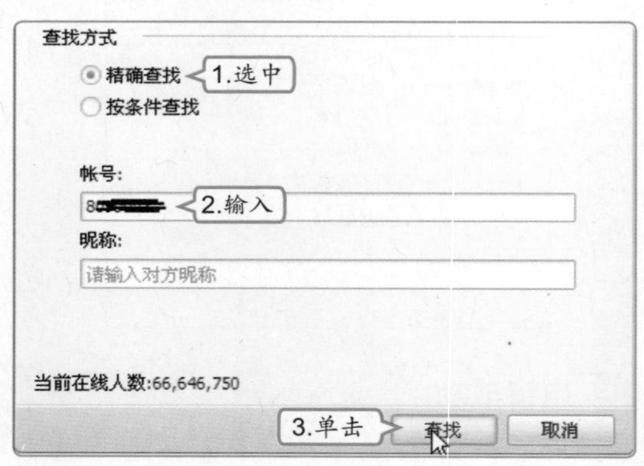

4 添加好友

1. 在打开对话框的用户列表框中选择好友。
2. 单击 添加好友 按钮添加好友。

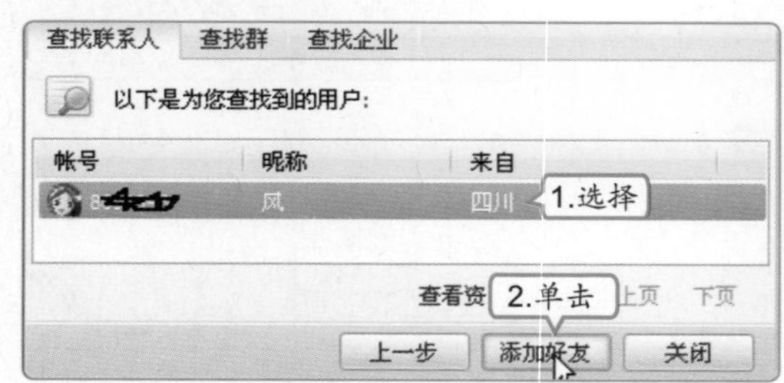

高手指点

启动QQ后，将在任务栏的提示区中显示QQ头像，单击该头像，在弹出的菜单中选择“隐身”命令，这样网上的好友将不知道该用户已经上线了。

5 发送验证信息

1. 在"请输入验证信息"文本框中输入验证信息，让对方知道你是谁。
2. 单击 确定 按钮发送验证信息。

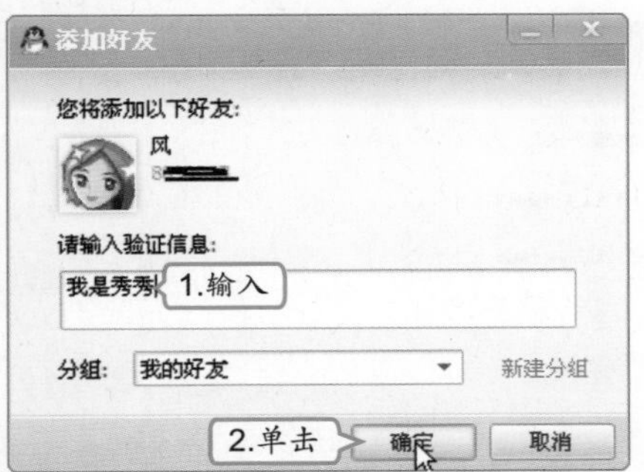

6 等待验证

单击 确定 按钮等待对方的验证，验证通过后双击任务栏上闪烁的图标。

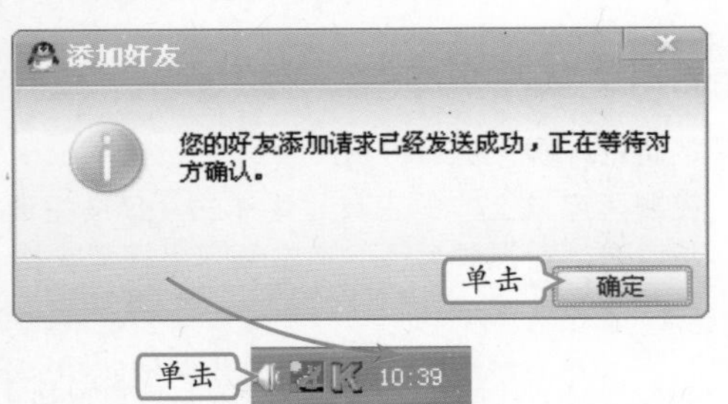

7 发送验证信息

在"备注"文本框中可输入对方的真实姓名等备注信息以方便以后查找，这里保持默认设置，单击 完成 按钮。

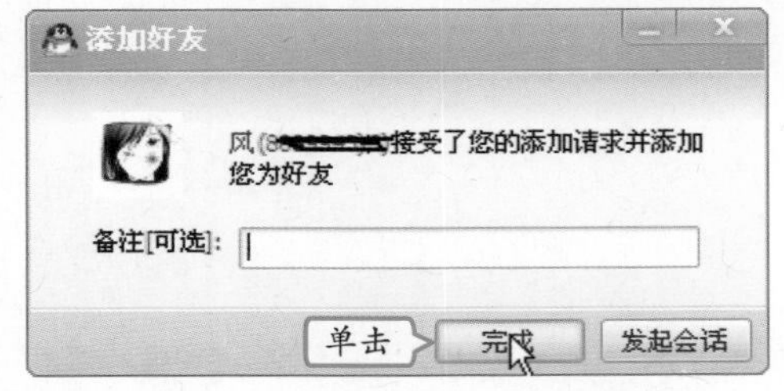

8 完成好友的添加

返回QQ面板即可看到刚刚添加的好友。

3 使用QQ进行聊天

添加好友后就可以与其聊天了，使用QQ聊天包括文字、语音和视频聊天几种方式，用户可以根据自己的需要来选择。下面就与刚刚添加的好友"风"分别进行3种方式的聊天，其具体操作如下。

教学演示\第11章\使用QQ进行聊天

1 发起会话

打开QQ面板，刚添加的好友出现在好友列表中，双击该好友头像，打开会话窗口。

教你一招：传输文件

使用QQ还可以进行文件的传输，具体方法将在上机1小时中详细讲解。

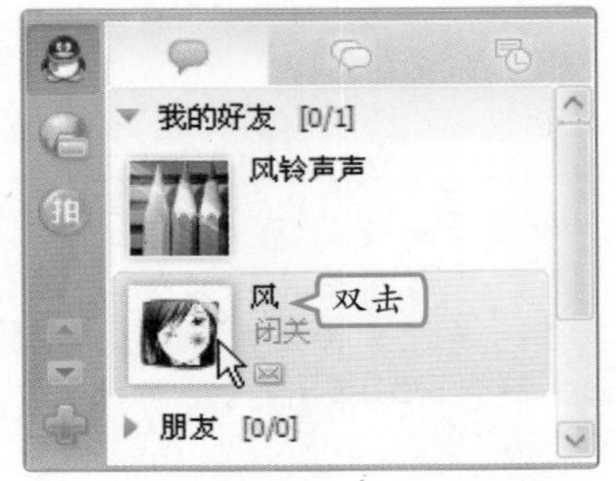

补充两句

电脑必须配置了声卡和麦克风才能进行语音聊天，而进行视频聊天除了声卡和麦克风外还需要配置摄像头。

2 输入消息

在打开的聊天窗口下方的文本框中输入聊天内容。

3 发送消息

单击发送(S)按钮，发送的信息将出现在上方的文本框中。

4 接收消息

对方看到你的消息后会给你回复，回复的信息也会出现在上方的文本框中。结束聊天后可以单击窗口右上角的按钮关闭窗口。

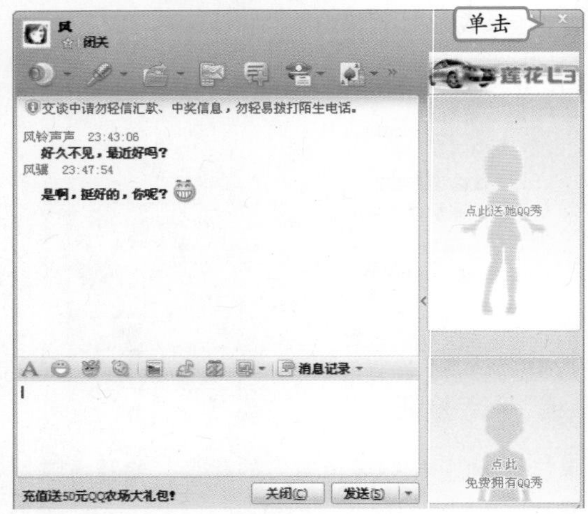

5 请求视频聊天

1. 重新打开聊天窗口。
2. 在聊天窗口上方的工具栏中单击按钮请求与对方进行视频会话，在右侧弹出视频窗格。

操作提示：打开聊天窗口的其他方法

如果是好友先向你发送聊天信息，在任务栏状态区或者QQ面板中对方的头像会不停闪动，用户只需双击其头像或按【Ctrl+Alt+Z】键就可以打开聊天窗口。用户可以根据自己的使用习惯设置打开聊天窗口的快捷键，方法是在QQ面板的工具栏中单击按钮，在弹出的菜单中选择【系统设置】/【基本设置】命令，打开“系统设置”对话框，在“热键”选项卡中即可设置各种热键。

高手指点　若想输入表情，只需在窗口中单击按钮，在弹出的下拉列表中选择需要的表情符号即可。

6 开始视频聊天

当对方接受请求后就会在聊天窗口右侧的“视频聊天”窗格中看到对方的视频图像，在下方的小窗格中显示用户自己的图像。单击 关闭 按钮可结束视频聊天。

7 语音聊天

在上方的工具栏中单击按钮请求语音聊天，待对方同意后即可进行。

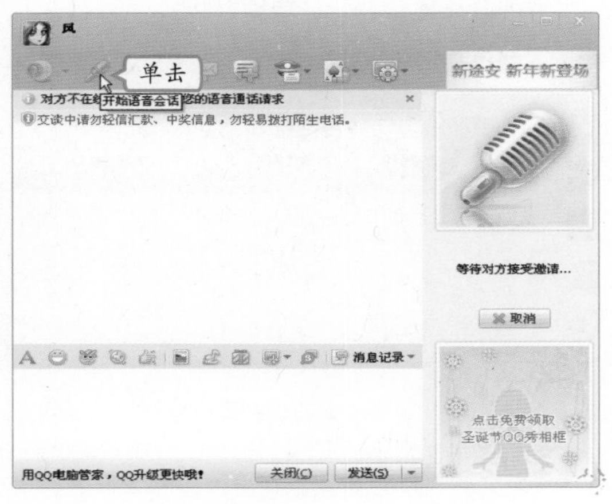

4 QQ群与讨论组的使用

在QQ里除了与添加的好友聊天外，还可以通过QQ群和讨论组与其他网友进行交流和沟通。下面就详细讲解如何使用QQ群及如何创建和使用讨论组，其具体操作如下。

教学演示\第11章\QQ群与讨论组的使用

1 查找QQ群

在QQ面板的底部单击 查找 按钮。

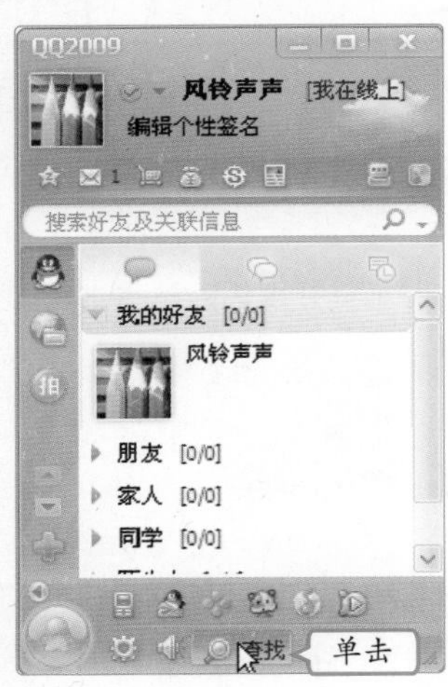

2 精确查找

1. 在打开的对话框中选择“查找群”选项卡。
2. 选中“精确查找”单选按钮。
3. 在“群号码”文本框中输入群号。
4. 单击 查找 按钮查找QQ群。

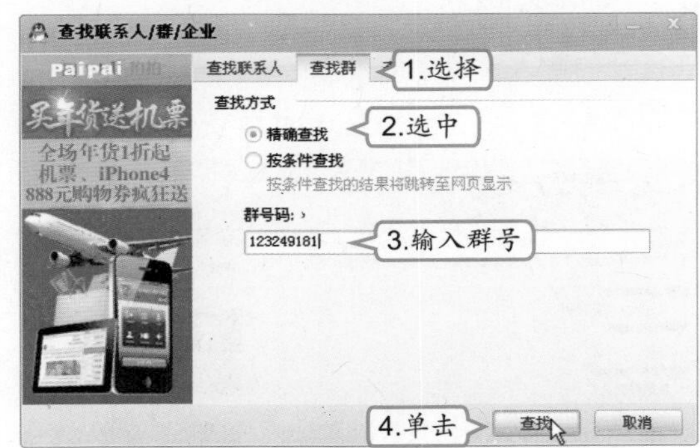

当对方发送了你没有的表情符号时，可在其上单击鼠标右键，在弹出的快捷菜单中选择“添加到QQ表情”命令将该表情添加到自己的表情列表中。

补充两句

3 申请加入该群

查找完成后在查找到的群列表框中显示了要查找的QQ群，该群同时呈选中状态，单击 加入该群 按钮申请加入该群。

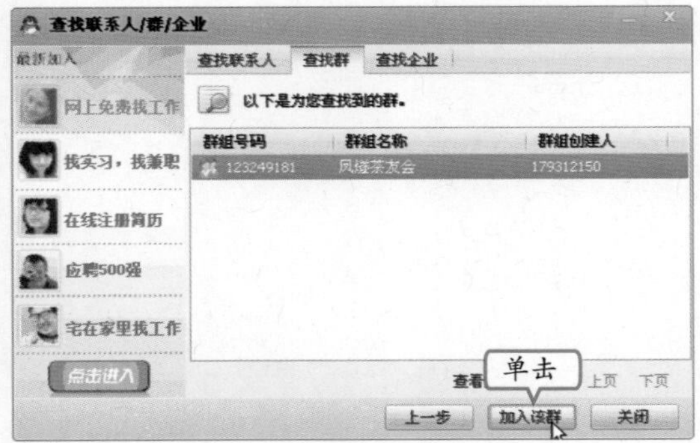

4 完成申请

该群的管理员同意了你的申请之后，双击任务栏中闪烁的图标，即可加入该群。在QQ面板的“群/讨论组”选项卡中即可看到刚刚添加的群，双击该群图标。

5 与群友聊天

在打开的聊天窗口中即可像与好友聊天一样与群友聊天了。

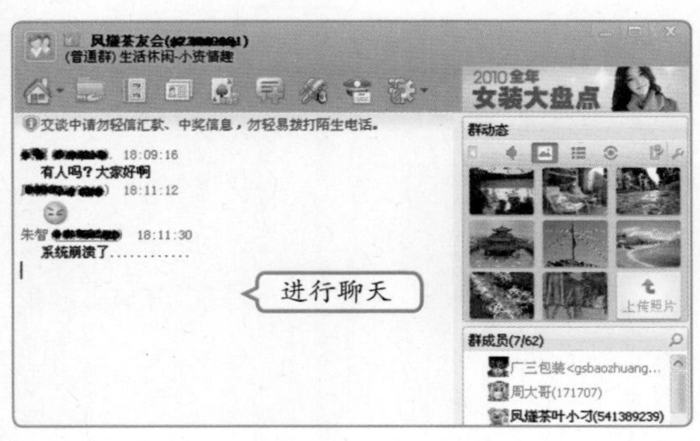

6 创建讨论组

在QQ面板的“群/讨论组”选项卡的“讨论组”栏中单击鼠标右键，在弹出的快捷菜单中选择“创建讨论组”命令。

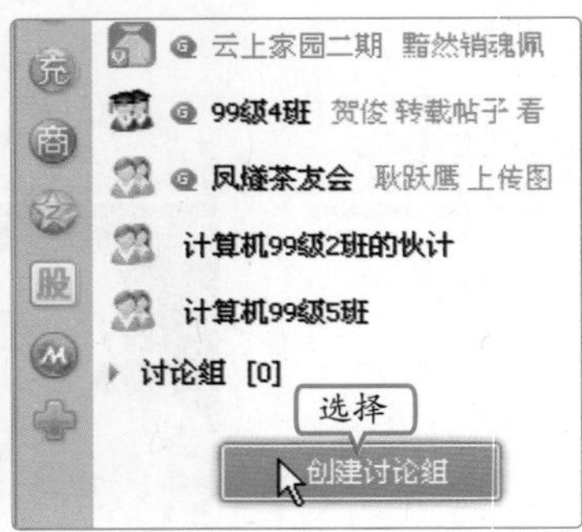

7 添加讨论组成员

1. 按住【Ctrl】键，在左侧的列表框中选择多个想要加入讨论组的联系人。
2. 单击 添加 > 按钮将其添加到右侧的列表中。
3. 单击 确定 按钮完成讨论组的创建。

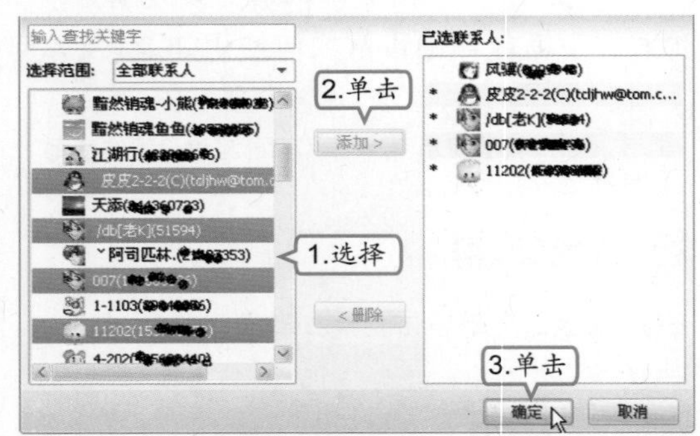

8 与讨论组中的网友聊天

在“讨论组”栏中选择刚刚创建的“普通讨论组”选项，即可打开聊天对话框进行聊天。

高手指点 在讨论组上单击鼠标右键，在弹出的快捷菜单中选择“退出讨论组”命令即可退出当前讨论组。

11.1.2 上机1小时：与好友聊天

本例将与好友聊天，并互相发送文件，以巩固使用QQ聊天的具体操作。

上机目标

- 巩固如何使用QQ进行文字聊天。
- 掌握如何使用QQ软件传送文件。

教学演示\第11章\与好友聊天

1 输入聊天内容

打开与好友的聊天窗口，在下方的文本框中输入要说的话，单击发送(S)按钮。

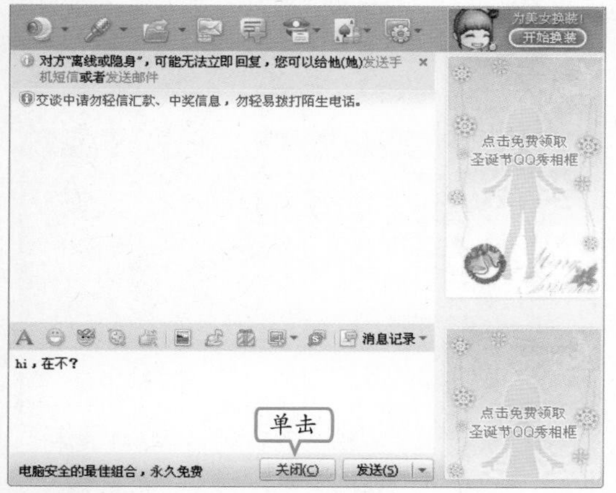

2 查看对方的消息并回复

当对方回复消息后，在上方的文本框中即可看到内容。可继续在下方的文本框中输入要回复的信息并单击发送(S)按钮。

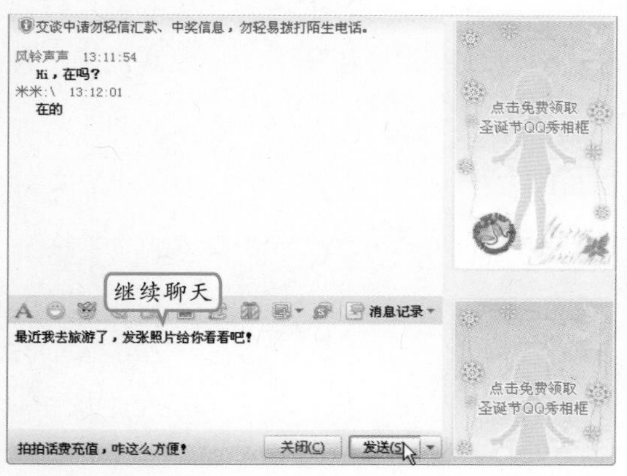

3 发送文件

在窗口上方的工具栏中单击按钮。

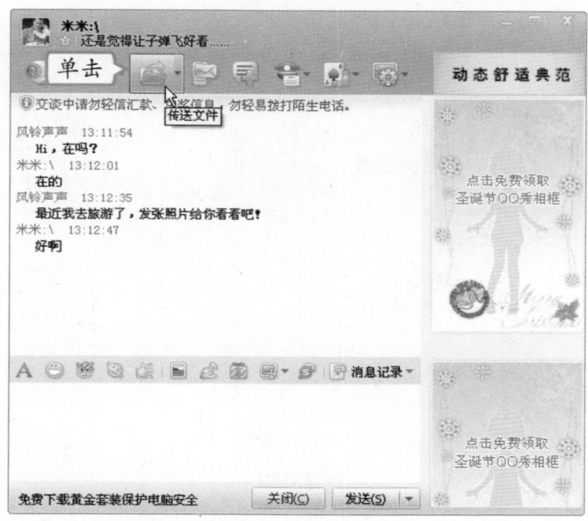

4 选择要发送的文件

1. 打开"打开"对话框，在"查找范围"下拉列表框中选择要发送的文件所在的路径。
2. 在中间的列表框中选择所需的文件。
3. 单击打开(O)按钮。

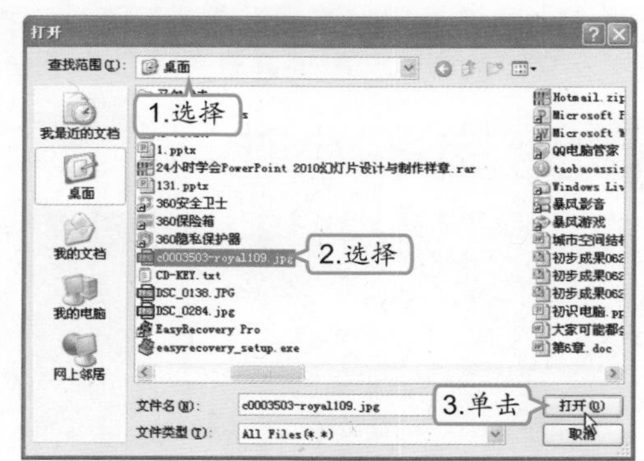

补充两句：如果好友给你发送文件，那么在弹出的文件接收窗格中单击"接收"超链接，文件将被自动保存到安装QQ软件时设置的默认文件夹中。

5 等待对方接收

返回聊天窗口，在右侧弹出发送文件的窗格，等待对方接收文件。

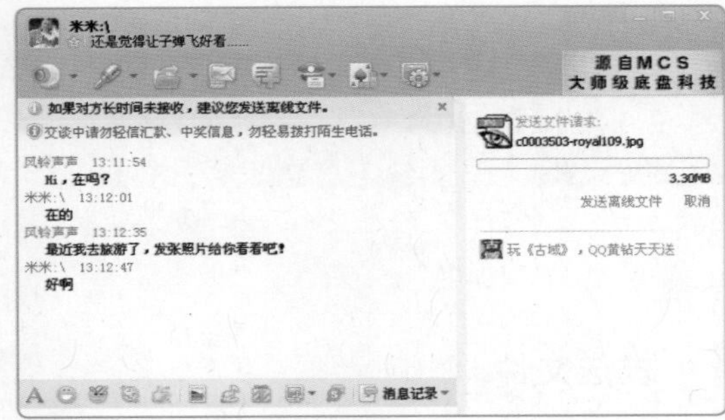

6 正在接收

当对方同意接收文件后将显示传送速度及进度等信息。

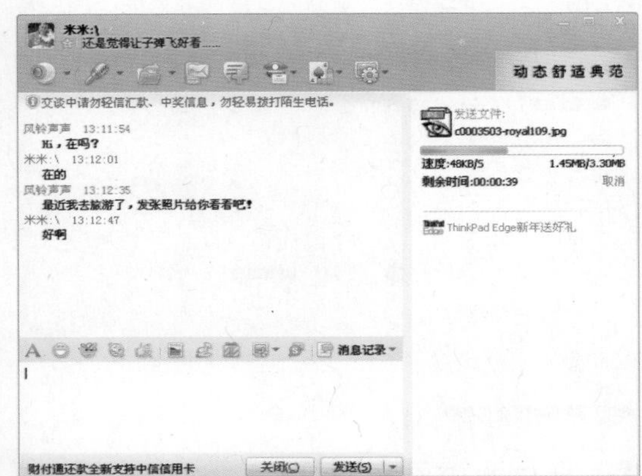

7 接收文件

若好友给你发送文件，在弹出的窗格中单击"另存为"超链接。

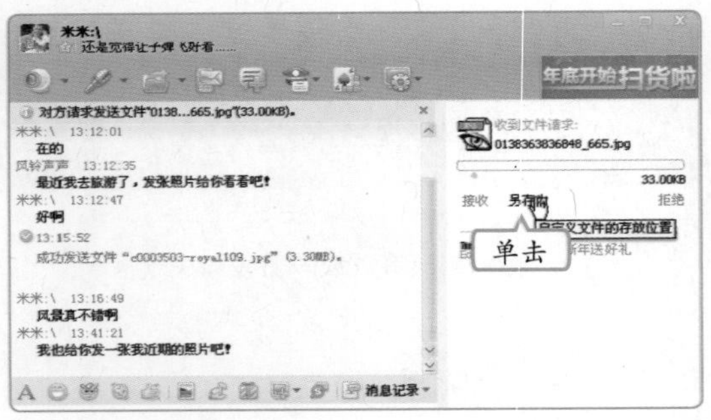

8 设置保存信息

打开"另存为"对话框，在"保存在"下拉列表框中选择保存的位置，这里保持默认设置，单击保存(S)按钮即可接收文件。

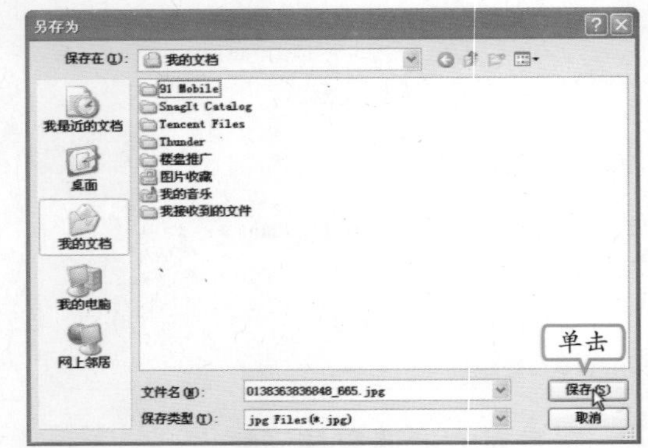

11.2 网上休闲娱乐

老马告诉小李，在互联网上除了工作还可以进行休闲娱乐，如听音乐、看电影、打游戏等。小李说："听说最近微博很流行，我很想学学怎么用。"老马说："微博也是一种与网友交流的方式，掌握起来并不难，下面就给你讲解。"

11.2.1 学习1小时

学习目标

- 了解如何在网上听音乐。
- 熟悉在网上看电影和玩游戏的方法。
- 学会使用微博与其他人交流。

高手指点　当要通过QQ软件发送多个文件时，可以先使用WinRAR压缩软件将其打包成一个文件，这样可以节省传送的时间和流量。

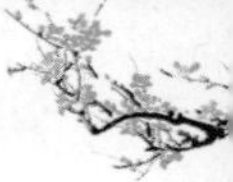

1 在线听音乐

除了可通过输入关键字搜索音乐后直接在网页中试听歌曲外，还可以通过一些软件在网上听音乐，QQ音乐就是一款这样的软件，下面就在其中听音乐，其具体操作如下。

教学演示\第11章\在线听音乐

1 启动QQ音乐

在QQ面板下方的功能栏中单击按钮启动QQ音乐。

教你一招：搜索音乐

在QQ音乐面板上方的搜索文本框中输入想听的歌曲进行搜索，再添加到播放列表中播放。

2 打开“QQ音乐库”

在打开的QQ音乐中单击乐库按钮。

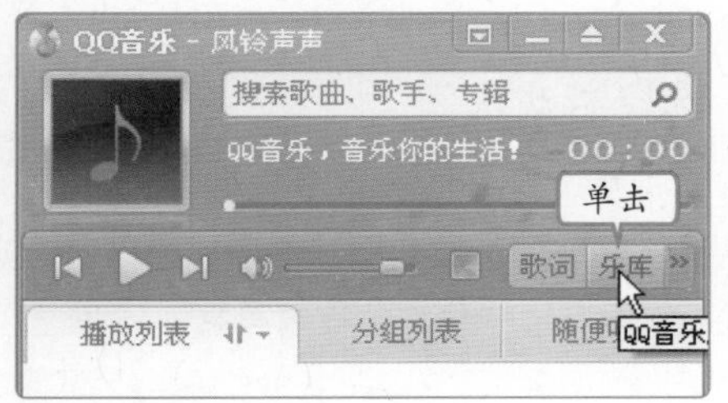

3 添加歌曲

在打开的QQ音乐库中选择喜欢的音乐，单击后面的按钮。

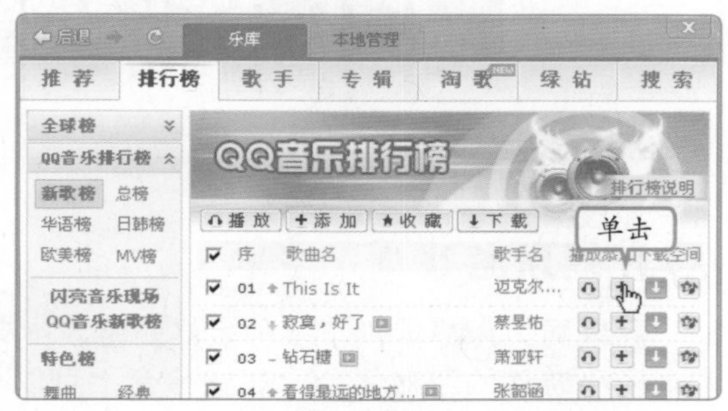

4 开始播放

歌曲被添加到播放列表中并开始播放。

第11章

2 在线看电影

现在有很多软件都可以直接在网上在线看电影，下面介绍如何使用迅雷看看在线看电影，其具体操作如下。

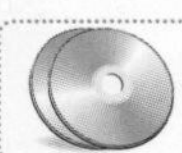

教学演示\第11章\在线看电影

1 打开片库

在网上搜索、下载并安装迅雷看看软件后，启动迅雷看看，在工具栏中单击片库按钮。

QQ音乐可以在腾讯网站上下载并进行安装，另外，单击按钮，选择【文件】/【添加本地歌曲】命令，还可以播放本地电脑中保存的音乐。

补充两句

2 选择影片

在打开窗口中的“最新电影”栏中选择要看的电影《武功山别恋》，在其下方单击▶按钮。

3 观看影片

在打开的窗口中即可观看影片。

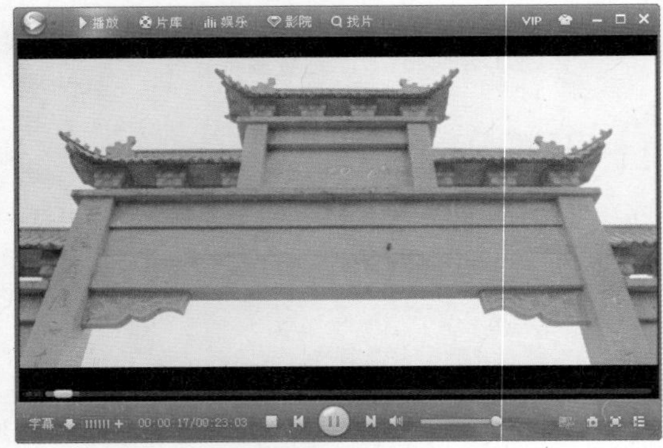

3 在线玩游戏

互联网为用户提供了多种多样的游戏，有单机游戏，也有联机游戏。QQ游戏属于综合了众多小游戏的游戏平台，在该平台上可以与互不相识的网友一起玩斗地主、连连看、跳棋等游戏。下面以玩斗地主为例进行讲解，其具体操作如下。

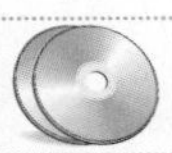

教学演示\第11章\在线玩游戏

1 启动QQ游戏

双击桌面上的“QQ游戏”图标。

教你一招：网页游戏

除了QQ游戏外，互联网上还有很多网页游戏，如开心网、QQ庄园等。网页游戏只需要打开该网站的网页即可开始，不需要安装任何软件。

2 选择游戏房间

在游戏大厅左侧的列表中选择已安装的“斗地主”游戏项目，然后选择“普通场十区”选项，在弹出的房间中选择一个进行游戏的房间。

操作提示：下载QQ游戏

QQ游戏需要下载进行安装后才能使用，下载地址为“http://pc.qq.com/”。

高手指点

若要玩的游戏还没有安装，只需双击该游戏，下载并安装即可。如果要加入具体的某一桌，可在房间所在的窗口中查看该桌是否有空位，单击该空位即可加入该桌。

3 选择座位

进入选择的房间后，单击窗口顶端工具栏中的快速加入游戏按钮。

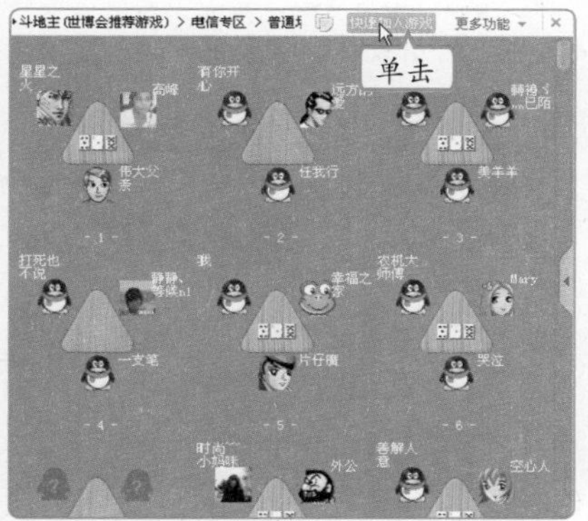

4 开始游戏

单击开始按钮开始游戏。

5 进行游戏

根据规则进行，用鼠标单击下方的纸牌，单击出牌按钮可出牌；单击不出按钮，可取消本轮出牌；单击提示按钮，可自动提示能出的牌。

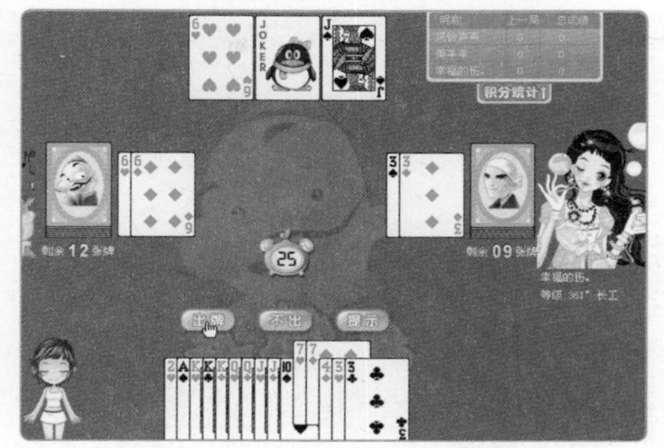

6 结束游戏

游戏后，将显示名次和得分。单击开始按钮可开始下一局游戏。

4 使用微博

微博实际上就是微型博客，网友们在微博上可以分析自己的心情和所见所闻，也可以关注朋友或名人，随时了解他们的动向和心情。下面介绍搜狐微博的使用方法，其具体操作如下。

教学演示\第11章\使用微博

1 打开网页

1. 启动IE浏览器，在地址栏中输入搜狐微博的网址“http://t.sohu.com/pub”。
2. 单击转到按钮，或按【Enter】键打开网页。

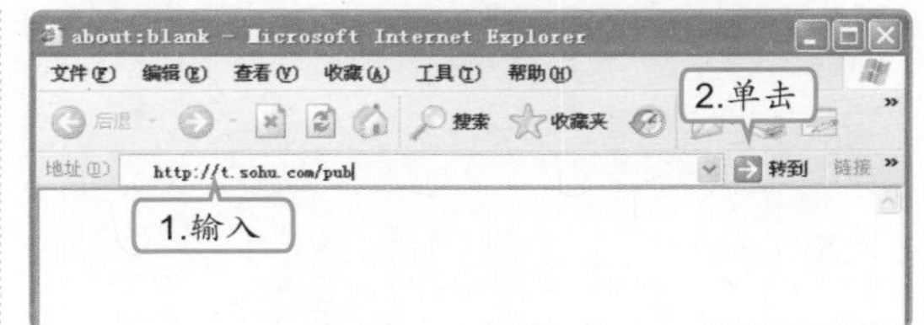

补充两句

如果以前在搜狐网上注册过用户，则只需开通微博即可直接使用。若还没有注册为搜狐用户，则可以在“http://t.sohu.com/pub”页面中单击立即注册微博按钮注册并开通微博。

2 登录微博

1. 在打开网页的“登录名”和“密码”文本框中输入注册时设置的登录名和密码。
2. 单击登录按钮即可。

3 发表微博

1. 在打开网页中的文本框中输入要与网友分享的心情。
2. 单击发表按钮即可在页面下方看到刚发表的内容。

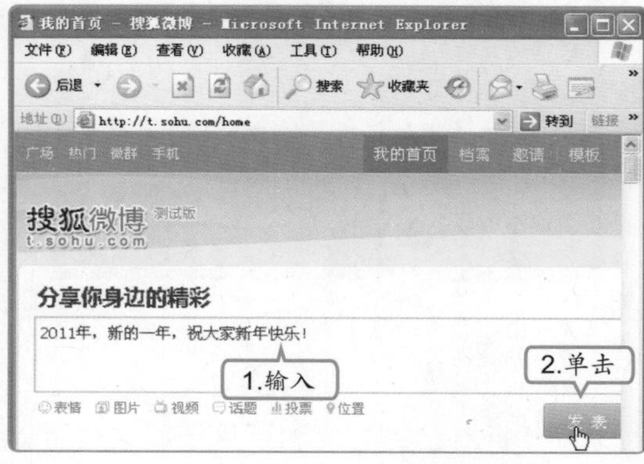

4 进入“广场”网页

在网页上方单击“广场”超链接。

5 关注名人

在打开的网页中单击“名博”超链接。

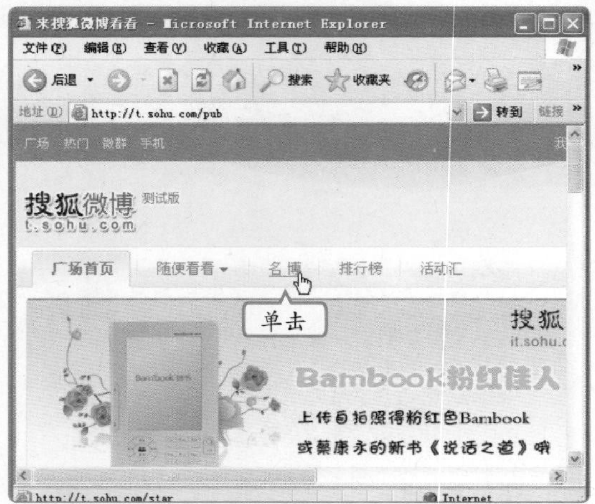

6 选择关注的博主

在打开的网页中选择要关注的名人，这里单击“赵本山”超链接。

7 添加关注

在网页中单击+关注按钮即可关注博主。

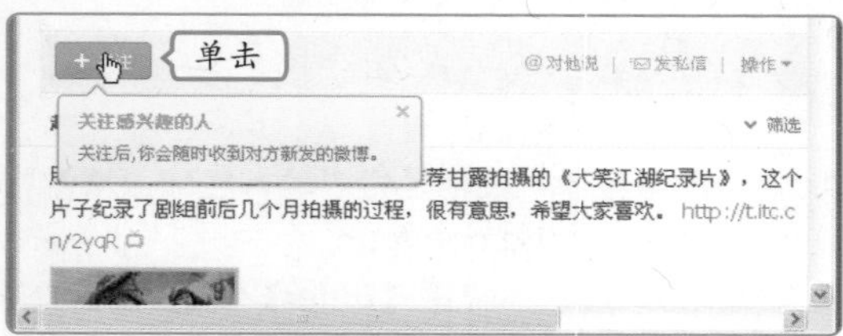

高手指点 关注某人后，该人所发表的微博将显示在用户自己的微博首页中。

11.2.2 上机1小时：玩网页游戏

本例讲在线玩网页游戏。网页游戏有很多种类，如培养型、即时战略型、策略型等。下面是在开心网中的“种菜”和“收菜”等，其具体操作如下。

上机目标

- 掌握在开心网进行游戏的方法。
- 掌握玩网页游戏的一般方法。

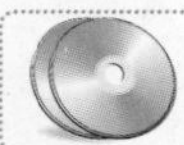

教学演示\第11章\玩网页游戏

1 登录开心网

1. 在IE浏览器的地址栏中输入开心网的网址“www.kaixin001.com”，按【Enter】键进入登录页面。
2. 在“用户名”和“密码”文本框中输入相应的名称和密码，单击登录按钮进入个人首页。

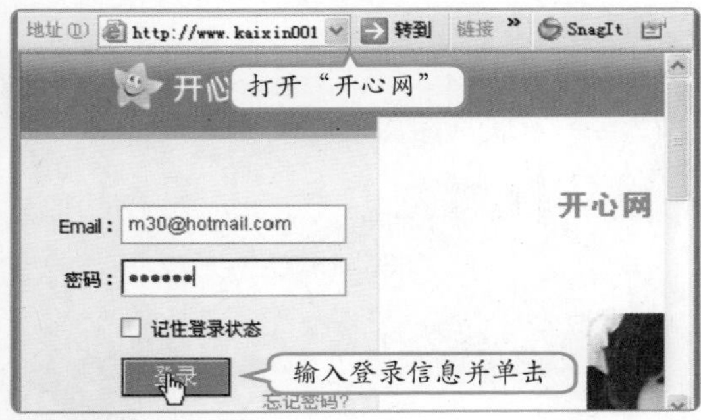

2 进入组件

在网页左侧的组件栏中单击“买房子”超链接。

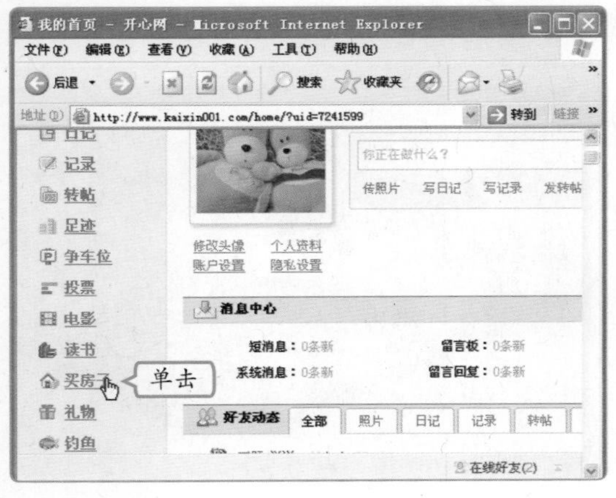

3 进入花园

在打开的网页中选择“花园”选项卡进入花园。

4 收菜

1. 在打开的网页发现已经有成熟的蔬菜，单击按钮。
2. 在成熟的菜上单击即可收获蔬菜。

补充两句

要玩网页游戏，一般需在网站中进行注册，进入所需的网站后，单击首页的“注册”超链接，然后在打开的网页中根据提示操作即可完成注册。

5 犁地

1. 单击按钮。
2. 在收获后的地块上单击，进行犁地，为下次播种做准备。

6 选择要购买的种子

1. 单击右上角的按钮。
2. 打开"商场"对话框，在要买的"缅栀种子"上单击，打开购买页面。

7 购买种子

1. 在"数量"数值框中选择要购买的数量，这里输入"1"。
2. 单击按钮打开购买成功页面。

8 完成购买

1. 单击按钮返回"商场"，可在其中继续购买其他种子。
2. 购买完毕后单击"商场"右上角的按钮返回菜地。

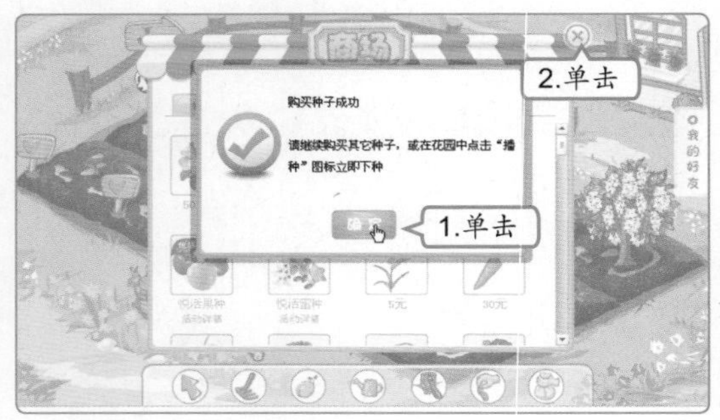

9 选择种子

1. 单击按钮。
2. 在弹出的列表中选择刚刚购买的"缅栀种子"。

10 播种

将鼠标移动到已经犁好的地块上单击即可播种。

高手指点 还可以到好友的菜园去偷菜，操作方法与在自己的菜园收菜是相同的。收获的蔬菜可以卖掉获得菜园现金，然后再用现金买种子。

11.3 跟着视频做练习1小时

老马说：“刚才已经讲了不少网上休闲娱乐的知识了，下面就来做几个练习巩固一下吧。”

1 在线玩游戏并将游戏截图发送给好友

本例将登录QQ软件并打开QQ游戏，在线玩斗地主，然后将斗地主游戏的画面截图发送给好友。通过本例主要练习QQ软件的使用以及在线玩游戏的操作。

操作提示：

1. 登录QQ软件。
2. 在QQ面板的工具栏中单击按钮，启动QQ游戏。
3. 选择斗地主房间。
4. 选择座位并开始游戏。
5. 在QQ面板中选择要发送截图的好友，打开聊天窗口。
6. 在中间的工具栏中单击按钮，将鼠标光标移至要截图的游戏窗口上拖动鼠标进行截图。
7. 释放鼠标后，截好的图就出现在聊天窗口下方的文本框中。
8. 单击 发送(S) 按钮，将截取的图片发送给好友。

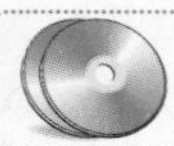

视频演示\第11章\在线玩游戏并将游戏截图发送给好友

2 听歌写微博

打开QQ音乐，搜索要听的歌“这就是爱”，将其添加到播放列表中播放，然后登录微博，并发表自己的心情。通过本例主要练习利用QQ音乐听音乐以及写“微博”的操作。

操作提示：

1. 登录QQ音乐，在面板上方的“搜索”文本框中输入要搜索的歌曲名“这就是爱”，单击按钮进行搜索。
2. 在打开的窗口中显示了搜索到的歌曲，选择自己需要的歌曲，单击其后的按钮将其添加到播放列表中并进行播放。
3. 登录搜狐微博，在文本框中输入要发表的内容。
4. 单击 发表 按钮发表微博。

视频演示\第11章\听歌写微博

第11章

11.4 秘技偷偷报

小李问老马说：“为什么我家里的宽带网络会常常出现掉线的情况呢？”老马说：“原因很多啊，得具体问题具体分析。”小李说：“那你就具体给我讲讲怎么回事吧！”老马回答道：“好吧，下面就你讲讲产生网络掉线的原因。”

补充两句

在开心网中注册用户的方法与注册电子邮箱的方法类似，在开心网首页单击“注册”超链接，然后根据提示进行操作即可。

线路问题

首先要确保线路连接正确，即ADSL Modem和电话、分离器的连接正确，然后确保线路通信质量良好，没有被干扰，更不要将电线、网线、电话线缠绕到一起。

防火墙设置不对

病毒如果破坏了ADSL相关组件也会发生掉线现象。如果确定受到病毒的破坏和攻击，还发生掉线现象时应该停止运行共享上网的代理服务器软件、上网加速软件等，然后启动并设置防火墙上网测试。

拨号软件使用不当或混装

ADSL接入Internet的方式有虚拟拨号和专线接入两种，一般都使用虚拟拨号，如果使用的操作系统是Windows XP，最好使用它自带的虚拟拨号软件（即本书前面讲解的拨号方式）。除此之外，常用的虚拟拨号软件有EnterNet、WinPoET、RasPPPoE。如果几种拨号软件混装，会引起冲突，造成网络不稳定。

操作系统问题

有的操作系统可能对ADSL的相关组件存在兼容性问题，这时可对操作系统进行升级、修复，有条件的可以重装。

静电问题

静电是影响ADSL的重要因素，一般家中的电源都不接地线，再加上各种电器（如冰箱、电视）的干扰，很容易引起静电干扰，致使ADSL在使用中频繁掉线，此时可将三芯插座的接地端引出导线并良好接地。

ADSL Modem同步异常

指ADSL Modem与ISP的服务不同步导致经常掉线。这时可检查电话线和ADSL连接的地方是否接触不良，或者电话线是否质量不好。如果分离器或ADSL Modem损坏，可使用其他分离器或ADSL Modem尝试。

读书笔记

高手指点 如果自己不能解决宽带掉线的问题，也可以拨打提供该项宽带业务的通信公司的服务电话，如电信服务电话为10000。

第12章

电脑小医生

公司的电脑最近常常出现一些问题，小李问老马这是怎么回事。老马说："电脑使用不当会造成许多不必要的问题，如果能了解一些对电脑维护与安全方面的知识，就可以减少问题的出现，有利于发挥电脑的性能和延长电脑的寿命。"小李说："那要怎么才能避免这么多问题的出现呢？"老马说："时常注意电脑病毒的防治和保护系统的安全就可以大大避免这些情况的发生。"

2小时学知识

- 为电脑建立防护墙
- 维护电脑软/硬件

3小时上机练习

- 使用卡巴斯基杀毒并设置信任程序
- 优化系统
- 维护电脑后对系统进行备份
- 使用360安全卫士优化系统

12.1 为电脑建立防护墙

老马告诉小李："电脑也会生病，就是感染病毒，人们往往谈之色变，可见病毒对电脑的危害有多大。因此，无论是初学者还是有经验的电脑用户，都应做好电脑病毒的防治工作。下面给你介绍杀毒软件、查杀病毒和使用防火墙等知识。"小李说："那也得了解了病毒后，才能防治病毒。"老马说："那好，我们现在就来认识病毒和木马。"

12.1.1 学习1小时

学习目标

- **了解电脑病毒和木马的主要作用。**
- **熟悉使用瑞星查毒软件查杀病毒的操作。**
- **熟练掌握使用360安全卫士查杀木马和修复系统漏洞的基本操作。**

1 认识电脑病毒和木马

电脑病毒和木马都是一种人为制造的指令程序，它寄生在系统启动区、设备驱动程序、操作系统的可执行文件甚至任何应用程序上，并利用系统资源进行自我繁殖，达到破坏电脑中的数据文件或占用系统资源的目的，造成电脑不能正常工作或根本无法使用。

（1）电脑病毒和木马的特征

电脑病毒和木马主要有以下几个特征。

- 诱惑性：电脑病毒和木马一般都有较富诱惑性的名称。因此用户在网络中查看资源时，应特别注意不要单击一些自动跳出来的极富诱惑性的超链接。
- 传染性：电脑病毒和木马一旦侵入电脑，将不断寻找适合其传染的介质，并将代码复制到其中，达到传染的目的。
- 破坏性：电脑一旦感染上病毒和木马，将影响系统正常运行，并破坏已存储的数据。严重的将使系统瘫痪、无法启动或删除用户的全部文件。
- 隐蔽性：有些病毒和木马会在预定的日期发作，或在应用到某类程序时才发作，具有一定的隐蔽性。

（2）电脑病毒和木马的传播途径

虽然病毒和木马的破坏性强，但只要阻断了它的传播途径，还是能有效预防的，其传播途径主要有以下几种。

- 电脑网络：目前使用网络实现资源共享是很普遍的，但需注意的是，如果相互传递的文件中含有病毒，网络也就成了病毒的传播媒介。因此在网络中下载文件或复制文件时要小心。
- U盘：由于具有携带方便的特点，U盘成为病毒的主要传播介质。因此，在使用U盘时应先用杀毒软件进行检测。
- 光盘：目前市场上有不少盗版光盘，由于价格低廉受到了部分人的喜欢。但一些出版商采用不良的"防盗版"方法在软件中编写病毒程序，非法复制将会触发病毒感染机制，因此在使用光盘前应通过杀毒软件进行检测。

高手指点　从对电脑的破坏程度来看，可将电脑病毒分为良性病毒和恶性病毒两大类。

2 使用瑞星杀毒软件

现在市面上的杀毒软件有很多种，常用的有KV 2010、瑞星、金山毒霸等，它们都可查杀大多数电脑病毒，同时可以起到防御病毒和木马的作用，下面进行详细讲解。

（1）使用瑞星查杀病毒

下面将使用瑞星查杀病毒，并开启实时监控，然后升级杀毒软件，其具体操作如下。

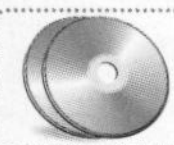

教学演示\第12章\使用瑞星查杀病毒

1 启动软件

选择【开始】/【所有程序】/【瑞星杀毒软件下载版】/【瑞星杀毒软件】命令。

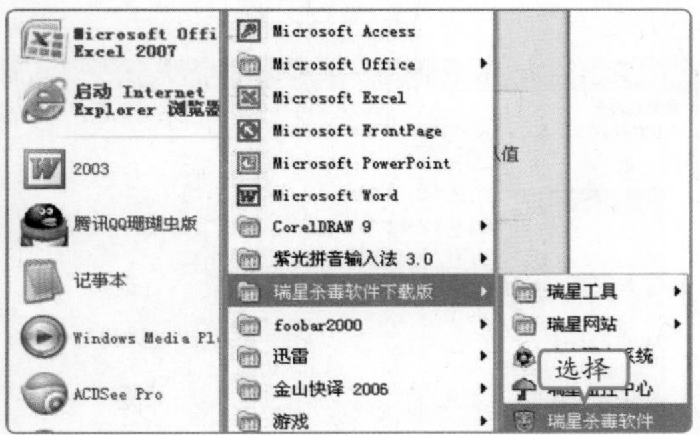

2 查杀病毒

1. 选择“杀毒”选项卡，在左侧列表框中选中要查杀的磁盘前的复选框。
2. 单击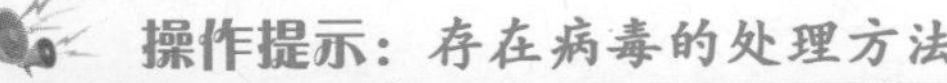按钮开始查杀病毒。

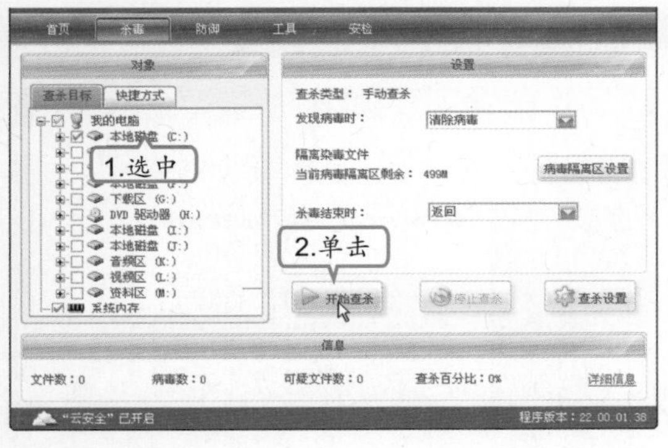

3 扫描病毒

杀毒程序开始杀毒，在杀毒程序窗口中显示当前查杀病毒的进度。

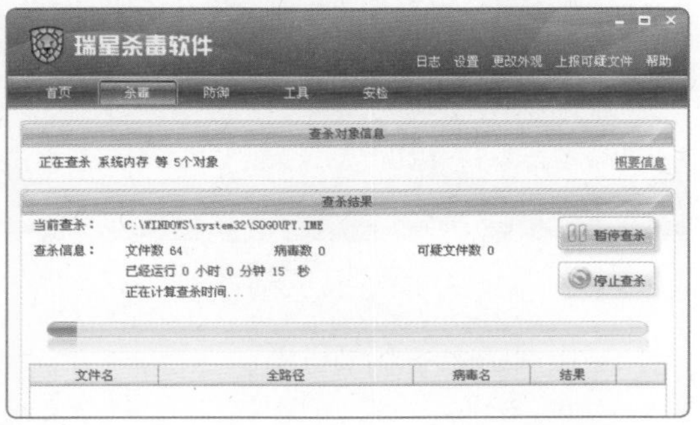

4 查杀完成

杀毒结束，在打开的“杀毒结束”对话框中浏览查杀病毒报告，单击确定按钮。

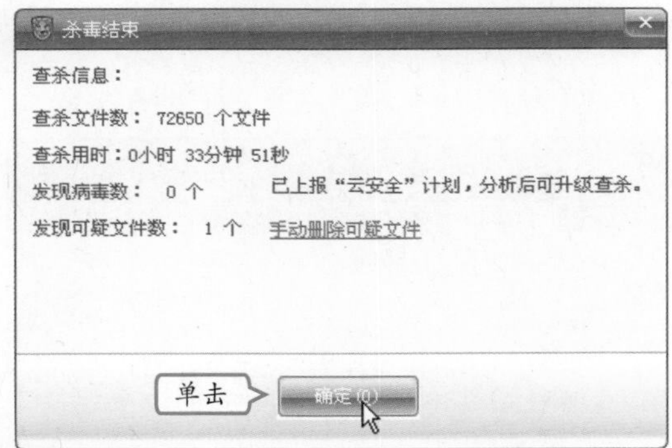

操作提示：存在病毒的处理方法

扫描完成后如果发现电脑中存在病毒，杀毒软件会提示用户对其进行查杀，根据提示进行操作即可。

补充两句

黑客也是影响电脑安全的重要因素，黑客大都是对操作系统和编程语言有着较深认识的程序员或电脑爱好者。

5 防御病毒

在杀毒程序窗口中选择“防御”选项卡。

6 开启实时监控

1. 在打开的窗口中选择“实时监控”选项卡。
2. 在右侧的列表框中将“文件监控”和“邮件监控”选项都开启。

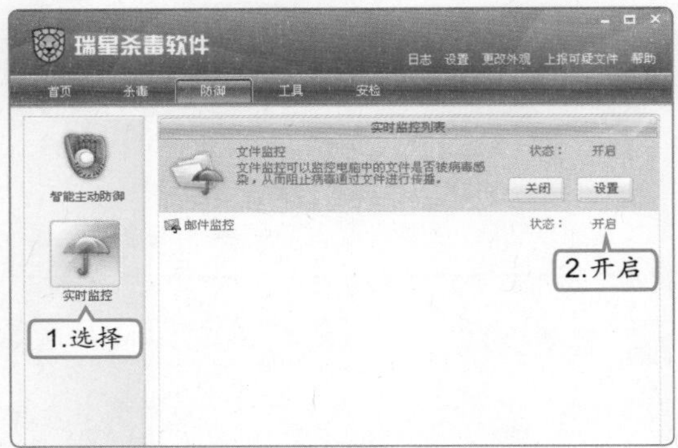

7 准备升级

1. 选择“首页”选项卡。
2. 单击界面下方的“软件升级”按钮。

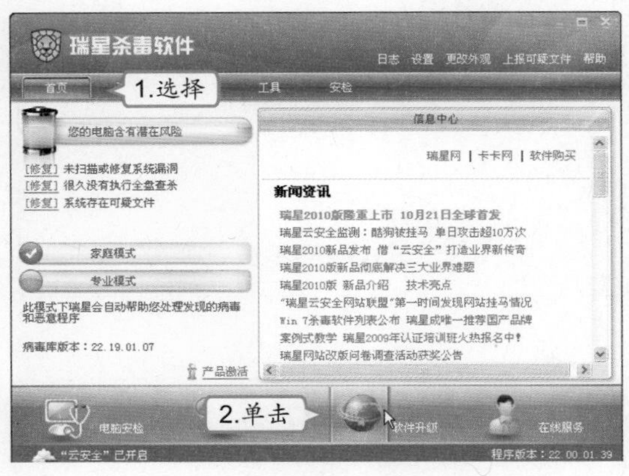

8 下载升级程序

在打开的对话框中获取升级程序并开始下载。

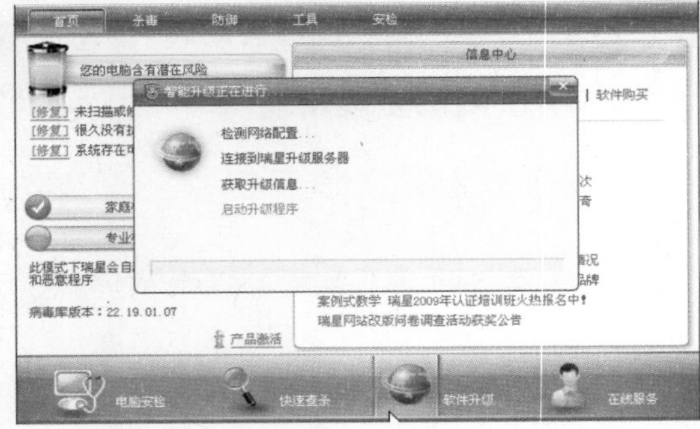

9 安装下载的程序

下载完成后，程序开始自行安装。

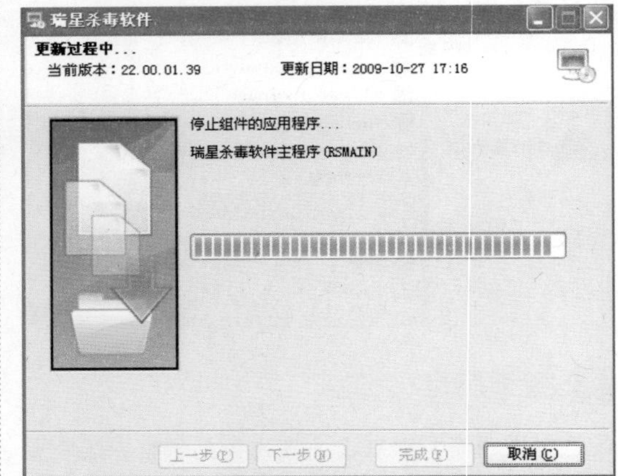

10 升级程序完成

单击 完成(F) 按钮完成此次升级。

高手指点　升级杀毒软件时电脑需要连入互联网。

（2）使用防火墙

通常在安装杀毒软件的同时也会安装防火墙，防火墙通过“开始”菜单即可启动，其中共有5个选项卡，下面分别介绍各选项卡的用途。

“工作状态”选项卡

在该选项卡中显示了防火墙的安全级别、工作模式以及程序活动流量图。单击“停止保护”按钮将停止防火墙对电脑的保护。

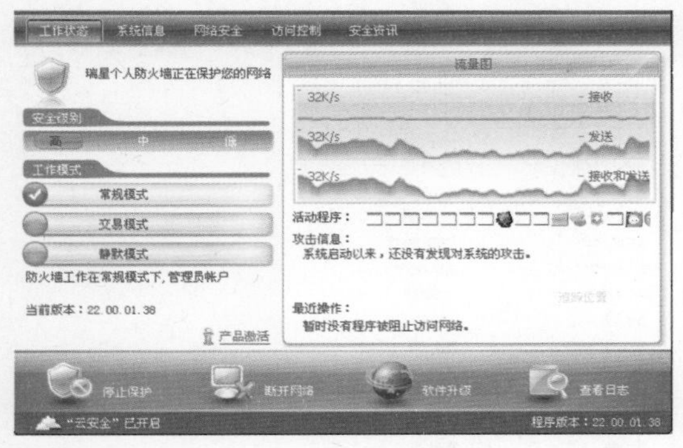

“访问控制”选项卡

在该选项卡中显示了正在运行的程序访问网络的状态和程序路径等信息，另外，还可以利用下方的按钮进行删除、增加和修改程序等操作。

“系统信息”选项卡

在该选项卡中显示了所有正在运行的软件信息，单击按钮，即可查看各软件的具体情况。

“网络安全”选项卡

在该选项卡中显示了网络监控列表，在其中可设置各个网络安全监控的实时监控状态。

“安全资讯”选项卡

在该选项卡中显示当前的病毒信息及网络安全的全新资讯。

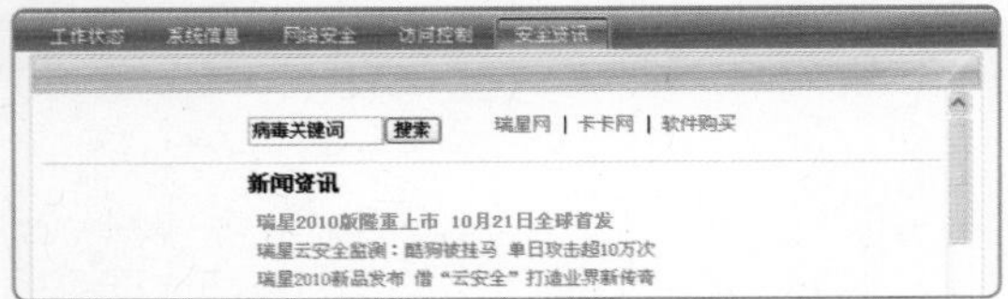

教你一招：防火墙无使用规定

用户可以根据自己的使用情况和电脑的具体情况来调整防火墙中各个选项卡的具体设置，并没有统一的设置或规定。

补充两句

开启实时监控后，杀毒软件就会监视电脑程序中的一举一动，若是发现可疑文件或者病毒，会弹出提示对话框提示用户处理。

3 使用360安全卫士查杀木马

360安全卫士是一款集木马查杀、漏洞修补、清理恶评插件、清理系统垃圾、清除电脑使用痕迹等功能为一体的软件。下面以查杀木马为例进行讲解，其具体操作如下。

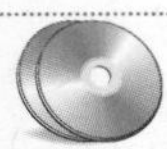
教学演示\第12章\使用360安全卫士查杀木马

1 进入木马查杀窗口

启动360安全卫士，选择“查杀木马”选项卡。

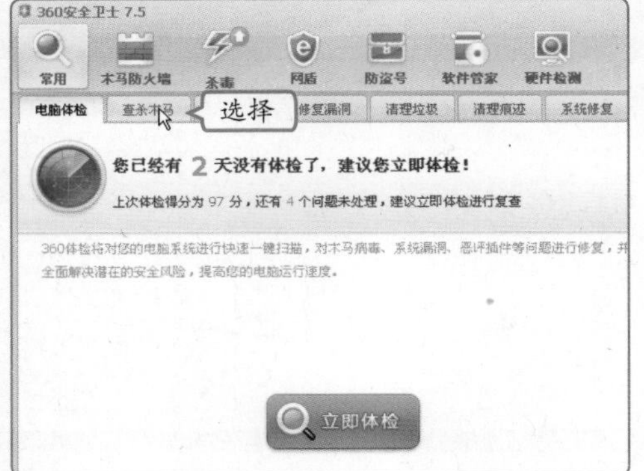

2 准备扫描木马

单击“快速扫描”超链接开始扫描电脑中的木马程序。

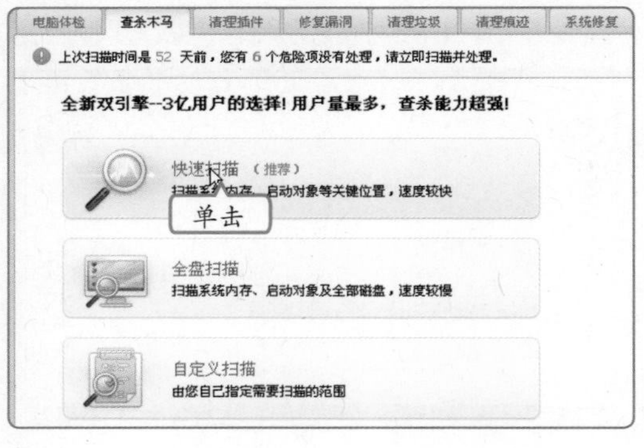

3 自动查杀木马

360安全卫士开始扫描电脑中有无木马程序。

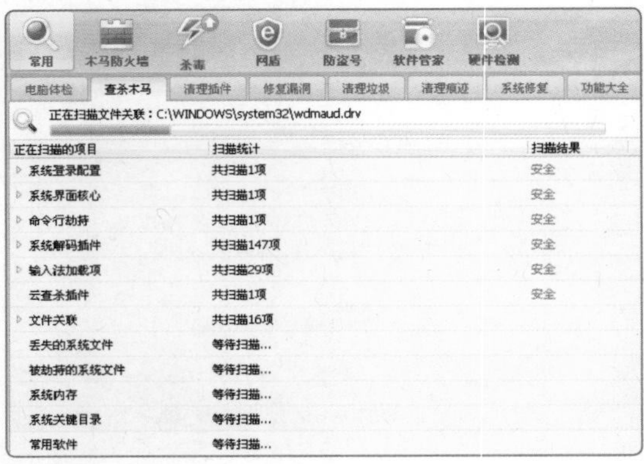

4 扫描完成

如果没有找到木马程序，单击 返回 按钮；如果找到木马系统将自动进行清理。

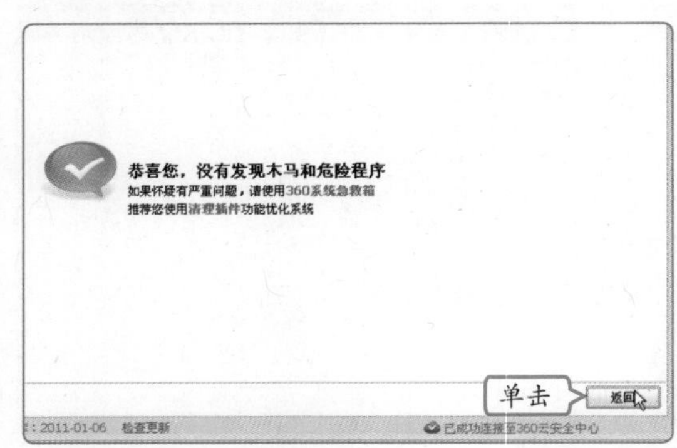

4 修复系统漏洞

一个程序在编写的过程中不可能十全十美，一定会有一些小瑕疵，操作系统也是如此，因此用户需定期为系统修补新发现的漏洞，其具体操作如下。

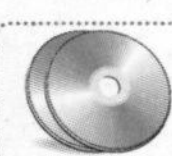
教学演示\第12章\修复系统漏洞

高手指点 每当有新的系统漏洞时，360安全卫士都会在屏幕右下角弹出提示对话框提醒用户需要修复漏洞。

1 扫描漏洞

在360安全卫士的主界面中选择“修复漏洞”选项卡即可开始扫描。

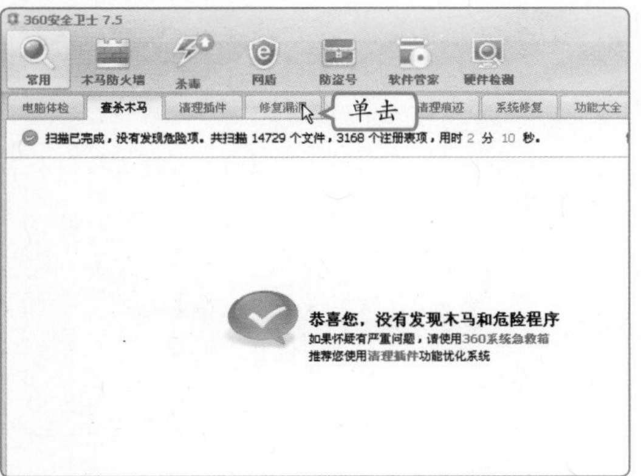

2 选择要修复的漏洞

1. 在列表框中选中要修复的漏洞前的复选框。
2. 单击立即修复按钮进行修复。

3 下载补丁

360安全卫士开始自动下载补丁。

4 接受协议

1. 打开“安装向导”对话框，选中接受协议对应的复选框。
2. 单击下一步(N) >按钮。

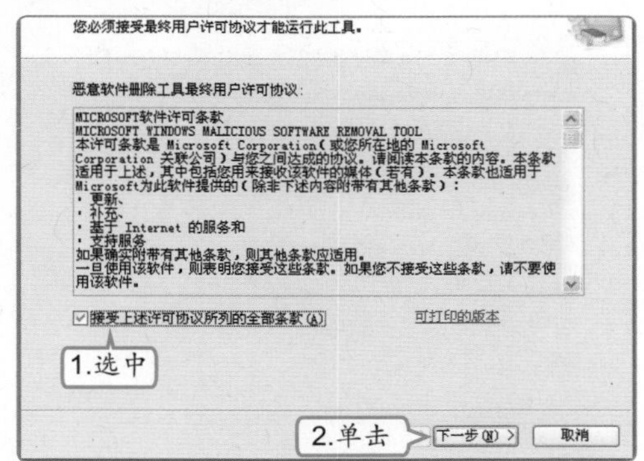

5 继续安装

保持默认设置，单击下一步(N) >按钮。

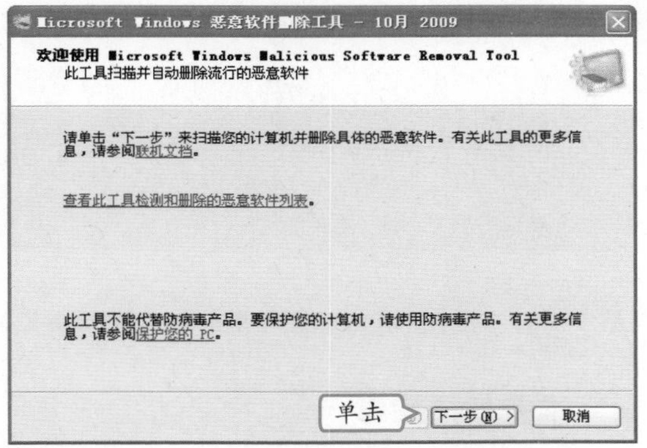

6 选择扫描类型

1. 选中“快速扫描”单选按钮。
2. 单击下一步(N) >按钮。

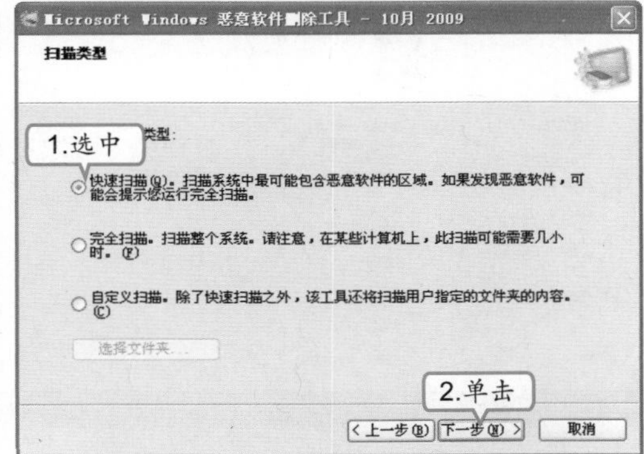

补充两句

360安全卫士还有很多其他组件，如360保险箱，它可以防止盗号，对盗号木马进行层层拦截，保障用户各种账号的安全。

7 扫描系统

扫描电脑中的恶意软件。

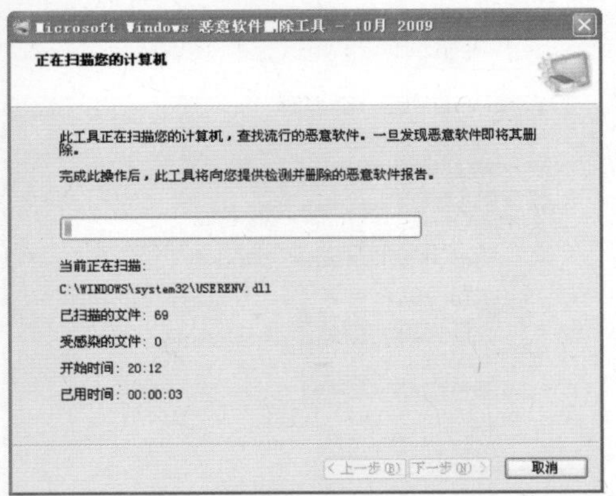

8 安装完成

完成后单击 完成 按钮完成补丁的安装。

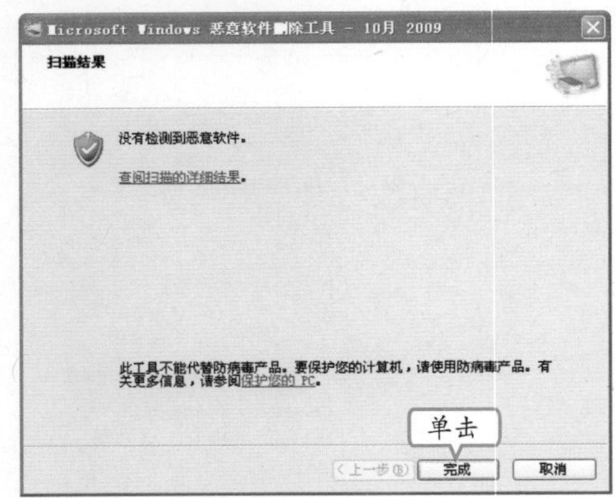

12.1.2 上机1小时：使用卡巴斯基杀毒并设置信任程序

本例将使用卡巴斯基杀毒软件查杀病毒，同时设置信任程序。通过该练习熟悉杀毒软件的使用。

上机目标

- 巩固查杀病毒的方法，掌握如何使用卡巴斯基杀毒软件。
- 了解信任程序的设置方法。

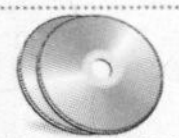

教学演示\第12章\使用卡巴斯基杀毒并设置信任程序

1 准备扫描病毒

打开卡巴斯基杀毒软件的主界面，在左侧的“扫描”栏中单击“快速扫描”超链接。

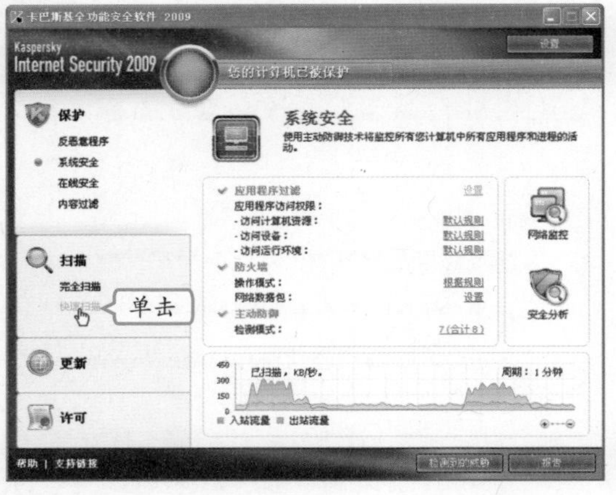

2 开始扫描

在打开的窗口中单击“开始扫描”超链接，开始进行病毒扫描。

高手指点 通常修复了漏洞后都需要重新启动电脑才能真正完成系统修复。

3 进入“系统安全”界面

病毒扫描完成后，在界面左侧单击“系统安全”超链接。

4 设置应用程序的过滤

在中间的列表框中单击“设置”超链接。

5 设置信任程序

1. 在打开的“规则设置”窗口中选择“千千静听”选项。
2. 在列表框下面单击“移动到”超链接，在弹出的菜单中选择“受信任组”命令。

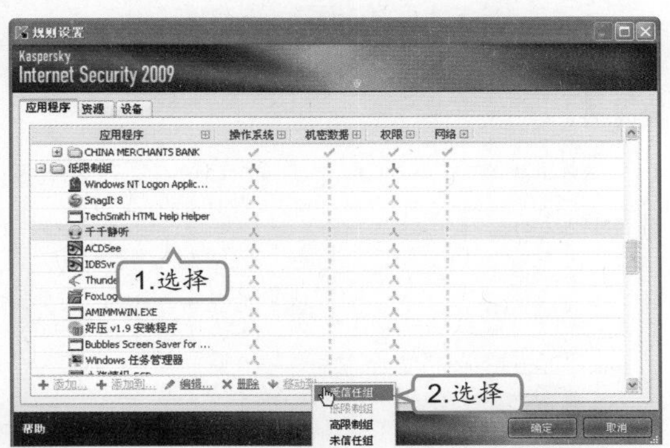

6 确认设置

“千千静听”软件添加到被信任组中后，单击 确定 按钮确认设置。

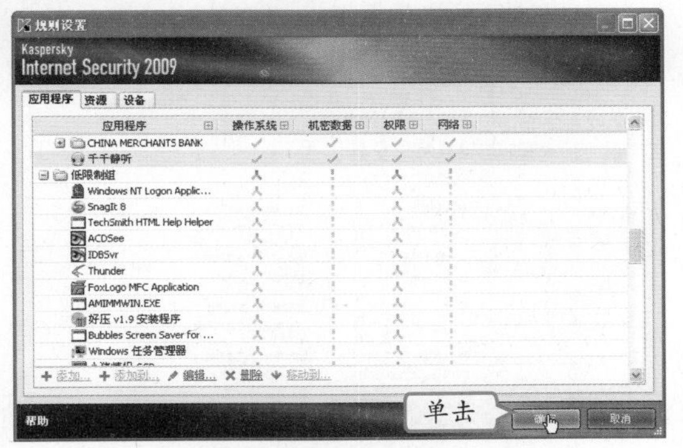

12.2 维护电脑软/硬件

老马告诉小李，电脑不管是软件还是硬件都需要随时维护，这样电脑才能正常地进行工作。小李说：“那到底如何维护它们呢？”老马回答道：“我正打算给你讲解呢。”

12.2.1 学习1小时

学习目标

- 了解如何维护电脑的软/硬件。
- 掌握如何提升电脑性能，包括如何维护电脑磁盘和使用360安全卫士提升电脑性能。
- 了解磁盘备份和还原的基本操作。

补充两句：360安全卫士可到其官方网站下载，网址为http://www.360.cn/。

1 维护电脑软件

360安全卫士提供了软件管家的功能，在其中可以对已安装的软件进行升级和卸载等操作，另外，使用360安全卫士还可以清理不必要的插件等。下面将详细讲解如何维护电脑软件，其具体操作如下。

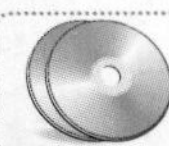

教学演示\第12章\维护电脑软件

1 打开软件管家

启动360安全卫士，在工具栏中单击“软件专家”按钮。

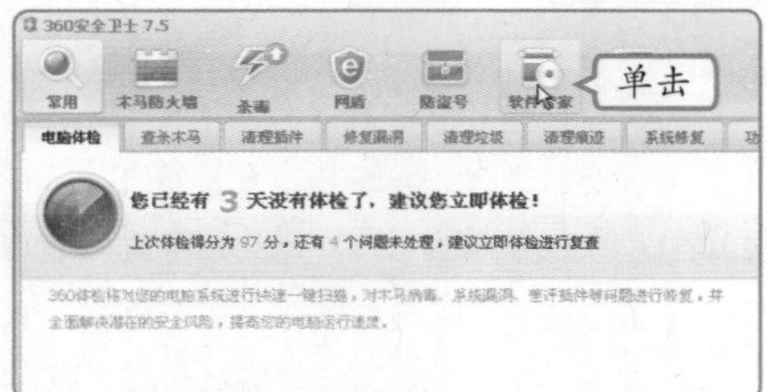

2 选择要升级的软件

1. 在打开的360软件管家窗口中的左侧选择“软件升级”选项卡。
2. 在列表框中选中要升级软件前的复选框。
3. 单击 升级全部已选软件 按钮。

3 下载软件升级

开始下载软件升级，针对不同的软件会弹出不同的提示对话框，单击 继续下载 按钮可继续下载。

4 安装升级

下载完成后，不同的软件会弹出各自的安装向导，用户根据向导提示进行安装即可完成升级。

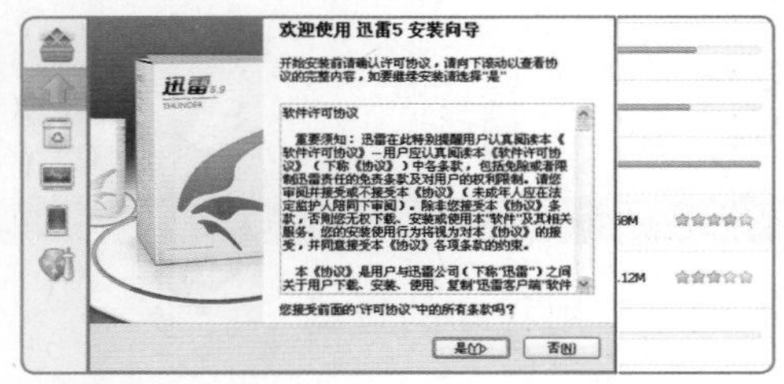

5 卸载软件

1. 选择“软件卸载”选项卡。
2. 在要卸载的软件后面单击 卸载 按钮即可根据卸载向导进行卸载。

6 清理插件

返回360安全卫士界面，选择“清理插件”选项卡，开始扫描插件。

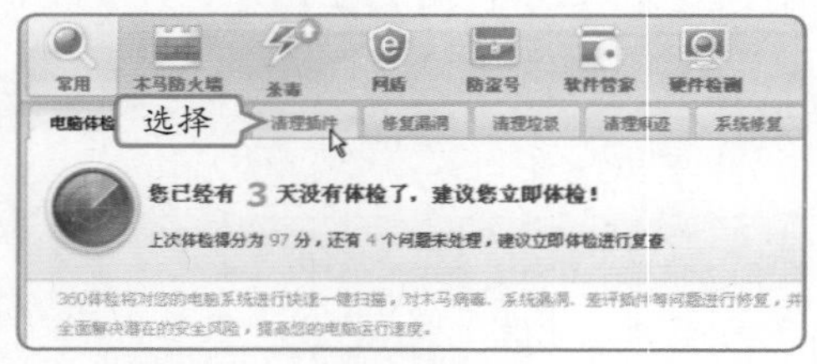

高手指点

若只升级某个软件，则在该软件后面单击 升级 或 一键升级 按钮进行下载安装即可。

7 清理选中的插件

1. 选中要清理插件前的复选框。
2. 单击 立即清理 按钮开始清理插件。

8 完成清理

在窗口中间的列表框中可发现选择的插件已不见了，即表示清理完成。

2 维护电脑硬件

维护电脑硬件就是指在使用电脑过程中需要注意或避免的一些事项，以提高电脑硬件的使用寿命，保持良好的运行环境和运行速度，下面详细讲解。

（1）维护显示器

显示器的价格占到整个电脑的四分之一或三分之一，一般不会轻易升级，使用时间比较长，所以应特别注意对显示器的维护。

显示器外壳变黑变黄的原因主要是灰尘，可使用潮湿而柔软的布轻轻擦拭，平时使用完电脑，待散热完毕后可使用防尘罩防尘；显示屏的清洁就略微麻烦，由于现在的显示器屏幕大多带有保护涂层，因此清洁时不能使用任何含有机溶剂的清洁剂，通常使用眼镜布和镜头纸擦拭，也可使用专门的显示屏清洁剂。由于显示器自身的特点，在使用时应注意以下几点。

- 显示器带电或刚刚关机时，不要进行移动，以免造成显像管灯丝的断裂。
- 显示器应注意防潮、防晒，不要在显示器上堆放杂物，注意通风散热。
- 显示器应远离磁场，以免显像管被磁化，出现图像闪烁晃动。
- 尽量保证显示器的电源稳定，可以使用带有保险丝的插座。如果条件允许，可以配备UPS（不间断电源）。

（2）维护键盘、鼠标

键盘和鼠标是电脑最重要、使用最频繁的输入设备，它们均是机械和电子结合型的设备，在使用过程中因操作不当容易造成键盘弹性降低、鼠标操作失灵等。对键盘和鼠标的维护应注意以下几点。

- 插拔键盘和鼠标应先切断电源，以免烧坏它们和电脑组件。
- 操作键盘和鼠标不要过分用力，以免造成键盘和鼠标按键弹性降低，操作失灵。
- 使用鼠标和键盘的过程中要注意防尘，键盘可以使用防尘罩，鼠标可以使用鼠标垫。另外，还要注意防止液体溅到键盘和鼠标上。

如用户使用液晶显示器，应注意避免冲击显示器，而且液晶显示器应正对着用户，否则可能发生色彩偏差。

（3）维护其他硬件

除了显示器、键盘和鼠标外，电脑中还有很多其他硬件，维护这些硬件时需要注意如下几点。

保持稳定的电源

电脑工作的电压范围为180～220V，如果电压低于180V，电脑将无法正常启动，但若高于230V则容易烧坏电脑，因此最好在电脑的电源部分设置“稳压器”，当出现电压过高时可自动切断电源。

不要带电插拔板卡或插头

在电脑运行时，禁止带电插、拔各种控制板卡和连接电缆，因为插、拔瞬间产生的静电放电、信号电压的不匹配等容易损坏芯片。

指示灯未灭时不能从驱动器中取盘

光驱指示灯亮表示正在进行读写操作，此时磁头完全接触盘面，如果此时从驱动器中取盘，容易损伤盘面甚至损坏磁头，因此应在指示灯熄灭之后再取盘。

电脑要远离磁场

如果电脑附近有较强的磁场，则显示屏幕的荧光物质容易被“磁化”，显示器发生局部变化，出现发墨等现象而影响显示效果。

正确开关电脑

若开关电脑的方法不正确，且频繁地开关电脑，对硬件的损伤非常大，关机时必须先关闭所有的程序，再按正常的顺序退出系统。

光盘盘片不宜长时间放置在光驱中

光盘长期放置在光驱中会使系统每次开机时都读取光盘的内容，而加长系统的启动引导时间。而且，光盘盘片极容易吸附灰尘。

不能用水擦拭电脑表面

如果要擦拭机箱表面、键盘、显示器或鼠标等电脑设备，不用要水，可购买专用的电脑清洁剂，也可用棉花沾少量的酒精擦拭。

防尘

灰尘是电脑的头号“大敌”，因此在使用电脑的过程中应注意防尘，要定期清除主机箱内部的灰尘。

第12章

3 维护电脑磁盘

电脑磁盘维护主要分为磁盘扫描和整理磁盘碎片两部分。使用磁盘扫描程序可以修复文件系统错误和扫描恢复坏扇区，使用磁盘碎片整理程序可将存储的文件碎片放在一起，提高磁盘的读写速度。下面以扫描F盘和整理C盘磁盘碎片为例进行详细讲解，其具体操作如下。

教学演示\第12章\维护电脑磁盘

1 准备进行扫描

打开“我的电脑”窗口，在“本地磁盘（F:）”上单击鼠标右键，在弹出的快捷菜单中选择“属性”命令。

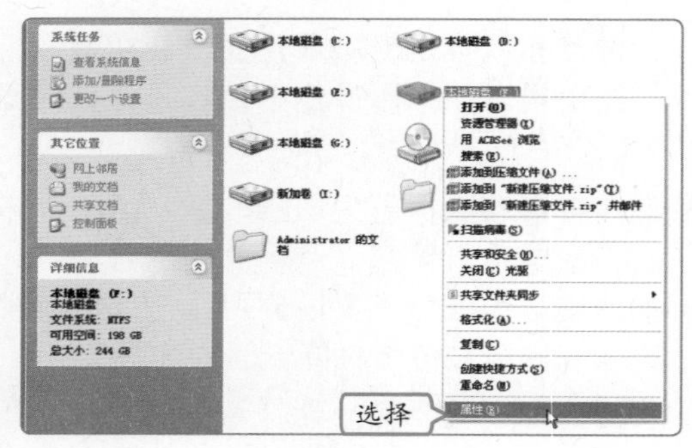

操作提示：通过“开始”菜单

选择【开始】/【所有程序】/【附件】/【系统工具】/【磁盘清理】命令，可对磁盘进行清理垃圾文件操作。

高手指点 在清理磁盘驱动器时，按照默认选中的文件清理即可，有时没有垃圾文件但空间不足，系统也要进行磁盘清理，这时可以删除一些文件腾出空间。

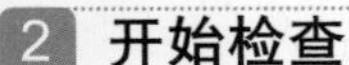

2 开始检查

1. 打开“本地磁盘（F:）属性”对话框，选择“工具”选项卡。
2. 单击 开始检查(C)... 按钮。

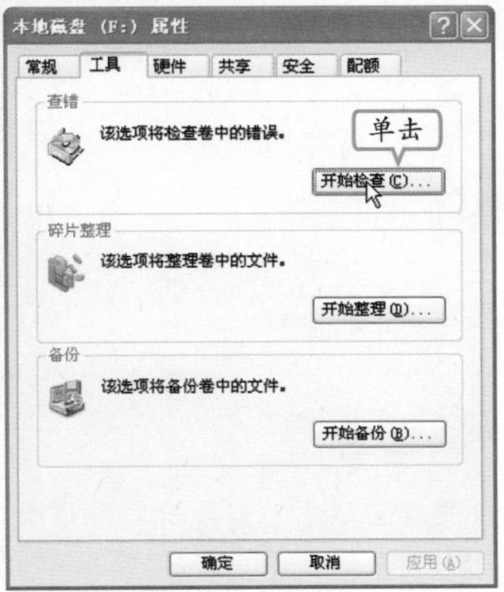

3 设置选项

1. 在打开的“检查磁盘 本地磁盘（F:）”对话框中选中所有的复选框。
2. 单击 开始(S) 按钮进行扫描和修复。

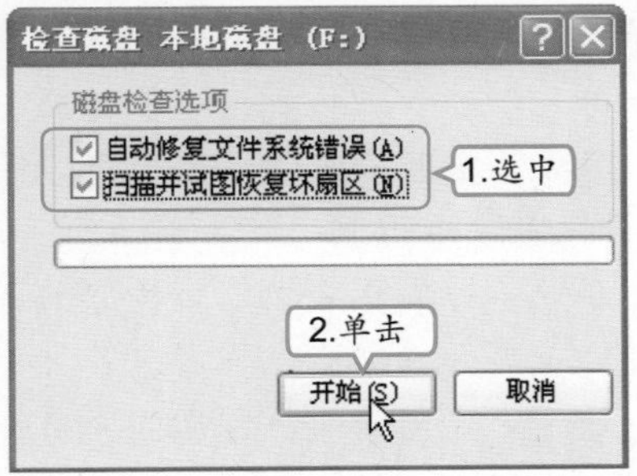

4 完成扫描和修复

扫描和修复完成后，单击 确定 按钮即可。

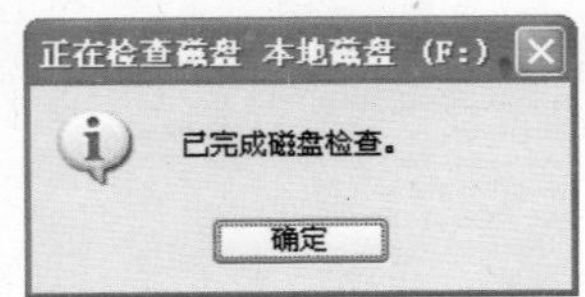

5 选择要清理的文件

选择【开始】/【所有程序】/【附件】/【系统工具】/【磁盘碎片整理程序】命令。

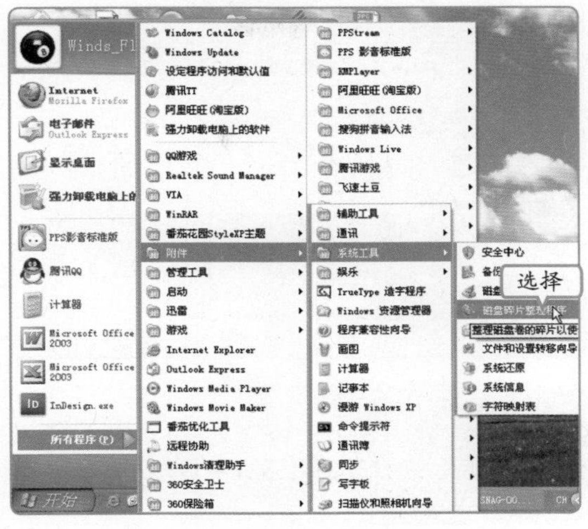

6 选择要整理碎片的磁盘

1. 在打开的“磁盘碎片整理程序”窗口中选择需整理的C盘。
2. 单击 分析 按钮。

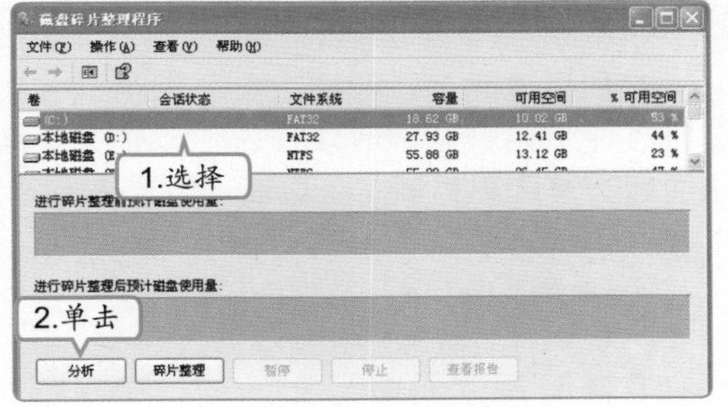

操作提示：碎片整理前的操作

整理磁盘碎片前可对磁盘进行分析，对需要整理的磁盘进行整理，这样可以节省时间。

补充两句

在要进行磁盘清理的磁盘驱动器上单击鼠标右键，在弹出的快捷菜单中选择“属性”命令，在打开的对话框中单击 磁盘清理(D) 按钮也可以对磁盘进行清理。

7 分析磁盘

开始分析磁盘使用情况。

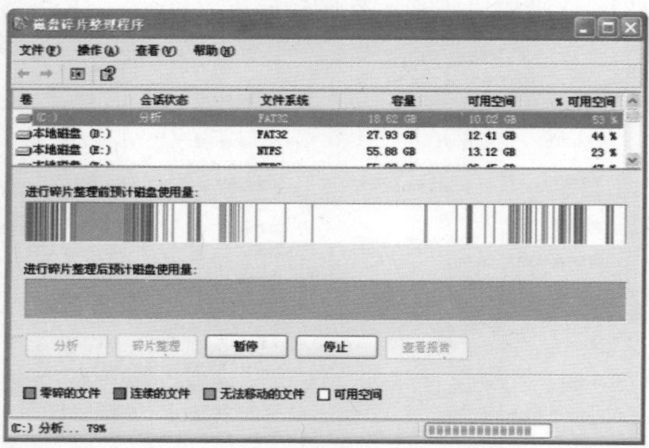

8 准备碎片整理

分析完成后，在打开的对话框中提示进行碎片整理，单击 碎片整理(D) 按钮。

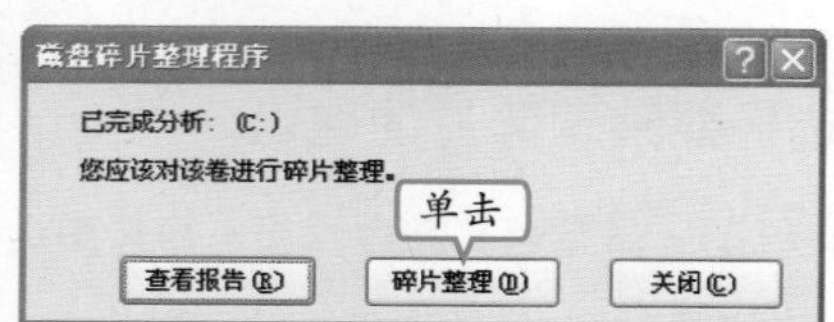

9 开始整理

开始整理磁盘碎片，并在对话框中显示整理前后的磁盘情况。

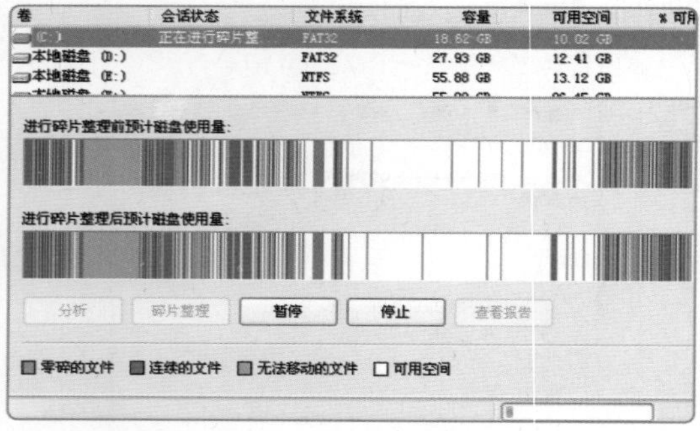

10 完成整理

磁盘碎片整理完成后，打开提示对话框，单击 关闭(C) 按钮即可。

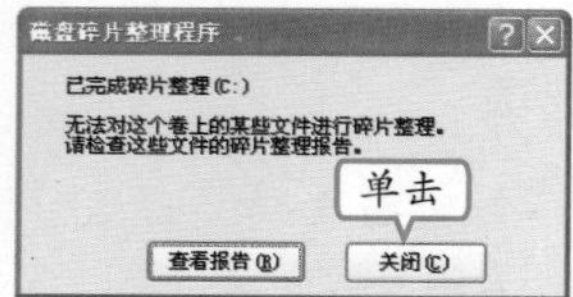

4 提升电脑性能

在使用电脑的过程中，会不断出现系统的垃圾文件，这些文件越来越多，会导致系统运行缓慢，用户可定时清理它们以提升电脑的性能。另外，定时清理注册表也可以提升电脑的运行速度和性能。下面清理注册表和系统垃圾，其具体操作如下。

教学演示\第12章\提升电脑性能

1 准备清理注册表

启动360安全卫士，选择“清理痕迹”选项卡。

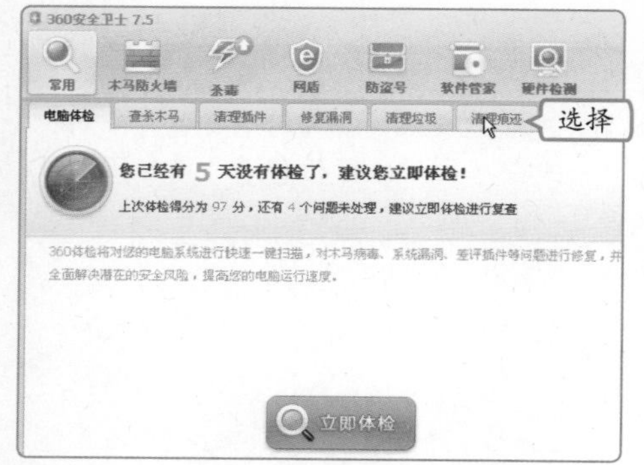

2 选择要清理的注册表

1. 在界面中间的列表框中选中“注册表”前方的复选框。
2. 单击 开始扫描 按钮。

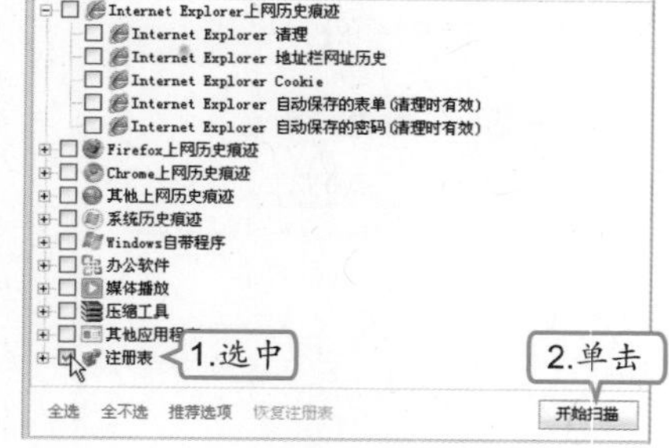

高手指点 在进行磁盘碎片整理的过程中最好不要使用电脑中的应用程序。

3 清理注册表

扫描完成后，单击 立即清理 按钮即可清理注册表。

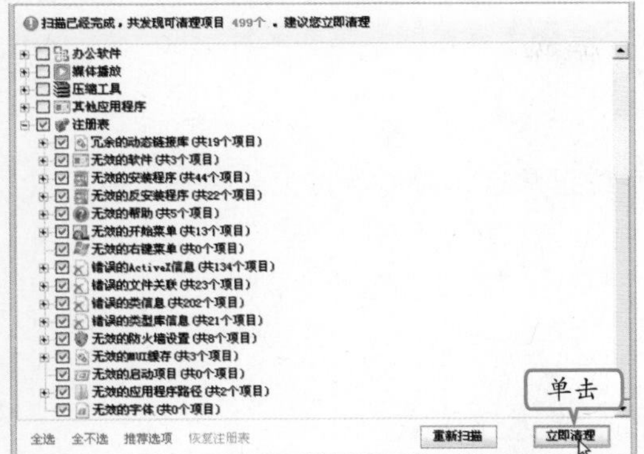

4 完成清理

完成后单击 确定 按钮即可。

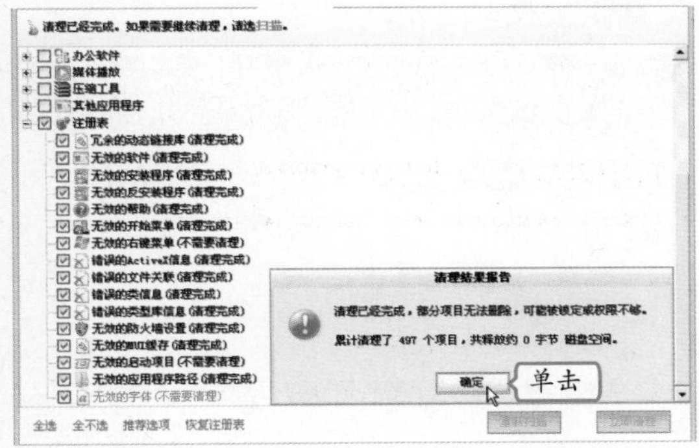

5 选择清理的文件夹

1. 选择“清理垃圾”选项卡。
2. 在列表框中可以选择要清理的文件夹，这里保持默认设置，单击 开始扫描 按钮。

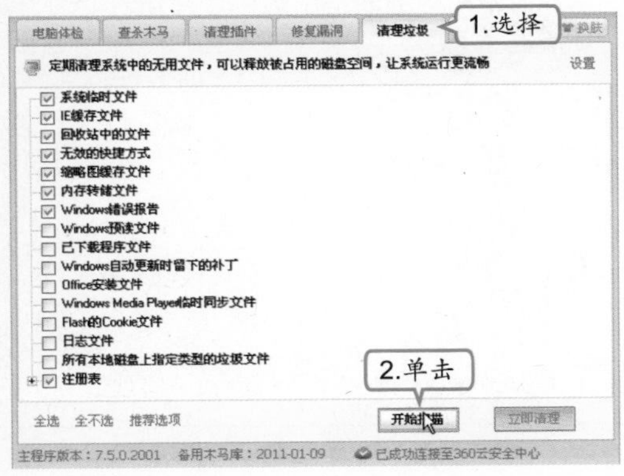

6 准备清理垃圾

扫描完成后，单击 立即清理 按钮清理系统垃圾。

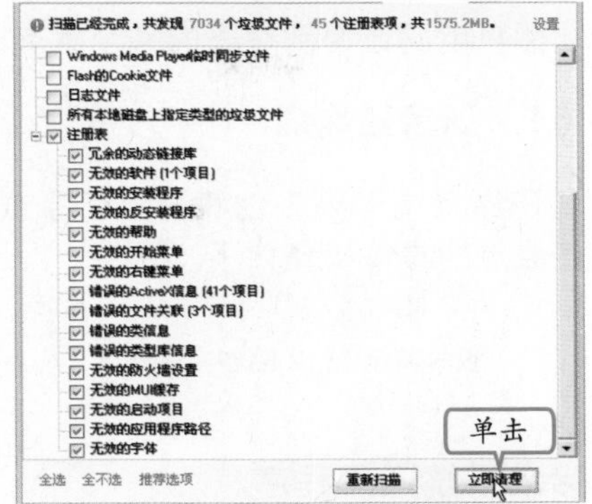

7 正在清理垃圾

开始清理垃圾文件，并在上方显示当前清理的垃圾文件路径和名称。

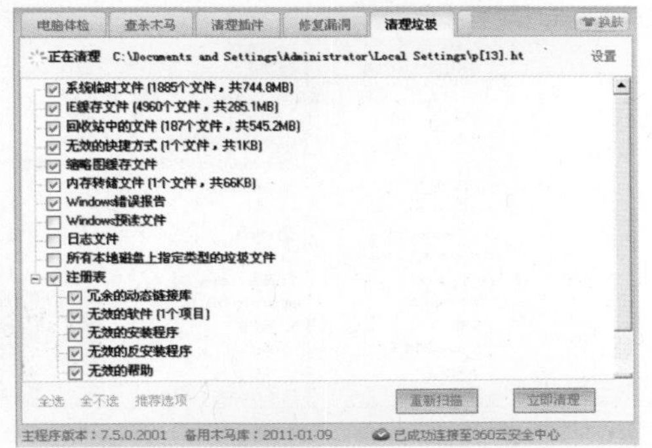

8 关闭360安全卫士

完成清理后单击 × 按钮关闭360安全卫士即可。

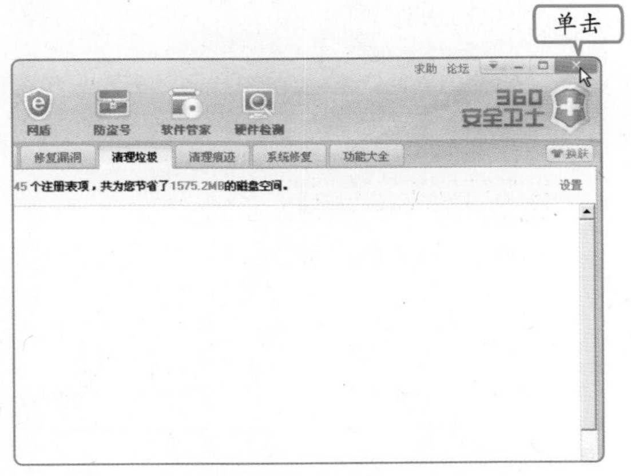

补充两句

用于提升电脑性能的软件除了360安全卫士外，还有Windows优化大师、鲁大师等，其使用方法相似。

5 系统备份与还原

当Windows XP操作系统突然不能正常运行，或某个软件不能正常启动时，可使用系统还原功能将电脑还原到过去的某个状态，同时并不会丢失编辑的数据和文件。

（1）创建还原点

要还原系统必须先创建一个还原点，即将系统正常运行时的状态记录为一个还原点。创建还原点的具体操作如下。

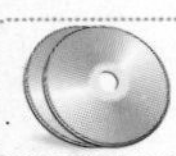

教学演示\第12章\创建还原点

1 启动系统还原程序

选择【开始】/【所有程序】/【附件】/【系统工具】/【系统还原】命令，打开“系统还原”对话框。

2 准备创建一个还原点

1. 选中“创建一个还原点”单选按钮。
2. 单击 下一步(N) > 按钮。

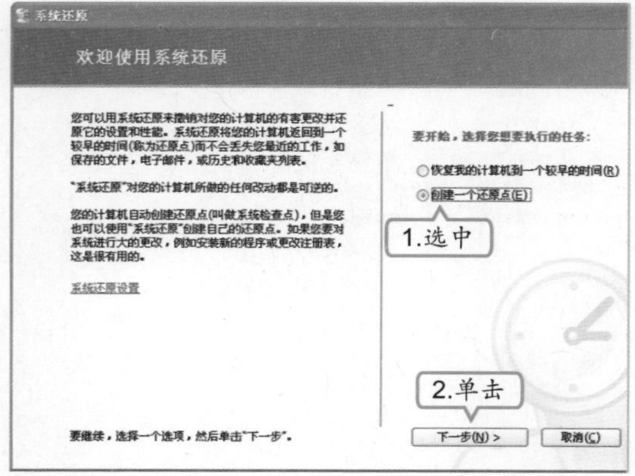

3 描述还原点

1. 打开“创建一个还原点”对话框，在“还原点描述”文本框中输入还原点名称，这里输入“2009-8”。
2. 单击 创建(R) 按钮。

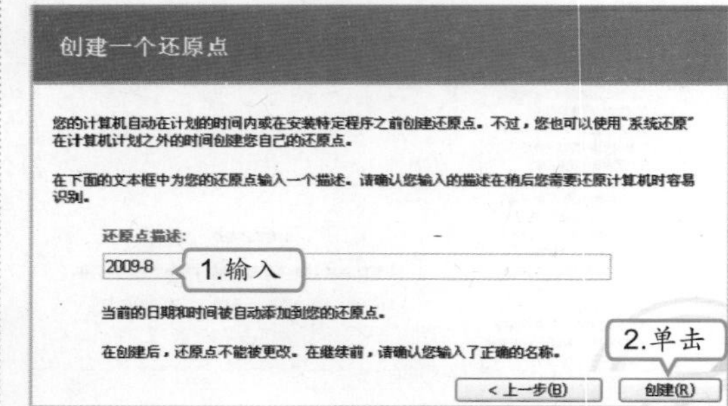

4 完成还原点的创建

打开“还原点已创建”对话框，提示已为当前系统创建了还原点，并显示时间和名称等。单击 关闭(C) 按钮完成创建。

高手指点 打开“系统属性”对话框的“系统还原”选项卡，在其中选中“在所有驱动器上关闭系统还原”复选框即可关闭系统还原功能。

（2）还原系统

当系统运行缓慢或出现运行不稳定等情况时，可以通过创建的还原点还原系统到稳定运行状态，其具体操作如下。

教学演示\第12章\还原系统

1 准备还原系统

1. 启动系统还原功能，选中“恢复我的计算机到一个较早的时间”单选按钮。
2. 单击 下一步(N) > 按钮。

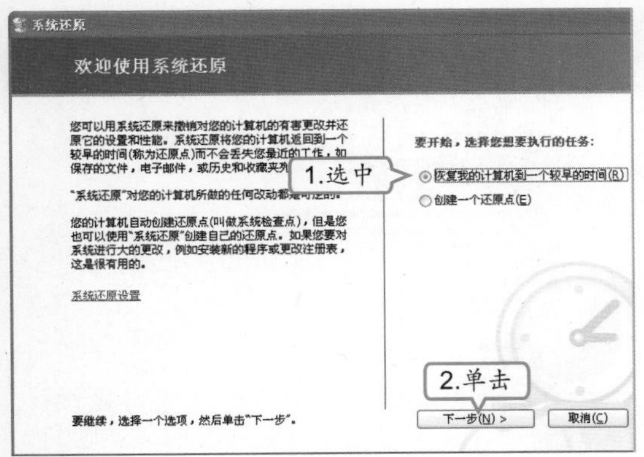

2 选中还原点

1. 打开“选择一个还原点”对话框，在左侧列表框中选择需要还原到的系统时间，在右侧列表框中选择具体的还原点。
2. 单击 下一步(N) > 按钮。

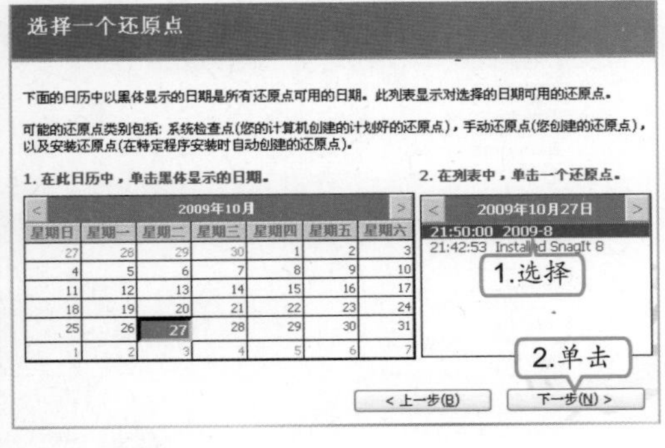

3 确认还原

打开“确认还原点选择”对话框，单击 下一步(N) > 按钮重新启动电脑。

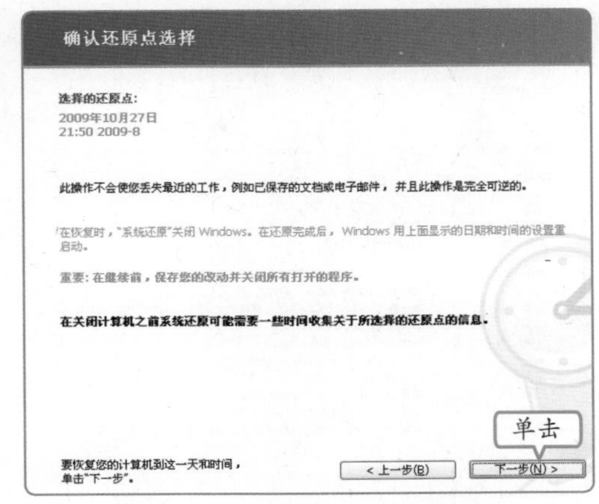

4 完成还原

重新启动电脑后，将打开一个提示对话框，单击 确定(O) 按钮完成还原操作。

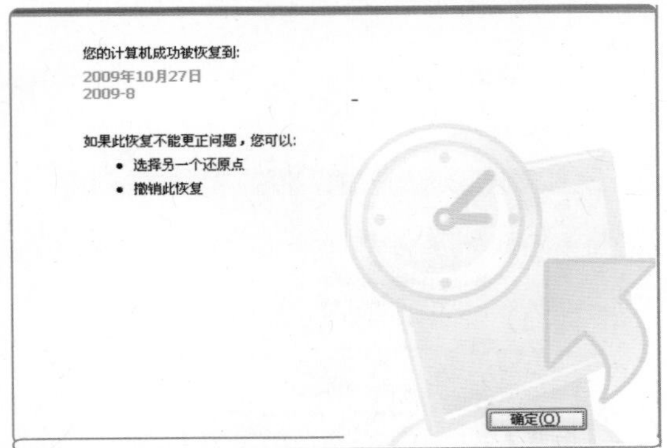

12.2.2 上机1小时：优化系统

本例将使用“鲁大师”优化软件优化系统并清理软件使用痕迹。

补充两句

在“选择一个还原点”对话框中加粗显示的数字即为用户创建的系统还原点，单击 < 和 > 按钮，可以依次切换不同日期查看相应的还原点情况。

上机目标

- 掌握系统的优化方法，掌握优化系统启动项和清理软件使用痕迹。
- 对各种系统优化软件的使用方法融会贯通。

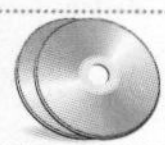

教学演示\第12章\优化系统

1 启动程序

启动“鲁大师”程序，单击工具栏中的“优化清理”按钮。

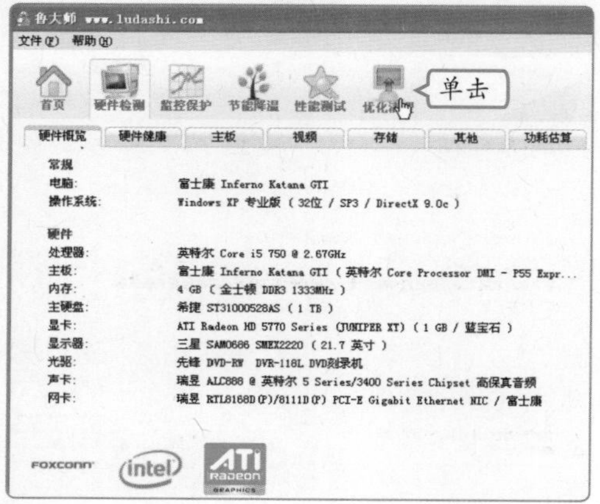

2 禁用启动项

1. 打开“鲁大师优化与清理”窗口，单击工具栏中的按钮。
2. 在“启动项管理”选项卡中选中前3个软件的复选框。
3. 单击“禁用选择的项目”超链接。

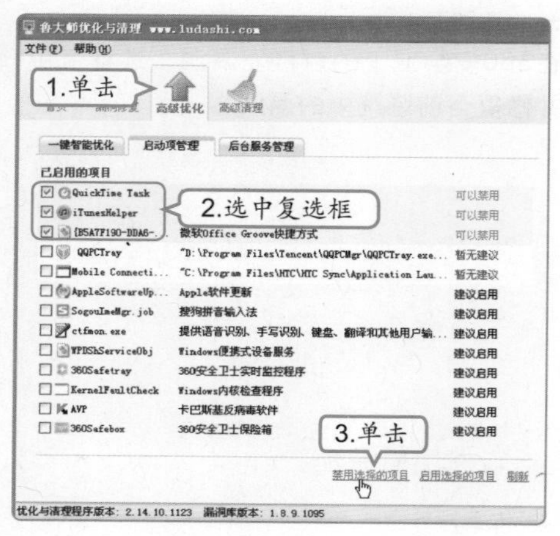

3 扫描系统垃圾

1. 单击按钮。
2. 保持列表框中的设置，单击开始扫描按钮。

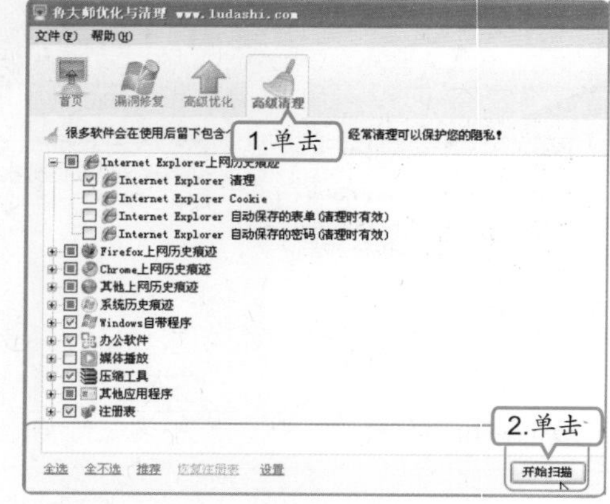

4 清理垃圾

扫描完成后，单击立即清理按钮即可清理扫描出的垃圾。

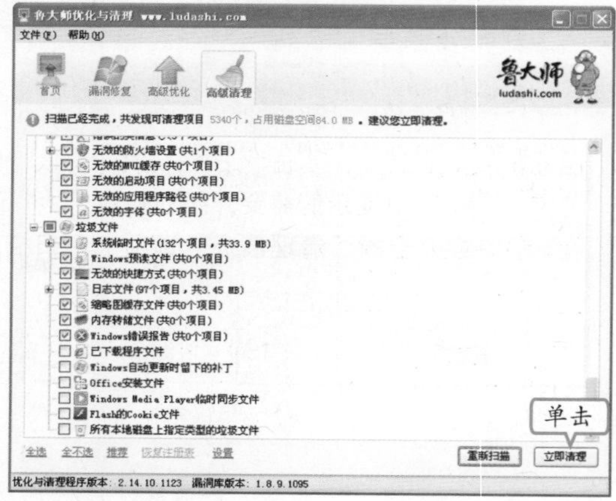

操作提示：上方按钮的作用

在鲁大师工作界面中单击上方相应的按钮，可在打开的窗口中执行不同的操作。

高手指点

Ghost软件是赛门铁克公司（Symantec）开发的一款软件，Ghost是General Hardware OrIEnted Software Transfer的英文缩写，意思是面向通用型硬件传送软件，即俗称的“克隆”。

操作提示：鲁大师的作用

“鲁大师”也是360旗下的安全产品，它不但可以优化和清理系统，还可以检测硬件、进行系统漏洞的修复和扫描及各类硬件的温度实时监测等。

12.3　跟着视频做练习1小时

老马问小李：“现在关于对系统查杀病毒、修复漏洞，优化电脑、备份和还原系统的操作我基本上都已经教了你一遍了，你都明白了吗？”小李说：“还有点晕！”老马说：“那好，下面我们来做些练习帮你理清思路。”

1 维护电脑后对系统进行备份

本例将先使用瑞星杀毒软件对电脑系统查杀病毒，再使用360安全卫士修复漏洞，然后使用Windows自带的系统备份工具创建还原点，对系统进行备份。通过制作练习电脑杀毒、修复漏洞以及系统备份的主要操作。

操作提示：

1. 启动瑞星杀毒软件，对所有磁盘进行病毒扫描。
2. 扫描完成后对病毒进行杀毒处理。
3. 启动360安全卫士，扫描系统漏洞。
4. 发现系统漏洞后对其进行修复。
5. 通过“开始”菜单打开“系统还原”对话框。
6. 根据提示创建系统还原点。

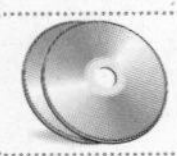

视频演示\第12章\维护电脑后对系统进行备份

2 使用360安全卫士优化系统

本例主要使用360安全卫士升级系统软件、清理软件使用痕迹、清理系统和注册表垃圾，最后修复系统中的漏洞。通过该练习巩固系统优化的操作。

操作提示：

1. 启动360安全卫士，单击按钮打开360软件管家，升级其中提示的需要升级的软件。
2. 在360安全卫士的“清理痕迹”选项卡中扫描并清理软件使用痕迹。
3. 在360安全卫士的“清理垃圾”选项卡中扫描并清理系统以及注册表中的垃圾。
4. 在360安全卫士的“修复漏洞”选项卡中扫描并修复当前系统中的漏洞。

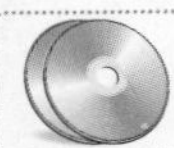

视频演示\第12章\使用360安全卫士优化系统

12.4　秘技偷偷报

老马告诉小李：“在使用电脑的过程中，常常会遇到突发性问题，对于没有经验的新手来说是很头疼的，所以我将自己总结的一些小诀窍都教给你，这样遇到问题你就不会那么慌张了。”小李说：“那太好了，我可得好好感谢你啊！”

补充两句

使用Ghost进行系统备份还原的方法为：先启动Ghost软件，然后选中“一键恢复系统”复选框，再单击**修复**按钮即可。

1 系统检测不到硬盘

硬盘在CMOS中可以检测出来，启动时却找不到，用A盘启动后进入DOS也找不到盘符，这种情况可能有以下几种原因。

- 没分区：可以在DOS下用Fdisk来进行分区，然后再用Format格式化。
- 零磁道损坏：需要低级格式化才能解决问题。
- 分区表被破坏：如没有重要的内容可以按无分区来处理，否则可以在DOS下试试Fdisk/MBR命令。

2 显示器没有图像

在使用电脑的过程中常会遇到电脑启动后显示器上无任何显示的黑屏，这时可通过以下方法排除故障。

- 查看显示器的电源线是否连接好，电源开关是否打开。
- 查看显示器视频电缆是否连接正确。
- 查看亮度和对比度设置是否合适。
- 检查内存与主板接触是否良好，如果接触不良，也可能出现黑屏。
- 关闭显示器电源开关，拔掉电源线，查看视频电缆插针是否弯曲。如果是，则轻轻拉直。如果应用程序生成的屏幕视觉效果不佳，请查看应用程序使用手册，弄清所需的视频标准，安装正确的视频驱动程序，选择相应的标准和刷新频率即可。

3 杀毒软件不能升级

用户需定期升级杀毒软件，若不能升级，主要有以下几种原因。

- 杀毒软件被病毒感染了，这种情况最好卸载并重新安装。
- 检查电脑的宽带连接是否正常。
- 用户没有升级权限，大部分杀毒软件升级都是需要收费的，通常购买正版的杀毒软件就可以免费升级了。

读书笔记

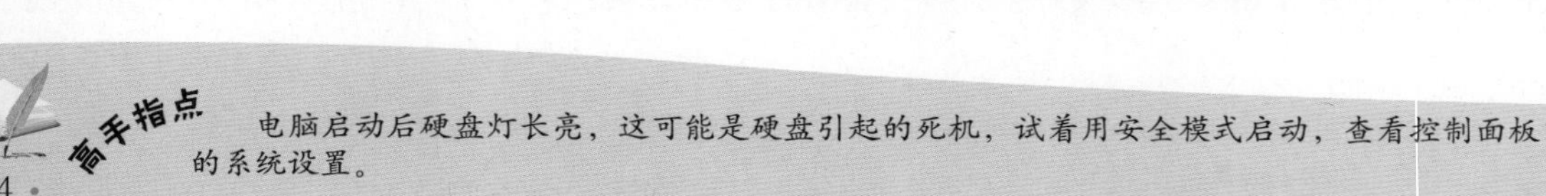

电脑启动后硬盘灯长亮，这可能是硬盘引起的死机，试着用安全模式启动，查看控制面板中的系统设置。